大宗淡水鱼
贮运保鲜与加工技术

夏文水　罗永康　熊善柏　许艳顺　主编

中国农业出版社

序

淡水渔业是我国渔业经济中的重要组成部分，大宗淡水鱼是我国水产养殖的主体，占淡水产品总量的65%以上，产业地位十分重要。大宗淡水鱼作为一种高蛋白、低脂肪、营养丰富的健康食品，具有健脑强身、延年益寿、保健美容的功效。我国大宗淡水鱼主要用于国内消费，淡水渔业在保障我国优质蛋白质供给、改善国民营养健康、促进农村经济发展、带动农民增收致富等方面做出了重大贡献。当前，我国淡水养殖渔业发展迅猛，大宗淡水鱼产量在不断上升，一些地区出现淡水鱼区域性、季节性过剩，导致价格波动较大，制约了淡水鱼养殖业的持续发展，我国淡水渔业正处在发展转型关键期。随着社会经济的快速发展，人民饮食习惯、生活方式发生转变，消费者对淡水鱼类的消费形式正悄然改变，人们对营养健康、安全方便的水产食品的需求快速增长。因此，大力发展淡水鱼加工产业，提升淡水鱼加工科技创新能力，不断拓展渔业产业链，将是未来淡水渔业经济发展的重要驱动力。

淡水鱼加工是转变渔业经济增长方式、促进经济发展的重要内容，是形成养殖、加工、销售全产业链中的关键一环，对于整个渔业的发展起着桥梁纽带作用。淡水鱼加工不仅可提高大宗淡水鱼产品附加值、调节市场供应、保障消费者膳食营养与健康需求，同时，可推动淡水养殖向产业化方向发展，以大宗淡水鱼大型加工龙头企业来带动养殖业的效益提升，以品牌驱动战略来实现产业的转型升级，提升淡水鱼养殖产业抵御风险能力，对稳定淡水鱼养殖生产规模和整个淡水鱼渔业生产再上一个新台阶具有十分重要的作用。

为了认真贯彻“全国渔业发展‘十二五’规划”中“积极发展精深加工，加大低值水产品和加工副产物高值化开发和利用”的要求，进一步推动淡水渔业转型升级，加快淡水鱼加工产业发展，国家大宗淡水鱼产业技术体系加工研究室以夏文水教授为首的3位岗位专家及其团队成员，以大宗淡水鱼体系加工研究室近5年的研发成果为依托，对国内外淡水鱼加工技术进行梳理和研究分析，形成了《大宗淡水鱼贮运保鲜与加工技术》一书。这本书汇集了国内外在淡水鱼加工方面取得的新技术、新成果、新标准，全书注重理论指导与应用基础的结合，强化科研成果与生产实践的结合，具有较强的针对性和生产实用性，对全面提升我国淡水鱼加工业的技术水平及整体效益，加快淡水渔业全产业链的形成具有重要促进作用。

我衷心希望《大宗淡水鱼贮运保鲜与加工技术》一书的出版，能够为我国渔业领域的广大科研人员、生产人员以及相关领域的管理人员提供参考，同时也能为引领我国淡水渔业经济转型和淡水鱼加工产业发展提供具体现实的指导作用。

国家大宗淡水鱼类产业技术体系首席科学家　戈贤平

2014年6月

前 言

我国大宗淡水鱼类以其数量和在大众日常生活中的食物作用，而在养殖渔业中占有重要地位。过去，大宗淡水鱼消费在20世纪主要还是以鲜销、家庭宰杀烹饪为主，随着近几十年来我国社会经济建设的快速发展、人民生活节奏加快和消费水平提高，其消费方式正在迎合营养、美味、方便、安全的食品消费趋势。这就需要提供易流通、易食用、方便快捷的鱼制品、即食熟食鱼制品或包装鱼食品。

大宗淡水鱼种类多，鱼体差异大，鱼肉组成与海水鱼有差别。国外对海水鱼加工已有深入和系统的研究，其加工技术比较成熟，并形成了相应的加工产业；但对于大宗淡水鱼则几乎是空白，这就是在加工技术应用方面存在问题。如何充分利用大宗淡水鱼资源，根据我国消费习惯与特点，开发符合我国国情的水产食品，对于保障蛋白质供应和提高生活水平，具有重要意义。我们在学习借鉴国外水产品加工技术的基础上，针对大宗淡水鱼的特点，经过十几年的研究，特别是农业部于2008年建立国家大宗淡水鱼产业技术体系以来，在大宗淡水鱼加工技术和基础研究方面开展了一系列的工作，测定和验证了大宗淡水鱼组成、成分和加工特性的基础数据；建立了大宗淡水鱼鱼糜加工技术、热力杀菌技术、冷冻保鲜技术、脱水干燥技术和生物发酵技术等一系列技术，开发了生鲜调理、开袋即食、常温保藏的方便、易保藏大宗淡水鱼食品。本书就是在此基础上汇编了基础研究、技术研发和新产品开发的成就，大体反映了我们的研究成果。

本书编写宗旨是，让我国从事食品加工的科研工作者了解和重视大宗淡水鱼的加工研究开发工作，并愿意从事该项工作，同时，也让产业界的企业家或愿意从事该产业的未来企业家来掌握和应用技术，以便促进这些科技成果的转化。总之，希望是抛砖引玉，促进科技界加快加大科研力量和投入，同时，促进产业界加快发展我国淡水鱼加工产业。

本书内容有九章。概述讲述了大宗淡水鱼的来历和加工的意义；第一章大宗淡水鱼的原料特性，介绍了营养成分和加工特性；第二章淡水鱼类保活保鲜与贮运技术，列举了保活贮运、低温保鲜和生鲜鱼品加工技术；第三章淡水鱼鱼糜及鱼糜制品加工技术，介绍了鱼糜加工技术以及传统鱼糜制品和新型鱼糜制品；第四章淡水鱼脱水干制技术，介绍了鱼干制品、调味鱼干品、鱼肉松和鱼粉产品的加工技术；第五章淡水鱼腌制发酵技术，介绍了腌制、糟醉制、发酵和烟熏鱼制品加工技术；第六章淡水鱼罐藏加工技术，介绍了调味、油浸、鱼圆和鱼肠罐头类产品加工技术；第七章淡水鱼加工副产物的综合利用，介绍了鱼鳞、鱼皮、鱼骨、鱼内脏和鱼头的综合利用加工技术；第八章淡水鱼品质分析与质量安全控制，介绍了检测分析方法、安全控制技术和鱼制品标准。

参加编写人员有国家大宗淡水鱼技术产业体系加工研究室的三位岗位科学家江南大学食品学院夏文水教授、中国农业大学食品科学与营养工程学院罗永康教授、华中农业大学食品科技学院熊善柏教授和江南大学食品学院许艳顺博士及其团队成员。概述和第四、五、六章和第三章第一节、第三节由夏文水、许艳顺编写，并修改补充第一章第四节、第二章第三节、第七章第五节；第一、二章、第三章第二节由熊善柏编写，并补充第三章第三节；第七、八章由罗永康编写；全书由夏文水修改和审阅。

由于编写水平有限，书中存在的错误和不当之处，敬请读者批评指正。

夏文水

2014年5月

目 录

概 述

淡水鱼，广义地说是指能生活在盐度为3的淡水中之鱼类总称。世界上已知鱼类约有26 000多种，淡水鱼约有8 600余种，占总鱼类33%。我国现已知鱼类近3 000种，据统计资料表明，分布在中国的淡水鱼类共有1 050种，分属于18目52科294属。其中，纯淡水鱼967种，海河洄游性鱼类15种，河口性鱼类68种，都分属圆口类、软骨鱼类、软骨硬鳞鱼类、真骨鱼类四大类。目前的1 050种淡水鱼中，除少数种外，几乎都属真骨鱼类。世界上最大的淡水鱼种类，根据吉尼斯世界纪录，是一条被捕于泰国湄公河的巨型鲇，重293kg，是目前世界上最大淡水鱼的纪录保持者。我国长江的中华鲟和生长在柬埔寨河流中的黄貂鱼，也是这类大型淡水鱼。因为，这些鱼一般生活在偏僻地区黑暗的深水中，所以人们对它们知之甚少。

淡水鱼多为草食性及杂食性，但亦有少量肉食性。在河川上游的鱼类，多以昆虫、附着性藻类为食；河川下游则常以浮游生物、有机碎屑为食。由于捕捞过度和生活环境被破坏，许多水生巨物的生存已经受到严重威胁。由世界野生动物基金和美国国家地理学会共同发起，曾对世界上所有的巨型淡水鱼进行调查研究，由来自17个国家的100多位科学家组成，科学活动以东南亚的湄公河为起点，从亚马孙河一直到达蒙古草原周围的河流，以寻找世界上最大的淡水鱼及更好的淡水生态物种保护方法。

我国是世界上淡水水面较多的国家之一，淡水面积约为3亿亩*，河流众多，湖泊水库星罗棋布。淡水鱼区系主要可分为5个分区：北方山麓分区，分布冷水性鱼类；华西高原分区，以冷水性、地向性鱼类为主；宁蒙分区，以冷温性、古老性鱼类为主；江河平原分区，以暖水性、静水性鱼类为主；华南分区，以南方暖水性、急流性鱼类为主。我国大部分地区位于温带或亚热带，气候温和，雨量充沛，适于鱼类生长，淡水鱼养殖的面积和总产量都是世界最大的。

在我国，淡水鱼养殖具有悠久的历史，我国是世界上池塘养鱼最早的国家，殷商出土的甲骨文“贞其鱼，在圃渔”、“在圃渔，十一月”。这里的在圃

* 亩为非法定计量单位，1亩=1/15hm^2。

渔，即指园圃之内的鱼，它证明我国殷商时代已开始池塘养鱼了，至周朝，池塘养鱼业更为流行昌盛。公元前460年的春秋战国末期，范蠡编写的《养鱼经》，详细地介绍了池塘养鲤的建池、选种、确定交配数目、制作鱼巢等方法，它是世界上第一部养鱼的专著，为世界所关注。汉代养鲤已形成规模生产，稻田养鱼始于东汉；青鱼、草鱼、鲢、鳙养殖始于唐代。明代黄省曾的《鱼经》、徐光启的《农政全书》及清代屈大均的《广东新语》等古籍，对养鱼的论述更为详细。随后，淡水鱼的养殖不断发展，从池塘养殖到稻田套养，从单品种养殖到多品种混养，从自然养殖到饵料投喂，养殖地区、范围和规模不断壮大；以前淡水鱼的养殖主要是通过捕捞一些易养的江河鱼苗，进行人工养殖，通常这些鱼被称为“家鱼”。直到新中国成立后，淡水鱼的养殖技术得到了快速发展。1958年家鱼人工繁殖成功，从根本上改变了长期依靠天然鱼苗的被动局面，开创了淡水鱼养殖渔业的新纪元。改革开放以来，我国确立了“以养为主”的渔业发展方针，培育出了建鲤、异育银鲫、团头鲂“浦江1号”等一批新品种，促进了淡水鱼养殖向良种化方向发展。在我国主要的淡水鱼养殖品种中，青鱼、草鱼、鲢、鳙、鲤、鲫、鲂7个品种的养殖产量，约占全国淡水鱼养殖总产量的70%以上。这类鱼容易养殖，生产成本低，养殖范围广大，基本上全国各地都有，是我国大众日常生活消费的主要淡水鱼，故通称为大宗淡水鱼。

我国是世界上最早而又最广泛利用鱼类的国家之一。早在商代殷墟出土文物的甲骨文中，就有“鱼”形文字的出现，在青铜铭文中有更多鱼形文字再现。古代人对吃鱼津津乐道，孟子说：“鱼我欲也，熊掌亦为我所欲，两者不可兼得，”把鱼和熊掌并列为珍品；古籍中赞扬鱼味美的实例很多，如隋炀帝称松江鲈“金齑玉脍，东南佳味”；洛鲤伊鲂贵于牛羊；宁去屡世宅；鲢之美在腹，鳙之美在头等。近代人赞鱼美味的谚语也不少，如飞禽强于走兽，鱼鳖可比山珍；吃鱼的女士更漂亮，吃鱼的男士更健康，吃鱼的孩子更聪明等。我国古代除了认为鱼类美味外，还把鱼看作一种吉祥物，古人有“鱼素”之称，俗传是用绢帛写信装在鱼腹中传递信息；汉代蔡邕《饮马长城窟行》诗云：“客从远方来，遗我双鲤鱼。呼儿烹鲤鱼，中有尺素书。”隋唐时期朝廷颁发给百姓“鱼符”（又叫鱼契），是用雕木或铸铜成鱼形，刻字其上，以此为凭证；三国、南宋时的“鱼灯”，佛寺中僧徒诵经时击打器物的“鱼鼓”（又叫木鱼）等，还有用鱼类种种异常寓言灾异祸福，这些都给鱼类附上了一层神秘色彩。

鱼类作为吉祥物，大多是从语言的谐音而来，少数是根据鱼形状、习性而来。例如：“连年有余”的吉祥图案，寓意生活美好；结婚用品上的“双鱼吉庆”，寓意婚后美满；店铺上的“渔翁得利”，出自古代谚语“鹬蚌相争，渔翁得利”，寓意生意发达；2008年北京奥运会的吉祥物——五福娃之首“福娃贝贝”象征繁荣，也有依据鱼体形态、习性寓意吉祥；如体形似龙的龙鱼，寓意“风水鱼”、“招财进宝”、“逢凶化吉”；胭脂鱼背鳍高大似帆，寓意“一帆风顺”等；鲤产卵多，因而有“富贵有余”吉祥之意。“鲤鱼跳龙门”，比喻中举、升官等飞黄腾达或逆流前进、奋发向上。

在我国养殖和利用鱼的活动中形成了我国特有的鱼文化，是人类文化的重要组成部分。春秋战国时期是我国鱼文化的萌芽期，《诗经》一书，是我国人民识别记载物种最早的一部古籍，记载了鲂等20种鱼类。从南朝梁陶弘景著《神农本草经》到清末吴仪洛的《本草从新》，众多的《本草》更为详尽地记载了鱼类的形态、生态、分布、食用和药用等方面的知识。在中国传统文化中，鱼是富庶、繁荣的象征，上至王公贵族下至平民百姓都喜欢吃鱼，逢年过节、喜庆筵席及亲朋好友团聚，总少不了一道鱼肴，透着喜庆气，传达着人们“年年有余”、“富贵有余”的美好愿望。

鱼美味营养价值高，在大宗淡水鱼中，有丰富的蛋白质、多不饱和脂肪酸、维生素和矿物质等营养成分，营养丰富全面，易于消化吸收；不仅味美有营养，而且具有健脑强身、延年益寿、保健美容的功效。在中国食疗大全中记载：

青鱼，甘，平。益气养胃，化湿利水，祛风除烦。常可用于气虚乏力、脚气湿痹、烦闷、痢疾和血淋等。

草鱼，又称鲩鱼，甘，温。暖胃和中，平甘，祛风，治痹，截疟。常可用于体虚气弱、食少、痢疾和头痛等。

鲢，甘，温。温中益气，暖胃泽肤。常可用于脾胃虚寒、食少腹痛、胃纳减少和皮肤粗糙无泽等。

鳙，甘，温，无毒，暖胃，益脑，去头眩，强筋骨。常可用于体虚眩晕、感冒、风寒头痛、老人痰喘和妇女头晕等。

鲤，甘，平。利水消肿，下气通乳，开胃健脾，清热解毒，止咳平喘。常可用于水肿胀满、脚气、黄疸、咳嗽、气逆和乳汁不通。

鲫，甘，平。健脾利湿，清热解毒，通络下乳。常可用于食欲不振、痢疾、便血、呕吐、水肿、乳少、淋病、痈肿和溃疡等。

鲂，甘，平。补胃养脾，祛风，调胃气，利五脏。常可用于脾胃气虚、食少和消化不良等。

大宗淡水鱼作为菜肴，我国烹制鱼类的方法很多，有烧、焖、熘、炖、熏、蒸、煎、炸、烤等多种烹饪方法。糖醋鲤鱼、剁椒鱼头、鱼头豆腐汤、葱烤鲫鱼、醉青鱼、清蒸鳊、红烧鱼块等菜肴，成为各地的名特优菜。在人们普遍喜爱的川、鲁、粤及淮扬四大菜系中，有不少的鱼类名菜。我国烹饪大师张恕玉（2010）著的《鱼典》，介绍了人们常吃的39种鱼的营养成分及204种鱼菜肴的功效及烹制方法。

大宗淡水鱼的消费在20世纪主要还是以鲜销为主，从农贸市场或菜市场购买活鱼或鲜鱼回家宰杀烹饪，存在保活和保鲜的技术难题，致使不易流通和贮藏；还有一些加工品主要是干制、腌制鱼品，可有较长的流通和消费期，但工艺技术与质量控制比较简单落后。近年来，随着我国经济建设和社会进步的快速发展、生活节奏的加快和消费水平的提高，食用鱼的消费形式与方式正在悄然改变，不断迎合营养、美味、方便、安全的食品消费趋势，将大宗淡水鱼加工成方便、即食、易保藏的美味、营养、安全的鱼制品，会有广阔的市场和前景。

随着我国人口的持续增长、耕地面积的减少以及海洋资源的衰退，淡水鱼在确保我国食品安全和补充蛋白质中发挥越来越大的作用，已成为我国健康食品和优质蛋白质的重要来源，在我国提供蛋白质源食物肉、鱼、蛋、奶中，鱼供应量大概占到30%，在食物结构中占有重要位置。

开展淡水鱼的贮运保鲜和精深加工，提高淡水鱼的综合利用和增值水平，形成养殖、加工、销售全产业链，对促进我国淡水渔业的持续健康发展，满足城乡居民对优质、廉价蛋白质的消费需求，提高国民营养与健康水平具有重要意义。

一、大宗淡水鱼资源现状

（一）世界淡水鱼资源情况

从20世纪50年代起至今，世界淡水鱼的产量显著增长。联合国粮农组织（FAO）的数据显示，世界淡水鱼总产量由1950年的151.37万t增至2011年的4 535.54万t，增长了28.96倍，年均增长5.73%。其中，青鱼、草鱼、鲢、鲤、鳙、鲫、鲂等大宗淡水鱼的产量，由1950年的10.52万t增至2011年的1 980.75万t，年均增长率为8.97%。相对于整体淡水鱼，大宗淡水鱼的增产速度更快。同时，淡水鱼产业在世界渔业中份额也有所增加，世界淡水鱼产量占世界渔业总产量的比例，由1950年的8.35%增加到2011年的25.44%。世界淡水鱼产值也随着产量的增加而不断增长，由1984年的24.65亿美元增长到2011年的270.63亿美元，增长了8.63倍，年均增长8.75%。

淡水鱼的获取方式包括养殖和捕捞两部分，世界大宗淡水鱼在历史上以捕捞为主。但由于自然环境不断遭到破坏，淡水渔业资源也随之退化，世界捕捞淡水鱼的产量加速减少；同时，各主产国（特别是发展中国家）逐渐认识到淡水鱼养殖在提供有效食物供给和促进社会经济发展中的重要作用，世界淡水鱼获取方式由捕捞为主转向以养殖为主。1950年，世界淡水鱼养殖产量占世界淡水鱼总产量的13.15%，到2011年增加到78.49%，淡水养殖在淡水鱼生产中占据主导地位。但各国情况不同，其淡水鱼获取结构也就存在差异，一些国家淡水鱼获取方式仍以捕捞为主。例如，亚洲的缅甸和柬埔寨，非洲的尼日利亚、坦桑尼亚、刚果金、肯尼亚、乌干达和马里，欧洲的俄罗斯以及美洲的墨西哥等国，捕捞淡水鱼产量超过养殖产量。近年来，上述国家中俄罗斯、缅甸、柬埔寨、尼日利亚的养殖淡水鱼产量增长较快，特别是俄罗斯、缅甸和尼日利亚，养殖与捕捞份额差距加速缩小，其他国家的养殖淡水鱼产量仍处于低水平。

由于资源禀赋和经济社会发展水平方面的差异，大宗淡水鱼主产国家和地区的分布很不均衡。在养殖大宗淡水鱼的地区分布上，主产国以亚洲国家为主，增长也集中在亚洲地区，特别是中国、印度、越南、泰国和印度尼西亚等，亚洲淡水鱼养殖产量占世界淡水鱼养殖产量的90%以上。欧洲是传统的海洋渔业国家，对淡水养殖渔业的重视程度不如海洋渔业。近年来，其淡水鱼产业发展处于停滞状态，占世界产量的比例呈萎缩趋势，但其产值占世界的比重要高于产量的比重，欧洲大宗淡水鱼主产国为俄罗斯、乌克兰、捷克、白俄罗斯、波兰和匈牙利等国。非洲淡水鱼产量和产值都不高，大宗淡水鱼产量在世界格局中占比降低，而产值比重则略有提升，非洲大宗淡水鱼主要产自埃及。美洲淡水鱼产量占世界的比重也较小，淡水鱼生产国主要是巴西和古巴。大洋洲的淡水鱼产量占世界比例很小，但是增长速度快，特别是产值增速显著，其中澳大利亚为主产国，虽然起步晚，但发展较快。

发展中国家正通过各种途径加强对本国渔业资源的利用，并扶持淡水鱼产业的发展，淡水鱼产量快速增加；而发达国家淡水鱼产业发展，遭遇停滞或呈现负增长。目前，大宗淡水鱼产量居于前10位的主产国分别是中国、印度、印度尼西亚、孟加拉、越南、伊朗、埃及、俄罗斯、缅甸和巴基斯坦，主要是亚洲国家。

（二）我国淡水鱼资源状况

我国是世界淡水鱼生产大国，淡水鱼产量占世界总产量的60%以上。2011年，我国鱼类总产量达到3 304.07万t，其中淡水养殖鱼类2 185.4万t，占鱼类总产量的66.1%。2011年，大宗淡水鱼总产量达1 698.5万t，占我国淡水鱼养殖产量的77.72%，并且规模产量还在不断增加。目前，大宗淡水鱼的主产区主要集中在湖北、江苏、湖南、广东、江西、安徽和山东等省份，消费市场主要是国内消费，包括香港、澳门、台湾地区。虽然，我国的淡水鱼资源充足起来，但是自新中国成立以来经历了起步、徘徊、发展的曲折过程，其生产方式逐步从以天然捕捞为主向以人工养殖为主的方向发展。20世纪50年代初期，全国淡水鱼总产量为51.7万t，其中天然捕捞占77.37%；到50年代末，产量增加到122万t，但天然捕捞仍占总产量的51.54%。以后20年，各地大搞“以粮为纲、围湖造田”，水面资源遭到严重破坏，放养面积下降，产量一度徘徊在100万t左右。

党的十一届三中全会以后，由于贯彻落实了各项农村经济政策，调整了农业结构，不少地方党政部门狠抓发展淡水渔业生产，落实了水面承包责任制，并在渔政管理、种苗繁殖、饵料加工、鱼病防治等方面采取了鼓励措施，促进了全国淡水渔业生产的发展。到1983年末，全国淡水产品产量达到184.08万t，比1978年增加78.22万t，增长73.98%。发展较快的有安徽、湖南、江西、湖北、广东和江苏省，其中产量最高的是广东省，为34.54万t。

21世纪以来，随着淡水鱼养殖繁育技术、鱼病防控技术等相关技术的快速发展以及健康高效养殖模式的推广应用，我国大宗淡水鱼产业迅速发展。据联合国粮农组织（FAO）年鉴统计，2007年世界淡水鱼养殖产量为2 902.8万t，产值为417.3亿美元；我国鲤科鱼类养殖产量为1 894.4万t，产值为202.6亿美元，分别占世界淡水鱼养殖水平的65.3%和48.6%；其中，大宗淡水鱼养殖产量为1 527.7万t，产值152.3亿美元，分别占世界淡水鱼养殖水平的52.6%和36.5%，占世界鲤科鱼养殖水平的80.6%和75.2%。2011年，我国淡水鱼总产量比上年增加121.23万t、增长5.87%，占世界淡水鱼养殖总产量的75.2%；在大宗淡水养殖鱼类产量中，草鱼最高为444.22万t；其次是鲢371.39万t、鲤271.82万t。2011年，大宗淡水鱼产量前10位的省份分别为湖北、广东、江苏、江西、湖南、安徽、山东、广西、四川等省（自治区）。

大宗淡水鱼在我国渔业经济中的作用将越来越大。2011年，全社会渔业经济总产值15 005.01亿元，实现增加值6 881.67亿元；渔业产值7 883.97亿元，实现增加值4 420.76亿元，其中大宗淡水鱼产值为3 719.67亿元，占到全国渔业总产值的24.8%。

二、淡水鱼加工的作用与意义

（一）淡水鱼加工符合食品消费发展趋势和我国淡水鱼消费特点

据联合国粮农组织（FAO）对未来水产品产量和水产品市场需求分析表明，未来几十年世界水产品产量、总消费、水产品需求和人均食品消费将不断增加，预计2030年全球年人均水产品消费量将增加到19～21kg。目前，我国年人均水产品消费量大约5kg，存在很大的消费发展空间。近年来，随着居民人均可支配收入的不断提高，膳食结构逐渐由温饱型向营养型转变，城乡居民人均水产品的消费量出现了持续快速上升的趋势，特别是随着疯牛病、口蹄疫、禽流感等疫情的不断发生，人们对水产食品也将更加青睐，水产品在居民食物消费中的地位不断提高。我国城镇居民人均粮食消费量，从1990年的

130.72kg下降到2012年的78.8kg；而水产品人均消费量，从7.69kg增加到15.2kg，增加1倍。农村居民粮食消费量从1990年的人均262.08kg下降至2012年的164.3kg；水产品消费则从1990年的人均2.13kg提高到2012年的5.4kg，提高1.5倍。农村居民的水产品消费增长速度快于城镇居民。与1990年相比，水产品、肉禽、蛋、奶的消费都有一定幅度增长，水产品消费量的增长仅次于奶及奶制品和家禽，远高于猪肉、牛羊肉和蛋及蛋制品。2012年，猪牛羊肉消费分别占城镇和农村居民主要动物性食品消费的40.55%和50.93%，与1990年相比，这两个比例分别下降了13.66和15.27个百分点；而城乡居民水产品消费占主要动物性食品消费的比重，由19.18%和12.43%上升至24.76%和16.77%。表明淡水鱼消费在我国居民食物消费中的作用将更加凸显，具有以下特点：

1. 淡水鱼消费比例逐步增加，大宗淡水鱼消费比例占主要，有一定的区域差异　淡水鱼消费的需求量不断增加，尤其是草鱼、鲢、鳙、鲤和鲫这五种淡水鱼的年消费量均超过100万t，占淡水鱼消费量的70%以上。从区域分布来看，我国水产品消费有一定的区域差异，呈现为中西部地区的水产品消费水平远低于东部地区，南方消费水平高于北方。在南方尤以广东、福建、湖北、湖南、江苏、浙江等省，淡水鱼消费水平高。此外，由于城市居民收入高于农村居民收入，虽然农村人口远远大于城镇人口，反映在淡水鱼消费上，城市居民的总消费量仍大于农村居民总消费量，城市人均消费量更是高于农村人均消费量。但与此同时，由于城镇化速度的加快，大量农村人口迁移到城市，进一步增加了淡水鱼消费需求。

2. 淡水鱼消费方式将由鲜活淡水鱼逐渐转向加工淡水鱼产品　目前，我国淡水鱼消费市场大体有鲜活水产品和冷冻品、半成品、熟制干制品等加工水产品，根据我国消费习惯和生活水平，城乡居民仍以鲜活淡水鱼消费为先，其中，鲜活水产品和冷冻水产品是家庭消费的主体。由于我国现有运输物流系统的建设发展，加上现代淡水鱼保活与保鲜贮运物流技术体系的不断改善，鲜活鱼消费将在近阶段仍是一个重要方式，大宗淡水鱼的消费也将会以这种方式存在，因而，除了要大力开展无公害淡水鱼、绿色淡水鱼和有机淡水鱼的开发外，还要将更有效和经济的大宗淡水鱼保活与保鲜技术应用于运输和贮藏，以满足消费者对鲜活鱼的消费需求。同时，随着我国经济快速发展和生活节奏的加快，方便、快捷、熟食和即食的淡水鱼产品会应运而生，这种趋势在城市已越来越明显，农村则随着城镇化建设与工业化建设的发展而会不断涌现，淡水鱼的消费方式会发展到以加工淡水鱼产品为主。

3. 加工淡水鱼产品的需求多样化会越来越大　现代社会的进步与发展，改变了人们的消费理念与消费模式，越来越多的家庭，特别是上班族、青年人等，对方便、营养、健康、安全的保鲜调理鱼制品、风味休闲鱼制品、传统特色鱼制品、鱼糜制品以及具有长货架期的罐头鱼制品等加工淡水鱼制品的需求日益增多，并呈现多样化、大众化、特色化和个性化等特点。不同地区、不同年龄、不同收入阶层的消费者其消费层次和品种不同，如城镇居民、年轻人则对方便熟食类、易烹饪调理类产品以及风味休闲类产品日益青睐。对于大宗淡水鱼，以家庭、餐饮消费为主，因而根据食品营养、健康、安全的要求，将大宗淡水鱼加工成适合餐饮、休闲、养生和保健等要求的美味优质的多元化产品、地方传统特色产品、礼品、品牌产品等，不断丰富加工鱼产品。

特别现有社会的发展已进入现代化、科技化和网络化时代，水产品的交易同样有商场和无商场交易，越来越多的水产品由过去水产品交易市场或农贸市场、集市的鲜活销售，改变为进入超市、零售店和餐饮店等，一些品牌鲜活鱼类也由水产市场进入超市水产专柜、配送餐饮店等，购买渠道也逐渐转向超市、水产专卖店和电子商务网络等。这就使淡水鱼的消费变得更加方便，一些耐保藏、易运输、快捷方便的淡水鱼加工品，成为流通销售、连接供给与消费的重要产品，大宗淡水鱼产品的消费也已与物流、运输、配送、销售、网购、电子商务和专卖店等名词联系在一起。

（二）淡水鱼加工促进我国经济发展和改善人们生活水平

水产品加工和综合利用是渔业生产活动的延续，是实现渔业增值最重要的途径，它随着水产捕捞和养殖生产的发展而发展，并逐渐成为渔业内部的三大支柱产业之一。水产加工业在日本、美国、欧盟及北欧等渔业发达国家发展较早，他们注重渔业环境保护和资源的合理有效利用，强调精深加工，实现多重增值，未经加工处理的水产品基本不允许直接进入超市。近10年来，我国淡水养殖渔业发展迅猛，大宗淡水鱼产量急剧上升，对淡水鱼加工的需求已日益明显，采用适合大宗淡水鱼产业化加工技术进行加工利用，可提高大宗淡水鱼产品附加值、调节市场供应、满足城乡消费需求，对整个淡水鱼渔业生产具有十分重要的作用。

1. 大宗淡水鱼加工是为国民提供优质蛋白食品和改善人民生活水平的重要途径　一直以来，我国大宗淡水鱼产品市场价格都比较低廉，有些产品甚至比一般蔬菜价格还低，特别是“禽流感”暴发以来，大宗淡水鱼作为一种高蛋白、低脂肪、营养丰富和美味可口的健康食物，已成为老百姓“菜篮子”里优质动物蛋白的重要来源。随着我国人口数量的不断增加和对生活质量要求的不断提高，对优质蛋白的消费需求将更加旺盛，而水产蛋白无疑是今后我国优质动物蛋白重要来源的组成部分，未来水产蛋白食品的消费缺口又主要取决于淡水养殖鱼类，尤其是大宗淡水鱼及其加工产品补充。

人民生活水平从温饱型向小康型转变，消费习惯和结构发生明显变化，消费追求从吃饱向安全健康转变，不同层次消费者对水产蛋白食品的要求出现多样化、方便化和功能化的特点。大宗淡水鱼加工就可以满足这些需求，获得更多方便、营养、安全、优质的各类鱼制品和具有特殊生理功能的鱼来源生物制品，对有效改善城乡居民的膳食结构、提高食用安全和营养、保障人体健康有越来越重要的作用。

2. 发展淡水鱼加工形成全产业链，对稳定和拉动淡水鱼养殖产业具有重要作用 随着淡水鱼养殖业快速发展与产量急剧上升，在各地或不同时期淡水鱼的鲜销有时出现供大于求的现象，一些地区出现淡水鱼区域性、季节性过剩，甚至出现“压塘”现象，价格波动较大，严重制约了淡水鱼养殖业的持续发展；特别是大宗淡水鱼肉质细嫩，含水量高，捕获后鱼体易死亡，死后极易腐败变质，生鲜制品在贮藏过程中品质下降快，若不加工则难以保存其经济价值和利用性，造成资源的浪费。在一些淡水鱼养殖生产区靠鲜活消费，导致淡水鱼的消费区域和消费半径小，使非产区淡水鱼的消费受到限制；开展淡水鱼加工与综合利用，可保障淡水鱼资源的有效供应，使淡水鱼实现长期和宽范围的销售，并实现淡水鱼的大幅增值，大幅拉动淡水养殖渔业的深度发展，提升淡水鱼养殖产业抵御风险能力和市场竞争力，对稳定淡水鱼养殖生产规模和发展渔业经济具有重要作用。

淡水鱼加工业作为渔业生产的延续，对于整个渔业的发展起着桥梁纽带作用，全产业链的形成要求产业链的各环节协同均衡发展，相互促进，加工产业的发展可以有效带动养殖鱼类消费，拉动养殖产业发展。但淡水鱼养殖产业也要根据加工需求进行品种、品质提升，从而实现整个产业链的形成。

我国在沿海地区如山东、浙江、福建、辽宁、江苏、河北、海南等7省，水产品加工企业之和占全国水产品加工企业总数的89%，加工品总量占全国的90%以上，主要为海洋产品。而内陆缺乏海洋渔业资源，水产品加工业力量非常薄弱，大中型水产品加工企业较少，主要资源大多为大宗淡水鱼，发展大宗淡水鱼加工业，是推进内陆水产品加工业集群发展的需要，对稳定内陆淡水鱼养殖业与发展具有重要作用。

3. 淡水鱼加工是转变渔业经济增长方式、促进经济发展的重要内容，是形成养殖、加工、销售全产业链中的关键一环 我国淡水渔业已从过去的农村副业，转变为农村经济发展的支柱性产业和农民增收的重要增长点。淡水鱼加工能够实现淡水鱼的大幅增值，拓展产业链，可大幅拉动淡水养殖渔业的深度发展，增加农民收入。淡水鱼加工是实现淡水渔业产业化经营、优化渔业结构的重要内容，也是推进我国农业现代化、农村工业化、实现渔业增效、渔农增收和繁荣农村经济的重要途径。

加工业相比较是一种低能耗、低碳经济的产业。以低污染、低排放为基础的低碳经济发展模式受到世界各国的重视，应用创新技术与创新机制，通过低碳经济模式与低碳生活方式，实现经济社会可持续发展，越来越成为人们的普遍共识。美国、英国、日本等发达国家纷纷将低碳经济作为抢占未来国际市场的制高点和战略目标，制定了一系列政策促进本国低碳经济的发展。水产品加工产业是我国渔业经济增长的一种合适途径，也是实现淡水渔业增值增效的有效途径，目前我国淡水鱼加工产业发展还比较慢，精深加工比例较低，加工附加值较小；另一方面由于部分企业采用的技术、工艺、设备落后，能耗较大，且加工过程中产生的大量有价值的副产物尚未得到有效利用。开发适用的高值化利用技术，对淡水鱼或鱼鳞、鱼皮、鱼骨、鱼内脏等加工下脚料进行综合利用，开发高附加值和高技术含量的系列食品和生物制品，使资源得到充分、合理的利用，使淡水鱼增值数倍至数十倍。实现"全鱼加工"和"废弃物零排放"，通过技术革新与改造和设备升级，实现淡水鱼资源的高效利用和低碳生产，如生物发酵技术、酶技术及高效节能工艺技术和设备的应用，有效降低单位 GDP 碳排放量，促进经济发展。开展淡水鱼的精深加工，提高淡水鱼的综合利用和增值水平，可有效促进渔业生产从粗放型、分散型向集约型、产业化发展，从数量增长向质量效益提高转变，全面提升我国淡水产品加工业的技术水平及整体效益。淡水鱼加工已成为国家农产品加工的重要组成部分，是加快我国现代渔业发展和提升农产品整体水平不可或缺的重要内容，也是转变渔业经济增长方式、推动低碳淡水渔业经济发展的重要途径。

三、淡水鱼加工产业的发展现状与趋势

（一）我国水产品加工产业发展现状

我国水产加工业已发展成为以冷冻、冷藏水产品为主，鱼糜制品、调味休闲食品、干制品、腌熏制品、罐头制品、调味品、功能保健品、鱼粉与饲料加工、海藻化工、海藻食品以及海洋药物等多个门类为辅较为完善的水产加工体系；水产加工业整体实力明显增强，水产品加工能力与水平不断提高，水产品加工企业数量、产值和产量不断增加，加工品种越来越多。2010 年，全国水产加工企业 9 762 个，规模以上加工企业 2 599 个，水产品加工能力达 2 388.49 万 t，水产加工品产值达 2 358.6 亿元，水产品加工总量 1 633.24 万 t。其中，淡水加工产品 282.28 万 t，海水加工产品 1 350.96 万 t。但与海水产品的加工比例相比，淡水产品加工比例和加工产量偏低，产品品种数量少，产品附加值低；近年来，海水产品的加工比例趋于稳定，淡水产品的加工比例有逐年增加的趋势；从整个发展的趋势看，淡水加工产品的发展速度高于海水加工产品。从全国水产加工产业布局来看，产业区域性明显，海水产品加工主要集中在沿海各省市，前 4 位为山东、福建、辽宁和浙江，4 省海水

加工产业生产量之和已超过全国产量的80%；淡水加工产量位于前5位为湖北、广东、江苏、江西和福建，5省淡水加工产业的生产量占全国产量的70%。

随着我国科学技术的进步、先进生产设备和加工技术的引进以及高新食品加工技术和生物技术的集成应用，我国水产加工产业在国家“863”计划、国家科技支撑计划、农业部“948”项目及地方科技计划的资助下，在海洋食品资源的加工与综合利用方面取得了一批技术成果，建设了一批科技创新基地和产业化示范生产线，扶持了一批具有较强科技创新能力的龙头企业，储备了一批具有前瞻性和产业需求的技术。水产加工品的技术含量和经济附加值有了很大提高，海水鱼的保鲜和加工水平已达到或接近世界先进水平；目前，比较成熟的加工技术有冷冻加工技术、罐头加工技术、干燥技术、腌制技术、发酵技术和烟熏技术等。加工的种类如中上层低值鱼类、头足类水产品原料所占的比例在逐渐扩大，低值水产品和加工废弃物的利用水平进一步提高，利用鱼鳞、鱼皮、内脏和贝壳等加工下脚料，生产胶原蛋白、蛋白胨、添加剂、鱼粉、鱼油、甲壳素和壳聚糖等产品实现了产业化，并向规模化发展；水产加工品中，冷冻水产品、鱼糜制品、干制品、藻类加工以及罐制品增长较快。冷冻加工主要包括烤鳗加工、冷冻鱼片、虾仁、墨鱼、鱿鱼、扇贝、章鱼以及冻蟹等；干制品加工包括干制墨鱼、鱿鱼、调味鱼干；腌制品包括盐制墨鱼、鱿鱼；海藻加工包括海带提取碘、褐藻胶、甘露醇以及海带、裙带菜、紫菜食品加工等，这些产品的出口额都在5 000万美元以上。在淡水鱼加工方面，先进食品保鲜与加工技术不断应用与改进，淡水鱼加工原料范围不断扩展，豆豉鲮鱼罐头以及罗非鱼和斑点叉尾鮰加工类产品已形成一定的产业规模，淡水鱼糜与鱼糜类制品如鱼卷、鱼糕、鱼丸与冷冻鱼糜制品的产量在不断增长，淡水鱼加工干制品、腌制品、休闲制品已较普遍或受到关注，但加工程度和深度还有较大的差距。

（二）我国淡水鱼加工业发展历程与现状

我国淡水鱼加工业起步较晚，而且发展缓慢。20世纪70年代以前，由于缺乏淡水鱼保鲜、加工设施，淡水鱼以鲜销为主。70年代初，江苏省兴建了一些小型水产冷库用于淡水鱼的贮藏保鲜，这些小型水产冷库对淡水渔业发展起到了积极作用，但受水产品季节性上市的限制，存在冷库利用率低、经营效果差的问题。80年代初，淡水鱼采用蓄养方式进行保存，并在近距离之内以鲜活形式销往市场，在渔业较发达地区初步形成了一个多渠道、少环节和开放型的水产品流通体制。生产单位养殖的鱼，主要通过商贩运销、与厂矿企业协作挂钩、进城设点供应、乡村合作经济组织推销、国营水产供销企业收购、通过交易市场或农贸市场销售等渠道进入消费市场，供销社、食品、蔬菜等系统的企业也会进行季节性、小批量的经营。“八五”期间，淡水鱼加工开展不多，淡水渔区水产品保鲜加工设备也很少，水产加工业与水产生产的发展很不适应。

1990年后，我国鱼类总产量不断增加，其中淡水鱼产量快速增加（见图）。为解决淡水鱼、特别是低值鱼的加工转化问题，国家投资从日本引进了冷冻鱼糜及其制品生产技术和设备，还投入大量资金和人力，对淡水鱼精深加工和综合利用技术等做了大量研究，开发出小包装鲜（冻）鱼丸鱼糕、罐装鱼丸等鱼糜制品、冷冻产品、干制品、腌制品和罐头产品等，在淡水鱼加工利用方面取得了可喜进步，使淡水鱼加工比例占到5%，其中，鲜活：冷冻：加工淡水鱼的比例大体为75：20：5。

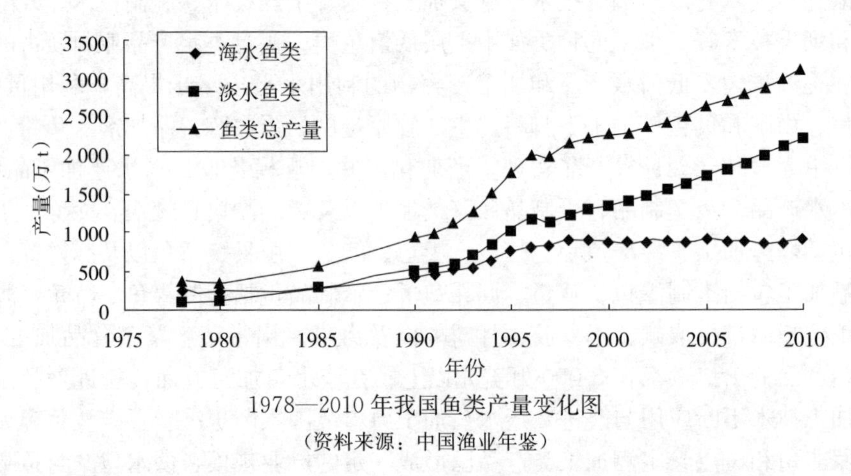

1978—2010年我国鱼类产量变化图

（资料来源：中国渔业年鉴）

但从总体上看，我国淡水鱼加工业仍处于起步阶段，除鲜活销售及少量冷冻冷藏销售外，淡水鱼的精深加工还是空白，特别是约占淡水鱼养殖产量一半的鲢、鳙等大宗、低值淡水鱼的加工仍是薄弱环节，在内陆淡水鱼产区冷库数量很少，有的主产区还是空白，鱼品制冷、冻结、冷藏以及加工能力远远不能适应淡水渔业生产发展的需要。

自“十五”到“十二五”期间，科技部、农业部等组织实施了国家科技支撑、国家科技攻关、国家农业成果转化和现代农业产业体系建设等一系列淡水鱼加工科技计划项目，先后立项实施了“淡水和低值海水鱼类深加工与综合利用技术的研究与开发”、“大宗低值淡水鱼加工新产品开发及产业化示范”、“大宗低值鱼加工新产品与超低温急冻装备开发及产业化示范”、“新型淡水鱼风干技术现代化生产技术示范”等多项科研项目；2007年，农业部与财政部正式启动了现代农业产业技术体系建设计划，并于2008年针对大宗淡水鱼启动了国家大宗淡水鱼产业技术体系建设工作，依托具有创新优势的科研资源，设立包括加工在内的6个功能研究室，设立25位岗位科学家，并在主产区建立30个综合试验站，通过科研开发以及与产业结合，在冰温和微冻保鲜、速冻加工、鱼糜生物加工、低温快速腌制、糟醉、低强度杀菌和鱼肉蛋白的生物利用等方面取得了较大的进展。大宗淡水鱼糜加工产业开始发展，出现了包心鱼丸、竹轮、天妇罗和蟹足棒等淡水鱼糜新产品，并开始规模化标准化生产，产量在逐步增加；大宗淡水鱼加工利用程度进一步提高，开发了系列产品，将鱼头采用基于质构的组合杀菌技术加工成方便易保藏的软罐头产品，将采肉后副产物进行煮汤调味做成鱼汤粉，利用酶解技术将鱼肉、鱼皮、鱼鳞开发成了蛋白多肽、胶原蛋白肽或鱼蛋白饮料等产品；在大宗淡水鱼贮藏保鲜技术方面，开发了以鱼鳞和鱼皮蛋白酶解物为基料的可食性涂膜保鲜技术和等离子体臭氧杀菌、混合气体包装、冰温贮藏相结合的生鲜调理鱼片的保鲜技术；利用现代食品加工技术原理和工程技术，对深受消费者欢迎的传统水产制品进行工业化开发和示范，对传统腌制、发酵、杀菌、熏制、干制和糟醉等技术进行改造与创新，机械化、标准化水平逐步提高，我国淡水鱼加工关键技术和装备水平取得了明显提升，产业规模开始扩大；研发了发酵鱼糜制品、裹粉调理制品、调味鱼片、即食鱼羹和方便鱼汤粉等一批新产品，建立了一批科技创新基地和产业化示范生产线，储备了一批具有前瞻性和产业需求的关键技术。我国淡水鱼加工业开始加快发展，已成为淡水渔业新的增长点。目前，我国大宗淡水鱼加工企业主要分布在沿江、沿湖等省份，各省差异较大，湖南、湖北、浙江、福建、广东、安徽等省发展较快。

尽管我国近年来淡水鱼加工产业取得了较大进步，但由于我国淡水鱼加工业起步较晚，与世界水产加工的先进水平相比尚存在很大差距，尤其在大宗淡水鱼加工方面差距更大，表现在以下几个方面：

1. 加工比例低，加工深度不够　国际水产加工比例高达75%，而现阶段我国淡水鱼加工比例不足15%，加工产品主要是初加工的速冻品、干制品和腌制品等，技术含量低和产品档次低。

2. 综合利用程度低，资源浪费严重　淡水鱼加工产生的大量鱼鳞、鱼皮、鱼骨、鱼内脏等加工下脚料，大多直接加工成饲料鱼粉等低值产品或直接被废弃，综合利用程度不高，造成资源浪费和环境污染，迫切需要研究开发相关的环境友好型、资源节约型、切实有效的高值化利用技术。

3. 加工方式落后，质量安全控制体系不完善　目前，我国淡水鱼加工主要以传统型加工工艺为主，规模小，机械化程度低，卫生状况差，不规范等，生产技术和装备水平低，加工质量安全隐患依然存在，缺乏完善的质量控制体系和产品标准体系，还未形成具有带动效应的现代化龙头加工企业和知名品牌，加工产品技术需要更新和升级。一些符合我国消费者饮食习惯和深受欢迎的传统特色水产品还多采用小规模的手工作坊，技术装备落后，缺乏工业化生产技术。

4. 技术研发与加工难度大，技术储备不足 我国大宗淡水鱼种类多、鱼体小而差异大，肌间刺细密，土腥味重，规模化机械化加工难度大，一些制约淡水鱼加工产业发展的关键技术问题，如淡水鱼腥味脱除技术、鱼糜凝胶增强技术、淡水鱼保活保鲜、质量控制以及生物活性物质的分离制备等产业化的关键技术等还未得到有效解决，致使大宗淡水鱼加工产业化程度不高。

5. 研究基础薄弱，创新能力不强 国际上淡水鱼相关研究报道很少，而大宗淡水鱼更是几乎没有。在我国，对大宗淡水鱼加工研究基础薄弱，更缺乏该领域的理论与应用基础研究，鲜见引领产业发展的原创性成果，加之技术集成创新和引进消化吸收再创新不够，致使创新能力不足，研发成果不能满足产业化生产需求。

（三）淡水鱼加工产业发展机遇

随着我国经济建设加快发展和全球经济一体化的实现，大宗淡水鱼加工产业迎来了前所未有的好机遇。

1. 国内经济发展、消费市场潜力巨大 目前，中国已经成为水产品消费市场容量最大的国家。由于我国有13亿多人口，淡水鱼消费的潜在市场巨大，每年人均淡水鱼加工产品消费量增加1kg，我国淡水鱼加工产品年消费量就会增加130万t。我国有悠久的淡水鱼消费传统习惯与博大精深的淡水鱼饮食文化，随着我国经济发展和生活水平的提高，淡水鱼消费在食物消费中的比例会逐渐提高，随着消费者更加注重消费质量与追求健康，对方便、营养、健康、安全和美味鱼类加工品的消费需求会快速增加，目前普遍认为吃鱼类可降低胆固醇、软化血管和健脑美容等，比起其他的肉类食物，消费者愿意花更多的钱购买和消费对身体有益的淡水鱼产品，对生鲜调理鱼类食品、方便熟食鱼类食品等消费需求将越来越多，淡水鱼加工产品在居民家庭消费和餐饮消费中的比重将不断增加。此外，更有广阔的农村消费人群与市场，故国内淡水鱼消费市场潜力是巨大的。

2. 国际市场前景广阔 全世界有超过10亿人将鱼类作为主要的动物蛋白质来源，由于受海洋渔业资源的局限，未来全球的淡水鱼消费量将持续增长，这为我国淡水鱼产业发展提供了广阔的空间。

近年来，除非洲地区因人口成长速度超过水产品消费量增加速度，导致人年平均水产品消费量下降外，其他各洲地区的人均水产品消费量均有所增加，其中，又以亚洲地区国家的增长速度最大。2012年，我国包括淡水鱼在内的水产品进出口总量792.5万t，进出口额269.81亿美元，其中出口额189.83亿美元，进口额79.98亿美元，贸易顺差突破100美元。除对虾、鳗、罗非鱼等加工出口产业带已初具规模，而大宗淡水鱼加工产业的发展，也将逐渐开拓国外市场，推动淡水鱼加工出口产业带的形成，淡水鱼鱼糜与制品、冷冻或熟食淡水鱼肉制品，在日本、亚洲、美洲、欧洲等国家地区市场前景广阔。

3. 政策扶持力度不断加大　近年来，随着淡水养殖产业规模的不断壮大，我国越来越重视淡水产品加工产业的发展，为了加快我国淡水鱼加工产业发展，提升我国水产品加工技术水平，进入21世纪以来，国家对淡水鱼加工的重视程度在不断提高。2012年11月5日，农业部组织召开全国水产品加工业发展促进工作会议，将加快我国水产品加工业持续快速发展摆在了重要位置。牛盾副部长提出"继续保持我国水产品加工业又好又快发展，对现阶段和今后一个较长时期我国农业农村经济发展和现代渔业建设具有十分重要的意义"，相信国家对淡水鱼加工产业的政策扶持力度也将不断加大。

（四）淡水鱼加工产业发展的主要趋势

1. 生产规模化、机械化水平不断提高　生产规模化、机械化、连续化、自动化是加快淡水鱼加工产业发展、扩大产业规模的重要途径。发达国家的海洋水产品加工已形成了完整的生产线，各工序衔接协调，实现了高度机械化和自动化，高加工率和高附加值成为发达国家水产品加工行业发展的一个显著特点。目前，我国淡水鱼加工产业尚未完全形成，加工产值和产量还比较少，加工机械化、连续化水平比较低，规模化加工还比较小。加快技术进步和自主创新能力提升，加快开发、引进、推广新技术、新工艺和新装备，改造传统技术，促进淡水鱼由初级加工向高质量、高附加值的精深加工转变，由传统加工向采用先进适用技术和现代高新技术加工转变，由资源消耗型向高效利用型转变，由简单劳动密集型向劳动密集与技术密集型转变，通过生产机械化、规模化实现淡水鱼加工产业化，促进淡水鱼加工产业的发展。生产规模化、机械化是未来淡水鱼加工的发展趋势。

2. 产品类型朝着多样化、个性化和方便化方向发展　根据国内外市场需求和消费趋势，把握市场供求信息，认准目标市场及主攻方向，调整产业和产品结构，大力发展淡水鱼小包装食品和风味休闲食品、方便熟食食品和即食食品等方便水产食品，以适应现代社会发展对快捷、方便食品的需要，向适合超市和餐饮消费需求的味美、营养、安全、快捷的淡水鱼制品方向发展，淡水鱼加工的多层次、多品种的系列冷冻调理制品、风味休闲制品、即食熟食制品的开发是重点。

3. 功能性淡水鱼制品逐渐兴起，更加注重产品的营养与功能　食品不仅要美味、有营养，消费者更加重视食品对人体养生保健作用，对食品的营养与功能提出了更高要求，具有调节人体功能、对人体有保健作用的功能性食品或我国称为保健食品正在逐渐兴起，开发淡水鱼功能性食品成为研究热点。通过生物、化学和物理技术开发的富含ω-3多不饱和脂肪酸（EPA、DHA）、活性肽、活性蛋白等活性组分的具有降压、降脂、增强免疫等功能的淡水鱼制品将日益增多。

4. 淡水鱼加工综合利用程度不断提高 随着人口的持续增长和耕地面积的逐渐减少，水产资源已成为世界优质食品和生物制品的重要来源。世界各国正竞相致力于从水产资源中获得更多安全、优质的食品、生物制品的技术研究与产品开发，对水产加工废弃物进行再利用，目前日本的全鱼利用率已达到97%～98%。随着水产品加工技术和装备水平的不断提高，淡水鱼的资源利用率和高值化程度将不断提高。

5. 产品的质量与安全稳步提升 食品安全直接关系到人类的健康、国际贸易以及社会稳定。近年来，随着食品安全事件的不断暴发，以及各国为了本国利益对进口水产品所设置的各种技术壁垒，使得水产品的质量与安全日益成为各国研究的重点。对淡水鱼种的生物危害和农残、药残等化学危害的预防、控制和消除等，建立有效控制产品品质、安全及生产成本的产业化质量控制技术体系，成为淡水渔业今后的一项重要任务。

6. 高新技术在淡水鱼加工中将得到广泛应用 近几年水产品加工技术水平得到了较大提高，一些高新技术如生物技术、微波技术、挤压技术、超微粉碎技术、膜分离技术、冷杀菌技术等以及食品质量与安全的无损检测技术已逐渐应用或将应用于水产品加工中，进一步推动传统加工技术的提升改造，采用新技术对传统特色淡水鱼制品加工技术进行提升与改造，生产出更多更高品质淡水鱼加工产品。

四、淡水鱼加工产业的发展方向

现代渔业是集养殖、加工与物流业于一体的产业集群，淡水鱼加工业在构建集养殖、加工、流通业于一体的产业链中起着巨大作用，以加工稳定和拉动淡水鱼养殖产业发展。淡水鱼加工业要以促进渔业经济发展、带动农民增收、保障营养健康与质量安全为目标，以国内外市场需求为导向，以产业化经营为依托，以淡水鱼精深加工为发展方向，优先发展产业关联度广、附加值高、技术含量高、规模效益显著、区域优势明显的大型淡水鱼加工企业，切实提高淡水鱼加工产品的市场占有率和竞争力，促进我国淡水鱼加工业和淡水渔业经济结构的战略性调整。针对我国大宗淡水鱼产量大、加工比例低、加工技术水平不高、产品科技含量低与产业配套水平低、质量和安全问题多和下脚料利用率低等问题，加大科技研发与创新，引进与开发淡水鱼保活保鲜、加工新技术、新工艺和新设备，严格执行食品卫生安全法规，执行高标准的市场准入制度，大力推动淡水鱼加工产业化示范基地的建设，扶持优势淡水鱼加工企业的发展壮大，培育一批在国内和国际市场上竞争力强的淡水鱼加工龙头企业和品牌产品，推动整个淡水鱼加工产业的快速健康发展。

根据我国大宗淡水鱼加工现有研究基础、产业现状和实际情况，下列大宗淡水鱼加工产业发展方向值得考虑：

（1）发展适合我国消费习惯和符合中国人口味的腌糟制、发酵、熏制鱼制品等传统特色食品；利用现代食品工程技术对传统工艺进行技术升级和工艺改进，提高加工产品的质量和安全，增加加工产品品种和产品类型，增加不同品质和消费层次要求的多种形式包装产品，扩大加工原料种类。

（2）发展适合超市、餐饮、家庭消费需求的具有较长保质期的淡水鱼方便熟食食品，以大宗淡水鱼为原料应用熏制、酱制、调味配方和杀菌等技术，生产即食罐藏食品、方便鱼菜肴类食品；增加适合不同消费者需求的具有不同质构口感和风味品质的多样化、系列化产品。

（3）开发食用方便、口感好、适合旅游的风味休闲系列产品，以小鱼、低值鱼类为原料，应用腌制、脱腥、油炸、干燥、调味、重组、成型等生产风味鱼干、风鱼、脆香鱼片、鱼排、鱼肉粒和烤香鱼等产品。

（4）发展淡水鱼糜加工产业，以鲢、鳙等淡水鱼为原料，集成低温变性保护剂、酶法交联以及多糖凝胶增强效应，提高鱼糜质量和产率，开发生产符合中国人消费习惯和饮食需求的适合超市、餐饮和家庭消费的鱼糜制品。

（5）开发生产适合国内消费需求的保鲜调理类淡水鱼方便食品，利用精细分割、调理配方和保鲜等技术，生产适合家庭、宾馆、餐饮服务业的快速、方便、卫生和安全的需求的系列易加工食用的新鲜、营养保鲜类调理水产食品。

（6）坚持淡水鱼多层次加工、综合利用，确保加工副产物的合理高效利用。加强鲢等价格低、产量高的大宗鱼类的加工开发研究和加工下脚料开发力度，实现资源循环利用，延长产业链，促进水产品转化增值，促进经济社会的全面协调、可持续发展。

（7）开展超高压技术、超临界萃取、微波技术、欧姆杀菌、高压脉冲等高新技术在淡水鱼加工产业中的应用研究，提升产业技术水平和核心竞争力。

参考文献

包特力根白乙，姜丹，牟海珍．2008. 中国水产加工的发展历程产品形态和需求市场［J］．农产品加工（5）：69－72.

岑剑伟，李来好，杨贤庆，等．2008. 我国水产品加工行业发展现状分析［J］．现代渔业信息，23（7）：6－9.

陈洁，罗丹．2011. 中国淡水渔业发展问题研究［M］．上海：上海远东出版社．

崔凯，李海洋，何吉祥 . 2011. 大宗淡水鱼类产业态势及发展对策研究 [J] . 中国渔业经济，29 (4)：24 - 29.

戴新明，熊善柏 . 2004. 湖北省淡水鱼加工与综合利用 [J] . 渔业现代化，2：42 - 43.

戈贤平 . 2010. 2009 年度大宗淡水鱼类产业技术发展报告 [J] . 科学养鱼（增刊）：1 - 3.

戈贤平 . 2010. 我国大宗淡水鱼养殖现状及产业技术体系建设 [J] . 中国水产 (5)：5 - 9.

李乃胜，薛长湖，等 . 2010. 中国海洋水产品现代加工技术与质量安全 [M] . 北京：海洋出版社 .

夏文水，姜启兴，许艳顺 . 2009. 我国水产加工业现状与进展 [J]（上）. 科学养鱼 (11)：2 - 4.

夏文水，姜启兴，许艳顺 . 2009. 我国水产加工业现状与进展 [J]（上）. 科学养鱼 (12)：1 - 3.

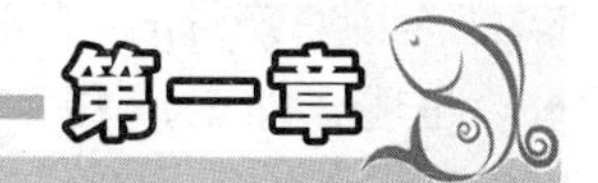

大宗淡水鱼的原料特性

食品的质量取决于加工原料，一种好的食物是生产好食品的前提。大宗淡水鱼作为一种水生动物，也具有动物原料所具有的特点。表现在具有生命活动，在水中或捕捞后仍然是活的，当宰杀后或死亡后，组织细胞内的生化反应仍会继续进行，鱼体一经死亡后其组分就进入变质过程，并随着时间而不断变差；大宗淡水鱼营养成分丰富，水分含量较高，离水后极易死亡，是一种极易腐败原料；大宗淡水鱼生长与品质受水域或养殖环境、季节气候、饲料等影响，不同生长期、捕获期与不同地区的鱼，其原料的化学成分与组织结构会有一定差异。大宗淡水鱼不同品种或类型，经烹饪成菜肴或加工为食品后，其肉质口感、口味也有差异之处。了解和分析研究大宗淡水鱼的原料种类特点、组成与营养成分、鲜度与品质、加工特性，是大宗淡水鱼加工与保藏的基础。

第一节　大宗淡水鱼种类

我国淡水鱼中，鲤科鱼类有400余种，其中，大宗淡水鱼主要包括青鱼、草鱼、鲢、鳙、鲤、鲫、鲂等7个种类，都是属于鲤科鱼类。这些渔具有悠久的养殖历史，形成了传统的养殖品种，随着对这些养殖品种的改良和选育，也发展了一些大宗淡水鱼的新品种。

一、青鱼（black carp）

青鱼（*Mylopharyngodon piceus*），也称黑鲩、乌青、螺蛳青。属硬骨鱼纲、鲤形目、鲤科、青鱼属。青鱼是生活在中国江河湖泊的底层鱼类，分布以长江以南为多，是我国主要养殖鱼类之一。青鱼体形长略成圆筒形，腹圆无腹棱，尾部侧扁，口端位、吻端较草鱼为尖。下咽齿1行，臼状。体色青黑，背部较深，腹部较淡。胸鳍、腹鳍和臀鳍均为深黑色（图1-1）。青鱼以浮游动物及螺、蚬为食，生长快，鱼体大者可达50 kg以上，食用青鱼的商品规格为2.5 kg/尾，养殖周期为3～4年。图1-2显示我国青鱼产量2007年以来近5年连续增长，2011年青鱼总量达46.8万t，较2010年增长10.28%；湖北、江苏、安徽、湖南和江西5省分别居我国青鱼产量的前5位，产量均超过4万

t，占全国总产量的71.6%。青鱼肉厚刺少，富含脂肪，味鲜美，除烹饪鲜食外，也适合加工成糟醉品、熏制品和罐头食品（李思发，1998；沈月新，2001）。

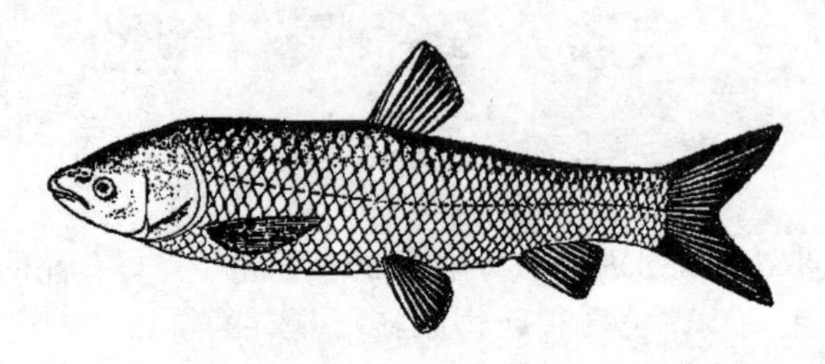

图1-1 青 鱼
（沈月新，2001）

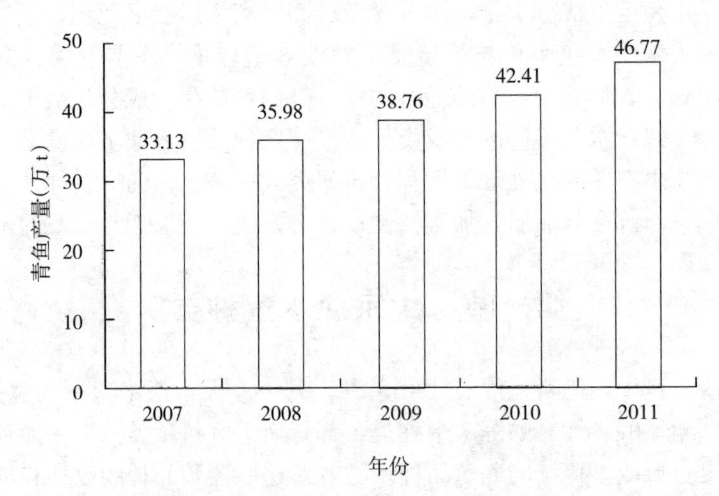

图1-2 我国2007—2011年青鱼产量

二、草鱼（grass carp）

草鱼（*Ctenopharyngodon idellus*），又称鲩鱼、草青。属硬骨鱼纲、鲤形目、鲤科、草鱼属。草鱼自然分布于黑龙江至珠江流域，一般喜居于水的中下层和近岸多水草区域。性活泼，游泳迅速，常成群觅食。以水生植物为食，为典型的草食性鱼类，是我国主要养殖淡水鱼之一。其体长，前部略成圆筒状，头部稍平扁，尾部侧扁，腹圆无腹棱。口端位，呈弧形，无须，上颌略长于下颌。下咽齿2行，齿梳形，齿面呈锯齿状，两侧咽齿交错相间排列（图1-3）。背部带青灰，腹部白色，胸鳍、腹鳍灰黄色，其他各鳍浅灰色。草鱼的外形与青鱼很相似，主要区别是吻端较青鱼为钝，体茶黄色。草鱼生长快，鱼体大的可达30 kg左右，食用草鱼的规格为1～1.5 kg/尾，长江流域草鱼养殖周期一般为2～3年，珠江流域为2年，东北地区则为3～4年。图1-4显示了我国草鱼产量2007年以来近5年的增长情况，2011年草鱼总产量达444.2万t，在淡水鱼中产量居第一位，产量较2010年增长5.21%；湖北、湖南、广东、江西和江苏5省分别居我国草鱼产量的前5位，产量均在35万t以上，占全国总产量的62.2%。草鱼的加工食用方法与青鱼相似，口味稍逊（李思发，1998；沈月新，2001）。

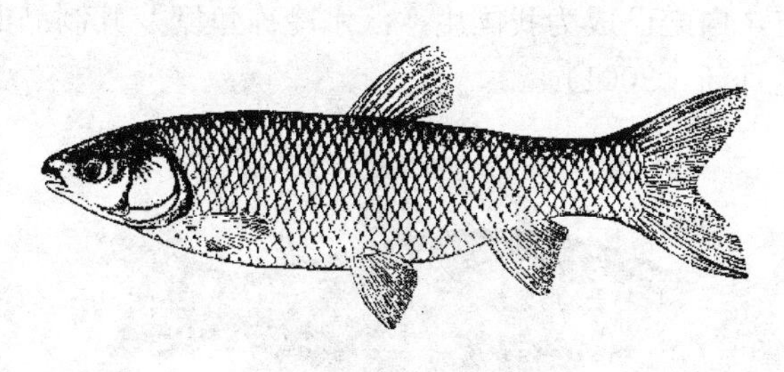

图1-3　草　鱼
（沈月新，2001）

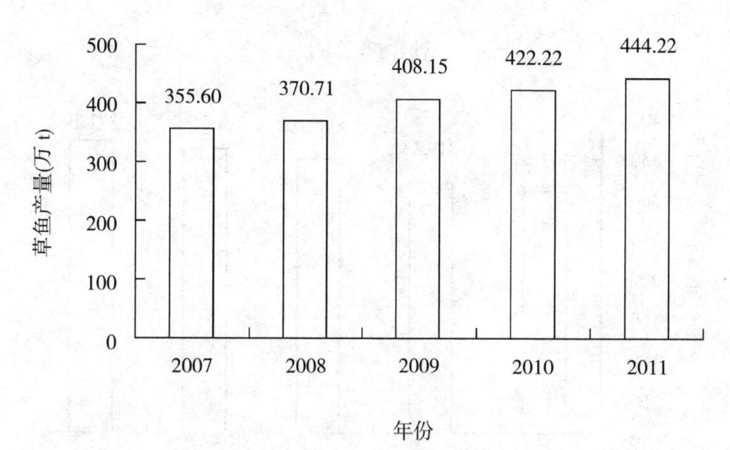

图1-4　我国2007—2011年草鱼产量

三、鲢（silver carp）

鲢（*Hypophthalmichthys molitrix*），又名白鲢。属硬骨鱼纲、鲤形目、鲤科、鲢亚科、鲢属。鲢自然分布于中国东北部、中部、东南部、南部地区江河湖泊中，鲢属于上层鱼类，也是我国主要养殖淡水鱼之一。鲢的体形侧扁，腹部狭窄隆起似刀刃，胸鳍下方至肛门间有腹棱，胸鳍末端伸达腹鳍基部，其鳞细小，头长约为体长的1/4，口宽大、吻钝圆、眼较小，口腔后上方具螺旋形鳃上器，鳃耙密集联成膜质片，利于摄取微细食物。体色银白，背部稍带青灰（图1-5）。鲢生长快，个体大的可达10kg，食用鲢规格为0.5～1kg，周期为2年。鲢除野生外，经人工选育的长丰鲢和津鲢是2个养殖较多的新品种，养殖成活率高、生长快，耐寒能力强，增产效果明显。图1-6显示我国鲢产量2007年以来5年的连续增长，2011年鲢总产量达371.3万t，较2010年增长2.95%，产量仅次于草鱼；湖北、江苏、湖南、安徽及江西5省分别居我国鲢产量的前5位，产量均在20万t以上，占全国总产量的52.7%。鲢的产量大，价格便宜，不仅可以鲜食，还可被加工成罐头、熏制品或咸干品、冷冻鱼糜，目前，白鲢已成为我国生产淡水冷冻鱼糜及其制品的主要原料（李思发，1998；沈月新，2001）。

图1-5　鲢

（沈月新，2001）

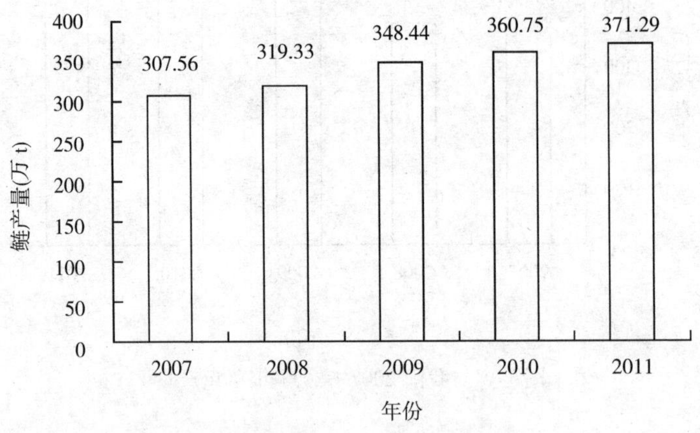

图1-6　我国2007—2011年鲢产量

四、鳙（bighead carp）

鳙（*Aristichthys nobilis*），又名花鲢、胖头鱼。属硬骨鱼纲、鲤形目、鲤科、鲢亚科、鳙属。鳙自然分布于我国中部、东部和南部地区的淡水水域。鳙属中上层鱼类，以食各类浮游生物为主，生长快，人工饲养简便，是我国主要的淡水鱼养殖鱼类。在我国，鳙与青鱼、草鱼、鲢一起合称为“四大家鱼”。鳙的体形侧扁、稍高，外形似鲢，但腹部自腹鳍后才有棱。头部肥大，头长约为体长的1/3。鳞细小，胸鳍末端超过腹鳍基部1/3～2/5。口宽大、吻圆钝，咽齿1行，齿面光滑，口腔后上方具螺旋形鳃上器，鳃耙排列细密如栅片，但彼此分离。体色稍黑，有不规则的黑色斑纹，背部稍带金黄色，腹部呈银白色（图1-7）。个体大的鳙可达35～40kg，食用鳙的商品规格为0.5～1kg/尾，养殖周期为2年。图1-8显示我国鳙总产量2007年以来近5年的增长情况，2011年我国鳙总产量达到266.8万t，较2010年增长4.60%；湖北、广东、湖南、江西及安徽5省分别居我国鳙产量的前5位，产量均超过20万t，占全国总产量的57.8%。鳙以鲜食为主，特别是鱼头大而肥美，可烹调成剁椒鱼头或煮汤等美味佳肴，也可被加工成罐头、熏制品或咸干品（李思发，1998；沈月新，2001）。

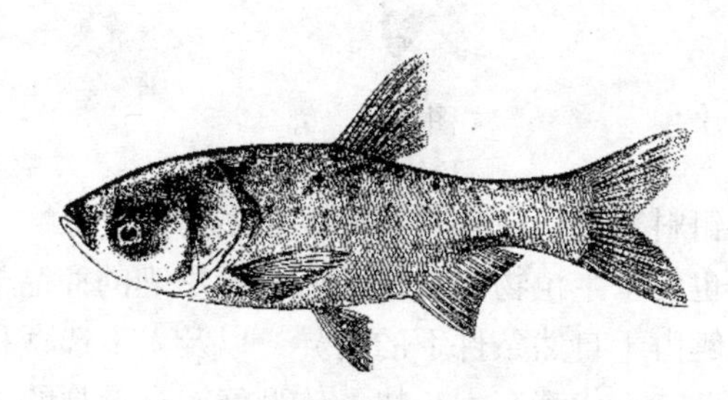

图1-7 鳙
（沈月新，2001）

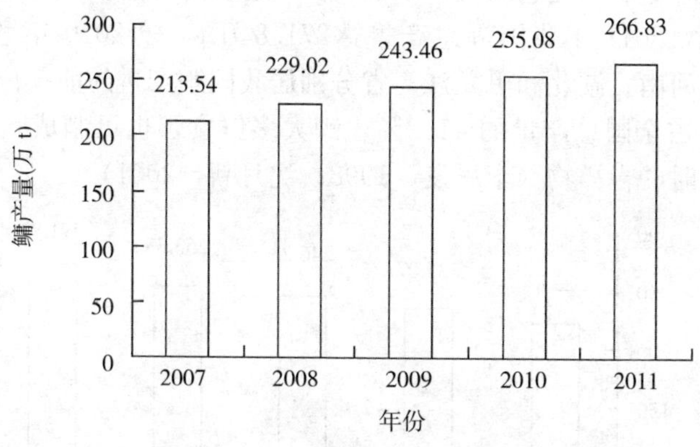

图1-8 我国2007—2011年鳙产量

五、鲤（common carp）

鲤（*Cyprinus carpio*），又名鲤拐子。属硬骨鱼纲、鲤形目、鲤科、鲤亚科、鲤属。鲤鱼是中国分布最广、养殖历史最悠久的淡水经济鱼类，除西部高原水域外，广大的江河、湖泊、池塘、沟渠中都有分布。鲤鱼是底栖性鱼类，对外界环境的适应性强，食量大，觅食能力强，能利用颌骨挖掘底栖生物。在池塘中，能清扫塘内的残余饵料。鲤体长稍侧扁，腹圆无棱。口端位，呈马蹄形，有须2对，吻须短。背部在背鳍前隆起。背鳍长，臀鳍短，两鳍都具带锯齿的硬刺。咽齿3行，内侧齿呈臼状。体背部灰黑色，腹部白色，臀鳍和尾鳍下叶为橘黄色（图1-9）。

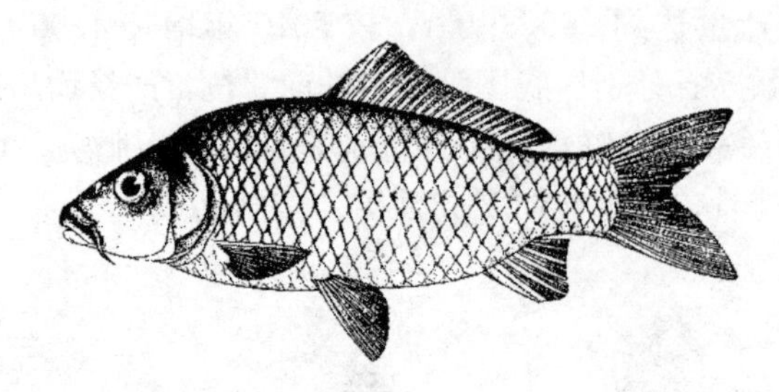

图1-9　鲤
（沈月新，2001）

鲤以食动物性饵料为主，在自然条件下，主要摄食螺蛳、黄蚬、幼蚌、水生昆虫及虾类等，也食水生植物和有机碎屑。食用鲤的商品规格为0.5kg/尾，养殖周期为2年。鲤由于自然条件下的变异，以及人工选育和杂交形成许多亚种、品种和杂种。杂交一代都有生长快、体型好、产量高的优势，主要新品种有福瑞鲤、德国镜鲤选育系、松浦镜鲤、豫选黄河鲤、湘云鲤、松荷鲤、颖鲤、丰鲤、芙蓉鲤和乌克兰鳞鲤等。图1-10显示我国鲤总产量2007年以来5年的增长情况，2011年我国鲤总产量达271.8万t，较2010年增长7.08%；山东、辽宁、河南、湖北和黑龙江5省分别居我国鲤产量的前5位，产量均在15万t以上，占全国总产量的41.2%。鲤大多鲜食，也可制成鱼干。北方地区视鲤为喜庆时的吉祥物（李思发，1998；沈月新，2001）。

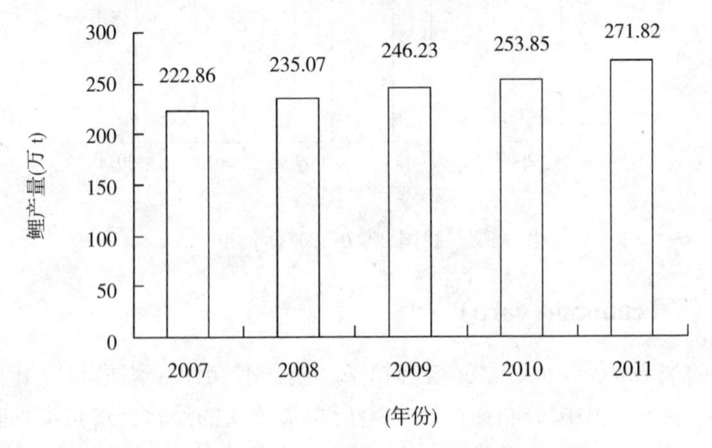

图1-10　我国2007—2011年鲤产量

六、鲫（crucian carp）

鲫（*Carassius auratus*），又名喜头鱼。属硬骨鱼纲、鲤形目、鲤科、鲤亚科、鲫属。鲫为杂食性鱼类，喜在水体底层活动，广泛分布于我国除西部高原地区外的全国各地。鲫的适应性非常强，不论是深水或浅水、流水或静水，高温（32℃）水或低温（0℃）水中均能生存，即使在 pH 9 的强碱性水域、盐度高达 4.5%的达里湖，仍然能生长繁殖。鲫对低氧的适应能力也很强。鲫个体较小，体形侧扁而高，无须，腹线略圆，吻钝。鳃耙细长，排列紧密。咽齿 1 行。圆鳞，背鳍长，背鳍、臀鳍第 3 根硬刺较强，后缘有锯齿。胸鳍末端可达腹鳍起点。背部蓝灰色，体侧银白色或金黄色（图 1-11）。

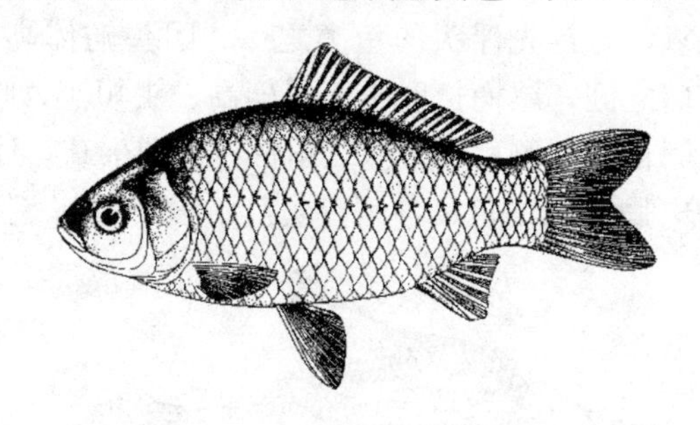

图 1-11　鲫

（沈月新，2001）

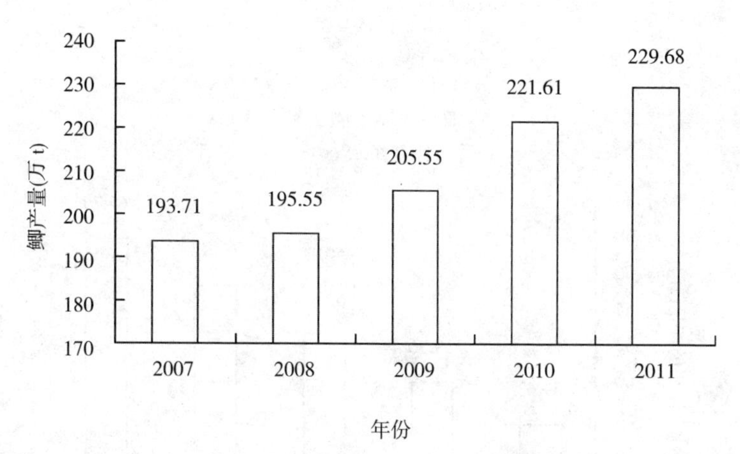

图 1-12　我国 2007—2011 年鲫产量

食用鲫的规格为 150～250g/尾，鲫选育的新品种比较多，推广养殖较大的品种是异育银鲫“中科 3 号”，具有生长速度快、出肉率高、遗传性状稳定等优点，其他还有彭泽鲫、松浦银鲫、湘云鲫和芙蓉鲤鲫等。图 1-12 显示我国鲫总产量 2007 年以来近 5 年的增长情况，2011 年我国鲫总产量达到 229.7

万 t，较 2010 年增长 3.64%；江苏、湖北、江西、安徽和山东 5 省分别居我国鲫产量的前 5 位，产量均在 10 万 t 以上，占全国总产量的 60.2%。一般以鲜食为主，可煮汤，也可进行红烧、葱烤等烹调加工（李思发，1998；沈月新，2001）。

七、团头鲂（blunt snout bream）

团头鲂（*Megalobrama amblycephala*），又名武昌鱼、鳊鲂。属硬骨鱼纲、鲤形目、鲤科、鳊亚科、鲂属。团头鲂是温水性鱼类，原产中国湖北省和江西省，在湖泊、池塘中能自然繁殖，现已移殖到中国各地。团头鲂栖息于中下水层，能在淡水和含盐量 0.5%左右的水中正常生长，耗氧率较高。在池塘混养条件下，如遇池水缺氧，为首先浮头的鱼类之一。团头鲂体高而侧扁，长菱形。腹棱限于腹鳍至肛门之间，尾柄长度小于尾柄高。头短小，吻短而圆钝。口前位，上下颌等长。鳃耙短而侧扁，略呈三角形，排列稀疏。体被较大圆鳞。团头鲂体背侧灰黑色，腹部灰白色，各鳍青灰色，腹膜黑色（图 1－13）。

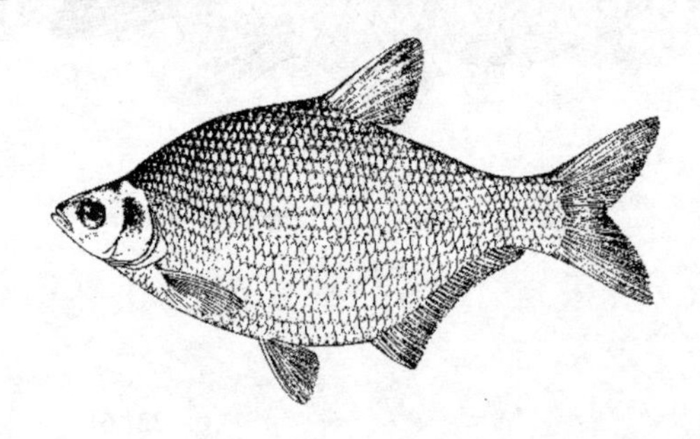

图 1－13　团头鲂
（沈月新，2001）

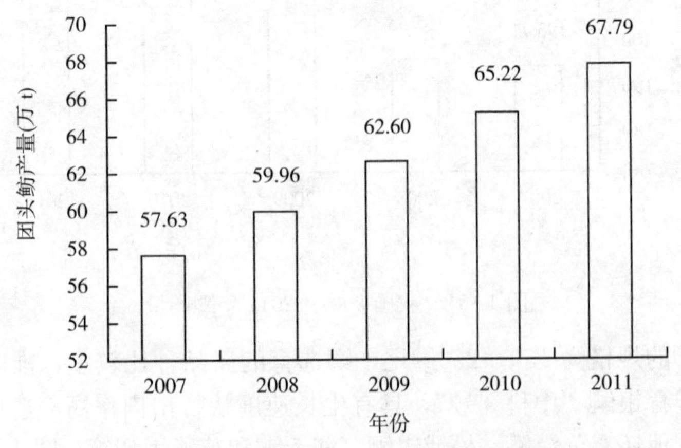

图 1－14　我国 2007—2011 年团头鲂产量

团头鲂属于杂食性鱼类，在鱼苗和幼鱼阶段食浮游动物，成鱼以草类为食料，生长较快，抗病力强，已成为中国池塘和网箱养殖的主要鱼类之一。食用团头鲂的规格为250～400g/尾，生长周期一般为2～3年。新品种有团头鲂“浦江1号”，养殖周期比常规团头鲂少1年，全国有20多个省（直辖市）养殖。图1-14显示我国团头鲂总产量2007年以来近5年的增长情况，2011年我国团头鲂总产量达67.8万t，较2010年增长3.94%，江苏、湖北、安徽、湖南和江西5省分别居我国团头鲂产量的前5位，产量均超过了5万t，占全国总产量的77.5%。一般以鲜食为主，有清蒸、红烧、葱油等烹调方法，也可加工成风干鱼、调味熟食等产品（李思发，1998；沈月新，2001）。

第二节　淡水鱼的肌肉组成与营养成分

一、鱼体结构与肌肉组织

（一）鱼体结构

青鱼、草鱼、鲢、鳙、鲤、鲫和团头鲂等七种大宗淡水鱼均属有鳞、硬骨鱼类，鱼体通常由头、躯干、尾和鳍等四部分组成。精细分割则可将鱼体分成鱼鳞、鱼皮、鱼肉、鱼骨、鱼鳍和内脏等部分（图1-15）。

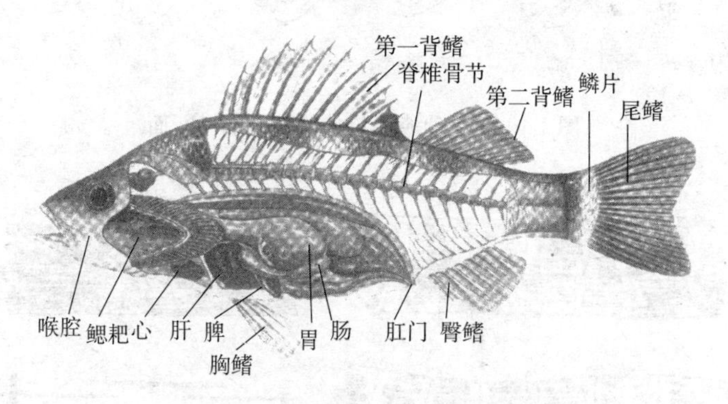

图1-15　硬骨鱼的鱼体结构示意图
（彭增起等，2010）

鱼皮由数层上皮细胞构成，最外层覆盖有薄的胶原层；鱼鳞则从表皮下面的真皮层长出，鱼鳞主要由胶原蛋白和磷酸钙构成，起着保护鱼体的作用；鱼骼主要成分有胶原蛋白、谷黏蛋白、谷硬蛋白以及磷酸钙等；鱼鳍按照所处部位，则可分为背鳍、腹鳍、胸鳍、尾鳍和臀鳍，有些鱼种缺少其中一种或几种，鱼鳍是运动和保持身体平衡的器官；鱼内脏与陆生哺乳动物的相似，除胃、肝、胆、肾、胰脏外，大多数鱼类均具有由银白色薄膜构成的鱼鳔，鱼鳔含有大量的胶原蛋白，一些大型鱼类的鱼鳔可作为生产鱼肚或鱼胶的原料。

在淡水鱼组织中，鱼肉一般占鱼体质量的40%～50%；鱼头、鱼骨、鱼皮和鱼鳞占鱼体质量的30%～40%；鱼内脏和鳃占鱼体质量的18%～20%。肌肉（肌肉部分）是淡水鱼中的最重要的可食用和被加工部分；鱼骨、鱼鳞、内脏、鳃等部分一般不被食用，但可以被利用。

（二）肌肉组织

脊椎动物的肌肉一般分为横纹肌和平滑肌，而横纹肌又可分为骨骼肌和心肌。鱼类肌肉属于横纹肌中的骨骼肌，附着在脊椎骨的两侧，其横断面呈同心圆排列（图1-16）。根据肌肉色泽的差异，鱼类肌肉可分为普通肉和暗色肉。鱼类肌肉与哺乳动物的横纹肌结构相似，但不同的是鱼类肌肉是由许多被肌隔膜分开的肌节重叠而成，而肌节则由肌纤维构成（图1-17）。

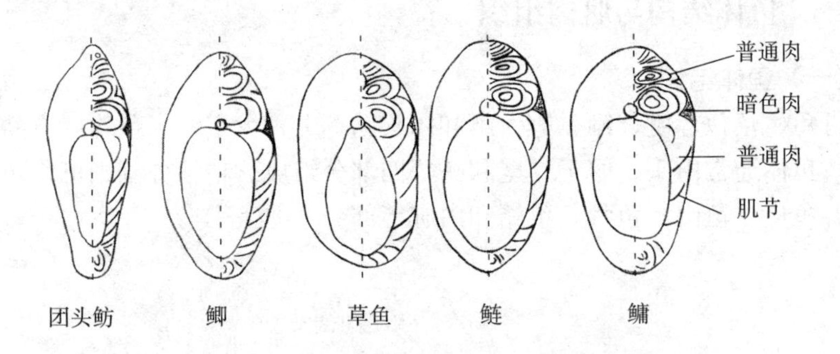

图1-16　5种淡水鱼鱼体的中部横断面

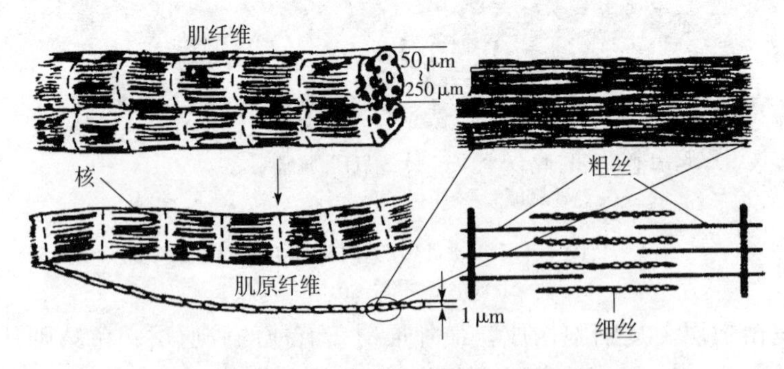

图1-17　横纹肌的构造

（沈月新，2001）

暗色肉是鱼类特有的肌肉组织，存在于体侧线的表面及背侧部和腹侧部之间。暗色肉因含有丰富的肌红蛋白（81%～99%）和少量血红蛋白而呈暗红色，因此，又被称为红色肉或血合肉。暗色肉除含有较多的色素蛋白质之外，还含有较多的脂质、糖原、维生素和活力很强的酶等，其pH在5.8～6.0，比普通肉的pH低，肌纤维较细；而普通肉则相对含有较多的盐溶性蛋白和水分。在保鲜过程中，暗色肉比普通的白色肉变质快，在食用价值和加工贮藏性能方面，暗色肉低于白色肉。

（三）肌肉的微细结构

鱼类肌肉由肌纤维集合而成。每条肌纤维是1个细胞，外部被称为肌纤维鞘的袋状肌浆膜包裹，内部则由多根与纵轴平行排列的肌原纤维构成，肌原纤维之间的间隙则充满了肌浆。鱼肉肌纤维的长度从几毫米到十几毫米，直径50～60μm，比陆生动物的短而粗。

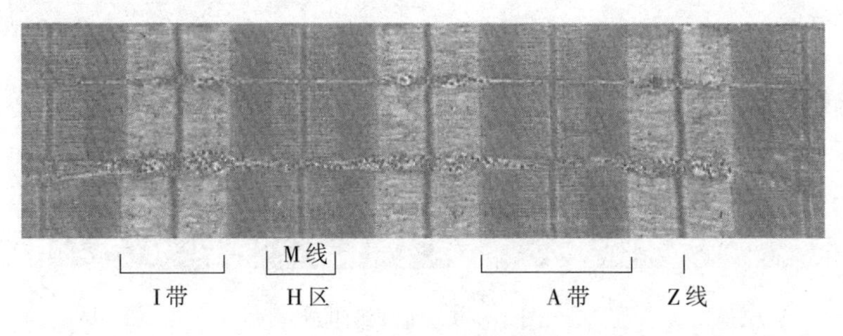

图1-18　肌纤维横纹构造

（Roger Echert，Animal Physiology，1988）

将鱼类肌肉沿肌纤维纵向平行切片，在电镜下可以观察到如图1-18和图1-19（A）所示的肌纤维构造。肌原纤维是由粗丝和细丝有规律地交替排列而成的，其中，粗丝和细丝交错重叠的部分为暗带（A带），暗带的中央仅有粗丝部分且稍明亮的一段为H区，H区的中央有1条M线，M线部分是能量代谢中重要酶如肌酸激酶所在的位置，而只有细丝组成的部分较明亮，被称为明带（I带），明带的中央有1条Z线，两侧的细丝都附着于Z线上。两条Z线之间的部分为1个肌节，即由1/2 I带＋A带＋1/2 I带构成，如图1-19（A）所示。在A带及I带分别存在直径为10～11nm及2～3nm的蛋白质纤维，即粗丝和细丝，细丝从Z线伸出，经过I带全部，插入粗丝之间。如沿肌纤维纵向垂直方向切片，在电镜下则可观察到粗丝和细丝在肌节内呈六角形状的分布，粗丝间的距离约45nm，如图1-19（B）和（C）所示。鱼类肌肉的收缩是通过细丝向粗丝间滑入而引起的。

二、肌肉的化学组成

淡水鱼肌肉的一般化学成分，通常包括水分、蛋白质、脂肪、碳水化合物、灰分和维生素等，由于受种类、季节、洄游、产卵和鱼龄等因素的影响，其含量变动范围较大。在同一种类中，也因个体部位、性别、成长度、

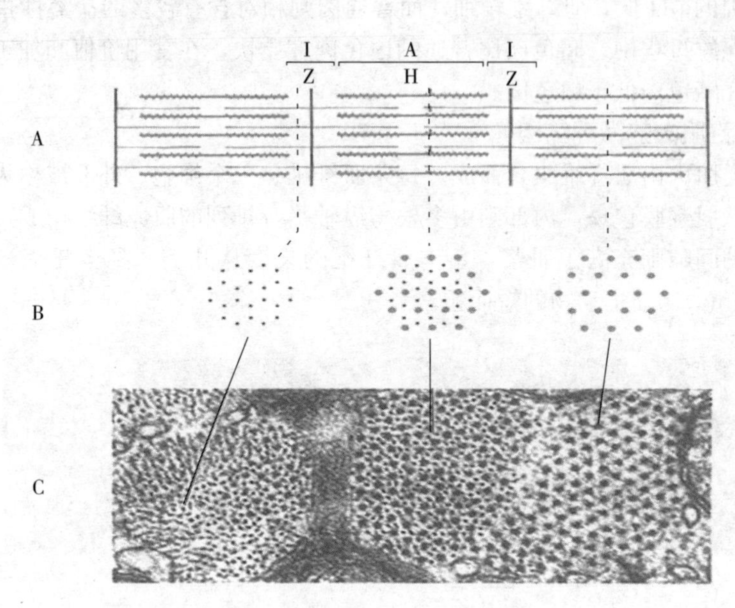

图 1-19　肌纤维组成

A. 3 个肌节　B. 肌节的横切面，细丝（左）、粗丝（右）、粗丝和细丝（中）

C. 肌节横切面的电镜图

（Roger Echert，Animal Physiology，1988）

季节、生息水域和饵料等多种因素的不同，其化学成分的含量而有所差异，表 1-1、表 1-2 分别列出了 7 种大宗淡水鱼和 11 种海水鱼肌肉的基本化学组成。

表 1-1　大宗淡水鱼肌肉的一般化学组成（%）

（李思发《中国淡水主要养殖鱼类种质研究》，上海科学技术出版社，1998）

淡水鱼种类	水分	粗蛋白	粗脂肪	糖质	灰分
青鱼	79.46	18.85	0.91	微量	1.13
草鱼	78.45	18.11	2.37	微量	1.19
鲢	79.71	18.30	0.87	微量	1.37
鳙	79.41	17.86	1.40	微量	1.25
鲫	77.18	17.62	3.85	0.10	1.01
鲤	78.16	16.11	4.88	0.20	0.97
团头鲂	78.21	18.73	1.53	微量	1.17

表 1-2 11 种海水鱼肌肉的一般化学组成（%）

（鸿巢章二等，水产利用化学，1992；汪之和，水产品加工与利用，2003）

海水鱼种类	水分	粗蛋白	粗脂肪	糖质	灰分
竹筴鱼	72.8	18.7	6.9	0.1	1.3
远东拟沙丁鱼	64.6	19.2	13.8	0.5	1.9
鲭	62.5	19.8	16.5	0.1	1.1
黑鲷	75.7	21.2	1.7	微量	1.4
鳕	82.7	15.7	0.4	微量	1.2
养殖虹鳟	70.2	20.0	8.2	0.1	1.5
海鳗	65.9	19.5	12.7	0.1	1.8
鳍金枪鱼	73.7	24.3	0.5	0.1	01.4
大黄鱼	81.5	16.7	0.8	微量	1.0
小黄鱼	79.0	17.2	2.1	微量	1.4
带鱼	70.3	20.7	8.7	微量	1.1

（一）水分

从表 1-1 中可知，7 种大宗淡水鱼肌肉的含水量较高，一般占鱼体质量的 75%～80%。鱼肉中的水分可分为自由水和结合水。自由水占总水分含量的 75%～85%，能溶解水溶性物质，并以游离状态存在于肌原纤维和结缔组织的网络结构中，参与维持电解质平衡和调节渗透压；自由水能被微生物所利用，在干燥时易蒸发脱除；在冷冻时易冻结而形成冰晶，导致肌肉细胞破损，造成汁液流失和组织变软。结合水占总水分含量的 15%～25%，因与蛋白质及碳水化合物中的羧基、羟基、氨基等形成氢键，而难于被蒸发和冻结，也不能被微生物所利用。鱼类肌肉中水分含量及其存在状态，不仅影响蛋白质等高分子的结构、行为功能，而且影响肌肉中的生化变化和微生物的生长。

（二）蛋白质

蛋白质是组成鱼类肌肉的主要成分，淡水鱼肌肉中粗蛋白含量一般在 15%～22%，与脂质相比，种间变化较小。按蛋白质的溶解性，通常可将鱼肉中的蛋白质分为水溶性蛋白、盐溶性蛋白和水不溶性蛋白等三大类，即可溶于水和稀盐溶液（I＝0.05～0.15）的肌浆蛋白、可溶于中性盐溶液（I≥0.5）中的肌原纤维蛋白和不溶于水和盐溶液的肌基质蛋白。淡水鱼肌肉蛋白质中，肌原纤维蛋白占 60%～70%，肌浆蛋白占 20%～35%，基质蛋白占 2%～5%。与陆生动物肌肉相比，鱼肉中的肌原纤维蛋白含量高，而肌基质蛋白含量低，因此，鱼肉组织比陆生动物肌肉柔嫩。

1. 肌原纤维蛋白 由肌球蛋白、肌动蛋白以及称为调节蛋白的原肌球蛋白与肌钙蛋白所组成，而其中肌球蛋白和肌动蛋白占肌原纤维蛋白总量的80%以上，是构成肌原纤维粗丝与细丝的主要成分。肌球蛋白和肌动蛋白在三磷酸腺苷（ATP）的存在下形成肌动球蛋白，不仅与肌肉的收缩和死后僵直有关，而且与加工、贮藏中蛋白质变性和凝胶形成等有密切关系。肌原纤维的结构模型见图1-20。

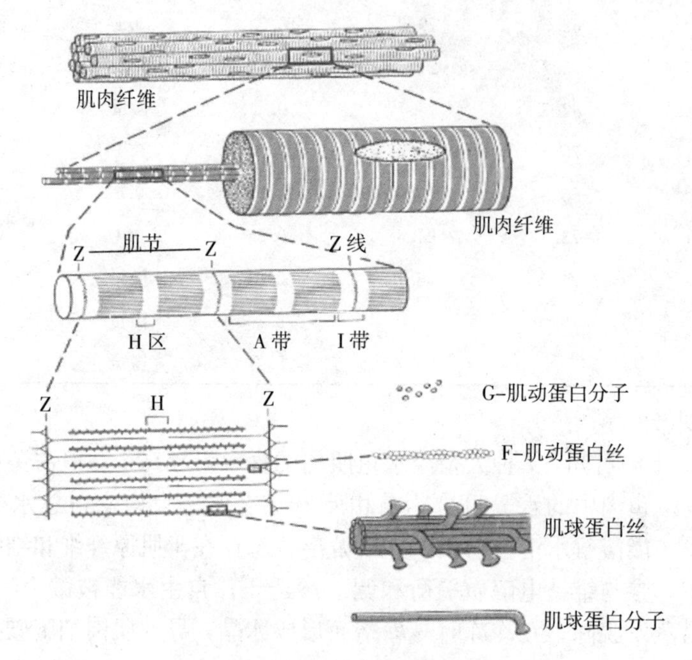

图1-20　肌原纤维的结构

（Roger Echert，Animal Physiology，1988）

（1）肌球蛋白　肌球蛋白占肌原纤维蛋白的40%～50%，是构成肌原纤维蛋白粗丝主要成分。肌球蛋白由球状的头部和螺旋状的杆部构成如图1-21，其相对分子质量为5.0×10^5，分子长150nm、宽约2nm，可被胰蛋白酶水解成轻酶解肌球蛋白（LMM）和重酶解肌球蛋白（HMM）。肌球蛋白头部具有分解ATP的三磷酸腺苷酶（ATPase）活性，存在于ATP和肌动蛋白结合的位点。在生理条件的低离子强度下，肌球蛋白的ATPase活性被Mg^{2+}阻碍，但在肌动蛋白和Ca^{2+}共同存在下则可被激活。

（2）肌动蛋白　肌动蛋白占肌原纤维蛋白的20%左右，是构成肌原纤维细丝的主要蛋白。肌动蛋白是由347个氨基酸残基组成的单链多肽，在多肽链内含有1mol的二磷酸腺苷（ADP）和1mol的Ca^{2+}，分子相对质量约为4.5×10^4，该链折叠形成三级结构，外观呈球状，称为G-肌动蛋白。G-肌动蛋白在ATP及生理盐环境下聚合，构成右旋的双螺旋结构，变成纤维状的F-肌动

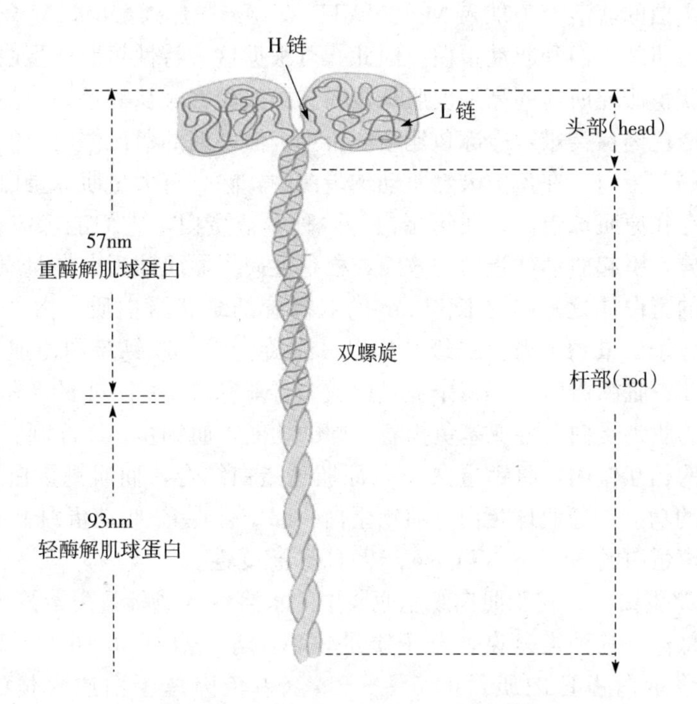

图 1-21　肌球蛋白分子的结构模型
(Roger Echert，Animal Physiology，1988)

蛋白（肌原纤维细丝）（图 1-22）。该反应为可逆反应，脱盐后 F-肌动蛋白可再恢复为 G-肌动蛋白。F-肌动蛋白能与肌球蛋白结合形成肌动球蛋白，显著激活肌球蛋白 ATPase 的活性。在高等动物的骨骼肌中，肌动蛋白和肌球蛋白的结合-解离是导致肌肉收缩或松弛的基本反应。

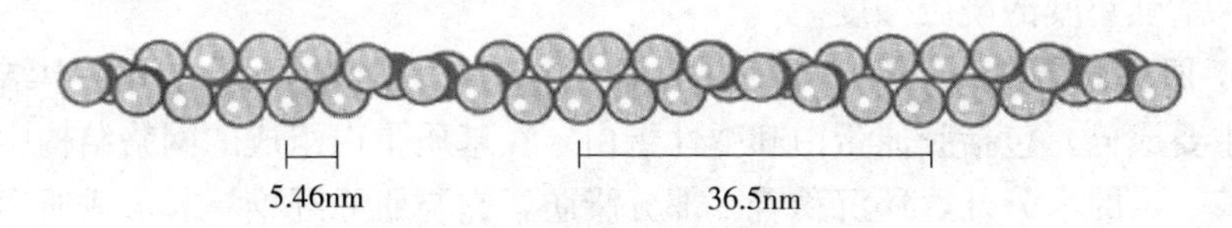

图 1-22　双螺旋结构的 F-肌动蛋白
(Roger Echert，Animal Physiology，1988)

（3）肌动球蛋白　肌动球蛋白是肌球蛋白和 F-肌动蛋白在一定生理条件下结合而成的复合体，是纤维状的超大分子。肌动球蛋白属于盐溶性蛋白，用高离子强度的盐溶液（0.45mol/L KCl-磷酸缓冲液，pH7.5）提取一定时间后，即可得到高黏度、以肌动蛋白-肌球蛋白复合体为主要成分的天然肌动球蛋白；而当用冷水稀释、将离子强度（I）降至 0.2 以下时，肌动球蛋白便絮凝沉淀。肌动球蛋白是贮藏加工的主要研究对象，以刚宰杀鱼肉为原料，在提取肌动球蛋白的盐溶液中加入 Mg^{2+} - ATP 或 Mg^{2+} -焦磷酸时，复合体会大部分被解离为肌球蛋白和肌动蛋白。因此，可根据这一特性对肌球蛋白进行分离提取，以获得研究所需的高纯度肌球蛋白。一般而言，从红色肉鱼类提取肌动球蛋白比白色肉鱼类难，冷冻鱼比新鲜鱼难，僵硬期的鱼比僵硬前的鱼难。

（4）调节蛋白　在鱼类天然肌动球蛋白中，除含有大量肌球蛋白和肌动蛋白外，还存在原肌球蛋白、肌钙蛋白等两种调节蛋白，它们能感应肌肉 Ca^{2+} 的浓度差异，引起肌动球蛋白的收缩或松弛反应。原肌球蛋白在肌原纤维中属于最稳定的蛋白质之一，是长 40nm 的双螺旋纤维状蛋白质，由 2 个亚基组成，相对分子质量约 7 万，二级结构以 α 螺旋为主。肌钙蛋白由肌钙蛋白 I、肌钙蛋白 T、肌钙蛋白 C 等三个亚基组成，各亚基按 1∶1∶1 的摩尔比结合组成 1 分子的肌钙蛋白。各亚基负担着不同的功能，肌钙蛋白 I 抑制肌球蛋白和肌动蛋白的相互作用，肌钙蛋白 T 与原肌球蛋白结合，而肌钙蛋白 C 起着与 Ca^{2+} 结合的功能。原肌球蛋白与肌钙蛋白一起结合在 F -肌动蛋白上形成细丝，并使肌动球蛋白的 Mg^{2+} - ATPase 产生 Ca^{2+} 感受性。

2. 肌浆蛋白　存在于肌肉细胞肌浆中的水溶性（或稀盐类溶液中可溶的）蛋白质的总称。其种类复杂，分子质量较小，等电点（pI＝6.0～7.0），pH 较高，肌浆蛋白占鱼肉质量的 5%～6%（占鱼肉总蛋白质含量的 20%～30%）。肌浆蛋白中含有大量的糖水解酶（如己糖激酶、葡萄糖- 6 -磷酸异构酶、醛缩酶、磷酸甘油酸激酶、乳酸脱氢酶等）、肌酸激酶、蛋白酶（如钙激蛋白酶、组织蛋白酶）以及清蛋白、肌红蛋白、血红蛋白和细胞色素 C 等蛋白质。肌浆蛋白含有较多的小分子含氮化合物，颜色较深、腥味较重，特别是含有较多组织蛋白酶，易导致鱼糜凝胶劣化。因此，在采肉后常用清水对鱼肉进行漂洗、脱水，以除去肌肉中的肌浆蛋白，提高鱼糜的白度和肌原纤维蛋白含量，增强鱼糜的凝胶强度。

3. 肌基质蛋白　不溶于水和中性盐类溶液，是构成肌纤维间隙中结缔组织的主要成分，包括胶原蛋白和弹性蛋白。在基质蛋白组成的网络结构中，除保持着一定的水分外，还沉积着一部分脂肪，它与肌原纤维一起形成肌肉组织的弹性和柔性。

（1）胶原蛋白　胶原蛋白是生物体中重要的结构蛋白之一，广泛存在于鱼体肌肉、皮、骨、鳞和鳔等组织中，其占整个肌基质蛋白的 2/3，占全鱼体蛋白质的 15%～45%。在胶原蛋白中，含有大量的甘氨酸（Gly）（约占全氨基酸的 1/3）、脯氨酸（X）和羟脯氨酸（Y），三者以 Gly - X - Y 的排列方式，在多肽链中作重复性排列而构成胶原蛋白纤维（图 1 - 23）。由于胶原蛋白是由许多原胶原分子组成的纤维状物质，因此，当胶原纤维在水中加热至 70℃以上时，构成原胶原分子的 3 条 α -多肽链之间形成的多股螺旋结构被破坏而成

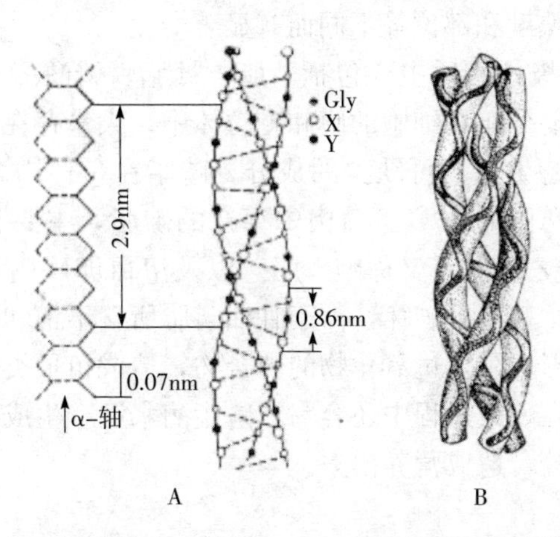

图 1-23　胶原蛋白的分子模型（A）与胶原的右手超螺旋结构（B）
（鸿巢章二等，水产利用化学，1992）

为溶解于水的明胶。

（2）弹性蛋白　又称结缔蛋白，主要存在于血管、真皮等结缔组织中，是构成弹性纤维的肌基质蛋白之一，在鱼类肌肉中含量甚微。弹性蛋白是一种不溶于酸和碱的非常稳定的蛋白质，即使加热到 140～150℃也较稳定。它是由许多氨基酸长链分子共价交联形成的一种网络结构，在这种结构中，包含了一部分水和脂肪，而使其具有一定的弹性和柔性。弹性蛋白在骨骼肌的结缔组织中所占比率较少（仅 0.5%），其对鱼类肉质的影响较小。

（三）脂质

脂质是动物肌体组织中含量较高的另一类化合物。淡水鱼的脂质含量，会因鱼种、组织、营养状态、年龄、季节和水域环境等不同而发生显著变化。脂类包括的范围很广，在化学组成和化学结构上也有很大差异，但它们的共同特性是不溶于水，而溶于乙醚、石油醚和氯仿等有机溶剂。鱼类脂质大致可分为非极性脂质和极性脂质，其中，甘油三酸酯、固醇、固醇酯、蜡酯、二酰基甘油醚和烃类等为非极性脂质；卵磷脂、磷脂酰乙醇胺、磷酸酰丝氨酸和鞘磷脂等为极性脂质。

1. 甘油三酸酯　鱼类组织中含量最丰富的脂质，在营养状态良好时，甘油三酸酯会大量积累在皮下组织、内脏各个器官，特别是肝脏和肠膜之间，运动时成为能量的来源。甘油三酸酯多为 2 个分子或 3 个分子的不同脂肪酸结合而成的混合甘油三酯。存在于鱼类的脂肪酸，主要有软脂酸（$C_{16:0}$）、十六碳一烯酸（$C_{16:1}$）、硬脂酸（$C_{18:0}$）、油酸（$C_{18:1}$）、花生四烯酸（$C_{20:4}$）、二十碳五烯酸（EPA，$C_{20:5}$）、二十二碳六烯酸（DHA，$C_{22:6}$）。鱼类脂质的特征是富含 ω-3 系的多不饱和脂肪酸，鱼肉甘油三酯的脂肪酸组成因饵料、渔场、水温、肥满度、成熟度和部位等不同而有显著变化。

2. 极性脂质 极性脂质主要包括磷脂、糖脂、磷酸酯及硫脂等。磷脂是一种组成脂质，主要分布在细胞的膜和颗粒体中，大量存在于脑、内脏、生殖腺等器官内，是维持生命不可缺少的成分。磷脂在鱼体内含量占鱼体质量的0.3%～0.6%，占总脂的30%。鱼肉中存在的磷脂，主要有磷脂酰胆碱（又称卵磷脂）、磷脂酰乙醇胺（又称脑磷脂）以及溶血卵磷脂、肌醇磷脂等。磷脂在鱼类贮藏过程中极易被破坏，由于甘油磷脂所含不饱和脂肪酸被氧化，形成过氧化氢，最终形成黑色过氧化物的聚合物，造成鱼贝类外观颜色和气味的变化。此外，磷脂在贮藏过程中还容易被磷脂酶水解，生成磷脂酸、甘油二酸酯和乙酰胆碱等成分，造成营养损失。

（四）糖类

鱼类肌肉中糖类的含量较少，尽管含量一般都在1%以下，但对煮熟后鱼肉的滋味有明显影响。鱼类体内最常见的糖类是糖原和黏多糖。鱼类的糖原贮存在肌肉或肝脏中，是鱼体贮藏的一种重要的能量来源，其含量因鱼种生长阶段、营养状态、饵料组成等不同而异。鱼类致死方式影响其肌肉中的糖原含量，活杀时其含量为0.3%～1.0%；但如挣扎疲劳致死的鱼类，因体内糖原的大量消耗而使其含量降低。黏多糖是鱼类中含量较多的另一种多糖，广泛分布于鱼类的软骨、皮中。它在生物体内一般与蛋白质结合形成糖蛋白质，具有许多生物活性，如抗微生物活性、抗肿瘤活性、免疫增强作用、抗凝血活性、促进组织修复及止血作用等，已成为当前的研究热点。

（五）矿物质

鱼体中的矿物质是以化合物和盐溶液的形式存在，其种类很多，主要有钾、钠、钙、磷、铁、锌、铜、硒、碘、氟等人体需要的大量和微量元素，含量一般较畜肉高。钙、铁是婴幼儿、少年及妇女营养上容易缺乏的物质，钙日需量为700～1 200mg。鱼肉中钙的含量，为60～1 500mg/kg，较畜肉高；铁日需量为10～18mg，鱼肉中铁含量为5～30mg/kg；锌的日需量为10～15mg，鱼类锌的平均含量为11mg/kg。可见，鱼体是人类重要的矿物质供给源。

（六）维生素

鱼类的可食部分含有多种人体营养所需的维生素，包括脂溶性维生素A、维生素D、维生素E和水溶性B族维生素及维生素C等，其含量分布依鱼种和部位而异。

1. 脂溶性维生素 维生素A一般在肝脏中含量多，可供作鱼肝油制剂。维生素A_1（视黄醇）一般在海水鱼组织中含量较高，淡水鱼组织中较少；而维生素A_2（3，4-脱氢视黄醇）多存在于淡水鱼及溯河性鱼类组织中。维生素

D是水产品中另一类重要的维生素，也主要存在于鱼类肝脏中，在肌肉中含量少。维生素E是一种天然强抗氧化剂，能有效防止脂肪氧化，保护细胞免受不饱和脂肪酸氧化产生毒性物质的伤害。鱼类肌肉中维生素E含量多在0.005～0.01mg/g。海产鱼中α-生育酚含量占维生素E总量的90%以上，但淡水鱼中鲤、红点鲑含γ-生育酚的比率最高。

2. 水溶性维生素　维生素B_1又称硫胺素，多数鱼类肌肉中维生素B_1含量在0.001～0.004mg/g，鲫鱼等少数鱼类肌肉中维生素B_1含量高达0.004～0.009mg/g。维生素B_2又称核黄素，是机体中许多重要辅酶的组成部分，广泛参与体内各种氧化还原反应，鱼体中维生素B_2含量在0.001 5～0.004 9mg/g，一般肝脏、暗色肉高出普通肉5～20倍。维生素B_5又称烟酸，鱼肉中维生素B_5为0.01～0.029mg/g，在普通肉中的含量要高于暗色肉和肝脏。吡哆醇、吡哆醛、吡哆胺及其磷酸酯统称为维生素B_6，鱼类中大多是吡哆胺，肝脏中B_6含量高于肌肉。维生素C又称抗坏血酸，鲤、虹鳟等鱼类肌肉和肝脏中维生素C含量低，一般在0.016～0.076mg/g，但在卵巢和脑中维生素C的含量高达0.167～0.536mg/g。

三、淡水鱼肌肉的营养价值

淡水鱼肌肉中含有丰富的蛋白质、脂肪、维生素和矿物质等营养成分。青鱼、草鱼、鲢、鳙、鲤、鲫和团头鲂等7种大宗淡水鱼鱼肉中，含有13%～20%的粗蛋白、1%～6.6%的粗脂肪、1%以下碳水化合物和0.8%～1.2%的灰分。与陆产动物相比，鱼肉的脂肪含量少，而蛋白质含量则相对较高，是一类高蛋白、低脂肪的食物或食品。

（一）肌肉中蛋白质的氨基酸组成

鱼肉蛋白质的营养价值不仅取决于肌肉蛋白质的含量，还与肌肉蛋白质的氨基酸组成有密切关系。表1-3列出了7种大宗淡水鱼肌肉蛋白质的氨基酸组成。从表1-3中可知，淡水鱼肌肉中氨基酸总含量为71.07%～92.64%（以干基计）、必需氨基酸所占比例为27.65%～37.47%，其中，青鱼肌肉中氨基酸含量、必需氨基酸所占比例均最高，而鲤的最低。

表1-3　大宗淡水鱼肌肉氨基酸组成含量（%以干基计）

氨基酸种类	青鱼	草鱼	鲢	鳙	团头鲂	鲫	鲤
天门冬氨酸	10.52	9.16	9.96	9.63	9.21	7.89	7.50
苏氨酸*	4.10	3.35	3.92	3.82	4.02	3.39	3.23
丝氨酸	3.65	3.43	3.54	3.52	3.35	3.05	2.91

（续）

氨基酸种类	青鱼	草鱼	鲢	鳙	团头鲂	鲫	鲤
谷氨酸	15.58	14.30	15.57	14.67	14.98	12.49	12.10
甘氨酸	4.97	4.32	4.56	4.51	5.16	4.26	3.80
丙氨酸	5.59	4.91	5.44	5.26	7.87	4.69	5.13
胱氨酸	0.35	0.47	0.45	0.48	0.70	0.72	0.57
缬氨酸*	4.79	4.04	4.60	4.41	4.30	3.83	3.01
蛋氨酸*	2.90	2.36	2.43	2.52	1.45	2.13	1.87
异亮氨酸*	5.02	4.09	4.68	4.38	4.03	3.51	3.10
亮氨酸*	8.36	7.21	7.92	7.57	8.22	6.04	6.25
酪氨酸	3.51	3.08	3.16	3.22	2.38	2.53	2.44
苯丙氨酸*	4.23	3.62	4.11	4.00	3.70	3.30	3.07
赖氨酸*	8.08	6.89	7.88	7.67	7.40	6.72	7.14
组氨酸	2.49	2.16	2.24	2.18	1.60	2.07	2.06
精氨酸	5.49	4.73	5.36	5.16	5.34	4.47	4.29
脯氨酸	3.00	2.77	2.98	2.72	3.38	2.57	2.63
必需氨基酸之和	37.48	31.56	35.54	34.37	33.12	28.92	27.67
总和	92.63	80.89	88.80	85.72	87.09	73.66	71.10

注：带*者为必需氨基酸。

鱼类肌肉所含有必需氨基酸的种类、数量均一平衡。在多数动物和人体营养试验中，鱼类蛋白质的蛋白质生理价值（BV）和净利用率（NPV）的测定值在75～90，与牛肉、猪肉等的测定值相同；以食物蛋白质必需氨基酸化学分析的数值为依据，FAO/WHO在1973年提出的氨基酸计分模式（AAS）对几种淡水鱼蛋白质营养值的评定结果显示，多数鱼类的AAS值均为100，与猪肉、鸡肉、禽蛋相同，而高于牛肉和牛奶；鱼类蛋白质消化率达97%～99%，与蛋、奶相同，而高于其他畜产肉类。这些实验数据均表明，鱼类蛋白质具有良好的营养价值。鱼类蛋白质的第一限制氨基酸大多是含硫氨基酸，少数是缬氨酸，但鱼类蛋白质中赖氨酸含量特别高。因此，对于米、面粉等第一限制氨基酸为赖氨酸的食品，可以通过互补作用，有效地改善食物蛋白的营养价值。

（二）鱼肉中脂质的脂肪酸组成

鱼肉中的脂肪酸大多是C14～C22的偶数直链状脂肪酸，可分为饱和脂肪酸、含1个双键的不饱和脂肪酸和含2～6个双键的多不饱和脂肪酸。不饱和脂肪酸的双键多为顺式结构、且多不饱和脂肪酸均具有共轭双键结构。表1-4

中列出了大宗淡水鱼肌肉脂质中的脂肪酸组成。从表1-4可以看出，淡水鱼肌肉中含有20.2%～29.8%的饱和脂肪酸和64.7%～79.9%的不饱和脂肪酸，其中，多不饱和脂肪酸含量为28.5%～54.0%。7种大宗淡水鱼肌肉中的二十碳五烯酸（C20：5，EPA）和二十二碳六烯酸（C22：6，DHA）含量在1.4%～26.9%，其中，以鲢和鳙为最高，其含量在14.2%～26.9%。由此可见，大宗淡水鱼也是EPA和DHA的重要来源。

表1-4　大宗淡水鱼肌肉中脂肪酸的质量分数（%）

脂肪酸种类	鲢	鲤	草鱼	青鱼	鲫	鳙	鳊
14：0	1.9	1.4	1.6	1.9	1.5	1.8	2.6
15：0	0.9	0.3	0.4	0.4	0.4	—	—
16：0	22.1	17.6	14.4	18.2	15.9	18.5	16.7
17：0	0.3	0.7	0.6	—	—	0.5	0.2
18：0	4.6	4.0	3.2	4.1	2.9	4.0	5.6
16：1n-7	5.0	6.2	6.2	5.2	7.9	4.8	6.5
18：1n-9	11.3	37.0	24.1	29.7	31.4	21.8	34.3
20：1n-9	—	4.2	—	—	3.4	2.2	2.3
18：2n-6	2.8	18.2	23.1	20.9	18.4	9.8	13.5
20：2n-6	1.4	1.8	2.3	1.6	2.1	—	—
20：3n-6	1.0	1.0	1.6	1.4	1.2	0.5	0.7
20：4n-6	6.6	0.8	2.8	2.2	2.3	6.4	0.7
22：3n-6	3.5	—	—	0.8	—	—	—
22：4n-6	3.3	0.5	0.4		0.7	0.3	2.2
18：3n-3	3.1	2.6	13.6	10.3	3.8	2.4	1.9
20：3n-3	—	1.1	—	—	—	—	—
20：4n-3	—	—	1.3	1.2	1.4	—	0.7
20：5n-3	12.5	1.5	2.7	1.1	2.6	7.2	1.6
22：4n-3	5.4	—	0.3	0.7	0.5	—	—
22：5n-3	—	0.2	—	—	0.5	2.3	3.1
22：6n-3	14.4	0.8	1.5	0.3	2.7	7.0	6.2
n-6	18.6	22.3	30.2	26.9	24.7	—	17.1
n-3	35.4	6.2	19.4	13.6	11.5	—	13.5
不饱和脂肪酸	70.3	75.9	79.9	75.4	78.9	64.7	73.7
多不饱和脂肪酸	54	28.5	49.6	40.5	36.2	35.9	30.6
EPA+DHA	26.9	2.3	4.2	1.4	5.3	14.2	7.8
饱和脂肪酸	29.8	24.0	20.2	24.6	20.7	24.8	25.1

（三）生理活性物质

1. 低分子活性肽 低分子肽由数个氨基酸残基连接形成，与蛋白质相比更容易被人体吸收，并具有更好的营养价值和生理功效。目前，已从天然蛋白质中获得了降血压肽、促钙吸收肽、降血脂肽、免疫调节肽等多种低分子活性肽。在鱼虾类中已被证实具有降血压功能的活性肽，主要有来自沙丁鱼的 C_8 肽和 C_{11} 肽、南极磷虾脱脂蛋白中的 C_3 肽以及金枪鱼中的 C_8 肽，其一级结构分别为 Leu-Lys-Val-Gly-Val-Lys-Glu-Tyr、Tyr-Lys-Ser-Phe-Ile-Lys-Gly-Tyr-Pro-Val-Met、Ley-Lys-Tyr 和 Pro-Thr-His-Ile-Lys-Trp-Gly-Asp，有很高抑制的血管紧张素转化酶（ACE）活性作用，具有良好的降血压功能。在鱼类组织中，天然存在的肽类并不多见，通常只有 3 个氨基酸残基组成的谷胱甘肽和 2 个氨基酸构成的肌肽、鹅肌肽和鲸肌肽等几种。谷胱甘肽是一种含巯基的氨基酸衍生物，在生物体内具有重要的生理功能，可作为丙烯腈、氟化物、一氧化碳、重金属及有机溶剂等的解毒剂，同时，还可作为自由基消除剂，防止皮肤老化及色素沉着、治疗眼角膜病等。

2. n-3 多不饱和脂肪酸 鱼油中富含多不饱和脂肪酸 EPA、DHA，可为人体提供多种必需脂肪酸，而且具有防治心血管病、抗炎症、抗癌症和促进大脑发育等功能，其生理功效主要表现在以下方面：

（1）预防和治疗心血管疾病 EPA 可以缓解心肌梗塞，具有升高高密度脂蛋白（HDL）和降低低密度脂蛋白（LDL）的作用，同时具有降血压的作用。另外，还具有抗血栓及扩张血管的活性。DHA 具有明显的抗心率失常作用。

（2）抑制癌细胞的作用 EPA、DHA 可改变细胞膜的流动性及其他膜性质，促进细胞代谢和修复，阻止肿瘤细胞的异常增生，起到抑制癌症的作用。

（3）治疗或辅助治疗炎症疾病 鱼油及其制品可以减轻胶原所致关节炎的症状，减少前列腺素的合成和巨噬细胞脂质氧化酶的催化产物，调节细胞多种活性因子；具有显著的抗皮炎作用，降低银屑病的发病率。

（4）促进人体神经系统的发育 DHA 与脑细胞的功能密切相关，DHA 不足将造成脑神经发育障碍，这一症状在胎儿及婴幼儿上表现特别明显，少年表现智力低下，中老年出现脑神经过早退化等现象。

第三节 淡水鱼的鲜度与品质

一、鲜度的定义及评价

鲜度是评价水产品质量一个非常重要的指标，反映水产品的新鲜程度。由于淡水鱼肌肉含水量高、肌基质蛋白较少，组织柔软细嫩，特别是体内含有较多的、活性较强的水解酶类，淡水鱼宰杀或死亡后，肌肉组织会在内源性水解酶的作用下，在较短的时间内发生僵直、解僵和自溶，再在微生物作用下快速腐败变质，导致肌肉组织软烂、失去光泽，核苷酸降解为次黄嘌呤，积累大量的挥发性含氮化合物以及硫化物，致使淡水鱼鲜度逐渐下降甚至丧失。

鲜度是水产品的一个综合指标。评价水产品鲜度的方法较多，根据渔获后水产品外观形态、风味特点、物理化学性质、安全性以及适口性等变化情况，可采用感官检验、物理检测、化学检测以及微生物检测等方法进行评价。

1. 感官检验法 利用人的视觉、味觉、嗅觉、触觉来鉴别鱼类品质优劣的一种检验方法，是一种快速、简便的检验方法。通常从鱼类眼球、鳃部、肌肉、体表、腹部以及水煮试验等方面进行评价。新鲜淡水鱼具有以下特征：眼球饱满、明亮，角膜透明清晰，无血液浸润；鳃部色泽鲜红，黏液透明无异味，鳃丝清晰，鳃盖紧闭；肌肉坚实有弹性，以手指压后凹陷立即消失，肌肉的横断面有光泽，无异味；体表有透明黏液，鳞片鲜明有光泽，牢固地固着在鱼体表面，不易剥落；腹部无膨胀现象，肛门凹陷无污染，无内容物外泄；水煮试验鱼汤透明，有油亮光泽及良好气味。

2. 物理检测法 根据鱼体僵硬情况及体表的物理化学、光学的变化，来评价水产品鲜度的一类方法。目前，常用的有僵硬指数法和激光照眼法。僵硬指数法适用于鱼体僵硬初期到僵硬期再到解僵期过程的鱼体鲜度评价，在解僵后则不适用；激光照眼法是日本长崎水产公司研制出的一种评价鱼类鲜度的方法，其原理是根据鱼眼对激光的反射光线的强度和频率来测定鱼的新鲜程度，鱼的鲜度越高，鱼眼的反射光的强度越高、频率越高。

3. 化学检测法 根据水产品在保鲜过程中所发生的生物化学变化来评价其鲜度的一类方法，也是一类相对可靠、应用最多的水产品鲜度评价方法，可通过测定水产品的 *K* 值、挥发性盐基氮（TVB-N）和三甲胺（TMA-N）等含量来评价水产品的鲜度。*K* 值是评价僵硬以前及僵硬至解僵过程的鱼类鲜度的良好指标，*K* 值越小，鲜度越高，一般新鲜鱼的 *K* 值小于10%。挥发性盐基氮不能反映出鱼类死亡后的早期鲜度，但适用于评价从解僵自溶至腐败过程的水产品的鲜度变化，挥发性盐基氮含量越低，产品新鲜度越高。三甲胺含量则可用评价水产品的风味及可接受性评价。

4. 微生物学法 通过检测贮藏保鲜过程中细菌总数，来评价水产品鲜度的一种方法。鱼体在死后僵直阶段细菌繁殖缓慢，而到自溶阶段后期因含氮物质分解增多，细菌繁殖很快，因此测出的细菌数多少，大致反映了鱼体的新鲜度。一般细菌总数小于 10^4 CFU/g 的可判为新鲜鱼；大于 10^6 CFU/g 则表明腐败开始；介于两者之间的为次新鲜鱼。

对于鲜度目前尚没有统一的评价体系，一般可根据水产品保鲜贮运、加工的实际需要，对上述指标有针对性地组合，以科学评定水产品的鲜度。在我国法定标准如《鲜、冻动物性水产品卫生标准》（GB 2733—2005）中，规定淡水鱼的挥发性盐基态氮含量≤20mg/100g、组胺含量≤30mg/100g；在《鲜青鱼、草鱼、鲢鱼、鳙鱼、鲤鱼》（SC/T 3108—1984）中，规定淡水鱼细菌总数≤10^6CFU/g（二级鲜度）。

二、淡水鱼宰杀后肌肉组织与鲜度的变化

淡水鱼宰杀致死后肌肉组织会发生一系列的变化，整个变化过程可分为早期生化变化、僵硬与解僵、腐败三个阶段。僵直期鱼的鲜度与鲜活鱼的几乎没有区别，适度解僵的鱼类组织煮熟后口感肉质紧密、多汁而富有弹性；而随着解僵过程延长，内源性组织蛋白酶被释放出来而加剧了自溶作用，且微生物的分解开始活跃起来，水产品原有的形态和色泽发生劣化，并产生异味，有时还会产生有毒物质，从而导致鱼体腐败。因此，只有尽可能推迟鱼体开始僵硬的时间并延长其持续僵硬的时间，才能使鱼体鲜度保持较长时间。

（一）早期的生化变化

1. 糖原酵解产生乳酸 糖原是鱼类肌肉中的一种重要的贮能物质。鱼类死后，在停止呼吸与断氧条件下，糖原被无氧分解生成乳酸。鱼类宰杀致死后，肌肉组织中的乳酸含量会因鱼的种类、生理状态、致死方法等不同而有显著差异。挣扎致死的鱼要比即杀死的鱼的乳酸含量高。

2. ATP 的形成与降解 鱼类活着时，是靠氧化体内各种有机化合物来补充能量的，因而同一种类动物肌肉中的 ATP 含量几乎是恒定的。然而鱼类死后，ATP 则由肌酸激酶（creatine kinase）催化磷酸肌酸（CrP），将 ATP 分解产生的 ADP 重新生成 ATP 或糖原酵解过程中由（1mol）葡萄糖产生（2mol）ATP 等两种途径进行补充。因此，鱼类死后短时间内其肌肉中 ATP 含量仍能保持不变。但随着磷酸肌酸和糖原的消失，肌肉中 ATP 含量迅速下降，进一步分解生成 ADP（腺苷二磷酸）、AMP（腺苷一磷酸）、IMP（肌苷酸）、HxR（次黄嘌呤核苷）和 Hx（次黄嘌呤）。

3. 肌肉 pH 变化 活体动物肌肉的 pH 通常为 7.2～7.4。鱼类宰杀致死后，随着糖原酵解产生的乳酸及 ATP 分解产生的焦磷酸含量的增加，鱼肉的 pH 逐渐下降。红色肉鱼类中乳酸含量高，所以 pH 较低，最低 pH 为 5.6～5.8；而白色肉鱼类，其乳酸生成量较少，pH 最低为 6.0～6.2。

（二）死后僵直与解僵

1. 死后僵直 刚死的鱼体，肌肉柔软而富有弹性，但放置一段时间后，肌肉收缩变硬，失去伸展性或弹性，该现象称为死后僵硬（rigor mortis）。导致死后僵硬的原因，主要是乳酸和磷酸的生成、pH 下降，在 Ca^{2+} 和 ATP 存

在下，激活的 Ca^{2+}-ATPase 作用于肌球蛋白和肌动蛋白细丝并使两者牢固结合，导致肌肉收缩而僵硬。当 ATP 消耗完全、能量释放完后，鱼体变得最硬。鱼体进入僵硬期的迟早和持续时间的长短，受鱼类品种、个体大小、年龄、栖息温度和贮藏温度、生理状态、营养状态及致死方法等因素的影响。

（1）鱼种　僵硬的开始和持续时间与鱼体内糖原含量有一定关系。一般而言，中上层洄游性鱼类比底栖性鱼类糖原含量高，生成的乳酸也多，开始进入僵硬的时间早且持续时间较短。小鱼、喜动的鱼比大鱼更快进入僵硬期，持续时间也短。活动旺盛的鱼类，会在死后更短的时间内进入僵硬期。

（2）栖息温度和贮藏温度　栖息温度对死后僵硬期有决定性的影响，鱼体死前生活的水温越低，其死后僵硬所需的时间越长，越有利于保鲜。刘承初等（1994）研究活杀鳙、鲢、草鱼死后僵硬期的周年变化，结果表明，鱼体死后达到僵硬的时间为冬长夏短。以全僵时间为例，夏、冬季分别为 2～16h 和 50～100h；而在春、秋季则为 7～59h 不等。贮藏温度对鱼类死后僵硬期有显著影响，以鲢为例，当贮藏温度较高（20℃）时，鱼体迅速进入僵硬期，5h 达到全僵；当温度较低（5℃和 10℃）时，僵硬期持续时间较长。10℃贮藏时第 3 天后僵硬指数开始下降，5℃时贮藏至第 8 天僵硬指数才下降。

（3）捕获时的状态及致死方式　与秋、冬季节捕获鱼相比，春、夏季节捕获鱼的僵硬开始的迟，僵硬持续时间也长。捕获后立即杀死的鱼，因体内糖原消耗少，其 ATP 含量高，僵硬开始的较为迟缓；而在鱼死亡前，挣扎很长时间的鱼，能量消耗多，待杀死后其 ATP 含量极低，会马上进入僵硬期。由于立即杀死的鱼比剧烈挣扎、疲劳而死的鱼进入僵硬期迟，持续时间也长，因而有利于保藏。

2. 解僵与自溶作用　解僵是指鱼体完全僵直后，僵硬指数再次下降，肌肉重新变柔软的过程。鱼体的解僵是存在于肌肉中的蛋白酶对鱼类蛋白质分解作用的结果。解僵过程中肌肉的软化与活体肌肉的松弛不同，鱼类死后形成的肌动球蛋白并没有发生解离。鱼体宰杀致死后，随着乳酸和焦磷酸含量增加，肌肉 pH 逐渐下降至 5.4～5.5 时，肌质网结构破坏，贮留于肌质网中的 Ca^{2+} 被释放出来而激活了内源性 Ca^{2+}-蛋白酶，并作用于肌纤维的 Z 线部位，从而使肌节断开、肌肉松弛变软。

随着内源性 Ca^{2+} 激蛋白酶作用时间的延长，鱼肉中的组织蛋白酶被释放出来，导致鱼体肌肉蛋白质水解加剧而出现自溶作用。鱼肉组织中存在着许多蛋白酶，酸性蛋白酶是最具有代表性的组织蛋白酶，是对自溶作用起最大作用的一类酶。鱼肉的软化现象还与组织蛋白酶 L、B、H 和中性蛋白酶有关。除自溶酶类以外，还有来自消化道的胃蛋白酶、胰蛋白酶等消化酶类，以及细菌繁殖过程中产生的胞外酶。在各种蛋白分解酶的作用下，鱼类肌肉随着解僵过程的发生而迅速软化。

解僵和自溶，会使鱼体鲜度、感官品质和风味发生变化。适度的解僵则有利于风味形成，但解僵后自溶则会导致鲜度下降、风味变差，特别是自溶所产生的氨基酸和低分子的含氮化合物为细菌的生长繁殖创造了有利条件，从而加速腐败进程。自溶作用的快慢与鱼的种类、保藏温度和鱼体组织的 pH 有关，其中温度是主要的。一般温度越高，水解酶的活性越强，自溶作用就越快。在低温保藏中，酶的活性受到抑制，从而使自溶作用缓慢到几乎完全停止。

（三）腐败

1. 腐败过程 鱼类死后的僵直、解僵与自溶、腐败按序进行。起初微生物的数量较少，组织也紧密，分解作用不明显，但自死后僵硬期将要结束开始，微生物的分解作用逐渐活跃。鱼类的腐败变质现象，表现在其体表、眼球、鳃、腹部、肌肉的色泽、组织状态以及气味等方面。在肌肉组织自溶、腐败过程中，肌肉蛋白质在内源蛋白酶和微生物分泌的蛋白酶作用下先分解为肽、氨基酸，氨基酸再在细菌作用下发生脱氨、脱羧反应或者被分解，产生有机酸、氨、胺类（尸胺、腐胺、组胺）、硫化氢以及吲哚类化合物，从而引起鱼类形态、色泽以及风味的变差。

腐败发生与发展程度因细菌菌相的不同而异。鱼的种类、捕获时的状态、细菌污染的程度、贮藏温度、鱼肉成分与 pH 等会影响渔获后鱼体细菌的生长。在某一特定温度、水分、盐分、氧气压力和 pH 等条件下，代谢活力最强的细菌会成为优势菌，支配着腐败的进行。因此，防止宰杀时鱼体剧烈挣扎、在捕获时立即去除内脏并用水冲洗、快速冷却鱼体并用低温贮藏，则可控制细菌污染、抑制腐败菌的生长繁殖，从而防止或延缓腐败发生。

2. 鱼类中常见的腐败菌 新捕获健康鱼的组织内部和血液中通常是无菌的，而体表、鳃、消化系统等与外界接触的部位却已存在许多细菌。鱼体所带的腐败细菌主要是水中细菌，鱼类生长的水体环境会影响其所含细菌种类。鲜活淡水鱼所含腐败菌，主要是假单胞菌、无色杆菌、黄杆菌、芽孢杆菌、棒状杆菌、八叠球菌、沙雷氏菌、梭菌、弧菌、莫拉氏菌、肠杆菌、变形杆菌、气单胞菌、短杆菌、产碱菌、乳杆菌和链球菌等细菌。不同类型的鱼类产品中所含的特定腐败菌是不同的。比如，弧菌科（Vibrionaceae）等发酵型革兰氏阴性细菌是鲜鱼的特定腐败菌，如果鱼是在受污染的水中捕获，则主要腐败菌是肠细菌（*Enterobacteriaceae*）。在冷藏中，耐冷的革兰氏阴性细菌假单胞菌（*Pseudomonas*）和希瓦氏菌（*Shewanella*）则成为特定腐败菌。真空或气调包装冷藏水产品的特定腐败菌，是磷发光杆菌（*Photobacterium phosphoreum*）和乳酸菌类（*Lactic acid bacteria*）。在低盐、略降低水分活度、略酸化和真空包装的温和加工品（如冷熏鱼）的冷藏过程中，特定腐败菌则以乳酸菌

（如乳杆菌，*Lactobacillus*）、肉食杆菌（*Carnobacterium*）以及发酵型革兰氏阴性细菌如磷发光杆菌、适冷的肠杆菌（*Enterobacteriaceae*）等居多。

三、鲜度对淡水鱼加工品质的影响

淡水鱼产品的鲜度，反映了其肌肉状态、组织结构、化学成分以及感官品质等方面的变化。随着淡水鱼产品鲜度的下降，其肌肉质地变软、小分子可溶性化合物含量增加，肌原纤维蛋白的凝胶形成能力、持水性、乳化性以及黏结能力下降。因此，淡水鱼的鲜度会对其加工品质产生显著影响。

（一）鲜度对鱼糜凝胶形成能力的影响

原料鱼的鲜度，对鱼糜制品的凝胶形成能力及凝胶强度有明显影响。林洪等人将处于僵直前、僵直中和僵直后的鱼肉冻结后贮藏，每隔一定时间取其一部分制成鱼糜并测定其 Ca^{2+}-ATPase 活性和凝胶形成能力，结果发现，随着冻藏时间延长，鱼糜凝胶形成能力下降；当用僵直前的鱼肉加工成的鱼糜，其 Ca^{2+}-ATPase 活性和凝胶形成能力下降幅度小，而用僵直后鱼肉制成鱼糜的 Ca^{2+}-ATPase 活性和凝胶形成能力下降幅度大。将鲢鱼糜冰藏 0～9 天，并每隔 24h 取样采用 85℃一段加热或 30℃与 85℃两段加热法测定鱼糜的凝胶形成能力，结果也表明，随着贮藏时间延长、鱼糜鲜度下降，其凝胶形成能力和凝胶强度也随之降低。

（二）鲜度对淡水鱼冷冻解冻和加热失重率的影响

持水性是鱼类肌肉品质的重要评价指标之一。冷冻贮藏是淡水鱼最常用的保藏方法，冻藏鱼在解冻后其肌肉中的汁液会渗出，一般鱼体鲜度越低，解冻后汁液渗出越多，解冻后的失重率越高。加热处理是淡水鱼最常用的烹饪或者加工方法，当加热使肌肉温度升高到 65℃左右时，其开始收缩、硬度增大，所含可溶性成分随水分一起析出，从而导致肌肉重量损失。鱼肉在加热过程中的失重率，受鱼体大小和新鲜度的影响。水产品鲜度高时，鱼体大小，对加热失重率的影响不大，但随着鱼体鲜度的下降，鱼体越小，其加热失重率越高。就同一大小的鱼体而言，鱼体新鲜度越低，其加热失重率越高。

（三）鲜度对鱼产品质地和口感的影响

鱼产品的鲜度对其加工制品的质地和口感有非常明显的影响。鱼体越新鲜，其组织结构越完整，采用新鲜度高的鱼加工成的风干制品的质地和口感越硬实；反之，鱼加工品质地和口感会变松软。将鱼肉加热至 50℃时其硬度增加，而持续加热一定时间后，因肌肉中胶原蛋白和弹性蛋白在 60℃以上水中逐渐溶解，其肌肉组织又会变软。僵直前和僵直期的鱼肉加热后组织收缩、硬度增大较为明显，而解僵的鱼肉加热后尽管发生收缩，但其质地变得软烂。

第四节　淡水鱼肉的加工特性

鱼肉的加工特性，通常是指与加工产品得率、感官品质、质构特性等密切相关的理化特性，主要包括鱼的形体参数及各部分比例、鱼肉营养成分、保水性（持水性）、弹性、流变特性、凝胶特性以及乳化特性等。淡水鱼肌肉的加工特性，因鱼类品种、养殖水平、鱼肉营养成分含量、加工方式及添加成分的不同而存在明显差异。

一、鱼肉的加工特性

1. 保水性　也称持水性，是指肌肉保持其原有水分和添加水的能力，通常用系水力、肉汁损失和蒸煮损失等表征鱼肉持水性的大小。蛋白质是一种亲水性的大分子胶体，当蛋白质处在其等电点以上的 pH 环境时，蛋白质带净负电荷，蛋白质分子之间相互排斥，水分子进入肌丝之间并在肌丝周围形成水分子膜。改变体系的 pH、离子类型和离子强度，会改变肌原纤维蛋白的净电荷性质和数量，从而改变肉的保水性。水分子与蛋白质的相互作用，不仅影响鱼肉的保水性，而且影响肌肉蛋白质的溶解性，而溶解性又会影响蛋白质的凝胶特性、乳化特性和发泡特性等加工特性。

2. 凝胶特性　反映鱼糜制品品质的一个重要指标，是鱼肉蛋白质的一个重要加工特性。鱼糜凝胶化，一般包括蛋白质变性和聚集两个步骤。在一定盐浓度下，鱼肉肌原纤维蛋白大量溶出，肌球蛋白在谷氨酰胺转氨酶的作用和热诱导下发生分子间交联，通过谷氨酸与赖氨酸形成的共价键、二硫键、离子键、氢键和疏水相互作用等化学作用力，形成连续的三维网络结构，水分、脂肪则被化学结合或吸持在该三维网络结构中，从而形成鱼糜制品的凝胶组织结构，产生固体或半固体状态。

鱼肉蛋白质的凝胶形成能力，决定了鱼糜制品的凝胶强度、质构特性、感官特性和保水性。影响淡水鱼糜凝胶特性的因素，包括原料鱼的种类、新鲜度、年龄、季节以及加工过程中的漂洗方法、擂溃条件、加热方式、环境 pH 和离子强度等。在鱼糜制品生产上一般低温长时间凝胶化，使制品的凝胶强度比高温短时的凝胶化效果要好，但时间太长，因此在生产中常采用二段凝胶化，以增加制品的凝胶强度。一般采用将鱼糜在 50℃以下的某一凝胶化温度段放置一定时间后，再加热使其迅速通过 60℃左右的温度带，并在 70℃以上的温度使碱性蛋白酶迅速失活，形成弹性凝胶结构。

鱼肉蛋白的凝胶形成能力因鱼种而异，凝胶形成能力是判断原料鱼是否适合做鱼糜制品的重要特征。各鱼种的凝胶形成能力差异性，主要依存于 30～

40℃鱼糜的凝胶化速度（凝胶化难易度）和50～70℃温度域的凝胶劣化速度（凝胶劣化难易度）的不同。根据其难易度的不同，可将其分为4种类型：①难凝胶化、难凝胶劣化的类型；②难凝胶化、易凝胶劣化的类型；③易凝胶化、易凝胶劣化的类型；④易凝胶化、难凝胶劣化的类型。表1-5中不同淡水鱼肉的凝胶形成特性差异较大，鲤、草鱼属于极难凝胶化、难凝胶劣化鱼种；鲢、鳙属于极难凝胶化、易凝胶劣化鱼种。在相同处理条件下，淡水鱼糜凝胶强度的大小顺序为：鳊＞鳙＞鲢＞鲤＞草鱼＞青鱼＞鲫。

表1-5　大宗淡水鱼的凝胶化和凝胶劣化特性

鱼种	凝胶化特性			凝胶劣化特性	
	指数1（30℃）	指数2（40℃）	难易度	指数	难易度
鲢	1	1.5	极难凝胶化	0.68	易凝胶劣化
鳙	—	0.9	极难凝胶化	0.64	易凝胶劣化
草鱼	0.05	0.7	极难凝胶化	0.01	难凝胶劣化
罗非鱼	0	8	极难凝胶化	0.83	极易凝胶劣化
鲤	4.0	49	难凝胶化	0.16	难凝胶劣化
鲫	3.0	101	难凝胶化	0.97	极易凝胶劣化

注：凝胶化指数，是用30℃或40℃加热120min的凝胶强度与60℃加热20min的凝胶强度之比来表示。

3. 鱼肉的乳化特性与发泡特性　鱼肉的乳化特性和发泡特性，对分散和稳定鱼糜制品中的脂肪、改善滋味和口感具有重要作用。鱼肉中的肌球蛋白是一种亲水性胶体，具有表面活性作用和成膜作用。在快速搅拌（斩拌）过程中，蛋白质在液态的脂肪滴或固态的脂肪颗粒与水之间形成亲水性的膜，将脂肪包埋在蛋白质网络中并保持稳定，从而表现出乳化作用。在鱼肉中对脂肪起乳化作用的主要是肌球蛋白，此外，鱼肉的乳化特性还受到蛋白质的溶解特性、介质pH、离子强度、温度以及加工工艺的影响。斩拌温度较低、搅拌（斩拌）机转速较快，则鱼肉的乳化作用较好。

在快速搅拌（斩拌）过程中，鱼肉中的蛋白质溶出并在空气与水之间形成亲水性的蛋白质膜，而将空气包裹在蛋白质网络中并保持稳定，在后续的加热过程中所包裹的空气会膨胀而使鱼丸等鱼糜制品体积增大，口感变得松软而有弹性。蛋白质浓度、溶解度、脂肪含量以及肉糜的黏度等，会影响鱼肉蛋白质的发泡性能。凡是引起蛋白质变性的因素，都会导致鱼肉蛋白质发泡性能的下降；肉糜的黏度会影响空气的混入，肉糜黏度大尽管能更好地保持已包裹在肉糜中空气泡的稳定性，但会减少混入的空气数量。因此，适度斩拌既可增加肉糜黏度，又能最大量的混入空气；而斩拌过度，不仅会使肉糜黏度过高、空气不易混入，甚至会导致蛋白质变性、蛋白质膜的破损。

4. 加热变性 加热是导致鱼肉蛋白质变性的最重要的因素，随着温度的上升，鱼肉肌肉纤维组织结构发生显著的变化，由一个有序状态变为无序状态，分子内相互作用被破坏，多肽链展开，从而使蛋白质变性，蛋白溶解度降低，水溶性蛋白和盐溶性蛋白组分减少，不溶性蛋白组分增加，引起肌肉收缩失水和蛋白质的热凝固。实际生产过程中，如果鱼肉蛋白热变性控制不当，会严重影响产品的质量和出品率。评价鱼肉蛋白质热变性程度的指标，主要有溶解度、ATPase 活性、巯基数和疏水性等。

影响鱼肉蛋白热变性的因素，包括原料鱼的种类、栖息环境、新鲜度以及鱼肉加工过程中的处理方法、环境 pH、离子强度等。一般而言，鱼类栖息水域温度越高，蛋白质的热稳定性越好。淡水鱼的栖息水域温度高于海水鱼，淡水鱼肉蛋白质的热稳定性也较好，相对于海水鱼而言难凝胶化。大宗淡水鱼肉蛋白的热稳定性因鱼种而异，鲫蛋白质热稳定性最好，草鱼、青鱼、鲢、鳙蛋白质热稳定性依次降低。鱼肉在生产加工过程中，包括冷冻、加热、漂洗、腌制以及添加各种配料等，都会对鱼肉蛋白质的热稳定性产生影响。在鱼肉中添加阴离子多糖（如果胶酸盐、海藻糖、羧甲基纤维素等），使蛋白质更加不稳定，变性温度降低 5℃左右，变性峰加宽 2～3℃，变性热焓降低 20%。但添加 20%蔗糖时，蛋白的变性温度向高温方向移动 2℃左右，随着其浓度的加大，这种稳定作用越强，这种保护作用与糖类对蛋白质邻近水结构的影响作用有关。由于各种蛋白质等电点不同，pH 对鱼肉蛋白质热稳定性的影响也不一样，但总的来讲，蛋白质的变性温度随 pH 升高而变大。鱼肉漂洗温度对鱼肉蛋白热稳定性也有显著影响，鱼肉经 5～25℃的不同水温漂洗后，鱼肉肌原纤维 Ca^{2+}-ATPase 活性随漂洗水温上升而降低，并且在水温高于 15℃时加速下降。

5. 冷冻变性 鱼肉在冻结过程中，由于细胞内冰晶的形成产生很高的内压，导致肌原纤维蛋白质发生变性，鱼肉蛋白凝胶形成能力和弹性都会有不同程度的下降，称为蛋白质冷冻变性。淡水鱼肉的肌原纤维蛋白组织比较脆弱，直接进行冻结贮藏时，极易发生蛋白质冷冻变性。评价鱼肉蛋白质冷冻变性程度的指标与蛋白热变性类似，主要有溶解度、ATPase 活性、巯基数和疏水性等。

鱼肉冷冻变性程度与原料鱼的种类、新鲜度、冻结速度、冻藏温度、pH 以及解冻方法等因素密切相关。在冻结和冻藏中，肌原纤维蛋白质冷冻变性的速度和凝胶强度下降的速度随鱼种不同而变化（表 1-6）。大宗淡水鱼在冻藏过程中 Ca^{2+}-ATP 酶活性都有明显下降，其中鳙下降得最多，其次是鲢，鲫最少，鲢、鳙属于耐冻性差的鱼种，在冻藏过程中会产生严重的蛋白质变性，这与不同鱼种肌球蛋白和肌动蛋白的特异性有关，也与这些鱼类栖息环境、水域的温度有很强的相关性。原料鱼的鲜度越好，蛋白质冷冻变性的速度就越慢；反之，处于解僵以后的鱼进行冻结就容易产生变性，这与鲜度降低后 pH 下降有关，在偏酸性条件下冻结，肌原纤维蛋白质容易变性。冻结速度的快慢对鱼肉中形成冰晶状态有很大的影响，但冻结速度比冻藏温度对蛋白质变性的影响小。冻藏温度是影响鱼肉蛋白冷冻变性的最重要的因素，冻藏温度越低，鱼肌肉蛋白质的变性速度越慢。解冻条件如解冻方法、冷冻—解冻循环次数，是影响鱼糜蛋白冷冻变性的另一重要因素。一般来说，随冷冻—解冻循环次数增加，鱼肉肌原纤维蛋白的变性程度增大。

蛋白质冷冻变性导致蛋白凝胶形成能力降低，持水性下降，造成鱼糜制品品质下降。目前，防止蛋白变性的方法主要有添加糖类、氨基酸、羧酸和复合磷酸盐等。在实际生产中，防止蛋白质冷冻变性主要是使用糖类，为使这种作用达到最佳效果，往往还要再添加复合食品磷酸盐。

表 1-6　大宗淡水鱼肉在冻藏过程中 Ca^{2+}-ATPase 活性变化（μmol 磷/min・5g 肉）

鱼种	冻结条件	冻藏条件	冻结前酶活	冻藏后酶活	ATP 酶性残留率（%）
鲢	−20℃20h	−20℃2 个月	180	24	13.5
鳙	−20℃20h	−20℃2 个月	195	47	24
鳊	−20℃20h	−20℃2 个月	170	70	42
鲫	−20℃20h	−20℃2 个月	170	140	81

二、鱼肉中的酶及对加工特性的影响

鱼肉中含有多种酶类，其中，与鱼肉品质及加工特性关系密切的主要有肌球蛋白 ATP 酶、谷氨酰胺转移酶、蛋白质水解酶和核苷酸降解酶等。

（一）肌球蛋白 ATP 酶

肌球蛋白的头部具有 ATP 酶（ATPase）活性，可将 ATP 水解为 ADP 和磷酸，肌球蛋白头部的 ATPase 可被 Ca^{2+}、Mg^{2+} 所激活。肌球蛋白的 Ca^{2+}-ATPase 活性，与肌球蛋白变性程度及鱼蛋白的凝胶形成能力和凝胶强度有密切关系，鱼肉肌球蛋白 Ca^{2+}-ATPase 活性越高，则鱼糜中蛋白质变性程度越低，鱼糜凝胶强度越高。因此，Ca^{2+}-ATPase 活性已作为评价鱼肉蛋白质（如鱼糜或冷冻鱼糜）品质和变性程度的重要参数。

淡水鱼肌球蛋白 Ca^{2+}-ATPase 的最适作用温度 25～30℃，最适 pH 为 6 和 9；当 Ca^{2+} 浓度达到 3～5mmol/L 时，肌球蛋白 Ca^{2+}-ATPase 活性达到最大。在生理离子强度（Mg^{2+} 浓度为 2～3mmol/L）下，Mg^{2+} 能抑制肌球蛋白 Ca^{2+}-ATPase 活性。在有 K^+ 和 EDTA 存在时，肌原纤维蛋白中的肌球蛋白

Ca^{2+}-ATPase也可被激活，在pH 9.0时，其Ca^{2+}-ATPase活性最高。肌球蛋白的稳定性较差，冷冻、内源蛋白酶作用、添加硫醇易导致肌球蛋白Ca^{2+}-ATPase的失活。

（二）谷氨酰胺转移酶

谷氨酰胺转移酶，又称转谷氨酰胺酶（TGase），广泛存在于哺乳动物、禽类、鱼类、贝类、植物及微生物等组织中。转谷氨酰胺酶催化蛋白质、多肽中的谷氨酸上的γ-羟酰氨基与赖氨酸上的ε-氨基之间发生结合反应，使蛋白质分子之间形成共价交联，改变蛋白质的溶解性和凝胶特性。

转谷氨酰胺酶（TGase）的来源不同，其分子量、热稳定性、等电点和底物专一性、作用条件等存在明显差异。影响鱼肉TGase酶作用的因素较多，其中主要是蛋白质组成（谷氨酸、赖氨酸含量、位置）、作用温度、pH、Ca^{2+}浓度以及作用时间。转谷氨酰胺酶是一种巯基酶，Cu^{2+}、Zn^{2+}、Pb^{2+}都能抑制其活性；鲤科鱼类背侧肌肉中的转谷氨酰胺酶活性不受NaCl浓度的影响，但是属于Ca^{2+}依赖型的，Ca^{2+}达到5mmol/L时，TGase活性达到最大。鱼肉在2%～4%的NaCl、5～40℃、中性pH条件下，可通过内源TGase作用自发重组织化，这也是鱼糜可发生低温凝胶化的原因。

在鱼糜中添加外源性微生物来源的转谷氨酰胺酶（MTGase），同样能使鱼肉中蛋白质发生共价交联，提高鱼糜制品的凝胶强度和弹性。作用温度、pH、Ca^{2+}浓度以及作用时间是影响MTGase对鱼糜作用效果的主要因素。MTGase的最适作用pH为6～7、适宜的Ca^{2+}浓度为20mmol/kg；MTGase在5～40℃范围内，对鱼肉蛋白质均有交联作用，最适作用温度为35～40℃。随着MTGase作用时间延长，鱼肉蛋白质共价交联程度提高、鱼糜制品的凝胶强度显著增加，则作用时间在2h时其凝胶强度达到最大；如继续延长MTase作用时间，鱼糜制品的凹陷深度变小、硬度增大，口感上则表现出脆爽口感。在鱼糜中添加MTase，促使鱼糜中的蛋白质之间发生交联反应，不仅可提高鱼糜制品的弹性、提高低值鱼糜档次等作用，而且能把鱼肉的碎片结合在一起、制成大块或成型的形状食品，从而大大提高其市场价值。

（三）蛋白质水解酶

在鱼肉中主要存在两类蛋白质水解酶，即钙蛋白酶和组织蛋白酶，它们与鱼类宰杀后肌肉质构变化（解僵与自溶）以及鱼糜凝胶劣化现象发生有关。

1. 钙蛋白酶 又称需钙蛋白酶（calpain）。在鱼类肌肉中普遍存在，通常包括u-钙蛋白酶、m-钙蛋白酶及其特异性抑制蛋白（calpastatin）。从鲤肌肉中分离出、相对分子质量为80 000的钙蛋白酶，能被钙离子激活而降解肌原纤维蛋白；分离出的相对分子质量为300 000的特异性抑制蛋白，能特异性地抑制鲤钙蛋白酶降解肌原纤维蛋白。在鱼体宰杀致死后，肌肉pH下降至

5.4～5.5时，贮留于肌质网中的Ca^{2+}被释放出来，激活内源性钙蛋白酶并作用于肌纤维的Z线部位，从而使肌节断开、肌肉松弛和质地变软。

2. 组织蛋白酶　主要存在于溶酶体中。目前已发现有13种组织蛋白酶，其中，组织蛋白酶A、B1、B2、C、D、E、H、L等已从鱼贝类肌肉中分离纯化得到。组织蛋白酶B（巯基蛋白水解酶）、组织蛋白酶D（天冬酰胺酶）、组织蛋白酶H和组织蛋白酶L能降解鱼肉中的肌球蛋白、肌动蛋白、胶原蛋白等完整的蛋白质，而组织蛋白酶A、C和E对肌肉中的完整蛋白质没有水解活性，但与组织蛋白酶B、D、H、L有协同作用。组织蛋白酶D、E的最适作用pH较低，分别为pH3.0～4.5和pH2～3.5；而组织蛋白酶A、B、C、H的最适pH分别为pH5.2～5.2、pH5.5～6.0、pH6.0和pH5.0；组织蛋白酶L的最适pH范围较宽，其最适pH为3.0～6.5。组织蛋白酶L是一种与肌原纤维蛋白结合紧密的丝氨酸蛋白酶，难以通过漂洗脱除，而其他组织蛋白酶可从肌原纤维蛋白上洗脱下来。组织蛋白酶B、组织蛋白酶D、组织蛋白酶H、组织蛋白酶L是鱼死后肌肉蛋白质降解的主要蛋白酶；组织蛋白酶D的活性强、作用温度较低、热稳定性较差，它是导致冷藏期间鱼肉质构劣变的主要原因；而组织蛋白酶L不仅与肌原纤维蛋白结合紧密，而且具有很好的耐冻性、热稳定性，因此，它是导致在50～60℃加热时出现鱼糜凝胶劣化的主要原因。

（四）核苷酸降解酶

鱼类死后，储存在肌肉中的ATP被逐渐消耗，随着肌肉僵直与解僵的发展，ATP被降解为ADP（腺苷二磷酸），ADP再在一系列酶的作用下，依次降解为AMP（腺苷-磷酸）、IMP（肌苷酸）、HxR（次黄嘌呤核苷）和Hx（次黄嘌呤）。参与ATP降解的酶，主要有ATP酶、肌激酶、AMP脱氨酶、5′-核苷酸酶、磷酸酶、次黄嘌呤核苷酶和黄嘌呤氧化酶。AMP在AMP脱氨酶的作用下产生氨和一磷酸肌苷（IMP）；而IMP在5′-核苷酸酶、碱性磷酸酶、酸性磷酸酶的作用下转变为HxR，而后HxR在黄嘌呤氧化酶作用下形成Hx。鱼肉中IMP含量越高，则鱼肉滋味越鲜美；鱼肉中含有少量Hx时可增加肉香味，但Hx含量过多时则会产生苦味和异味。因此，在鱼类的保鲜中，可以通过抑制IMP的降解来保持鱼肉的鲜味。

三、淡水鱼的加工适应性

不同品种和规格大宗淡水鱼的形体参数及各部分的比例存在差异。表1-7列出了4种不同规格大宗淡水鱼的形体参数及各部分的比例。从表1-7中可知，不同品种、不同规格的大宗淡水鱼的头重、内脏＋鳃＋鳞重是不同的，其鱼身重量和比例也存在差异。在风味休闲水产品的生产中，除整条的腌腊制品外，其余即食类的休闲水产食品均需去掉头部。根据前期研究结果，为了保证即食休闲水产品有较好的风味和口感（质地），一般要将调味前鱼体的含水量控制在40%以下。按2011年鲜鱼销售价格折算，每生产1t成品则分别需要鲢、鲫、草鱼、鳊等鲜鱼4.426t、4.728t、4.480t和3.920t，每生产1t成品则需原料鱼成本1.88万元、5.49万元、3.33万元和3.92万元。可见，白鲢用于生产休闲食品是最经济的，其次是草鱼和鳊，而鲫的原料成本最高。

表1-7 4种不同规格大宗淡水鱼的形体参数及各部分的比例

品种	鱼体规格（g/尾）	样本（尾）	平均体重（g/尾）	体长（cm）	头重（g）	鳞重（g）	内脏+鳃重（g）	废弃物重量（g）	废弃物比例（%）	净鱼身重（g）	净鱼身比例（%）	鱼体固形物含量（%）
白鲢	600～800	35	681.0	33.8	166.0	14.2	69.8	84.0	12.33	431.1	63.30	19.71
	800～1 300	35	1 145.6	39.9	214.3	15.6	124.0	139.6	12.19	791.7	69.11	20.25
	1 100～1 700	36	1401.5	42.4	240.3	28.5	149.7	178.2	12.71	983.1	70.141	20.27
鲫	360～600	21	411.5	23.2	62.2	24.6	80.3	104.9	25.49	255.3	62.04	21.44
	200～360	70	262.7	19.8	39.2	16.6	53.6	70.5	26.84	160.6	61.13	21.89
	100～200	17	170.3	17.1	26.3	11.9	34.0	45.9	26.95	103.9	61.01	18.68
草鱼	1 000～2 000	60	1 580.3	44.2	265.6	43.9	208.8	252.7	15.99	1 061.9	67.20	19.50
	2 000～3 000	60	2 267.7	49.3	365.4	57.4	326.4	383.8	16.93	1 518.4	66.96	19.61
	3 000～4 000	60	3 185.0	56.8	511.4	65.0	408.4	433.4	13.61	2 240.2	70.33	19.83
鳊	700～1 200	20	880.5	32.5	—	62.4	127.7	190.1	21.59	690.4	78.41	19.87
	500～600	60	534.0	28.5	—	32.7	76.4	109.1	20.43	424.9	79.57	19.42
	350～500	60	435.7	25.9	—	18.0	63.0	81.0	18.60	354.6	81.40	18.25

注：①净鱼身重为去头、去鳞和内脏的鱼身重量；②草鱼、鳊数据为2010年测试数据；③白鲢数据为2009年测试数据；④鳊净鱼身重含鱼头重，其余鱼种为去头后的净鱼身重。

如果以鲢、鳙、草鱼、鲫等淡水鱼为原料生产冷冻鱼糜，4种淡水鱼的采肉率分别为24.97%、23.66%、33.80%和20.33%（机械采肉、漂洗、脱水后的净鱼肉，水分含量80%）。按2011年市售鲢、鳙、草鱼和鲫单价计算，根据采肉率折合，则每生产1t鱼糜（不包括添加的抗冻剂），所需原料鱼成本分别为1.698 0万元、3.677 1万元、2.201 2万元和5.715 7万元。4种淡水鱼鱼糜凝胶强度分别3 805g·mm、3 528g·mm、4 251g·mm和2 980g·mm，弹性率分别达到27.95g/mm、25.53g/mm、28.86g/mm和21.42g/mm。从折曲试验来看，鲢、鳙、草鱼鱼糜凝胶可以到AA级；而鲫鱼糜凝胶只能达到A级。从鱼糜凝胶白度看，鲢、鳙、草鱼鱼糜凝胶的白度较高、色泽白；而鲫鱼糜凝胶的白度低、色泽较差。可见，鲢和草鱼最适合用作冷冻鱼糜生产原料；鳙次之；而鲫由于单价较高、采肉率低、凝胶强度较差，而不适合用作冷冻鱼糜生产原料。

由此可见，不同品种的大宗淡水鱼的加工适应性是不同的。在大宗淡水鱼的加工中，需要根据加工品种的质量要求和原料鱼的加工特性，选择不同品种、不同规格原料鱼，以获得最佳的成品品质和最好的加工效益。

参考文献

艾明艳，胡筱波，熊善柏．2011. 框鳞镜鲤肌肉主要营养成分测定评价［J］．营养学报，33（1）：87－89.

陈焕铨，张忠民，王友亮，等．1998. 鳜鱼营养组成及营养需要的分析研究［J］．内陆水产，（1）：8－9.

陈奖励，何邵阳，赵文．1993. 水产微生物学［M］．北京：农业出版社．

丁玉琴，刘友明，熊善柏．2011. 鳡与草鱼肌肉营养成分的比较研究［J］．营养学报，33（2）：196－198.

郭圆圆，孔保华．2011. 冷冻贮藏引起的鱼肉蛋白质变性及物理化学特性的变化［J］．食品科学，32（7）：335－340.

鸿巢章二，桥本周久著．郭晓风，邹胜祥译．1994. 水产利用化学［M］．北京：中国农业出版社．

胡芬，李小定，熊善柏，等．2011. 5 种淡水鱼肉的质构特性与营养成分的相关性分析[J]．食品科学，32（11）：69－73.

李思发．1998. 中国淡水主要养殖鱼类种质研究［M］．上海：上海科学出版社出版．

刘玉芳．1991. 中国 5 种淡水鱼脂肪酸组成分析［J］．水产学报，15（2）：169－171.

陆清儿，冯晓宇，刘新轶，等．2006. 丁鲹与鲫鱼肌肉营养成分组成和含量比较分析［J］．饲料研究，（3）：50－52.

罗永康．2001. 7 种淡水鱼肌肉和内脏脂肪酸组成的分析［J］．中国农业大学学报，6（4）：108－111.

彭增起，刘承初，邓尚贵．2010. 水产品加工学［M］．北京：中国轻工业出版社．

沈月新．2001. 水产食品学［M］．北京：中国农业出版社．

汪之和．2003. 水产品加工与利用［M］．北京：化学工业出版社．

王冀平，李亚南．1997. 浙江省 11 种淡水鱼营养成分研究［M］．营养学报，19（4）：477－481.

吴光红，史婷华．1999. 淡水鱼糜的特性［J］．上海水产大学学报，8（2）：154－162.

夏松养．2008. 水产食品加工学［M］．北京：化学工业出版社．

熊善柏．2007. 水产品保鲜储运贮运与检验［M］．北京：化学工业出版社．

扬逸．2006. 14 种鱼营养大比拼［J］．中国保健营养（9）：46－47.

杨武梅．2001. 影响鱼肉蛋白质冷冻变性的因素及防止变性的措施［J］．福建水产，6（2）：52－55.

姚婷．2005. 海水鱼与淡水鱼 omega－3 多不饱和脂肪酸含量的比较研究［J］．现代食品科技，21 (3)：26-29.

张冬梅，俞鲁礼，王跃辉 . 1997. 鲢鱼脂肪酸中 EPA、DHA 的营养新评价 [J] . 水产科技情报，24 (5)：195-198.

朱健，王建新，龚永生，等 . 2000. 几种鲤鱼肌肉的一般营养成分及蛋白质氨基酸组成的比较 [J] . 湛江海洋大学学报，20 (4)：9-12.

祖丽亚，罗俊雄，樊铁 . 2003. 海水鱼与淡水鱼脂肪中 EPA、DHA 含量的比较 [J] . 中国油脂，28 (11)：48-50.

GB 2733—2005　鲜冻动物性水产品卫生标准 .

Roger Eckert. Animal Physiology. 1988. W. H. Freeman and Company，New York，329-341.

SC/T 3108—2011　鲜青鱼、草鱼、鲢、鳙、鲤 .

淡水鱼保活保鲜与贮运技术

第一节　淡水鱼的保活贮运技术

在我国淡水鱼的消费中，由于受消费习惯、生活水平和加工能力不足的影响，目前淡水鱼主要以鲜活形式进入市场销售。因此，了解淡水鱼的生物学特性、捕捞及贮运中鱼体的应激反应与控制，以及运前处理与贮运条件对鱼类存活率和肌肉品质的影响，对于合理选择淡水鱼的保活运输方式和条件、提高贮运后鱼体肌肉质量、减少死亡导致的损失具有重要的现实意义。

一、淡水鱼的生境需求及其变化的影响

鱼类是生活在水中的低等脊椎动物，其生存、繁衍和发展必须与水体环境相适应，必须对外界生态环境（生境）因子的刺激作出反应，并随之消除环境变化引起的危害。不同品种的鱼长期生活于不同的水域，因此，具有不同的生态要求和生存特性。

（一）淡水鱼的生境需求

1. 鱼类对栖息水层的选择　鱼类大部分时间生活在水中，由于食性、耗氧量、光照强度等因素的影响，经过长期的环境适应，不同鱼类相对固定地生活于一定的水层。大宗淡水养殖鱼类中，鲢、鳙的耗氧量较大，通常生活于水体的中上层；草鱼、鳊常栖息于水体的中下层；鲤、鲫和青鱼喜欢在水体底层活动。

2. 鱼类对生活水体温度的要求　不同鱼类对水温的要求不同，每种鱼都有其合适的生长温度。一般温水性鱼类的最适生长温度为20～30℃，低于15～20℃时食欲下降，生长缓慢。我国养殖的淡水鱼中鲢、鳙、草鱼、青鱼、鲤和鲫等最适生长温度大致为23～28℃，是典型的广温性鱼类。热带鱼类的生长适温偏高，如罗非鱼为25～33℃，但不耐低温；而冷水性鱼类一般不能耐受高温，如虹鳟所能耐受的最高环境温度为20℃。

3. 鱼类对生活水体溶氧的要求　水中的溶氧量与鱼类生长活动有密切的关系。鱼类的耗氧率随鱼龄和体重的增长而升高，鱼类正常的氧气消耗量为

12～1 200mg/（kg·h），单位体重氧气的消耗量随鱼龄的增长而减少，如鳙鱼苗的常规耗氧率高达 3 090mg/（kg·h）、鱼种一般为 330～640mg/（kg·h）、2 龄鱼在 210mg/（kg·h）左右。对大多数淡水鱼来说，当水中的溶氧量<1.0mg/L时，鱼类就会出现因缺氧而导致的“浮头”等异常现象，继续缺氧则会导致鱼窒息。

4. 鱼类对生活水体盐度的要求 盐度是表征水中盐类物质总含量的指标，通常以每千克水中所含盐类物质的克数表示。常见养殖淡水鱼对盐度有一定的适应能力，其中，鲤、鲫对盐度的适应性较强，而尼罗罗非鱼和虹鳟经过驯化可在海水中养殖。对盐度有宽广适应幅度的鱼类称为广盐性鱼，如一些河海洄游性鱼类，既可生活于淡水中，又可在海水中生长。

5. 鱼类对生活水体酸碱度的要求 鱼类正常生长的最适 pH 为 7.0～8.0，当 pH 下降或升高时，鱼类的耗氧量下降，而当 pH>10.0 或<2.8 时，可损坏鳃的表面而导致鱼类呼吸中止。四大家鱼、鲤、鲫和鳊等喜欢生活在弱碱性的水域中，其最适的 pH 为 7.5～8.5。如果水体的 pH 长期低于 6.0 或高于 10.0，鱼类的生长会受到严重影响。

6. 鱼类对生活水体有机质含量的要求 不同鱼类对水体有机质含量的适应性不同。一般而言，鲢、鲤和鲫喜欢在悬浮有机物和浮游生物多的水体中生活；鳙可在有机质含量相当高的水体中正常生长；草鱼、青鱼和鳊喜欢在有机质含量较低的水中生活。

（二）生境变化对活鱼生理特性的影响

1. 温度变化对活鱼生理特性的影响 温度对鱼的新陈代谢水平有重要影响，水温的升高可导致鱼类呼吸频率的加快和耗氧量的增加。在鱼类可生长温度范围内，温度每升高 10℃，鱼的耗氧量增大 2～3 倍。降低水温可降低鱼的新陈代谢速度，减少二氧化碳、氨、乳酸等生成量，同时可抑制微生物生长。此外，鱼类一般不能耐受水温的剧烈变化，当温度变化超过 15℃/h 时，大部分鱼的呼吸活动出现长时间中断、甚至死亡。

2. 溶氧减少对活鱼生理特性的影响 鱼的呼吸分为鳃呼吸和气呼吸。鳃呼吸在水中进行，气呼吸主要通过口咽黏膜、皮肤等辅助呼吸器官从空气中吸取氧气。空气中氧气含量比水中大 30 倍，且氧气在空气中的扩散速度大约是水中的 30 万倍。但无水时鱼鳃暴露在空气中，鳃丝易黏着，使气体的有效交换面积锐减，对氧气的有效利用减少，导致运输死亡率增大。鱼类的常规耗氧量为 12～1 200mg/（kg·h），正常水体的饱和含氧量为 5.0～10.0mg/L，可满足鱼类的生长需要。但在活鱼运输中，由于鱼体密度大，耗氧量增加，水体中溶氧被快速消耗而出现缺氧，严重时会导致鱼体窒息死亡。

3. CO_2 浓度升高对活鱼生理特性的影响 保活贮运过程中，高密度装载的活鱼呼吸产生大量的CO_2，会使水中的CO_2浓度很快升高。水中CO_2浓度升高，会阻止鱼体血液中CO_2向外扩散，从而降低肌红蛋白与氧的结合力。密闭容器中鱼类血液中的CO_2浓度更容易上升，直接影响呼吸中枢，使氧气消耗量增加。高浓度CO_2对鱼类具有一定的麻醉作用，当水体中的$CO_2>50mg/kg$时，鱼体的呼吸次数减少；而当水体中$CO_2>150mg/kg$、水体pH降为6.0时，不管含氧量是否充足，鱼体基本上处于休眠或半休眠状态。

4. pH升高对活鱼生理特性的影响　淡水鱼正常生长时所需的pH为6.5～8.5，水体pH过低或过高，均会刺激鱼的鳃及皮肤的感觉神经末梢而影响呼吸。水中CO_2的蓄积可降低pH，而氨的蓄积则会使水的pH升高。水体总氨氮由非离子氨（NH_3）和铵根离子（NH_4^+）组成，非离子氨对鱼类有很强的毒性，而离子态铵是无害的。水体pH的变化还会影响水中的总氨氮的组成，随着水体pH和温度升高，有毒NH_3的浓度增高，鱼体很容易出现氨中毒。

5. 水质劣变对活鱼生理特性的影响　鱼体分泌的黏液、剥离的组织碎片以及代谢物CO_2、氨、尿酸、粪便和无机盐等，会严重影响水质。黏液、组织碎片、有机物等易附着于鳃孔上，减少了气体交换的有效面积，导致摄氧困难，影响鱼类呼吸，此外，还会加速微生物的生长和繁殖。水中氨的积蓄不仅影响鱼鳃的通透性、妨碍鱼的正常呼吸，而且会降低水中溶氧含量、使水体pH升高。而水体pH升高，又会导致水中有毒性的分子氨（NH_3）的比例升高，最终使鱼体出现氨中毒。出现氨中毒后，分子氨与氧气竞争与血红蛋白的结合，从而造成鱼类组织缺氧，同时，造成鱼类血液中NH_3含量过高，出现神经中毒症状，严重者因缺氧而死亡。

二、保活贮运中淡水鱼的应激反应与控制

（一）鱼类对环境条件剧变的应激反应

1. 鱼类的应激反应　应激反应，是指鱼类受到一个或多个外界环境因素的不良刺激作用所产生的特异性和（或）非特异性的反应。偏离鱼类正常生活范围的不良刺激因素，称为应激原。贮运过程中的降温、缺氧、氨氮含量过高、水质变差、振动和挤压等，均会导致鱼体产生强烈的应激反应，从而影响鱼的成活率和肉质。

2. 鱼类应激反应的生理过程　鱼类的应激反应，可划分为应激源识别、生物防御和应激反应结果等三个阶段。鱼类应激反应的生理过程，一般可分为初级、次级和第三级应激反应。初级应激反应，主要包括应激源的识别及生物防御的启动，使机体在神经和内分泌系统水平上反应，促使鱼体血液中的儿茶酚胺、皮质醇等应激激素水平升高。次级应激反应，是由初级应激反应所产生的应激激素调控的各种生理、生化反应过程，包括呼吸系统、心血管系统、能

量代谢、电解质平衡及免疫系统等生物学功能的改变。第三级应激反应，是在次级应激反应的基础上，鱼体对应激源产生了适应性，其生物学功能恢复正常；或随应激程度的加深，鱼类个体或者群体水平上出现生长速率、繁殖能力及抗病能力降低等变化。

3. 鱼类应激反应的类型 鱼类应激反应可分为三种类型：①突发型，受到不良因素的强烈刺激作用，可导致突然死亡，在死亡前未见到明显症状；②急性型，不良因素的刺激作用明显，鱼类在短时间内多数出现惊恐、拥挤、群集顶水运动、逐渐虚弱等异常现象，解除不良刺激后，鱼类可恢复正常状态，若仍有不良刺激存在，可发生衰竭死亡；③慢性型，应激原刺激强度不大，但其影响是长期的或是反复性的。在保活贮运中，鱼类的应激反应主要是急性和突发性的，如不加控制，则会导致保活贮运后鱼肉品质下降，甚至死亡。

（二）诱导鱼类产生应激反应的主要因素

在鱼类的保活贮运中，导致鱼类产生应激反应的因素，主要是捕捞、暂养、贮运与复苏等过程中的外界环境刺激。诱导鱼类产生应激反应的因素较多，一般可分为物理因素、化学因素、生物因素及综合因素四个方面。在活鱼运输中，诱导鱼体产生应激反应的因素主要是捕捞、水温、溶氧、拥挤、水体质量、声音、光照与挤压等。

1. 水体温度 不同鱼类各有各自适宜的生长温度范围，存在着生命活动的低温与高温的极限。与水温有关的应激因子，最重要的是水温达到或超过最低或最高生长适温的极限；其次是水温的骤变，尤其是短时间内剧烈上升；再次是因水温上升而导致水体中某些物质毒性增强，间接引起鱼类的应激反应。大宗淡水鱼属温水性鱼类，其最适生长温度为23～28℃，最低存活温度在5～10℃。在保活贮运中，为了降低鱼体代谢水平以及对氧的需要量，通常会采用降温措施。因此，降温速度和最终水温就会成为鱼体重要的应激因子。

2. 水体溶氧 低溶氧是鱼类的另一个重要应激原。水体缺氧会导致鱼类呼吸中枢兴奋，通过增强呼吸活动来应付溶氧的不足，溶氧过低会引起鱼类浮头，而溶氧过饱和也会使鱼类出现应激并导致气泡病等。我国主要养殖鱼类需要水体溶氧保持在4.0～5.5mg/L以上才能正常生长，当水体溶氧量低于其窒息点（鱼体存活所需的最低溶氧量）时，鱼体就会窒息死亡。在气温27～28℃的夏季时，鲢、鳙、草鱼、鲤等淡水鱼的窒息点分别为0.34～0.72mg/L、0.34～0.68mg/L、0.3～0.51mg/L和0.11～0.13mg/L。

3. 水体质量 水体pH以及CO_2、NH_3和有机质等含量过高，会引起鱼体严重的应激反应。鱼类生活水体的最适pH为弱碱性，当pH≤5.5或≥9.5就会诱导鱼的应激反应，pH≤4.0或pH≥11.0可使鱼类致死。pH过高时，鱼体表皮和鳃等组织最先受到碱性水的影响并发生相应的应激表现。水体中CO_2浓度的增高，可导致血红蛋白与氧的亲和力下降，产生呼吸加快的应激反应。CO_2浓度过高可引起鱼类昏迷、窒息，甚至死亡。NH_3对鱼类具有极强的毒害作用，当水中NH_3增多时，鱼类出现应激反应，致使鱼体内血液和组织中氨浓度增大而诱发毒血症。养殖鱼类耐受NH_3的极限值通常为0.5～1.0mg/L。此外，水中有机质含量过高，会影响水中溶氧含量以及鱼体的呼吸，也会导致鱼体产生应激反应。

4. 捕捞与装载密度　在保活贮运中，首先需要将养殖水体中的鱼捕捞集中。捕捞作业中鱼的剧烈运动和挣扎，会导致鱼体中乳酸含量增加、糖原含量下降。捕捞后，大量鱼体集中放置在较小的运输箱中，水中鱼体密度显著增大，鱼体之间为空间、溶氧等发生竞争。这些因素都会导致鱼体发生相应的应激反应，导致氧消耗量急剧增加，水体中溶氧快速耗费而出现缺氧现象。

5. 贮运中的声、光与挤压　在鱼类保活贮运中，环境所产生的声音、光照度、挤压、振动都会引起鱼体不同程度的应激反应。鱼类对声波的刺激反应因品种和个体大小的不同而异，机械振动、声振动、次声振动和超声振动都可引起鱼的应激反应。当鱼被困于封闭的拥挤环境中时，强烈光照可能引起鱼类的应激反应。在运输过程中，由于车辆转弯、颠簸所产生的挤压、振动以及相互摩擦，不仅会使鱼鳞脱落、鱼体损伤，而且也会引起鱼体强烈的应激反应。

6. 电刺激　鱼类对电流的反应十分敏感。种类、个体长度、生理状态及水的温度和导电率均可影响鱼对电刺激的反应，不同的电流型式、电流强度和作用时间对鱼的影响不同。适当的电击可使鱼体休克，停止受电后鱼或快或慢地恢复正常，而且适当的电击还可减轻鱼体对温度剧烈降低所引起的应激反应。

（三）保活贮运中鱼类应激反应的控制

在保活贮运中，捕捞、鱼体存活水体温度、pH以及溶氧、CO_2、NH_3、有机质等含量的变化、运输过程中的振动、挤压、声音和光照等刺激，会引起鱼体产生剧烈的应激反应，进而影响鱼体存活率、生化特性以及肌肉品质。因此，在保活贮运中需要采取切实措施，防止或减轻鱼体所产生应激反应及其对鱼体的不良影响。在保活贮运中，可采取的控制鱼类应激反应的措施如下：

1. 控制水体温度下降速率和最终的水温　鱼类对存活水体温度的变化比较敏感，当温度变化超过15℃/h时，大部分鱼的呼吸活动出现长时间中断，甚至死亡。在夏季，水温通常在20～30℃、甚至更高，采用低温保活运输活鱼时，就需要控制水体降温速度或采用梯度降温、驯化措施，让活鱼有一定的适应过程，以减轻鱼类对水温变化的应激反应，提高贮运后鱼体的存活率。水温越低，鱼类的代谢越慢，对水体中氧的消耗越少，所产生的氨氮越少。采用适当控温方式，将水温降至鱼体的生态冰温，可使其处于半休眠状态，能够有效降低新陈代谢、减少鱼体运动、延长存活时间，从而达到长距离、大批量保活运输的目的。在研究低温对鲫、团头鲂生化特性和肉质影响中，发现分别选择水温 6.5℃、11℃作为鲫、团头鲂的保活贮运温度，不仅可以减轻鱼体的应激反应、提高贮运后的存活率，而且有利于保持贮运后的鱼体肌肉品质。

2. 采用适当增氧方式提高水体溶氧量 在正常情况下，每 1kg 鱼类的耗氧量一般在 200～250mg/h。在高密度保活贮运中，每运输 1 000kg 活鱼，每小时就要耗费氧气 250g，每天（24h）就需要 6kg 氧气。如果运输 5t 活鱼，则每天需要耗费 30kg 纯氧。这么大的需氧量仅靠水体的自然复氧能力是远远不够的，必须采用人工措施来保证水体中有充足的溶氧供应。只有将水体中溶氧始终保持在 6～10mg/L，才能保证载鱼箱中鱼的存活。目前，有化学增氧、空气增氧、纯氧增氧等三种增氧方式，但在实际作业中多采取空气增氧和纯氧增氧方法。特别是鱼类对纯氧的利用效率比空气要高得多，相同运输条件下用纯氧代替空气，可使淡水鱼的运输存活时间延长 20～72h。

3. 净化水体以降低水中氨氮和有机质含量 在高密度活鱼运输中，鱼水比最高可达 1∶1，也就是 1t 鱼只加 1t 水来进行运输。当鱼进入载鱼舱后，水中的有机质、氨氮、CO_2 等含量因鱼体的代谢而快速升高。鱼正常生长时水体氨氮浓度要小于 0.5～1.0mg/L，氨氮浓度大于 2mg/L 时就会导致鱼类窒息死亡。在正常生态条件下，每 1kg 鱼每天可产生 3.0g 的氨氮（NH_3），每 1t 鱼每天就会产生 3 000g 的 NH_3，这些 NH_3 溶入水中就会使水中氨氮浓度达 3mg/L，远远超过了鱼体能耐受的氨氮浓度。因此，在保活运输中，必须对载鱼舱中的水进行净化处理，以减少水体中的有机物质、氨氮以及 CO_2 等含量。短途运输作业中采用换用清水，长途运输时可使用密封式循环过滤式水槽来保持运输水体的清洁。此外，可用沸石或离子交换树脂除去水中的氨；在水中加入三羟基甲基氨基甲烷，来稳定水体 pH 并将 pH 控制在 7.0～8.0；还可用 Na_2CO_3 和氧气，除去水中的 CO_2。

4. 适当分隔以防止鱼体相互挤压 在运输过程中，由于车辆转弯、颠簸引起的挤压、振动以及相互的摩擦，导致鱼鳞脱落、鱼体损伤。因此，在活鱼保活运输中，需要将整个载鱼舱进行适当分隔，以减轻鱼体的相互挤压。当鱼水比较小时，鱼与鱼之间有较多空隙，由于车辆转弯、颠簸导致水体振荡、鱼与鱼之间相互摩擦，还会使鱼鳞脱落。因此，选择适当大的鱼水比，不仅可以提高单车运鱼量，而且可以减少鱼体之间的摩擦、损伤。

三、保活贮运方法、装备与作业程序

（一）常用保活贮运方法

目前，常用的活鱼保活贮运方法主要有机械运输、低温运输、充氧运输、麻醉运输和休眠运输等 5 种形式。这 5 种贮运方法的操作原理和特点不同，在实际作业中为了提高鱼的运输存活率、降低成本，通常需要根据待运对象的生理特性和运程等，将上述方法进行适当的组合。

1. 活鱼的机械运输 机械运输，是将待运的活鱼装入带水箱的车、船等运输机械中进行运输的方法。该方法操作简单、方便，待运对象在装运前不需要进行特殊的处理，适用范围广，但存在有效运载量较小、运输存活率低和运程短等缺点。

在贮运过程中，水产品仍保持着正常的生理代谢活动，鱼体新陈代谢旺盛、耗氧量大、排泄量大，水体很易出现缺氧和氨氮、有机质含量过高而引起鱼体的应激反应。因此，机械运输的运程一般以中短途和短途为主，运输时间不超过 8～12h，而且适宜在冬春等气温较低的季节进行作业，贮运对象以生命力较旺盛的鱼类为主。

机械运输装备主要是带水箱的卡车和船。采用卡车运输活鱼时，一般采用开放式水体，加氧运输，适用于 500～600km 的短途运输，为保持水体溶氧含量需要携带供氧设备。活鱼运输船则可采用开放式循环系统，用航道水交换运输水体，改善运输水质。为提高鱼的运输存活率，目前已采用密闭循环式运输系统，装备了控温、增氧、水循环与处理装置以及相应的自动监测与控制器，可全天候、高密度和大批量进行长途运输。

2. 活鱼的低温运输 活鱼的低温运输法，就是利用机械制冷或保温法来维持载鱼舱较低水温，从而实现降低鱼类代谢活动、延长贮运时间的一种运输方法。机械制冷法是在运输车或船上装备合适的制冷机组，以机械制冷来维持载鱼舱（装有保温层）中水温的恒定。该方法受外界环境条件的影响小，但设备投资大，运行费用较高。保温法是在装有保温层的载鱼舱中放入一定数量的冰块，将水温控制在较低温度，该法操作简单，投资少，使用灵活，对运输量的要求较低，但保温时间有限，该法通常只适用于短途运输。为了提高运输效率、减少鱼体死亡，目前已采用高压液体纯氧给载鱼舱供氧，利用其吸热膨胀作用来降低或保持载鱼舱中的水温。

采用低温法运输活鱼时，为了使活鱼更好地适应运输时的低温环境，暂养时的温度应尽量与运输温度相近或相同，且应采用合适的降温方法，以避免活鱼产生强烈的应激反应。张瑞霞、杨晓分别研究了低温处理对鲫、团头鲂生化特性及肉质的影响，结果发现，低温处理对鲫、团头鲂的存活率、生化特性和肉质有明显影响。在夏季，对鲫、团头鲂进行保活贮运的适宜水温分别为6.5℃和11.0℃，高于或低于该温度时均不利于鲫、团头鲂的长时间贮运。

3. 鱼类的充氧运输 充氧运输，主要适用于一些对溶氧要求不太高的高价值鱼类，尤其是鱼苗和鱼种。该方法操作简单，设备投资少，使用费用低，是我国目前广泛应用的一种活鱼运输和保存方法。在运输前通常将贮运对象装入有水的塑料袋中，用工业氧瓶充入高压纯氧后扎紧袋口，然后将塑料袋放入泡沫箱中。为了保证充足的氧气供应，鱼和水的装载量一般不超过塑料袋有效体积的1/4，同时要求塑料袋的密封性能良好。为了降低运输过程中鱼体的耗氧量，该法通常与低温法结合起来使用。该法通常还与机械运输法配合使用，以提高运输水体的含氧量。

4. 鱼类的麻醉运输 麻醉运输，是通过抑制机体神经系统的敏感性、降低鱼体对外界的刺激反应，使鱼体失去反射功能、降低呼吸强度和代谢强度，提高活体水产品运输存活率的运输方法，具有运输存活率高以及运输成本低等特点。

（1）鱼类的化学麻醉　某些药物可使水产动物暂时失去痛觉和反射运动，降低肌肉的活动强度，减少机体氨和二氧化碳的排出量，且可使肌肉保持良好的弛缓能力，从而有利于长途运输。在实际保活贮运中，常用的化学麻醉剂有磺酸间氨基苯甲酸乙酯（MS-222）、盐酸苯唑卡因和二氧化碳等。

磺酸间氨基苯甲酸乙酯，俗称MS-222。白色结晶粉末，易溶于水，具有使用浓度低、入静快、作用时间长和复苏快等优点，是经美国FDA批准的唯一能用于食用鱼的镇静剂。使用MS-222对鱼类进行麻醉时，通常采用浸浴法，先将MS-222溶于水中再将鱼放入。在1：（10 000～20 000）的低浓度下，麻醉时间可达12～40h，而不使麻醉对象受到损害。麻醉后放入清水中，鱼可在5～30min内苏醒过来。鱼的种类和大小会影响其用量，一般鲤和草鱼的用量为20mg/L水、白鲢为10mg/L水。为了确保麻醉处理的鱼体内部不残留MS-222，美国FDA要求用MS-222麻醉运输商品鱼后，需要21天的药物消退期才可在市场上销售。

二氧化碳对鱼类也具有较好的麻醉性能。一般认为，CO_2的最佳浓度为500mg/kg，该浓度下鱼苗可存活215h，而对照组的存活时间不到106h。吉川弘正用压力为2.6×10^4～3.3×10^4Pa和1.3×10^4～1.7×10^4Pa的CO_2溶液交替灌流鲤成鱼，15～30min后样本即进入麻醉状态，时间可维持10h。到达目的地后，放入清水中，只需几分钟鱼便可苏醒。当塑料袋的密封性良好时，该操作一般可使运输对象保持休眠状态30～40h。CO_2作为活鱼运输麻醉剂，具有安全可靠、价格低廉等特点。

（2）鱼类的物理麻醉　物理麻醉法，采用一定强度的物理刺激抑制鱼类神经系统的敏感性，降低其对外界刺激的反射强度，安全性较高。常用的物理麻醉法主要是电麻醉处理，在低压直流电流作用下，鱼体被麻醉，其呼吸和代谢变慢，氧消耗量下降，当去除电流后鱼体很快苏醒恢复正常。张瑞霞曾研究电麻处理对鲫生化特性及肉质的影响，结果表明，电麻处理可降低鲫对暂养水温急剧变化的应激反应和氨氮排泄量。将鲫用20V直流电处理6min后，直接置于6.5℃水中暂养5天，鲫存活率高，且肉质明显高于未电麻处理组的。

5. 鱼类的休眠运输 休眠运输又称为冬眠运输，不同的鱼需要不同的冬眠温度。诱导鱼类冬眠的方法主要是降温法，即将需冬眠的鱼转入温度低于正常生长温度的水体中，使其体温缓慢下降，最终进入冬眠状态。鱼类存在一个区分生死的生态冰温零点或称临界温度，该温度很大程度上受环境温度的影响。对不耐寒（即临界温度在0℃以上）的鱼种应驯化其耐寒性，提高其在生态冰温范围内的存活率。采用休眠法运输活鱼时，先要测出运输对象的生态冰温，其次要选择合适的降温方法，降温速率一般不超过5℃/h。我国对低温保活技术进行了大量研究，建立了日本对虾、牙鲆、日本鳗鲡等休眠运输法，但缺乏对大宗淡水鱼的研究。

（二）活鱼的运输装备

目前，常用的活鱼贮运装备主要有运输船和运输车两种。除动力和运载工具外，保活贮运系统的基本组成是相同的，主要由载鱼舱（水箱）、充氧装置、

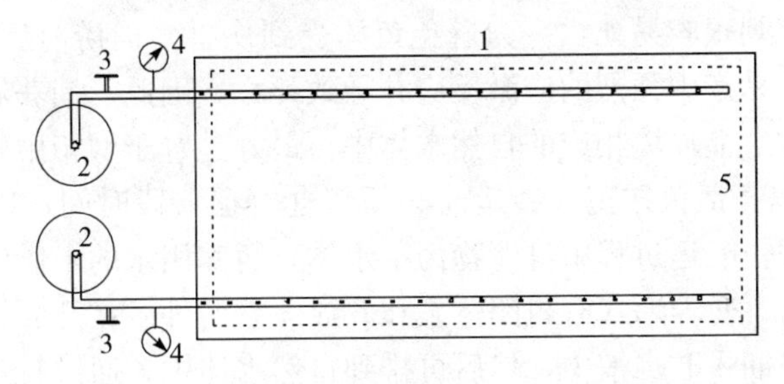

图2-1 水产品活体运输船结构示意图（氧气瓶充气）

1. 水箱 2. 氧气瓶 3. 调节阀 4. 压强表 5. 隔离网

循环水泵和隔离网等共同组成。由于气泵充氧效率低，现已采用液体纯氧充氧代替了气泵充氧，载鱼舱也由开放式改为密封式。山东省安丘市恒兴玻璃钢厂、湖北东特车辆制造有限公司、湖北成龙威专用汽车有限公司等企业，已开发生产液体纯氧充氧的活鱼运输车，活鱼运输车的基本结构见图 2-1。

我国水产品生产的地域性明显，为了实现水产品的长距离保活运输，延长运输时间和运输距离，目前已开发出高密度活鱼运输车（集装箱式），结构示意图见图 2-2。该车配备了密闭保温水箱、防振缓冲、发电机、双回路循环、水过滤和净化处理、高效充氧装置以及全自动制冷调温等系统，可有效控制水温、净化水质、增加水体溶氧，达到延长保活时间、提高运输存活率的目的。此外，为了提高纯氧的利用效率，目前已在研究用微孔管代替金属硬管充氧的效果。

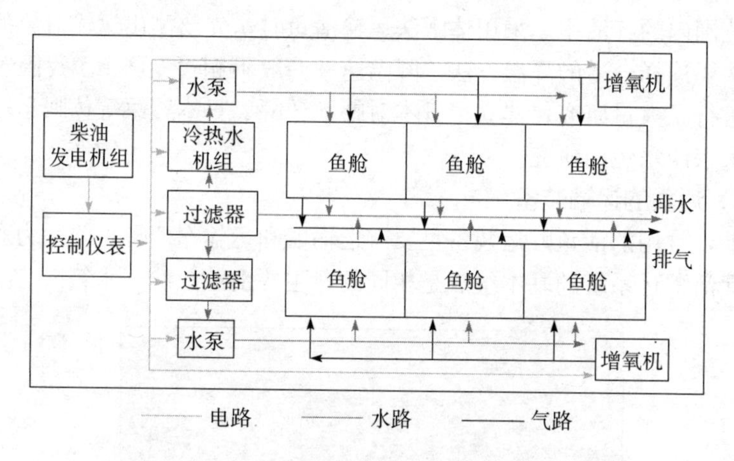

图 2-2 高密度活鱼运输车（集装箱式）结构示意图

（三）淡水鱼的保活贮运作业程序

1. 拉网捕捞 拉网捕捞是保活贮运的第一道作业程序。在捕捞作业中，鱼的剧烈运动和挣扎，会导致鱼体中乳酸含量增加，糖原含量下降，免疫力下降，如受到伤害则很容易死亡。为避免鱼体受到伤害，捕捞前后要小心操作。由于鱼体离水后易产生强烈的应激反应并导致死亡，因此，捕获后的鱼类应立即转入与其正常生活环境相应的自然水体中，最好是置于网箱中暂养。

2. 禁食暂养 活鱼在正式装运前必须禁食暂存一段时间，以充分排出体内的排泄物，防止贮运过程中排泄物污染水体。暂养用水的水质应与暂养对象的生活水体相同，暂养形式有封闭体系和开放体系两种。在开放体系中，水直接从自然水体中抽入贮水槽中，然后再排到自然水体中，通过自然水的不断循环清洁水质。在封闭系统中，含有代谢排泄物的水经过贮水槽循环，通过过滤、吸附装置去除代谢废物后重新得到清洁的水。在禁食暂养中，要根据活体的暂养密度合理调节循环水流的大小和增氧量，挑选活动力旺盛的鱼，并及时剔除已死亡的鱼。

3. 运前处理　正式装运前，用清水或一定浓度的盐水清洗鱼的体表，可明显提高贮运存活率。采用低温运输活鱼时，装运前应对鱼体做低温适应性驯化；采用麻醉法运输时，则要将对象进行合理麻醉；采用休眠运输法时，则要对鱼进行冬眠诱导。进行低温驯化和冬眠诱导时，应选用合适的降温速率，水温10℃以上时降温速率≤4℃/h、1～10℃时降温速率≤1℃/h、1℃以下时降温速率≤0.5℃/h。

4. 起鱼装箱　选用合适的起鱼、装箱方式，有利于提高贮运存活率。从暂养水体将鱼捞起再装入载鱼舱中，起鱼作业会导致鱼惊慌，离水时间过长会导致鱼体产生应激反应。因此，起鱼时操作要轻、要快。为了减少运输过程中车辆转弯、颠簸导致鱼体挤压、振动及相互摩擦，可将载鱼舱分隔成几个小舱。还需要依据鱼类特性，选择适宜的鱼水比。对于体型大的鳙而言，采用车斗起鱼、流水滑槽装车，可以有效地减少鱼体出血和擦伤，缩短鱼体缺氧时间，提高成活率。

5. 运输管理　维持低温、保证氧气充足、保持水质清洁，减少振动、防止挤压碰撞是运输管理的主要内容。在运输过程中，应尽量将水温维持在5～10℃，使鱼处于休眠状态，以降低耗氧量和代谢速率。不同鱼种在不同水温下其耗氧率不同，2龄的鲢、鳙、草鱼在夏季和冬季的耗氧率，分别为161～264mg/（kg・h）和12～37mg/（kg・h）。鲫在10℃、20～22℃、32～35℃水中的耗氧率，分别为15.7mg/（kg・h）、30～160mg/（kg・h）和127～262mg/（kg・h）；鲤在10℃、20℃、30℃水中的耗氧率，分别为17mg/（kg・h）、48mg/（kg・h）和104mg/（kg・h）。在运输中，需要采用合适的增氧方式保证水体中有充足的氧气。

6. 销售管理　淡水鱼经过长时间运输后，其体内所储备的能量几乎被消耗殆尽，生命力和活动力较弱。因此，销售过程中应及时调整水温、增加水量、补充食物和增氧，使其尽快恢复活力。在销售过程中，还要坚持先进先出的原则，避免水产品的销售损耗。

第二节　淡水鱼的低温保鲜技术

鱼类捕获或宰杀致死后，在存放或加工过程中因体内所含酶类、体表所带微生物的作用而发生一系列生化反应，导致鱼体鲜度下降、品质变差，甚至腐败变质。因此，鱼类在加工、流通过程中必须采取有效的保鲜措施，以预防其鲜度下降和腐败变质。低温保鲜，依然是水产品保鲜中最有效、应用最广泛的方法。

一、鱼类低温保鲜的技术原理

环境温度影响鱼体肌肉组织中酶的活性和体表微生物生长繁殖速度，环境温度越低，则酶反应速度和微生物的生长繁殖速度越慢。尽管低温不能完全抑制鱼体内酶的活性，但当环境温度低于－18℃以后，不仅可完全抑制微生物的生长繁殖，也能极显著地抑制鱼体内酶的活性，从而延长鱼类的货架期。

（一）低温对微生物的影响

每种微生物都有其各自的适宜生长温度。根据微生物生长对温度的依赖性，可将微生物分为四种类型，即嗜热菌、嗜温菌、适冷菌和嗜冷菌，其最低生长温度、最适生长温度和最高生长温度见表2-1。当环境温度高于微生物的最高生长温度时，微生物会因热作用致死；而当环境温度低于微生物的最低生长温度时，微生物的生长代谢受到抑制。

表2-1　微生物生长对温度的适应性

（Geroge J. Banwart. Basic Food Microbiology. AVI Publishing Company，Inc. 1979）

微生物类群	最低生长温度（℃）	最适生长温度（℃）	最高生长温度（℃）
嗜热菌	35～45	45～65	60～90
嗜温菌	5～25	25～40	40～50
适冷菌	－5～5	25～30	30～40
嗜冷菌	－15～5	10～30	20～40

嗜温菌是生活环境中普遍存在的微生物，也是引起食品腐败变质和食物中毒的主要微生物群，其最适生长温度在25～40℃。当环境温度低于10℃时，大多数微生物的生长繁殖速度减慢，但也有部分微生物（适冷菌）在3℃以下仍能缓慢生长繁殖。尽管嗜冷微生物可在0～－15℃范围生长，但在0℃时其生长已经非常缓慢，而环境温度低于－15℃时所有微生物均不能生长。由于鱼体含水量高、酶活性高、组织软嫩，比其他农产品更难保鲜，欧共体食品安全法规（1990年）规定鲜鱼及其制品的贮运温度不能超过8℃。在鱼类的保鲜作业中，可选5～0℃进行短期冷藏保鲜，也可选择－18℃以下温度进行长时间的冻藏保鲜。

除环境温度外，降温速率、水分存在状态、介质等也会影响微生物在低温条件下的活性。温度在冰点左右或冰点以上，适冷菌会缓慢生长繁殖，最后也会导致鱼体变质，这就是冷藏保鲜期较短的原因。冻结温度对微生物的细胞结构影响较大，尤其是在－3～－5℃温度冻结时，会导致细菌细胞损伤，但当冻结速率快、温度迅速下降到－20～－25℃时，水分冻结所形成的冰晶体细小，对细菌细胞损伤会减弱。但在－3～－5℃温度冻结时，也会使鱼体组织结构严重受损，导致鱼体质构变软，增加解冻后鱼体的汁液流失。冻藏过程中温度变化，也会影响微生物活性和鱼体组织结构，温度变化频率越大，幅度越大，对鱼体结构及微生物影响越大。所以选用快速冻结方法，保持冻藏温度稳定，能更好地保持冻藏鱼及其制品的外观、质地和风味。

（二）低温对酶活性的影响

温度对酶活性影响大，高温加热可导致酶活性的丧失，而低温处理尽管可降低酶活性，但不能完全使酶失活。一般来说，温度降低到－18℃、特别是－20～－30℃才能有效抑制酶的活性，但温度回升后，酶活性会重新恢复，甚至较降温处理前还高，从而加速水产品的变质。故一些水产品在低温保鲜前需要进行灭酶处理，以防止产品质量下降，如冷冻龙虾的加工。

总之，低温环境只能延缓、减弱微生物、酶以及非酶引起的变质，并不能完全抑制它们的作用，即使在冻结点以下的低温，当水产品贮藏期过长时，其质量仍然会有所下降。在－18℃冻藏的水产品，一定要在10℃以下环境下解冻；解冻温度过高，不仅会使水产品汁液流失加重，而且会导致解冻水产品中微生物数量快速增加、鲜度下降，甚至导致腐败变质和食物中毒。

二、冰藏保鲜与冷藏保鲜

冰藏保鲜与冷藏保鲜，又称冷却保鲜，是指将鱼体置于5～0℃温度范围进行储藏的一种保鲜方法。根据降温和保持低温的方式，比较适合淡水鱼冷却保鲜的方法主要是冰冷却保鲜法和空气冷却保鲜法，即冰藏保鲜和冷藏保鲜。

（一）冰藏保鲜

1. 冰藏保鲜特点 冰藏保鲜，是水产品保鲜贮运中使用最早、最普遍的一种保鲜方法。冰藏保鲜就是将一定比例的冰或冰水混合物与鱼体混合，放入可密封的泡沫箱或船舱，利用冰或冰水降温的一种保鲜方法。由于冰携带、使用方便，冷却时不需动力，将冰与鲜鱼直接混合，能快速降低鱼体温度，在短期内能较好的保持鱼体及其制品的鲜度；但冰藏保鲜受外界环境温度影响较大，且冰融化成水后，会导致鱼体在冰水中浸泡时间过长而变软。因此，冰藏保鲜较适合对水产品进行短距离、短时间的保藏作业。

冰藏保鲜中所用的冰可用淡水或海水制得。淡水冰冰点接近0℃，而海水（盐水）冰由于含有一定量的盐分，其冰点低于0℃，大约为－1℃。海水（盐水）冰融化时的潜热较高，降温保温效果优于淡水冰。但由于制冰厂大多建设在陆地上，所以淡水冰比较常用。在实际保鲜作业中，淡水鱼一般用淡水冰，海水鱼最好用海水冰。为了提高水产品保鲜效果，可以将臭氧溶于低温水中再冻结制成臭氧冰，融化的水中含有一定浓度的臭氧，能非常有效地抑制鱼体体表微生物的生长，延长保鲜期。

2. 干冰法 也称为撒冰法。将碎冰撒在鱼层上，形成一层冰一层鱼的样式，或将碎冰与鱼混拌在一起。前者称为层冰层鱼法，后者称为拌冰法。拌冰法适用于中、小鱼类，特点是冷却快。层冰层鱼法适用于大鱼冷却，一般鱼层厚度在50～100mm，冰鱼整体堆放高度约75cm，上用冰封顶，下用冰铺垫。干冰法操作简便，冰水可防止鱼体表面氧化和干燥。

鱼体的冷却速度与鱼体的大小、初始温度、冰细碎程度以及用冰量有关。在鱼体大小、初始温度、冰细碎程度一定的情况下，用冰量是最关键的因素。冰藏期间冰的消耗量主要依据两个因素进行计算：一是鱼体冷却到接近0℃所需的用冰量；二是冰藏过程中维持低温所需的用冰量。根据经验，用冰量与冷却鱼量的比例常在1∶3至1∶1范围内。

鱼类冰藏保鲜期的长短主要取决于：鱼的种类和用冰前鱼的鲜度、卫生条件是否良好、用冰量是否及时和充足、碎冰大小以及撒布是否均匀、隔热效果好坏与环境温度高低等。在实际冰藏保鲜作业中，应注意如下事项：①要及时用清水清洗鱼体体表。必要时则需要将鱼去鳃、剖腹、去除内脏，洗净血迹和污物；对于特种鱼或体型较大的鱼，还要在鱼腹内抱冰；保持良好的卫生条件、防止细菌污染。②应尽快加冰装箱。用冰量要充足，冰粒要细，撒冰均匀，层冰层鱼，最上部要加一层盖冰。③控制好环境温度。在冰藏保鲜作业中，环境温度应控制在0～2℃，不可低于0℃，否则与鱼接触的冰不会融化，影响鱼体冷却。④掌握合适的保鲜期。环境温度控制在0℃左右时，淡水鱼冰藏保鲜期为8～10天；环境温度在4～5℃时，淡水鱼冰藏保鲜期为3～5天；而环境温度为室温，则淡水鱼冰藏保鲜期为2天以内。若冰中添加臭氧等防腐剂，可适当延长冰藏保鲜时间。

3. 水冰法 先用冰将淡水降温（0℃），然后把鱼类浸泡在冰水（冰与水的混合物）中进行冷却保鲜的一种方法。其优点是冷却速度快，适用于死后僵直快或捕获量大的鱼。

采用水冰法保鲜鱼类时，应注意以下事项：①淡水要预先用冰冷却，形成冰水混合物，用冰量要足，将冰水温度维持在0℃；②鱼体要先洗净后才可放入，避免冰水污染，若被污染，则需及时更换和消毒；③淡水鱼组织较柔嫩，捕捞时易被污染，鱼体在冰水中长时间浸泡会导致鱼肉吸水膨胀，变色变质。因此采用水冰法，将鱼体温度冷却到0℃时立即取出，再采用干冰法保藏，可获得良好的保鲜效果。

（二）冷藏保鲜

冷藏保鲜，是将宰杀并洗净的鱼体或经分割的鱼体置于洁净的冷却间，采用冷空气冷却鱼体并在0～4℃高温冷库中进行储藏的一种保鲜方法。空气冷却一般在－1～0℃的冷却间内进行，冷却间蒸发器可采用排管或者冷风机。在实际冷藏作业中，一般需要预先将冷却间环境温度降低并保持在－1～0℃，将样品放入冷却间后需要继续用冷风冷却样品，将样品中心温度迅速降低至0℃，再放入高温冷库储藏或者直接放在冷却间贮放。由于空气的对流传热系数小、冷却速度慢，不能大批量处理鱼货，而且长时间用冷风冷却鱼体，容易引起鱼体干耗和氧化。因此，冷藏保鲜可用于水产品加工厂原料的短时间贮放，也可用于分割加工的生鲜水产品或调理水产品的短时间贮藏保鲜。

三、微冻保鲜

（一）微冻保鲜原理

微冻保鲜，是将水产品保藏在冰点以下（－3℃左右）的一种轻度冷冻或部分冷冻的保鲜方法，也称为过冷却或部分冷冻保鲜。在0～10℃的温度区域内，生长的微生物温度系数一般为5；而在0℃以下时，大多数微生物生长繁殖速度的温度系数在1.5～2.5。微冻保鲜水产品的贮藏性，是冷藏保鲜的2.0～2.5倍；而且在微冻状态（－2～－3℃）下，鱼体内部分水分冻结，致使水分活度减低，细菌细胞汁液因部分冻结而浓缩，改变了其生理生化过程，大部分嗜冷菌的活动受到抑制。由此可见，微冻保鲜对微生物的抑制能力是冷藏的4倍，这就可使鱼类能在较长时间内保持鲜度而不发生腐败变质。微冻保鲜期因鱼种的不同而存在差异，一般为20～27天，比冷藏保鲜期延长1.5～2倍。

不同品种鱼的冰点因其化学成分不同而存在一定差异，淡水鱼的冰点一般在－0.2～－0.7℃范围。目前，各国所采用的微冻温度一般在－2～－3℃，而该温度范围正好处于最大冰晶生成温度带（－1～－5℃）。因此，采用快速冻结方式快速通过该温度带，是微冻保鲜需要采取的措施。近年来，我国学者对鲈、沙丁鱼、罗非鱼、鲫等微冻保鲜做了一些研究。结果表明，微冻可有效地抑制其细菌总数增长，维持较低的T-VBN和K值，延长鲜鱼的保鲜期。鱼类的微冻保鲜法主要有冰盐混合微冻法、鼓风冷却微冻法和低温盐水微冻法等三种类型，前两种方式适用于淡水鱼及其制品的微冻保鲜。

（二）冰盐混合微冻保鲜

冰盐混合微冻保鲜法，是目前较为常用的一种微冻保鲜方法。具有鱼体含盐量低、鱼体不变形、价格低、使用安全和操作简单等特点。当将盐掺在碎冰中时，盐在冰中溶解而发生吸热作用，使冰盐混合物的温度迅速下降，再用低温的冰盐混合物淋洗或浸泡鱼体，以迅速降低鱼体温度，保持其鲜度。

冰盐混合物的温度与冰水中的加盐量有关，加盐量越大，则冰盐混合物的温度越低。但加盐量过大，不仅会导致盐渗透到鱼体中而影响鱼的口味，而且会导致鱼体脱水。当食盐浓度达到30%时，冰盐混合物的温度可降到－21℃左右；而微冻保鲜时，需要将鱼体温度降低至－3℃，因此在冰中加入5%的食盐即可。在冰盐微冻保鲜作业中，还要注意适当补充冰和盐，以维持冰水温度。

（三）鼓风冷却微冻保鲜

鼓风冷却微冻保鲜，是采用制冷机先将空气冷却至较低温度后再吹向渔获物，使鱼体表面温度降到－3℃并进行贮藏的一种保鲜方法。鼓风冷却时间与冷空气温度、鱼体大小和品种有关，当鱼体表面微冻层达5～10mm厚、鱼体内层温度达到－1～－2℃时即可停止鼓风冷却，然后将微冻鱼装箱，置于－3℃船舱或冷库中保藏，保藏时间最长20天。采用鼓风冷却微冻保鲜鱼及其加工品时，可以先将产品在微冻液（冰、盐等混合物）中浸泡一定时间，捞出沥水后进入速冻机中，利用速冻机中低温冷风快速冷却鱼体并使鱼体温度降到－3℃，再在－3℃冷库进行贮藏。其优点是不仅能准确控制冷冻工艺条件、产品降温迅速、终温控制准确，还可防止鱼肉蛋白质变性和肌肉质构变化，克服常规鼓风冷却微冻保鲜所引起的干耗。

（四）低温盐水微冻保鲜

低温盐水微冻保鲜，是利用制冷机组先将10%盐水冷却到－5℃，再将鱼浸泡在低温盐水中，使鱼体内温度降至－3℃～－2℃并进行贮藏的一种保鲜方法。低温盐水微冻保鲜一般由盐水微冻舱、保温鱼舱和制冷系统等三部分组成，因占用空间较大该法在渔船上应用较多，对海上渔获物的保鲜具有良好的效果。

低温盐水微冻保鲜的具体作业程序是：先将清洁海水抽进微冻舱，加盐配成浓度10%的盐水；然后开启制冷机，将盐水温度降到－5℃，并同时将保温鱼舱温度降到（－3±1）℃；再将冲洗过的渔获物装进网袋放入盐水舱中进行微冻，使鱼体表温度冷却到－5℃左右（此时鱼体内温度为－3～－2℃）；最后转移到保温鱼舱中保藏，并由冷风机吹风维持舱温在－3℃。

合理控制盐水浓度、浸泡时间、盐水冷却温度，是低温盐水微冻保鲜的关键技术。盐水浓度高、温度低，贮冷量就大，有利于鱼体快速降温；但盐水浓度过高、盐水渗透压大，就会导致鱼体咸味加重、肌肉中肌原纤维蛋白的溶出。因此，需要对盐水浓度、浸泡时间进行适当控制。综合大多数实验结果看，鱼体在温度为－5℃、浓度为10%的低温盐水中浸泡3～4h，然后置于－3℃左右保温舱贮藏，能获得最佳的微冻保鲜效果。

四、冻藏保鲜

采用冷藏保鲜、微冻保鲜技术，能在一定程度上抑制鱼体内酶的活性和细菌的生长，但贮藏保鲜期较短，一般只有7～10天和15～20天。为了实现长期贮藏目标，就必须将鱼体温度降到－18℃以下并在－18℃以下温度贮藏，这类保鲜方法就是冻藏保鲜法。冻藏保鲜方法适用于所有水产品，既能用于保藏加工原料鱼，也可用于保藏初加工品和调理水产品。

（一）冻前处理

水产品冻结前一般要进行预处理。尽管水产品前处理会因品种不同而异，小包装调理水产品的冻前处理更是多种多样，但就鱼类而言，冻前处理一般包括原料鱼的捕后剖杀与清洗、分级与调理、过秤与摆盘等操作。原料鱼的暂存和冻前处理操作，均需要在10～15℃环境下进行。

1. 剖杀与清洗　淡水鱼捕获后，应先用清水冲洗体表，然后置于冰水中运到加工厂；运到加工厂后，先用去鳞机去鳞，再进行剖杀、去鳃、去内脏和清洗。淡水鱼在冻前必须去除内脏，因为淡水鱼鱼胆在冻结时极易破裂，会造成鱼体发绿、变苦的“印胆”现象。

2. 分级与调理　原料鱼经剖杀和清洗后，要按照鲜度品质和商品规格要求进行分级。对于小包装调理水产品，在剖杀清洗后还需要进行切分，切成片、块或丁，再进行调味处理。对于鱼体较软、质地较差的鱼，可以先作淡盐腌制并用低温冷风脱除部分水分，来提高鱼体的硬度和口感。对于多脂鱼类，则需要添加适量抗氧化剂，以防止鱼体脂肪氧化酸败和变色变味。

3. 过秤与摆盘　经过分级和调理处理后，要按照包装规格要求进行称量（过秤）。过秤时注意添加鱼品质量2%～5%的水，其原因是在冻结和冻藏过程中存在干耗，添加适量的水可以保证产品解冻后的净重符合规定要求。鱼品过秤后应立即摆盘，要求摆放平整、外形美观、每盘产品鲜度质量和大小规格均匀一致，这样可使速冻后冻块外观平整光滑，色泽、组织形态均匀整齐。摆盘后应立即进行冻结，或送到冻结准备间低温（0℃）暂存。

（二）冻结

冻结速度和最终温度，是影响水产品冻结质量的关键因素。表2-2列出了不同冻结速度下形成的冰晶大小。缓慢冻结时，冰晶体大多在细胞的间隙内形成，冰晶量少而且粗大；而快速冻结时，冰晶数量多且细小，主要分布在细胞内。对鱼类的冻藏而言，只有快速通过0～－5℃温度区并达到冻藏所需温度，才能保证解冻后鱼体肌肉组织可塑性大、鲜度质量好。目前，常用的冻结方法主要有空气冻结法、盐水浸渍冻结法、平板冻结法和单体冻结法等4种，而流态化冻结法不适合鱼类及其制品的冻结。

表 2-2　冻结速度对冰晶大小、数量和分布位置的影响

冻结速度（以通过 0～－5℃温度区的时间表示）	冰　晶			
	大小（D×L）（μm）	形状	数量	分布位置
数秒	1～5×5～10	针状	无数	细胞内
1.5min	0～20×20～50	杆状	多数	细胞内
40min	50～100×100 以上	柱状	少数	细胞内
90min	50～200×200 以上	块粒状	少数	细胞外

1. 空气冻结法　采用低温冷空气作为冷却介质。按冷风的输送方式，可分为管架式鼓风冻结和隧道式送风冻结两种。

（1）管架式鼓风冻结　制冷剂在组成管架的蒸发器内蒸发，在管架之间形成低温，鱼盘置于管架上，通过鱼盘与蒸发管组的接触换热和鱼与管架间冷却空气的对流换热，使鱼体热量散失；还可在管架式冻结间装设鼓风机鼓风，以加强空气循环、缩短冻结时间。其优点在于冻结温度均匀，冻结量大，耗电量少；缺点是装卸鱼货时劳动强度大，冻结时间较长。

（2）隧道式送风冻结　该冻结方式已广泛在隧道式速冻机和螺旋式速冻机上采用。将冷冻室建成一个狭长隧道式的封闭保温室，并安装输送带、蒸发管和鼓风机。当制冷剂在蒸发管内蒸发时吸收大量热量使周围空气变冷，冷空气沿着导风板的方向均匀穿过鱼盘，与鱼体进行热交换，吸热后的空气被鼓风机吸回再作下一次循环。其优点是劳动强度小，冻结速度快；缺点是耗电量大，冻结不均匀。

冻鱼的质量除与冻前鲜度有关外，还受冻结速度的影响。降低冻结间温度、提高风速，可以缩短冻结时间，提高鱼品质量。提高风速可显著提高冻结速度，将风速从 0m/s 提高到 4.0m/s，鱼品的冻结速率可提高 3.45 倍，但增大风速会使冻鱼的干耗、电耗增大且冻结室各点风速均匀性变差。目前，国外一般采用 2～4m/s 的风速，而国内多采用 1.5～2m/s 的风速。进货前，应先将冻结间温度降至－20℃以下；进货时要迅速，以免冷量大量散失；进货完成后，要用低温冷风快速将鱼体中心温度降低至－15℃以下冻结完成后，立即将鱼盘从冻结间移出、脱盘、速送冻藏间冻藏。冻结时间因冻结方法、库温、鱼体大小不同而异，一般在 9～14 小时。要注意鱼品一定要冻透，否则冻藏时易变质。

2. 盐水浸渍冻结法　采用低温盐水作为冷却介质。依据盐水与鱼品接触情况，盐水浸渍冻结可分为直接接触和间接接触两种。

（1）直接接触冻结　将鱼体浸在低温盐水中或向鱼体喷淋低温盐水进行冻结作业。冷却介质一般用饱和氯化钠溶液，冻前将其温度降至－18℃，待鱼体

中心温度降至－15℃以下时将鱼移出，然后进行包装和冻藏。采用浸泡冻结方式时，冻前应将鱼预冷，并要用泵使盐水循环流动。其优点是冻结速度快，但存在鱼肉偏咸、与盐水接触的设备易腐蚀、盐水易受血液和碎肉等污染而需经常更换等缺陷。

（2）间接接触冻结 将洗净的鱼先装在金属桶内，再将盛鱼的金属桶放置在低温氯化钙溶液中（盐水不能进入桶内）进行冻结作业。冷却介质通常为氯化钙溶液，氯化钙溶液的共晶点为－55℃，冻前可将氯化钙溶液预先冷却到－20～－30℃。冻结作业时，要注意用循环泵对氯化钙水溶液进行强制搅拌循环，冻结时间约 6～8 小时。其优点是冻结速度比空气冻结法快，又避免了盐分渗入鱼体，但与盐水接触的所有容器、设备都会受到腐蚀。

3. 平板冻结法 将鱼体放置在平板速冻机的两冻结平板之间，然后压紧、借助冻结平板与鱼体直接接触进行冻结的一种冻结方式。根据速冻机冻结平板的放置方式，可分为卧式和立式两种，在生产中应用较多的是卧式平板速冻机。

卧式平板速冻机由制冷系统、冻结平板和液压升降装置组成。每台平板速冻机设有数块或 10 多块板式蒸发器（冻结平板），由制冷系统供应冷媒，冻结平板则可由液压系统控制其上下移动。冻结作业时，先将平板升至最大净距，将装有鱼品的鱼盘（鱼品要装平）紧密地排列在平板上，然后下降平板，使平板紧贴鱼体进行冻结。冻结时间为 4～5h。冻结完后，要关闭冷媒供应泵，打开融霜阀，用压缩空气脱冻，然后迅速取出鱼盘、脱盘、包装，并运入－18℃以下冷库进行冻藏。采用平板速冻法的劳动强度较大，不宜冻结大型鱼，主要用于鱼糜、鱼片和小虾等小型水产品的快速冻结，可保证冻品外观形状整齐有条理。

（三）冻后处理

冻后处理主要包括脱盘、镀冰衣和包装等操作。冻后处理也必须在低温、清洁环境中迅速进行，它直接影响到冻品的质量。

1. 脱盘 盘装冻结的水产品在冻结完毕后应依次移出冻结室，在冻结准备室中进行脱盘处理。从运送车或运输带上取下鱼盘后，翻转鱼盘并将鱼盘一端在操作台上轻敲几下，冻鱼块即可脱出；如敲盘后难以脱出，可将盘底朝上，用自来水（10～20℃）冲淋盘底使其稍微解冻，即可脱出冻鱼块。

2. 镀冰衣 镀冰衣是将冻结、脱盘的鱼品浸渍在 0～4℃的饮用水中，或将水喷淋在鱼品表面形成一层薄冰层的操作，其目的是防止鱼体氧化和冻藏期间的干耗，增加鱼品表面光滑度和光泽感。脱盘后的冻鱼块需立即镀冰衣，冰衣重量应控制在冻鱼块净重的 5%～12%范围内。为了增加冰衣的厚度，减少冻藏中冰衣升华消失，可在水中加入适量的羧甲基纤维素等；还可添加抗氧化剂以防止冻藏多脂鱼的脂肪氧化，延长产品的贮藏期。

3. 包装 镀好冰衣的冻鱼制品还需要进行适当的包装，其目的是保证冻结的鱼品具有良好的感官品质、防止外界微生物污染、防止冻品表面干燥和干耗、避免产品串味串色并方便贮运。包装材料要求清洁卫生、无毒无害，并且具有耐低温、气密性好、透湿率底和透光性好等性能。包装时，包装间环境温度必须在4℃以下，包装材料在使用前要预先冷却到0℃以下；每种冻品应单独包装，同时要与外包装上标识规格一致。包装后的冻品应迅速进入冻藏间冻藏，防止品温过分回升。

（四）冻藏

1. 鱼在冻藏过程中可能发生的品质变化 尽管冻结好的鱼产品在－18℃以下贮藏，可以有效地抑制酶和微生物的作用，保存较长时间，但在冻藏过程中鱼体或鱼品还会缓慢发生干耗、冰晶长大、变色及脂肪氧化等，导致冻品品质下降。

（1）干耗 干耗是由于冻藏过程中鱼品表面水分蒸汽压高于室内空气蒸汽压，引起鱼体表面水分蒸发而导致的鱼品重量减轻现象。鱼类在冻藏过程中发生干耗，不仅会造成经济损失，而且会导致冻藏鱼品质量下降，可通过镀冰衣、包装和降低冻藏温度等方法来减少干耗。

（2）冰晶长大 采用速冻生产的鱼品具有细微的冰晶结构，但在冻藏中会因冻藏温度的波动而致使冰晶体逐渐长大，且冻藏时间越长，温度波动幅度越大，波动次数越多，冰晶体长大越快。而冰晶体长大又会破坏鱼体组织结构和细胞质膜，导致解冻时汁液流失和质地变软。在冻藏中，只有保持冷库温度稳定、减少开门次数、进出货迅速，才能有效防止鱼品中冰晶长大。

（3）色泽变化 鱼类在冻藏过程中的变色，主要源于美拉德反应、酪氨酸的酶促氧化褐变、血红蛋白或肌红蛋白氧化、硫化氢与血红蛋白或者肌红蛋白发生反应等；另一方面也会由于肌肉、血液、表皮中天然色素的分解而导致褪色。一般可以采用保证冻结前鱼品鲜度、增加漂洗、添加抗氧化剂、镀冰衣、真空包装、降低冻藏温度等措施防止冻藏鱼品变色。

（4）脂肪氧化 鱼类肌肉中含有甘油三酸酯、磷酸甘油酯和鞘磷脂等，在内源酶作用下，分解产生大量游离的多不饱和脂肪酸。这些多不饱和游离脂肪酸在冻藏中易氧化并产生不愉快的刺激性臭味、涩味和酸味等。脂肪氧化产物又会与氨基酸、盐基氮等共存，从而加强酸败作用，造成色、香、味严重恶化，此现象称为“油烧”。低温贮藏对脂质氧化有所抑制，但部分水解酶在低温下仍然有一定的活性，还会引起脂质水解和品质劣化，因此该现象也称为“冻结烧”。在实际作业中，可采用镀冰衣、真空包装、添加抗氧化剂、降低冻藏温度并保持冻藏温度稳定等措施，来防止鱼品在冻藏中脂肪的氧化。

2. 冻藏操作要求　冻结鱼品进入冷库冻藏时，应按品种、规格、等级和批号分开堆垛，堆垛要平稳，并且每垛都要标明品种、等级、数量、进库时间以及其他必要说明。垛底应垫有0.2m高的方木垫，垛与墙壁、天花板之间应保持0.3～0.4m，距冷排管0.4～0.5m、距风道口0.3m，同品种垛与垛之间留有0.2m左右的空隙，以便冷空气流动循环，避免局部温度过高或过低。不同品种的冻鱼垛应保持较大的间隙，不小于0.7m，以便于区分不同的品种。在冻藏室内应留有宽度2m左右的铲车通道，以便于货物进出。实际作业中，要保证货物先进先出。

冻藏鱼品的品质，主要取决于原料鱼品质、冻结前处理、包装、冻结方式以及冻结产品在流通过程中所经历的温度和时间等因素。冻藏温度对冻品品质的影响大于冻结速率。冻藏温度越低，鱼品品质会保持的越好，贮藏期就越长，而日常运转费用也会越高。对于大部分冻结食品来说，在－18℃下贮藏不仅货架期可达1年，而且是最经济的。表2-3列出了国际制冷学会（1972年）所推荐的冷冻鱼品在不同冻藏温度下的贮藏期。

表2-3　冷冻鱼品在不同冻藏温度下实用贮藏期

冻结鱼品	贮藏期（月）		
	－18℃	－25℃	－30℃
多脂肪鱼	4	8	12
少脂肪鱼	8	18	24

五、气调保鲜

（一）气调保鲜原理

气调保鲜（modified atmosphere packaging，MAP），是以不同于大气组成或浓度的混合气体替换包装食品周围的空气，并在低温下贮藏，来抑制或减缓微生物生长和营养成分氧化变质，从而延长食品货架期的一种保鲜技术。空气主要由78%氮气（N_2）、21%氧气（O_2）、0.03%二氧化碳（CO_2）等组成，降低氧气比例、提高氮气和二氧化碳的比例，可以抑制生物体的呼吸代谢及氧化等化学反应。CO_2对大多数需氧细菌、霉菌、特别是适冷菌具有较强的抑制作用；N_2是惰性气体，用作混合气体的充填气体，可防止包装变形或汁液渗出。就淡水鱼的保鲜而言，采用氮气和二氧化碳的混合气体代替空气，能更为有效地抑制微生物的生长繁殖，延长鱼品的货架期。

（二）气调保鲜作业要点

1. 选用新鲜度高的原料鱼　原料鱼的新鲜程度对混合气体包装、冷藏鱼品的品质有直接关系。原料鱼越新鲜，原料鱼上的细菌数越少，越能保证气调保鲜鱼品有较长的货架期；如果原料鱼在包装前已超过规定的卫生指标，采用气调保鲜的效果就会很差。活杀的淡水鱼，采用气调包装后在 0～6℃下贮藏 10 天左右，其卫生指标和感官指标可达到二级鲜度指标。

2. 选用合适的气体配比 提高 CO_2 的浓度，则可提高 CO_2 对适冷菌的抑制效果，且 G^- 细菌比 G^+ 细菌对 CO_2 更敏感，而乳酸菌对 CO_2 有很高的抗性，可在 50%的 CO_2 甚至在 100%的 CO_2 中生长。充气包装时，一般要先抽真空、再充入 CO_2 和 N_2 组成的混合气体并密封。由于 CO_2 易溶于水，CO_2 比例越高，密封后袋内的真空度会越高，肌肉的 pH 和持水性下降就会越明显，贮藏中汁液渗出量会越多。将 CO_2 与 N_2 的比例控制在 70%∶30%～75%∶25%，既可保证较好的保鲜效果、避免脂肪氧化引起酸败，又可防止真空度过高而引起的汁液大量渗出。

3. 选择透气率低的包装材料 不同材质和厚度的包装袋对气体和水蒸气的阻隔性不同，其透气率因气体种类、气体浓度和温度不同而异。包装袋的透气率通常随温度升高而升高，贮藏温度低时可以减少 CO_2 逸失。由于鱼品含有较多的水分，充入 CO_2 易使包装袋内产生真空，因此，需要选用对气体、特别是 O_2 具有高阻隔性的复合包装材料。

4. 选择较低的贮藏温度 气调包装必须与低温贮藏相结合，才能有效地延长水产品的保鲜期。CO_2 在低温下的抑菌效果高于常温。以同温度的空气环境为对照，Gin 和 Tan 研究了 20%CO_2 对荧光假单胞菌生长的影响，30℃时抑制效果为 10%～20%，在 5℃下抑制效果达 80%。

六、冰温保鲜

（一）冰温保鲜原理

冰温保鲜是日本山根昭美博士于 1970 年发现并发展起来的一种新的食品保鲜技术，冰温保鲜技术已被证明是保持生鲜水产品鲜度和品质的最好方法之一。所谓冰温是指 0℃以下、冰点以上的温度区域，其温度介于冷藏和微冻之间。微冻是指冰点到－5℃、以－3℃为中心温度的温度区域，水产品部分冻结；而冰温保鲜的贮藏温度在冰点以上，水产品始终处于不冻结的鲜活状态。因此，冰温保鲜的突出优势在于既可避免因冻结而导致的一系列质构劣化现象，又能保持水产品的鲜活状态。

在冰温区域，大多数微生物生长的温度系数（Q_{10}）为 1.5～2.5，而在 0～10℃的温度区域内微生物生长的温度系数一般为 5。可见从微生物生长速率来看，冰温的贮藏性是冷藏的 2.0～2.5 倍。食品内部的化学反应如脂质氧化、非酶褐变等化学反应的温度系数（Q_{10}）大约为 2.0，也就是温度上升 10℃，反应速度增加 2 倍，而冰温贮藏温度比冷藏温度低 5℃，因而冰温的贮藏性是冷藏的 1.4 倍。对鱼丸在冰温（0℃）和冷藏（5℃）两种贮藏温度下脂肪氧化程度检测结果证明，冰温可明显抑制脂肪氧化反应速度，两种条件下 TBA 值达同一值所需时间，前者是后者的 2.5 倍。这就是冰温可显著延长水产品货架期的本质原因。

（二）冰温保鲜操作要点

1. 采用适当方式拓宽冰温区域　冰温保鲜是在 0℃以下、冰点以上的温度区域进行贮藏的一种保鲜方法，也就是说冰温保鲜的贮藏温度范围（冰温温度区域）在 0℃至冰点之间。鱼类肌肉组织含有蛋白质、脂肪、糖类和盐类等化学成分，其冰点一般在－0.3～－0.9℃。而目前冷库温度控制精度一般在±1.0℃以上，因此，需要对冰点进行调节、拓宽鱼肉的冰温区域，才能有效实现冰温保鲜。在鱼肉中添加适量的食盐、蔗糖、多聚磷酸盐等冰点调节剂，可降低鱼肉的冻结点、拓宽冰温区域，便于冰温贮藏期间的温度控制。生鲜调理水产品的冻结点一般在－1.0～－2.0℃，鱼糜制品的冻结点在－1.0～－3.0℃。

2. 选择适当的冰温保鲜库和贮藏温度　冰温保鲜对冷库的贮藏温度控制精度要求较高，贮藏过程中的温度波动不能太大，需要选用冷气分布均匀、储热性能良好的冷库，要求冰温保鲜库的温度控制精度在±0.5～1.0℃。在保鲜贮藏作业中，需要根据不同水产品的特性和冰点，选择合适的冰温贮藏温度，对于调理生鲜水产品和鱼糜制品而言，可分别选择（－1.0±0.5)℃和（－2.0±0.5)℃作为其冰温保鲜的温度。

3. 选择合适的充气包装的气体比例　在包装袋内充入 CO_2，可以有效抑制适冷菌的生长，且 CO_2 浓度越高，抑菌能力越强，延长生鲜调理水产品货架期的作用越明显。充气包装时，一般要先抽真空、再充入气体并密封，如果只充入 CO_2，则会因 CO_2 溶于水中而使密封后袋内产生真空，导致肌肉中汁液渗出、影响产品外观。因此，可将 CO_2 与 N_2 的比例控制在 70%∶30%～75%∶25%。

4. 选择适宜的鲜度评价指标　我国评价水产品鲜度的指标，主要是挥发性盐基态氮含量、TBA 值和细菌总数等。李红霞等报道，在冰温贮藏状态下，细菌总数生长繁殖的速率常数高于水产品中挥发性盐基态氮含量、TBA 值的增长速率。水产品死后的鲜度变化与 K 值显著相关，目前普遍以 K 值作为水产品死后至腐败之前的鲜度指标。吴成业等对鲢、鳙、罗非鱼等淡水鱼冰温贮藏的研究表明，冰温贮藏 12 天内 K 值都在 60%左右，处于二级鲜度水平。在冰温保鲜中，宜选择细菌总数和 K 值作为生鲜调理水产品的鲜度评价指标。

第三节　淡水鱼生鲜制品加工技术

冷冻水产品是我国产量最大的水产加工品。2011 年，我国水产冷冻品产量为 1 103.72 万 t，占水产品加工总量的 61.91%，其中，冷冻品 545.29 万 t、冷冻加工品 558.43 万 t，分别占水产冷冻品产量的 49.40%和 50.60%。随着我国经济发展、人们生活水平提高，特别是年轻人消费习惯的改变，消费者对冷冻小包装的生鲜制品和调理制品的需求量迅速增加。

一、淡水鱼冷冻生鲜制品加工技术

大宗淡水鱼生鲜制品，是指原料鱼经冲洗、前处理（去鳞、剖杀、去内脏、去头）、洗净、整形、切片或切块、漂洗沥水、摆盘、速冻、镀冰衣、检验和冻藏等工序加工成的产品。这类产品采用速冻保鲜技术，来实现长期贮藏的保质目标。

（一）冷冻淡水鱼片

1. 工艺流程　原料鱼→冲洗→前处理（去鳞、头、内脏）→洗净→剥皮→割片→整形→冻前检验→浸液→装盘→速冻→镀冰衣→包装→冻藏。

2. 操作要点

（1）原料选择　原料鱼宜选用鲜活的、无污染的青鱼、草鱼、鲢、鳙、鲤、鲫和团头鲂，其中，青鱼、草鱼、鲢、鳙和鲤可用于加工鱼片，个体规格在 1kg 以上。

（2）原料前处理　运至工厂的鲜活鱼先要经过冲洗，然后去鳞、剖杀、去内脏、去头、洗净，在三去（去鳞、去内脏、去鳃）时，要洗净血污和黑膜。

（3）剥皮　一般可使用剥皮机，但要掌握好刀片的刃口。刀片太锋利鱼皮易被割断，太钝则鱼皮剥不下来。

（4）割片　鱼肉用手工切片，根据原料鱼品种不同，采用合适的切割方法。

（5）整形　将割好的鱼片在带网格的塑料筐中漂洗后再进行整形，漂洗用水温度控制在 10℃以下，切去鱼片上的残存鱼鳍，除去鱼片中的骨刺、黑膜、鱼皮和血痕等杂物。

（6）冻前检验　将鱼片进行灯光检查，若发现有寄生虫，则应弃之。

（7）浸液　用 3%的复合磷酸盐溶液（温度应控制在 5℃左右）浸泡 3～5s，漂洗后的鱼片要沥水 15～20min。

（8）装盘　将沥干水的鱼片按规定要求平整摆放于盘内，摆盘、装盒时，操作人员应戴一次性的乳胶手套并需进行消毒，以防止金黄色葡萄球菌污染鱼体。

(9) 速冻　摆好盘的鱼片要及时送入速冻机进行快速冻结，产品中心温度应快速降至－25℃以下。镀冰衣时应保持洁净，水温和环境温度均应保持稳定低温。

(10) 包装、冻藏　将出冻后的鱼片包冰衣后装入聚乙烯薄膜袋内，真空封口。速冻并包装好的鱼片进一步装箱，装箱后要及时送到－18℃以下温度的低温冷库中进行贮藏，库温波动不宜超过±2℃。包装箱与库体、包装箱堆垛之间应留有一定距离，以保证冷风正常循环。出厂运输时应先将冷藏车厢内温度降至－20℃以下，以确保装卸时货物温度稳定。

3. 质量指标与参考标准

(1) 感官指标　冷冻鱼片厚薄均匀、冰衣完整；鱼片表明无由干耗和脂肪氧化引起的明显变色现象，色泽正常；解冻后肌肉组织紧密有弹性、有鱼特有气味，无外来杂质。

(2) 理化指标　品温≤－18℃，水分含量≤86%，酸价（以脂肪计）≤3g KOH/100g，过氧化值（以脂肪计）≤0.2g/100g，挥发性盐基氮（VBN）≤20mg/100g。

(3) 微生物指标　菌落总数≤3×10^{6}CFU/g，致病菌不得检出。

(4) 操作规范参考标准　食品安全管理体系水产品加工企业要求（GB/T 27304—2008）；水产食品加工企业良好操作规范（GB/T 20941—2007）；出口水产品质量安全控制规范（GB/Z 21702—2008）；水产品加工质量管理规范（SC/T 3009—1999）。

(5) 产品质量参考标准　冻鱼（GB/T 18109—2011）、鲜、冻动物性水产品卫生标准（GB 2733）和冻淡水鱼片（SC/T 3116—2006）。

（二）冷冻鱼头

1. 工艺流程　原料鱼→冲洗→取头→洗净→浸液→包装→速冻→冻藏。

2. 操作要点

(1) 原料选择　原料鱼宜选用鲜活的、无污染的淡水鱼，尤其是以鱼头著称的鳙，鱼头规格约1kg。

(2) 原料前处理　运至工厂的鲜活鱼宰杀后先要经过冲洗，然后去鳞取头、洗净。

(3) 浸液　用3%的复合磷酸盐溶液（温度应控制在5℃左右）浸泡3～5s，之后沥水15～20min。

(4) 包装　采用聚乙烯薄膜袋包装，真空封口。

(5) 速冻　采用浸渍冻结法（可选用氯化钠、乙醇和丙二醇3种组分构成的多元载冷剂为冷冻介质），将包装后的产品浸入预冷的浸渍液中，使中心温度降低至－15℃以下。

(6) 冻藏　产品进一步包装并及时送到－18℃以下温度的低温冷库中进行贮藏，库温波动不宜超过±2℃。包装箱与库体、包装箱堆垛之间应留有一定距离，以保证冷风正常循环。出厂运输时应先将冷藏车厢内温度降至－20℃以下，以确保装卸时货物温度稳定。

3. 质量指标与参考标准

(1) 感官指标　鱼头有光泽，解冻后肌肉组织紧密有弹性、有鱼特有气味，无外来杂质。

(2) 理化指标　品温≤－18℃，水分含量≤86%，酸价（以脂肪计）≤3g KOH/100g，过氧化值（以脂肪计）≤0.2g/100g，挥发性盐基氮（VBN）≤20mg/100g。

(3) 微生物指标　菌落总数≤3×10^6CFU/g，致病菌不得检出。

(4) 操作规范参考标准　食品安全管理体系水产品加工企业要求（GB/T 27304—2008）；水产食品加工企业良好操作规范（GB/T 20941—2007）；出口水产品质量安全控制规范（GB/Z 21702—2008）；水产品加工质量管理规范（SC/T 3009—1999）。

(5) 产品质量参考标准　冻鱼（GB/T 18109—2011）；鲜、冻动物性水产品卫生标准（GB 2733）。

二、淡水鱼冷冻调理制品加工技术

淡水鱼调理制品是指在工厂中对原料进行选别、洗净、去除不可食部分、整形等前处理，再进行调味、成型或加热等处理，经包装和速冻并在低温下储存和流通的一类水产冷冻制品。冷冻调理水产品以其方便、多样、卫生以及营养丰富等特点，而深受消费者欢迎。冷冻调理水产品的种类繁多，通常可分为三类产品。其一，未经熟制、食用前需要加热熟制的产品，如经过浸渍调味的生鲜鱼片；其二，经过加热熟制或未经熟制、但在其外部裹上粉料或者面包糠，食用前需要油炸等熟制加工的产品，如速冻裹粉鱼肉饼或鱼片；其三，完全熟化产品，可微波复热后直接食用，如方便水产中式菜肴。调理制品的生产工艺是在冷冻生鲜制品生产工艺的前处理与速冻冻藏之间，增加了调理工序。

(一) 冷冻调理鱼片

1. 工艺流程　原料鱼→前处理（去鳞、头、内脏）→洗净→剥皮→割片→整形→浸浆→滚揉→装盘→速冻→包装→冻藏。

2. 操作要点

(1) 原料选择及预处理　原料鱼宜选用鲜活的青鱼、草鱼、鲢、鳙、鲤为原料，经洗净、去头和内脏后进行开片采肉，将开片得到的鱼肉进行彻底的去刺，并将鱼皮去除。鱼片用自来水清洗干净，去除污血、鱼鳞和黑膜，沥干备用。

（2）浸浆和滚揉　将鱼片（鱼块）浸入按配方调和好的浆液中浸浆，在10℃条件下滚揉适当时间，使调味浆料在鱼片中分布均匀；鱼饼在斩拌时将调味料加入其中，充分拌匀后成型。鱼片中按质量比10%加入浆液，浆液可用海藻糖、盐、糖、味精和姜粉等进行调配。

（3）装盘　将调味好的鱼片按规定要求平整摆放于盘内，摆盘、装盒时，操作人员应戴一次性的乳胶手套并需进行消毒，以防止金黄色葡萄球菌污染鱼体。

（4）速冻　摆好盘的鱼片要及时送入速冻机进行快速冻结，要注意适当延长冻结时间，以确保鱼片或鱼饼中心温度达到－20℃以下。

（5）包装与冻藏　将冻好的鱼片装入聚乙烯薄膜袋内，真空封口。速冻并包装好的鱼片进一步装箱，装箱后要及时送到－18℃以下温度的低温冷库中进行贮藏，库温波动不宜超过±2℃。包装箱与库体、包装箱堆垛之间应留有一定距离，以保证冷风正常循环。出厂运输时应先将冷藏车厢内温度降至－20℃以下，以确保装卸时货物温度稳定。

3. 质量指标与参考标准

（1）感官指标　产品呈白色，同批产品色泽基本一致；产品平整，形状基本完好，大小均匀，无断残；肌肉组织有弹性，有鱼香味；无外来杂质。

（2）理化指标　冻品中心温度≤－18℃，水分含量≤86%。

（3）微生物指标　菌落总数≤5×10^4CFU/g，致病菌不得检出。

（4）操作规范参考标准　食品安全管理体系水产品加工企业要求（GB/T 27304—2008）；水产食品加工企业良好操作规范（GB/T 20941—2007）；出口水产品质量安全控制规范（GB/Z 21702—2008）和水产品加工质量管理规范（SC/T 3009—1999）。

（5）产品质量参考标准　鲜、冻动物性水产品卫生标准（GB 2733）。

（二）冷冻调理鱼排

冷冻调理鱼排是以新鲜或冰冻的品质新鲜的鱼为原料，经过去头、去皮、剥片（成为鱼片、鱼块、鱼条）、整形、调味、裹面包屑或挂浆、速冻、包装等工序制成的产品，目前这类产品的生产遍及辽宁、山东、福建、广东等沿海地区，产品主要销往我国各大中城市的超市，是近几年新兴的速冻调理方便食品，深受广大消费者及白领阶层等高消费人群的欢迎。

1. 工艺流程　原料鱼→前处理（去鳞、头、内脏）→洗净→剥皮→割片→整形→浸浆→裹粉→装盘→速冻→包装→冻藏。

2. 操作要点

(1) 原料选择及预处理　原料鱼宜选用鲜活的青鱼、草鱼、鲢、鳙、鲤为原料，经洗净、去头和内脏后进行开片采肉，将开片得到的鱼肉进行彻底的去刺，并将鱼皮去除。鱼片用自来水清洗干净，去除污血、鱼鳞和黑膜，之后进行腌制，调味浆液以刚没过鱼肉为准，每隔 10min 翻动 1 次。或者以冷冻鱼糜、鱼片加工时产生的碎肉为原料，经加盐斩拌、调味和成型制成鱼饼。

(2) 浸浆　将鱼片（鱼块）或鱼饼浸入按配方调和好的浆液中浸浆（浆液为淀粉、食盐、白砂糖、谷氨酸钠等按比例调配的均匀混合的水溶液），要求涂裹均匀，不可太多又要将整个鱼片或鱼饼覆盖住。浆液太稀，面包糠不易撒上或造成面包糠包裹鱼片不严；太稠则浆液易落入面包糠，造成面包糠结球，变潮而不易上粉或上粉不均匀。

(3) 裹粉　鱼片或鱼饼表面沾上浆液后，再放入混合后的干粉或面包糠中裹粉。上浆和裹粉时既不可太多，又要将整个鱼片或鱼饼覆盖住，因此要注意上浆裹粉量，一般控制在鱼片或鱼饼重量的 30%左右为宜。

(4) 摆盘　裹好粉的鱼片或鱼饼轻放入不锈钢盘中，避免裹好的粉脱落，摆盘要求整齐，且相互之间不得挤压粘连。

(5) 速冻　可采用双螺旋速冻机进行快速冻结。速冻时，要注意适当延长冻结时间，以确保鱼片或鱼饼中心温度达到－20℃以下。

(6) 包装与冻藏　速冻好的裹粉鱼片或鱼饼，转入包装袋并真空封口，进一步装箱，装箱后要及时送到－18℃以下温度的低温冷库中进行贮藏，库温波动不宜超过±2℃。包装箱与库体、包装箱堆垛之间应留有一定距离，以保证冷风正常循环。出厂运输时应先将冷藏车厢内温度降至－20℃以下，以确保装卸时货物温度稳定。

3. 质量指标与参考标准

(1) 感官指标　呈乳白色或淡黄色，同批产品色泽基本一致；产品平整，形状基本完好，面包屑应蓬松，颗粒大小较一致，附着较均匀，油炸后裹衣不开裂，不脱落；在表明无刺的包装中每千克产品不能检出长度≥10mm，或直径≥1mm 的骨刺；具有该产品应有的气味，无异味，油炸后外酥里嫩，咸淡适宜，香鲜可口；肉质疏松，软硬适度；无外来杂质。

(2) 理化指标　冻品中心温度≤ －18℃，水分含量≤86%；鱼肉含量符合标识规定。

(3) 微生物指标　菌落总数≤5×10^4CFU/g，致病菌不得检出。

(4) 操作规范参考标准　食品安全管理体系水产品加工企业要求（GB/T 27304—2008）；水产食品加工企业良好操作规范（GB/T 20941—2007）；出口水产品质量安全控制规范（GB/Z 21702—2008）和水产品加工质量管理规范（SC/T 3009—1999）。

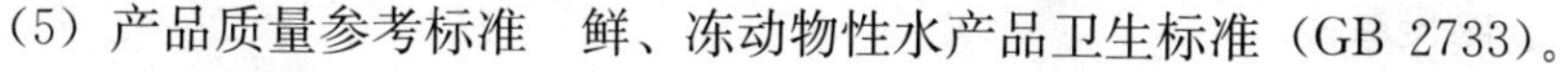

（5）产品质量参考标准　鲜、冻动物性水产品卫生标准（GB 2733）。

（三）烧烤鱼片

1. 工艺流程　原料鱼→冲洗→前处理（去鳞、头、内脏）→洗净→去皮→切片→调味→摆片→干燥→烘烤→冷却→包装→速冻→冻藏。

2. 操作要点

（1）原料选择及预处理　原料鱼宜选用鲜活的青鱼、草鱼、鲢、鳙、鲤为原料，经洗净、去头和内脏后进行开片采肉，将开片得到的鱼肉进行彻底的去刺，并将鱼皮去除。用自来水清洗干净，去除污血、鱼鳞和黑膜，之后将洗净的鱼片剪成合适长度的鱼段。

（2）调味　将鱼片浸入按配方调和好的调味液中调味，腌制时间60～90min，温度保持在10℃以下。

（3）摆片　调味过的鱼段均匀的摆在不锈钢网片上，网片上鱼段的厚薄均匀，便于后续干燥及烘烤。

（4）干燥与烘烤　鱼段进行适度干燥，选择低温干燥，温度可选择40～45℃，时间5～6h，保持产品的含水量在40%～45%即可，表面干燥，干爽不发黏，质地软硬适中。烘烤时，鱼段背面向上，丝网温度在180～200℃，时间5～6min。

（5）冷却与包装　烤熟的鱼片冷却至室温，转入聚乙烯薄膜袋，真空封口。

（6）冻结与冻藏　对包装好的鱼片进行冻结，使产品中心温度迅速降到－15℃以下，之后置于－18℃冷库中贮藏，冷库中温度浮动不超过2℃。

3. 质量指标与参考标准

（1）感官指标　鱼片形态完整，质地软硬适中，有咬劲；色泽淡黄色，表皮略带焦黄色；滋味鲜美，有烤鱼的香味，无异味，无外来杂质。

（2）理化指标　水分≤50%，盐分（以NaCl计）≤6%，挥发性盐基氮≤20mg/100g。

（3）微生物指标　菌落总数≤5×10^{4}CFU/g，致病菌不得检出。

（4）操作规范参考标准　食品安全管理体系水产品加工企业要求（GB/T 27304—2008）；水产食品加工企业良好操作规范（GB/T 20941—2007）；出口水产品质量安全控制规范（GB/Z 21702—2008）和水产品加工质量管理规范（SC/T 3009—1999）。

（5）产品质量参考标准　鲜、冻动物性水产品卫生标准（GB 2733）。

（四）盐渍鱼片

1. 工艺流程　原料鱼→冲洗→前处理（去鳞、头、内脏）→洗净→剖片→盐渍→摆片→干燥→包装→冻藏。

2. 操作要点

（1）原料选择及预处理　原料鱼宜选用鲜活的青鱼、草鱼、鲢、鳙、鲤为原料，经洗净、去头和内脏后进行开片采肉，将从鱼背部进刀，把鱼剖开，取出鱼鳃和内脏，沿鱼背骨从第一节始至鱼尾节，不能将鱼腹切开，然后将鱼体调转方向，从鱼头部正中间切开，不能将鱼唇切断。

（2）盐渍　剖好的鱼片放入盐水中浸渍，在盐水中加入一定浓度的茶多酚溶液以延缓鱼体内脂肪的氧化，盐渍时间20～30min。

（3）摆片　腌制好的鱼片均匀的摆在不锈钢网片上，注意厚薄均匀，便于后续干燥。

（4）干燥　鱼段进行适度干燥，选择低温干燥，温度可选择40～45℃，时间5～6h，保持产品的含水量在40%～45%即可，表面干燥，干爽不发黏，质地软硬适中。

（5）包装与冻藏　鱼片按照规格采用真空包装，并置于冷库中贮藏，冷库中温度浮动不超过2℃。

3. 质量指标与参考标准

（1）感官指标　鱼片体色明亮，质地软硬适中，表面无盐霜，表皮略带焦黄色，咸淡适中，有鱼干特有的香味，无异味，无外来杂质。

（2）理化指标　水分50%～65%，盐分（以NaCl计）≤6%，挥发性盐基氮≤20mg/100g。

（3）微生物指标　菌落总数≤5×10^{4}CFU/g，致病菌不得检出。

（4）操作规范参考标准　食品安全管理体系水产品加工企业要求（GB/T 27304—2008）；水产食品加工企业良好操作规范（GB/T 20941—2007）；出口水产品质量安全控制规范（GB/Z 21702—2008）和水产品加工质量管理规范（SC/T 3009—1999）。

（5）产品质量参考标准　鲜、冻动物性水产品卫生标准（GB 2733）。

（五）冷冻熟制调味鱼片

1. 工艺流程　原料鱼→冲洗→前处理（去鳞、头、内脏）→洗净→去皮→切片→装袋→调味→真空封口→蒸煮→速冻→冻藏。

2. 操作要点

（1）原料选择及预处理　原料鱼宜选用鲜活的青鱼、草鱼、鲢、鳙、鲤为原料，洗净沥水后，沿鳃底部将鱼头切下，取出鱼内脏。用开片刀将鱼沿脊骨剖开，呈两片鱼肉一片鱼刺三部分。再将鱼片上的鱼鳍切下，除去鱼腹肉上的刺，中骨刺逐根去掉，然后清水冲洗，除污物杂质，沥水备用。

（2）装袋、调味　将鱼片按规格整片或切段后，装入蒸煮袋中，加配好的调料（精盐1.5%、味精0.3%、混合调料2%）适量于袋中，擦去袋口处的液体，然后真空封口机封口。

（3）蒸煮 在蒸煮锅内，采用95℃热水，蒸煮8～10min。蒸煮过程中不断搅拌，使蒸煮袋加热均匀。

（4）速冻 蒸煮结束后，迅速取出蒸煮袋，放冷却水中冷却降温，取出冷却后的蒸煮袋沥去水分或用布擦干，然后上速冻机快速冻至中心温度达－15℃。

（5）包装与冻藏 按规定的袋数将鱼片装入盒内，并在小盒底部正中粘贴标志清楚、完整、正确的标签，然后再按规定装入专用大纸箱中封箱。送至－18℃冷库中贮藏，冷库中温度浮动不超过2℃。

3. 质量指标与参考标准

（1）感官指标 鱼片形态完整，大小均匀，质地软硬适中，有咬劲；色泽呈白色或淡黄色，同批产品色泽基本一致；滋味鲜美，有鱼香味，无异味，无外来杂质。

（2）理化指标 冻品中心温度≤－18℃，水分≤80%。

（3）微生物指标 菌落总数≤5×10^4CFU/g，致病菌不得检出。

（4）操作规范参考标准 食品安全管理体系水产品加工企业要求（GB/T 27304—2008）；水产食品加工企业良好操作规范（GB/T 20941—2007）；出口水产品质量安全控制规范（GB/Z 21702—2008）和水产品加工质量管理规范（SC/T 3009—1999）。

（5）产品质量参考标准 鲜、冻动物性水产品卫生标准（GB 2733）。

三、淡水鱼冰温保鲜制品加工技术

淡水鱼冰温保鲜制品是经一系列工序加工成的一类生鲜制品或调理制品，其特点是结合冰温保鲜、减菌化处理、气调保藏及保鲜剂保鲜等技术，不仅能保障鱼制品鲜度和质地，又能有效延长生鲜或调理鱼制品的货架期。

1. 工艺流程 原料鱼→冲洗→前处理（去鳞、剖杀、去内脏、去头）→洗净→切片或切块→漂洗→减菌化处理→（调味）→装盘→混合充气包装→冰温贮藏。

2. 操作要点

（1）原料选择及前处理 原料鱼宜选用鲜活的、无污染的青鱼、草鱼、鲢、鳙、鲤、鲫和团头鲂等淡水鱼。不同产品对鱼体规格要求不同，生产中可根据成品要求选择鱼体规格。鲜活鱼先要经过冲洗，然后去鳞、剖杀、去内脏、去鳃和洗净，再经剖片、去头、切片或切块，再用清水冲洗去除鱼片或鱼块肌肉中的血水、沥干水分后备用。在三去（去鳞、去内脏、去鳃）时要洗净血污和黑膜，按冷冻生鲜鱼片或鱼块加工方法加工成鱼片和鱼块；漂洗时，要注意水温和漂洗时间，沥水要充分。

（2）减菌化处理　减菌化处理，是延长冰温保鲜生鲜鱼制品货架期的有效手段。臭氧和二氧化氯是安全高效消毒剂，被广泛推荐用于食品容器消毒、食品加工及食品保鲜等。就草鱼片而言，二氧化氯最佳减菌处理条件是浓度100mg/L、流速100mL/min、淋洗6min，其减菌率可达到83.0%，但用二氧化氯淋洗后，草鱼片鱼肉颜色发白，影响其感官可接受性；而就臭氧水而言，鱼片的最佳减菌处理条件为浓度2mg/L、流速150mL/min、淋洗10min，在该条件下鱼片的减菌率达91.5%。臭氧水减菌处理后鱼片的减菌率、硬度、感官评分均优于二氧化氯。

在采用臭氧水进行减菌处理时，要注意臭氧水中臭氧浓度、处理方式和处理时间。目前，我国多用干燥空气或纯氧为气源，采用等离子体臭氧发生器制备臭氧，再采用水中直接充臭氧法、射流器混合法和气液混合泵循环法等制备臭氧水，水温、射流器规格和流速、循环时间等是影响臭氧水中臭氧浓度的关键因素。一般水温在5℃时臭氧溶解量最高，其稳定性也最高，随着水温增加则臭氧水中的臭氧溶解量迅速下降，其稳定性显著降低。所以在实际生产上，应将水温和臭氧水温度控制在5℃以下。此外，臭氧水的稳定性还受处理方式的影响，当将鱼片等浸入臭氧水中后，其臭氧浓度会迅速下降至1mg/L，因此，最佳减菌方式是臭氧水淋洗处理。如采用浸泡处理时，应注意补充新的臭氧水，以保证水中臭氧水浓度。

（3）真空滚揉调味　对于调理型生鲜水产品（鱼片、鱼块等）在经过减菌化处理后，还需要进行调味处理。调味处理时，一般加入鱼片或鱼块质量的1.5%～2.0%的食盐、0.1%～0.2%的白糖、1.0%左右的生姜、蒜泥以及适量的料酒。为了达到较好的去腥效果，还可添加适量的花椒和八角；在使用花椒和八角时，应先将食盐用火炒热，然后趁热将花椒和八角混入热盐中并停止加热，冷却后即可使用（即花椒盐）。在制备花椒盐时，要注意食盐的温度不能太高，否则会使花椒和八角炭化而使香味丧失。

调理型生鲜水产品可用普通混合机或真空滚揉机进行调味处理。因真空滚揉调味具有着味快速、混合均匀等特点，而成为目前普遍采用的调味方法。采用真空滚揉调味时，先将鱼片或鱼块、调味料装入真空滚揉机，密封后抽真空至－0.1MPa，然后关闭真空泵并开动滚揉机，其转速应控制在10r/min、滚揉时间应控制在20～30min为宜。

（4）装盘与充气包装　调好味的鱼片或鱼块等应及时取出，按包装规格要求定量装入托盘中，然后进行混合气体充气覆膜包装或先将托盘转入真空包装袋，再充入混合气体并密封。CO_2可较好地抑制嗜冷菌生长，且CO_2浓度越高，抑菌效果越好。但CO_2会溶于鱼体汁液中，而形成真空并导致鱼体汁液外渗。因此，混合气体中 CO_2 与 N_2 比例以 75%：25%为宜。

（5）冰温贮藏（保鲜） 包装好的鱼片或鱼块应用低温冷风冷却机将鱼片或鱼块冷却至－2.0℃左右，然后装箱并放置在冷库中贮藏并将品温控制在（－2.0±1.0）℃，保质期大约 10 天左右。在采用冰温贮藏保鲜生鲜及调理鱼制品时，一定要注意冷库温度的稳定。

3. 质量指标与参考标准

（1）感官指标 形态完整，大小均匀，无断残；无外来杂质。

（2）理化指标 挥发性盐基氮≤20mg/100g，酸价（以脂肪计）≤3（g KOH/100g），过氧化值（以脂肪计）≤0.2（g/100g）。

（3）微生物指标 菌落总数≤5×10^4CFU/g，致病菌不得检出。

（4）操作规范参考标准 食品安全管理体系水产品加工企业要求（GB/T 27304—2008）；水产食品加工企业良好操作规范（GB/T 20941—2007）；出口水产品质量安全控制规范（GB/Z 21702—2008）和水产品加工质量管理规范（SC/T 3009—1999）。

（5）产品质量参考标准 鲜、冻动物性水产品卫生标准（GB 2733）。

参考文献

杜志明．1996．水产品质量达标鉴定及检验检疫实施手册［M］．北京：人民出版社．

戈贤平．2013．大宗淡水鱼生产配套技术手册［M］．北京：中国农业出版社．

洪志鹏，章超桦．2005．水产品安全生产与品质控制［M］．北京：化学工业出版社．

李泽瑶．2003．水产品安全质量控制与检验检疫手册［M］．北京：企业管理出版社．

林洪，张瑾，熊正河．2001．水产品保鲜技术［M］．北京：中国轻工业出版社．

刘红英，齐风生，张辉．2006．水产品加工与贮藏［M］．北京：化学工业出版社．

汪之和．2003．水产品加工与利用［M］．北京：化学工业出版社．

夏松养．2008．水产食品加工学［M］．北京：化学工业出版社．

夏文水．2008．食品工艺学［M］．北京：中国轻工业出版社．

熊善柏．2007．水产品保鲜贮运与检验［M］．北京：化学工业出版社．

赵建华，杨德国，陈建武，等．2011．鱼类应激生物学研究与应用［J］．生命科学，23（4）：394-401．

Raija Ahvenainen．崔建云等译．2006．现代食品包装技术（Novel Food Packaging Techniques）［M］．北京：中国农业大学出版社．

淡水鱼鱼糜及鱼糜制品加工技术

第一节　鱼糜制品加工技术原理

鱼糜制品是国际上重要的水产加工品，深受亚洲、欧洲和美洲消费者欢迎。近年来，我国鱼糜及其制品生产发展迅速，鱼糜制品具有高蛋白、低脂肪和口感嫩爽等特点，产量逐年增加。目前，市场上鱼糜制品的生产原料多采用海水鱼，因国际上鳕等海水鱼类资源日益匮乏，淡水鱼已成为冷冻鱼糜生产的重要原料。

一、鱼糜制品的凝胶化过程

鱼类肌肉中的蛋白质，一般分为盐溶性蛋白质、水溶性蛋白质和不溶性蛋白质三类。其中，能溶于中性盐溶液，并在加热后能形成弹性凝胶体的蛋白质主要是盐溶性蛋白质，即肌原纤维蛋白质，其由肌球蛋白、肌动蛋白和肌动球蛋白组成，是鱼糜形成弹性凝胶体的主要成分。

鱼糜的凝胶化过程，是指在鱼糜中加入2%～3%的食盐后进行斩拌或擂溃，鱼肉中的盐溶性蛋白溶出形成黏稠和具有塑性的肌动球蛋白溶胶，这种溶胶在一定温度下经过一段时间后，失去可塑性变成富有弹性的蛋白凝胶体的过程。鱼糜凝胶形成方式，有加热、酶交联、酸化、高压处理和生物发酵等，其中，加热成胶是鱼糜制品凝胶形成的主要方式。加热形成凝胶主要经过凝胶化（setting）、凝胶劣化（modori）和鱼糕化（kamabuko）三个阶段。凝胶化主要是指肌球蛋白和肌动蛋白分子在通过50℃以下的温度域时，形成一个比较松散的网状结构，由溶胶变成凝胶。当蛋白质凝胶化后，在一定的蛋白质浓度、pH和离子强度下，鱼肉中肌球蛋白分子的α-螺旋会慢慢解开，蛋白质分子间通过疏水作用和二硫键等相互作用产生架桥，形成三维的网状结构。由于肌球蛋白具有极强的亲水性，因而在形成的网状结构中包含了大量的自由水，由于热的作用，网状结构中的自由水被封锁在网目中不能流动，从而形成了具有弹性的凝胶状物。当温度达到50～70℃时，经凝胶化形成的网状结构被破坏，出现凝胶劣化现象。凝胶劣化也因鱼种而异，一般白肉鱼种易凝胶劣化和不易凝胶劣化的都有，红肉鱼大部分容易凝胶劣化，而中间类型的鱼类不易凝胶劣化的较多。凝胶劣化，一般是由内源性组织蛋白酶类和热稳性碱性蛋白酶催化肌球蛋白降解引起的。酶活性也因鱼种不同而有差异，且随捕捞季节、性成熟、产卵及其他因素的变化而变化。为生产凝胶强度较强的鱼糜制品，一般对鱼糜制品进行加热时使其缓慢通过50℃以下温度区，以促使其凝胶化，并迅速通过50～70℃凝胶劣化区。

二、影响鱼糜凝胶形成的因素

鱼肉蛋白质的凝胶形成能力，决定了鱼糜制品的凝胶强度、质构特性、感官特性和保水性。影响鱼糜凝胶形成的主要因素有以下几个方面：

1. 鱼种对凝胶形成的影响　鱼种不同，鱼糜的凝胶形成能力也不同，所制得鱼糜制品的弹性也存在差异。原料鱼种对凝胶形成的影响表现在两个方面，一是凝胶化速度，即凝胶化过程中形成凝胶体的难易程度，主要与不同鱼种的肌球蛋白热稳定性差异有关；二是凝胶化强度，即鱼糜在通过凝胶化温度时能产生何种程度的凝胶结构，这除了与不同鱼类肌肉中肌原纤维的含量不同有关外，还与肌球蛋白在形成网状结构中吸水能力的强弱有关。一般就凝胶形成能力而言，白色肉鱼类优于红色肉鱼类，硬骨鱼类优于软骨鱼类，海产鱼类优于淡水鱼类。

2. 鱼的鲜度对凝胶形成的影响　鱼糜制品的弹性与原料鱼的鲜度有一定的关系，随着鲜度的下降，其凝胶形成能和弹性也逐渐下降。活体鱼体内pH为7.1～7.3，刚捕获的鱼pH略呈酸性。当pH下降到6.3时，肌球蛋白ATP酶活性大大增强，ATP迅速分解，同时肌球蛋白纤维与肌动蛋白结合，并使肌动蛋白纤维向肌球蛋白纤维滑动，形成收缩态的肌动球蛋白，此过程不可逆。当pH进一步降低时，就可能引起肌球蛋白与肌动蛋白的酸变性。由于肌原纤维本身的稳定性及其pH稳定性差异的原因，不同鱼种的变性速度差异较大。这种变性在红色肉鱼类中比白色肉鱼类更容易发生。所以控制鱼体鲜度十分重要，鱼糜原料要求在捕捞船上随时捕捞冰藏，上岸后立即低温冷冻，并在24h内加工完毕。

3. 渔获季节和鱼体大小对凝胶形成的影响　鱼糜的凝胶形成能和弹性的强弱也与捕捞季节有关。不论何种鱼，在产卵后1～2个月内，其鱼肉的凝胶形成能和弹性都会有显著降低。鱼体大小与凝胶形成能的关系，对于大部分鱼类来说，小型鱼加工成的鱼糜制品凝胶形成能比大型鱼的要差些，主要因为小型鱼含水量较多，凝胶形成能较弱，鲜度下降也较快；大型鱼蛋白质含量较高，凝胶形成能和弹性也较强。

4. 擂溃条件对凝胶形成的影响　擂溃或斩拌是鱼糜制品生产中重要工序

之一，鱼糜擂溃方式对鱼肉蛋白凝胶强度的影响也比较显著。擂溃过程分为空擂、盐擂和调味擂溃三个阶段，空擂使鱼肉的肌肉纤维组织进一步破坏，为盐溶性蛋白的充分溶出创造良好的条件；盐擂使鱼肉中盐溶性蛋白质在稀盐溶液作用下充分溶出，与水混合均匀，可以增强鱼糜凝胶强度；调味擂溃使加入的辅料、调味料及凝胶增强剂与鱼糜溶胶充分混合均匀。擂溃过程应控制擂溃时间、擂溃温度和加盐量等参数，以保证鱼糜制品弹性。

5. 盐溶性蛋白对凝胶形成的影响 鱼糜制品弹性的强弱与鱼类肌肉中所含盐溶性蛋白有关，尤其是肌球蛋白的含量。鱼类肌球蛋白含量的多少和它加工成的鱼糜制品的弹性强弱呈正相关，肌球蛋白含量较高的鱼类，其鱼糜制品的弹性也比较强。另外，在同一种鱼类中，也存在盐溶性蛋白含量与弹性强弱之间的正相关性，除了盐溶性蛋白含量外，肌动球蛋白 Ca^{2+} - ATPase 活性与弹性强弱之间也同样呈正相关性，肌动球蛋白 Ca^{2+} - ATPase 活性越大，则其相应的凝胶强度和弹性也越强。

6. 漂洗对凝胶形成的影响 鱼肉水溶性蛋白中含有妨碍鱼糜凝胶形成的酶类和诱发凝胶劣化的活性物质，这些因素对弹性的影响在原料鱼鲜度下降时尤为明显。因此，在鱼糜生产过程中，鱼肉必须经过漂洗除去大部分水溶性蛋白，以提高盐溶性蛋白的相对含量，增强蛋白质的凝胶形成能力，同时除去一些鱼肉中残余的血污、有色物质、无机盐和脂肪以及腥臭成分，改善产品的色泽等各项感官指标。

7. 加热条件对凝胶形成的影响 加热过程是鱼糜制品生产中一个必不可少的重要环节，其主要作用是使擂溃中相互缠绕成纤维状盐溶性的肌动球蛋白溶胶以网状结构固定下来，把溶胶中的水分封闭在网状结构中，形成鱼糜凝胶体。不同的加热条件对鱼糜凝胶强度的影响不同，加热的温度和时间直接关系到鱼糜制品弹性形成的强弱。对鱼糜加热有三种不同的加热方式，一段加热、二段加热和持续加热。一段加热，是直接将擂溃后的鱼肉加热到 90～95℃的方法；二段加热，是将擂溃后的鱼肉先在 40℃以下放置一段时间使其凝胶化，然后再加热到较高的温度；持续加热，是指将擂溃后的鱼肉以一定的速度进行加热。由于各种鱼糜基本上都在 40℃左右具有较强的形成能力，而在通过 60～70℃温度域时会发生凝胶劣化现象，凝胶结构很容易被破坏，所以让其在低温下凝胶，并且直接加热到 90℃，迅速通过凝胶劣化温度带有利于提高凝胶强度。因此，在生产中常采用二段加热的方法。

8. 辅料的添加对鱼糜凝胶形成的影响

（1）聚合磷酸盐　聚合磷酸盐不仅是鱼糜冷冻变性防止剂，而且是鱼糜制品弹性增强剂：①加入聚合磷酸盐，可以提高鱼糜的 pH 至中性，在漂洗后的脱水鱼肉中加入 0.3％聚合磷酸盐（焦磷酸钠和三聚磷酸钠的等量混合物），脱水鱼肉的 pH 就从 6.7 上升至 7.1～7.3，此 pH 下鱼糜冷冻变性的速度小，盐擂时弹性网状结构的形成能力强；②加入聚合磷酸盐，能提高鱼糜离子强度，防止由于漂洗而使鱼肉离子强度降低所引起的鱼肉吸水膨润和脱水困难；③加入聚合磷酸盐，能与漂洗后残留下来的钙、镁等多价金属盐离子和聚合磷酸盐相互作用生成螯合物，从而减少金属离子对鱼糜冷冻变性的促进作用，降低金属离子对鱼糜弹性凝胶形成能的妨碍作用，提高了鱼糜的质量。

(2) 氧化剂　在鱼糜中添加氧化性物质，也能促进弹性凝胶体的形成，这是因为该类物质能使蛋白质的巯基氧化，在其分子之间形成 S—S 桥键（二硫键），强化了网状结构。

(3) 谷氨酰胺转氨酶（TG 酶）　转谷氨酰胺转移酶（Transglutaminase. E. C. 2. 3. 2. 13，简称 TGase）可以催化谷氨酸（Gln）残基 γ-羧基酰胺基与赖氨酸（Lys）残基 ε-氨基发生交联作用，在鱼糜中添加不同浓度的 TGase，均可使其凝胶的破断强度、凹陷深度、凝胶强度及持水性增加，而对其颜色、白度无影响。

(4) 淀粉　添加淀粉会改进凝胶强度，改善组织结构，并能降低产品的成本。淀粉种类的不同，对鱼糜凝胶的影响也不同。支链淀粉含量高的淀粉如马铃薯淀粉产生的凝胶结合力强，弹性大；而支链含量少的淀粉如玉米淀粉产生的凝胶结合力弱，脆性大。淀粉添加量以鱼糜制品的 8%左右为宜，过多的淀粉使产品发硬，有橡皮感。鱼糜凝胶硬度的增加同淀粉粒子在介质中的分布有关，由于淀粉颗粒加热过程中能够吸水膨胀，填充到凝胶的网络中去，因而增加制品的弹性。

(5) 其他物质　一些食品大分子如蛋白质和多糖或食品胶体，对鱼糜凝胶结构和强度也有作用，主要是会与鱼肉蛋白质分子发生相互影响，改变网络结构。

三、鱼糜凝胶形成作用力

凝胶化是鱼肉蛋白一个重要功能性质，对鱼糜制品质构的形成具有重要作用。蛋白凝胶是变性蛋白分子间排斥和吸引相互作用力平衡的结果，形成和维持蛋白凝胶网络的作用力，主要包括疏水作用、氢键、静电作用以及二硫键等。目前，研究较多的是二硫键、酶交联作用和疏水相互作用在加热条件下鱼糜凝胶形成过程中的作用。

1. 二硫键作用　肌球蛋白分子大约有 42 个巯基，其中，约有 24 或 26 个分布在球状头部，每条碱性轻链各含有 1 个，每条 DTNB 轻链中有 2 个。二硫键的形成虽然不是凝胶形成的必需条件，但分子间二硫键的形成，尤其是由肌球蛋白头部S-1部位氧化形成的二硫键，对凝胶的形成有重要贡献。虽然各研究者均认为，二硫键的形成有助于鱼糜凝胶特性的增强。但不同研究者认为，二硫键形成于鱼糜加工的不同阶段。

2. 酶交联作用　转谷氨酰胺转移酶（TGase）可以催化谷氨酸（Gln）残基γ-羧基酰胺基与赖氨酸（Lys）残基ε-氨基在蛋白分子内部或分子之间形成ε-（γ-谷氨酰胺）赖氨酸共价交联键，促使蛋白凝胶网络的形成，已被广泛用于改善鱼糜制品的质构特性。添加TGase，可以明显增加鱼糜的凝胶强度和持水性。随着TGase浓度的增加，鱼糜蛋白分子间共价交联程度逐渐增加，凝胶强度增大。

3. 疏水作用和氢键作用　疏水基团均匀的分布于肌球蛋白尾部一级结构中，在天然蛋白分子结构中，这些疏水性氨基酸残基倾向于分布在蛋白分子内部的疏水区域，从而避免与周围水的接触，蛋白分子变性展开后这些疏水基团暴露于分子表面，产生疏水相互作用，从而引起肌球蛋白分子发生聚集形成凝胶，因此，疏水作用在肌球蛋白凝胶形成过程中起着非常重要的作用。肌球蛋白尾部的α-螺旋结构，是由多肽链中—CO与NH—的氢键来稳定的。当肌球蛋白高温受热时，氢键断裂，α-螺旋结构解旋，温度降低时又重新形成氢键，起到稳定蛋白构象的作用。

4. 静电相互作用　蛋白质分子所带电荷使蛋白分子间相互吸引或排斥，影响蛋白分子间以及蛋白分子与溶剂之间的相互作用。pH和离子强度可以影响蛋白质中氨基酸残基的解离状态和电荷分布，改变蛋白分子间的静电相互作用，从而对蛋白凝胶形成产生影响。

第二节　淡水鱼冷冻鱼糜生产技术

鱼糜，是指原料鱼经前处理（剖杀、去鳞、去头、去内脏）、清洗（洗鱼机）、采肉（采肉机）、漂洗（漂洗装置）、脱水（离心机或压榨机）、精滤（精滤机）等工序制成的净鱼肉。冷冻鱼糜，则是将鱼糜进一步斩拌（斩拌机，加入抗冻剂）、称量（秤）、包装（包装机）、速冻（平板速冻机）、冻藏（−20℃以下冻藏）等工序制成的块状鱼糜。

冷冻鱼糜加工技术是20世纪50～60年代由日本水产研究人员以狭鳕鱼为原料研究开发的新技术，冷冻鱼糜是加工多种鱼糜制品的中间原料。我国是世界上最大的淡水鱼养殖国，淡水鱼资源十分丰富，主要品种为白鲢、鳙、草鱼和青鱼等低值鱼种。然而，我国淡水鱼加工转化率极低且技术水平低下，制约着淡水鱼产业的发展。冷冻淡水鱼糜由于具有机械化程度高、劳动生产率高和适合低值鱼的特点，成为大量加工转化淡水鱼的有效途径。

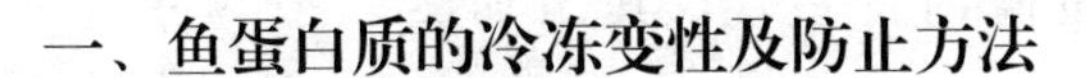

一、鱼蛋白质的冷冻变性及防止方法

1. 冷冻鱼糜蛋白质的变性原因 在冻结和冻藏过程中，鱼糜中的蛋白质易变性，从而使鱼糜丧失凝胶特性。鱼糜中肌原纤维蛋白质冷冻变性的原因是，鱼糜在冻结和长时间冻藏中，鱼糜中的水分形成晶核并逐渐成长大的冰晶，使液相中的溶质浓缩、离子强度增大、pH 变化，迫使蛋白质分子周围的水化层变薄、蛋白质分子之间相互靠近而发生疏水相互作用，最终使肌原纤维蛋白质发生不可逆变性。鱼糜中蛋白质冷冻变性后，其头部的 Ca^{2+}-ATPase 活性丧失、肌原纤维蛋白质的溶解性下降，可用 Ca^{2+}-ATPase 活性和肌原纤维蛋白质的溶解性作为冷冻鱼糜中蛋白质变性程度的评价指标。

2. 影响冷冻鱼糜蛋白质变性的因素

（1）原料鱼种 在冻结和冻藏中，肌原纤维蛋白质冷冻变性的速度和凝胶强度下降的速度随鱼种不同而不同，鲢、鳙等淡水鱼肌原纤维蛋白质的抗冻性较差，在冻藏中会快速变性。

（2）原料鲜度和 pH 原料鱼的鲜度越好，蛋白质冷冻变性的速度就越慢。处于解硬以后的鱼进行冻结，容易产生变性。在偏酸性条件下冻结，肌原纤维蛋白质容易变性。

（3）冻结速度和冻藏温度 冻结速度对鱼糜中蛋白质变性的影响比较小，而冻藏温度对鱼糜蛋白质的变性影响较大。一般来说，冻藏温度越低，蛋白质的变性速度就越慢。

3. 防止蛋白质冷冻变性的方法 日本于 1963—1964 年成功地解决了冷冻鱼糜蛋白质的变性问题，推动了冷冻鱼糜及鱼糜制品工业的发展。大量的研究表明，糖类、山梨醇和甘油等多羟基化合物以及马来酸、戊二酸、乳酸、苹果酸、酒石酸、柠檬酸、葡萄糖酸和丙二酸等有机酸具有显著的抗冻效果。在实际生产中，防止蛋白质冷冻变性主要是使用糖类和山梨醇，为使这种作用达到最佳效果，通常还添加适量的复合食品磷酸盐。

加入糖类，可有效地防止鱼糜蛋白质的冷冻变性。糖类分子结构中的—OH基团数越多，对冷冻变性的防止效果也越好，其中，蔗糖和山梨醇比其他糖类具有更强的抗冷冻变性效果。蔗糖和山梨醇具有来源广、价位低等特点，它们是实际生产中使用最多、最广的防止鱼糜蛋白质冷冻变性的物质，4%的蔗糖与 4%的山梨醇混合后添加到鱼糜中并混匀，具有较理想的抗冻效果。但由于《食品添加剂使用卫生标准》（GB 2760—2011）中规定，鱼糜制品中山梨醇含量不得超过 0.5%，所以我国冷冻鱼糜生产中山梨醇的使用量较小，目前已用甘油、大豆分离蛋白、海藻糖和变性淀粉等替代山梨醇。此外，在鱼糜中添加食品级复合磷酸盐（三聚磷酸钠和焦磷酸钠按1∶1

混合），可明显提高冷冻鱼糜的持水性，其添加量一般为鱼糜量的0.1%～0.3%。

二、冷冻鱼糜生产技术

（一）冷冻大宗淡水鱼糜生产工艺

1. 原料鱼的选择 鱼的种类不同，不仅其肌肉蛋白质的耐冻性不同，而且其采肉率、凝胶强度也会有明显差异。在青鱼、草鱼、鲢、鳙、鲤、鲫、团头鲂等7种大宗淡水鱼中，草鱼、鲢、鳙、鲤个体较大、价格相对较便宜，是生产冷冻鱼糜较理想的原料。表3-1显示了鲢、鳙、草鱼、鲫的平均采肉率和原料成本。在4种淡水鱼中，鲫的采肉率最低，仅20.33%；鳙和鲢的采肉率相近，分别为23%～66%和24.97%；草鱼的采肉率高达33.80%。目前，市售鲢、鳙、草鱼和鲫单价分别为4.24元/kg、8.70元/kg、7.44元/kg和11.62元/kg（均为武汉市2011年9月大宗售价），根据采肉率折合，则每生产1t鱼糜（不包括添加的抗冻剂），所需原料鱼成本分别为1.698 0万元、3.677 1万元、2.201 2万元和5.715 7万元。鲢、鳙、草鱼和鲫鱼糜凝胶强度分别为3 805g·mm、3 528g·mm、4 251g·mm和2 980g·mm。从折曲试验来看，鲢、鳙、草鱼鱼糜凝胶可以到AA级，而鲫鱼糜凝胶只能达到A级。从鱼糜凝胶白度看，鲢、鳙、草鱼鱼糜凝胶的白度较高，而鲫鱼糜凝胶的白度低、色泽较差。

表3-1 4种大宗淡水鱼的采肉率及成本比较

鱼种	个体数量（尾）	平均体长（cm）	平均体重（g）	平均采肉率（%）	平均单价（元/kg）	原料成本（万元/t）
鲢	403	39.08	1 125.72	24.97	4.24	1.698 0
鳙	50	41.04	1 232.33	23.66	8.70	3.677 1
草鱼	50	55.18	1 452.05	33.80	7.44	2.201 2
鲫	91	20.58	308.5	20.33	11.62	5.715 7

注：①采肉率已换算成含水量为80%的采肉率；②4种大宗淡水鱼的平均价格为2011年9月武汉市售价。

综合考虑鱼糜制品凝胶强度、弹性率和白度等品质指标和原料成本，鲢和草鱼最适合用作冷冻鱼糜生产原料，鳙次之，如果将取了鳙鱼头的鱼身制作鱼糜，则可显著降低其成本。鲫由于单价较高、采肉率和凝胶强度较差，而不适合用作冷冻鱼糜生产原料。尽管目前冷冻鱼糜需求量增加，但由于采用低值海水鱼生产冷冻鱼糜的价格一般在1.0万元/t左右，因此，建议淡水鱼糜加工企业应先进行分割、再进行鱼糜采肉加工，以降低冷冻鱼糜生产成本，提高综合效益。

原料鱼鲜度，是冷冻鱼糜生产质量的重要保证。鱼糜凝胶能力通常随原料鱼鲜度下降而快速下降，原料鱼鲜度越好，鱼糜的凝胶形成能力越强，鱼糜制品的凝胶强度越高，弹性和口感越好。淡水鱼宰杀致死后，因肌肉中水分含量高、水解酶活性高，其鲜度下降较快。因此，在冷冻鱼糜生产中，需要选用鲜活淡水鱼为原料。鲜活鱼运到加工厂来不及加工的，需要暂养或加冰使鱼体温度保持在－1～0℃，以保持原料鱼的鲜度。

2. 原料处理和清洗 用自来水冲洗原料鱼体表，以除去表面附着的黏液和细菌。然后用连续式去鳞机或手工去鳞，去头、去内脏，并将鱼体剖切成两片；再用水进行第二次清洗，以清除腹腔内残余内脏或血污和黑膜等。第二次清洗时，必须将原料鱼清洗干净，否则会影响鱼糜凝胶强度、色泽和气味等质量，且清洗要迅速，以保证鱼体鲜度。经第二次清洗的鱼体，需要迅速放入连续式气泡清洗机中进行降温和进一步的漂洗，漂洗水的温度需要控制在8℃以下且需要循环流动和更新，可在漂洗水中充入一定浓度的臭氧，以控制细菌总数。

3. 鱼体的采肉 采肉，是指用机械方法或手工将鱼体的皮骨除掉而把鱼肉分离出来的过程。我国传统鱼糜制品制作中多用手工采肉，而在工业化生产中一般用采肉机进行，要求采肉率高、无碎骨皮屑等杂物混入、采肉时升温小。我国冷冻鱼糜加工企业多采用滚筒式采肉机。采肉时，将洗净的鱼片送入带网眼的滚筒与橡胶皮带之间，靠滚筒与橡胶皮带圈之间的挤压作用，使鱼肉穿过滚筒的网状孔眼进入滚筒内部，而骨刺和鱼皮在滚筒表面，从而达到鱼肉与骨刺和鱼皮分离的目的。

采肉机滚筒上网眼孔径、橡胶皮带与金属滚筒之间的紧密程度，会影响鱼体的采肉率。采肉机滚筒上网眼孔径一般在3～5mm，用3mm孔径采取的鱼糜中骨刺少，但得率比5mm孔径要低，在实际生产上可根据需要选择网眼孔径；橡胶皮带与金属滚筒之间越紧，采肉率越高；但采肉机滚筒上网眼孔径越小、橡胶皮带与金属滚筒之间越紧，则越易导致采肉时鱼肉升温。白鲢等淡水鱼的采肉率一般在25%～35%。

鱼体经第一次采肉后剩余的皮骨等副产物中还残留少量鱼肉，可进行第二次采肉以提高总的采肉率。但第二次采得的鱼肉质量要比第一次差，色泽较深，不宜做优质冷冻鱼糜，而是用作油炸鱼糜制品的原料。在工业化生产过程中，一般是把2台采肉机组合起来使用，一上一下，可节省劳力并提高效率。

4. 鱼糜的漂洗 漂洗，是鱼糜和冷冻鱼糜生产中最关键的工序之一。所谓漂洗，就是用水或水溶液对所采的鱼肉进行洗涤，以除去鱼肉中的水溶性蛋白质、色素、气味、脂肪以及Ca^{2+}、Mg^{2+}等无机离子，对提高鱼糜制品的质量及其保藏性能具有重要作用。

（1）漂洗方法 根据漂洗液种类不同，可将漂洗方式分为清水漂洗法和稀碱盐水漂洗法。就淡水鱼而言，新鲜度高的鱼，可直接清水漂洗；而对新鲜度较低的鱼，则需选用稀碱盐水来漂洗。用稀碱盐水漂洗时，可促进水溶性蛋白质的溶出和除去，还可使鱼肉 pH 提高到 6.8，接近中性，有效地降低蛋白质的冷冻变性，增强鱼糜制品的弹性。

①清水漂洗：鱼水比例一般为 1∶（5～10），根据需要按比例将水注入漂洗槽与鱼肉混合，慢速搅拌 8～10min，使水溶性蛋白等成分充分溶出，静置 10min 使鱼肉充分沉淀，倾去表面漂洗液，再按以上比例加水，搅拌、静置、倾析，如此重复 2～3 次。清水漂洗时，肌球蛋白会吸水，造成脱水困难。因此，最后一次可用 0.15%的食盐水溶液进行漂洗，使肌球蛋白收敛而便于鱼糜脱水。

②稀碱盐水漂洗：鱼水比例一般为 1∶（4～6），漂洗 3～5 次，先用清水漂洗 1～3 次，然后用 0.1%～0.15%食盐水溶液和 0.2%～0.5%的碳酸氢钠溶液进行漂洗。可用这两种溶液分别对鱼肉进行漂洗，也可混合在一起进行漂洗。

漂洗液的种类、用量和漂洗次数，需要视原料鱼的新鲜程度及产品质量要求而定。鲜度好的原料漂洗用水量和次数可较少；而对鲜度较低的原料鱼进行漂洗时，则需要较多的用水量和适当增加漂洗次数。

（2）漂洗用水的水质和水温　漂洗用水的水质、漂洗液的 pH 和温度，对鱼糜的凝胶强度、色泽和成品率均有一定影响。符合国家标准的自来水基本上符合鱼糜生产要求，可不作净化处理，但要避免使用富含钙、镁等的高硬度水及富含铜、铁等的地下水。水温主要是影响漂洗的效果和肌原纤维蛋白质的变性，一般要求控制在 3～10℃，过低的水温不利于水溶性蛋白质的溶出，过高则易导致蛋白质的变性。pH 是影响肌肉中肌原纤维蛋白质稳定性的重要因素，淡水鱼肌肉中的肌原纤维蛋白一般在中性时比较稳定。在生产冷冻鱼糜的工艺中，漂洗水的 pH 要控制在 6.8。

（3）漂洗设备　漂洗的效果除与漂洗用水水质、pH 和水温有关外，还与搅拌方法、搅拌时间、鱼肉与漂洗水的分离方式等因素有关。传统漂洗设备主要是漂洗槽和旋转筛，通常先将采集到的鱼肉与一定量水在漂洗槽中慢速搅拌 8～10min，然后静置 10min 使鱼肉充分沉淀，再用手柄逐渐放下溢流管，倾去表面漂洗液及漂浮在液面上的碎脂肪块，重复操作 2～3 次后用泵泵入旋转筛继续用清水冲洗，沥水的鱼糜再进入第二、第三个漂洗程序。传统漂洗设备和方法的用水量大，大约每生产 1t 鱼糜需要耗用 20～30t 水。为节省漂洗用水量，近年来有许多科研工作者在致力于节水漂洗装置的研制。澳大利亚墨尔本理工大学研究了采用离心脱水机进行漂洗的工艺，以 pH7.5～8.0 的碱盐水漂洗鱼肉后，用离心机分离鱼肉和漂洗液，可显著减少用水量。瑞典 alfa - laval公司研制出一种管道式漂洗装置。该装置由一组长管和一个多向平板组成的静置搅流器组成，碎鱼肉和清水由管道一端的两个入口按比例分别泵入，通过静置搅流器时，碎鱼肉多次转向形成涡流而与水充分混合，至另一端排出时，碎鱼肉中水溶性蛋白已溶于水中，经分离即可得到鱼糜。此法与传统漂洗槽相比，最大的优点是节省了大量的水，鱼糜的得率提高15%左右，大大地降低了生产成本；此外，该设备结构简单，可大大减少车间的操作空间，降低了投资费用，用白色肉鱼和低脂肪鱼加工鱼糜时，使用这一装置的效果较佳。

5. 鱼糜的精滤 白鲢等淡水鱼鱼糜一般采用先精滤、再脱水工艺。经漂洗的鱼糜先用旋转筛或滤布预脱水，然后用精滤机进行精滤，以除去细碎的鱼皮、鱼鳞、碎骨和细小的肌间刺等杂质。精滤机的网孔直径一般为0.5～0.8mm，网孔直径太大，则难将鱼糜中细小的鱼皮、鱼鳞、碎骨和肌间刺等杂质去除干净；而网孔直径太小，则会导致鱼糜温度升高。

由于脱水后再作精滤处理，精滤时阻力大、易产生热量而使鱼浆的温度上升，造成鱼糜品质下降，所以目前鱼糜生产企业均改用了先精滤、再脱水的工艺，所生产鱼糜的色泽和弹性得到明显改善。

6. 鱼糜的脱水 冷冻鱼糜对水分含量有严格要求，通常要求将脱水后鱼糜的水分含量控制在80%左右。经漂洗、旋转筛预脱水、精滤的鱼糜还含有较高的水分，需要用机械压榨或离心等方法进行脱水处理。依据设备脱水工作原理的不同，可分为螺旋压榨脱水机、卧式螺旋离心脱水机和三足式离心脱水机。目前，工业上常采用螺旋压榨脱水机进行鱼糜的脱水，采用离心机离心脱水时，在2 000～2 800r/min离心20min即可，而处理量少时，可将鱼肉放在布袋里用力绞干脱水。卧式螺旋离心脱水机是一种新的鱼糜脱水设备，利用该设备可将漂洗水中95%的固形物加以回收，鱼糜得率明显高于传统的压榨法，其所制得的鱼糜制品的凝胶强度和硬度，也显著高于传统方法生产的。

影响鱼糜脱水的因素很多，主要有漂洗液的pH、盐水浓度和温度等。尽管pH在鱼肉的等电点（pI=5.0～6.0）时脱水性最好，但在此pH范围内鱼糜的凝胶形成能力差、鱼糜中肌原纤维蛋白的冻藏稳定性差，因此在生产上不适用。为了促进鱼糜的脱水，可在最后一次漂洗时加入0.1%～0.2%的NaCl。温度对脱水效果有显著影响，温度越高，鱼糜越容易脱水，脱水速度越快，但蛋白质容易变性。从实际生产考虑，将鱼糜温度控制在10℃左右较为理想。

7. 鱼糜的斩拌 斩拌的目的主要是将加入的抗冻剂与鱼糜搅拌均匀，以防止或降低蛋白质冷冻变性的程度。常用的标准抗冻剂配方为：蔗糖4%，山梨醇4%，复合磷酸盐（三聚磷酸钠与焦磷酸钠按1∶1混合）0.3%，蔗糖脂肪酸酯0.5%。由于食品添加剂使用卫生标准（GB 2760—2011）中规定鱼糜制品中山梨醇含量不得超过 0.5g/kg，所以我国冷冻鱼糜生产中山梨醇的使用量受到限制，目前已用甘油、大豆分离蛋白、海藻糖、变性淀粉等代替山梨醇，谷氨酸钠、乳清蛋白质和谷氨酰胺转氨酶（TGase），都具有较好地降低鱼糜蛋白质冷冻变性的作用。

8. 称量与包装 将鱼糜输入包装充填机，由螺杆旋转加压挤出厚 4.5～5.5cm、宽 3.5～3.8cm、长 55～58cm 的条块，每块切成 10kg，聚乙烯塑料袋包装。

9. 平板速冻和冻藏 将袋装鱼糜块用平板冻结机冻结，然后以每箱 2 块装入硬纸箱，在纸箱外标明原料鱼名称、鱼糜等级、生产日期等相关应注明的事项，运入冷库冻藏。冻藏温度要求控制在－20℃以下且要保持稳定，冻藏时间一般以不超过 6 个月为宜。

（二）冷冻鱼糜的质量指标与参考标准

1. 冷冻鱼糜质量指标 冷冻鱼糜的质量指标，包括理化指标、微生物指标与凝胶强度指标。冷冻鱼糜的水分含量、pH、杂点、白度和总菌数和致病菌等，可通过相应的食品分析测试方法获得数据。冷冻鱼糜的凝胶强度测定，则需要先在标准条件下制备鱼糜凝胶，即在斩碎的鱼糜中添加 3%食盐后斩匀，灌入直径 30mm 肠衣中于（90±3）℃加热 30 min，并在冷水中冷却 12h，然后用刀垂直于圆柱体凝胶将其切成 25mm 长的圆柱体，用弹性仪中直径为 5mm 的球形测试探头测定鱼糜凝胶强度；测定鱼糜凝胶折叠性能时，则要将鱼糜凝胶切成 3mm 厚的薄片。测定冷冻鱼糜中微生物指标时，需要采用无菌方法取样。冷冻鱼糜的理化指标和微生物指标分别见表 3-2 和表 3-3。

表 3-2 冷冻鱼糜的理化指标

级别	水分（%）	pH	杂点（点/5g）	白度	凝胶强度（弹性）（g·cm）	
SSA	≤76	6.8～7.4	≤8	≥53	≥700	四折不断
SA	≤76	6.8～7.4	≤8	≥53	600～699	四折不断
FA	≤76	6.8～7.4	≤8	≥53	500～599	四折不断
AAA	≤77	6.8～7.4	≤8	50～54	400～499	四折不断
AA	≤78	6.8～7.4	≤10	50～52	300～399	四折不断
A	≤78	6.8～7.4	≤15	48～50	200～299	两折不断
AB	≤78	6.8～7.4	≤15	45～50	100～199	两折微裂或折断
B	≤79	6.8～7.4	≤20	40～50	≤100	两折微裂或折断
配料：糖、多聚磷酸钠等						

表 3-3　冷冻鱼糜的微生物指标

项目	指标
细菌总数（CFU/g）	$\leqslant 1\times10^5$
致病菌	不得检出

2. 操作规范与参考标准　操作规范参考《食品安全管理体系水产品加工企业要求》（GB/T 27304—2008）、《水产食品加工企业良好操作规范》（GB/T 20941—2007）、《出口水产品质量安全控制规范》（GB/Z 21702—2008）、《鱼糜加工机械安全卫生技术条件》（GB/T 21291—2007）、《水产品冻结操作技术规程》（SC/T 3005—1988）和《水产品加工质量管理规范》（SC/T 3009—1999）。

产品质量参考标准有《鱼糜制品卫生标准》（GB 10132—2005）、《冻鱼糜制品》（SC/T 3701—2003）。

第三节　淡水鱼鱼糜制品加工技术

鱼糜制品的种类繁多，采用不同的加热方法、成型方法、添加剂种类及用量，可以生产出各类鱼糜制品。根据加热方法，可以分为蒸煮制品、焙烤制品、油煎制品、油炸制品和水煮制品等。根据形状不同，有串状制品、板状制品、卷状制品和其他形状的制品。依据添加剂的使用情况，可分为无淀粉制品、添加淀粉制品、添加蛋黄制品、添加蔬菜制品和其他制品。

鱼糜制品种类虽然很多，但其基本的工艺过程是相同的，原料鱼经过采肉、漂洗和精滤后，添加食盐及其他辅料，再通过擂溃、成型和加热后即为制品。也可用冷冻鱼糜为原料，解冻后经擂溃、成型和加热制成具有一定弹性的鱼糜制品。

一、传统鱼糜制品生产技术

（一）鱼圆

鱼圆又称鱼丸，是我国传统的、最具代表性的鱼糜制品，深受人们喜爱。根据加热方式，可分为水发（水煮）鱼圆和油炸鱼圆，一般作配菜或煮汤食用。水发鱼圆色泽较白，富有弹性，并具有鱼肉原有的鲜味。因此，对原料及淀粉的要求较高。

1. 工艺流程

冷冻鱼糜→半解冻

↓

原料鱼→前处理→采肉→漂洗→脱水→精滤（或绞碎）→擂溃（或斩

拌）→调味→成型→加热→冷却→包装。

2. 参考配方

①水发鱼圆：鱼肉 20kg，黄酒 2kg，精盐 0.6～0.8kg，味精 0.03kg，砂糖 0.2kg，淀粉 5～7kg，清水适量。

②油炸鱼圆：鱼肉 45kg，精盐 1kg，淀粉 75kg，白酒 0.25kg，味精 0.075kg，胡椒粉 0.03kg，葱 1kg，姜 1kg，清水约 12.5kg。

3. 操作要点

（1）擂溃、调味　对于无盐的冷冻鱼糜先进行空擂，以进一步磨碎鱼肉组织，使其温度上升到 0℃以上，然后加入 2%～3%的食盐继续擂溃（盐擂）20～30min，使肌原纤维陆续溶解成黏稠的溶胶体。然后添加其他辅料继续擂溃，混合均匀。擂溃时间不可太长，防止鱼糜升温，引起变性，影响凝胶强度。

（2）成型　工业化生产采用鱼丸成型机成型，成型后放入冷清水中收缩定型。

（3）加热　水煮鱼圆通常采用分段加热，先将鱼丸加热到 40℃保温 20min，然后再使鱼丸中心温度升到 75℃熟化。油炸鱼丸通常先低温油炸再高温油炸，采用自动油炸锅则第一次油温 120～150℃，中心温度达到 60℃，第二次油温 160～180℃，鱼丸中心温度 75～80℃。为节约用油，也可先水煮熟后再油炸。

（4）冷却　熟化后的鱼圆采用水冷或风冷快速冷却。

（5）包装　冷却后，剔除不成型、炸焦、不熟等不合格品进行包装。

（6）保藏　采用冷藏或冻藏。

采用原料鱼时，前处理、漂洗、采肉和精滤等前段参见冷冻鱼糜加工。

4. 质量指标与参考标准

（1）感观指标　个体大小基本均匀、完整、较饱满，白度较好，口感爽、弹性好，有鱼鲜味，无异味。

（2）理化指标　失水率≤6%，水分≤82%，淀粉≤15%。

（3）微生物指标　菌落总数≤3×10^{3}CFU/g，大肠菌群≤30 MPN/100g，致病菌不得检出。

（4）操作规范参考标准　《食品安全管理体系水产品加工企业要求》（GB/T 27304—2008）；《水产食品加工企业良好操作规范》（GB/T 20941—2007）；《出口水产品质量安全控制规范》（GB/Z 21702—2008）；《鱼糜加工机械安全卫生技术条件》（GB/T 21291—2007）；《水产品冻结操作技术规程》（SC/T 3005—1988）和《水产品加工质量管理规范》（SC/T 3009—1999）。

（5）产品质量参考标准　《鱼糜制品卫生标准》（GB 10132—2005）。

（二）鱼糕

鱼糕属于较高级的鱼糜制品，其弹性、色泽的要求较高，因此，作为鱼糕生产用的原料应新鲜、脂含量少和肉质鲜美。尽量不用褐色肉，而弹性强的白色鱼肉配比应适当增多，如选用冷冻鱼糜，则应使用中高档等级的产品。

鱼糕的品种可以按制作时所用配料、成型方式、加热方式以及产地等加以区分，如单色鱼糕、双色鱼糕、三色鱼糕；方块形、叶片形鱼糕；板蒸，焙烤以及油炸鱼糕；小田原、大阪、新鸿鱼糕（蒲）等，花色品种繁多，且各具特色。

1. 工艺流程

冷冻鱼糜→半解冻
↓
原料鱼→前处理→采肉→漂洗→脱水→精滤→擂溃→调配→铺板成型→内包装→蒸煮→冷却→外包装→装箱→冷藏。

2. 参考配方

（1）鱼肉 50kg，精盐 1.5kg，味精 0.5kg，砂糖 1.5kg，淀粉 7.5kg，黄酒 1.5kg，姜汁 1.4kg，蛋清、清水适量。

（2）冷冻鱼糜 50kg，精盐 2.4kg，味精 1kg，砂糖 0.75kg，马铃薯淀粉 2.5kg，黄酒 1.0kg，蛋清 1.5kg，姜汁、清水适量。

3. 操作要点

（1）前处理　鱼糕的加工过程在擂溃之前处理工艺与冷冻鱼糜的一般制造工艺基本相同，只是漂洗的工艺更为重要，不可忽视；对于弹性强、色泽白、呈味好的鱼种也可不漂洗。

（2）擂溃　与鱼糜制品一般制造工艺基本相同。对于弹性强、色泽白的鱼种也可不漂洗。擂溃方法分为空擂、盐擂和拌擂。先空擂 5min 使鱼肉肌纤维组织破坏，然后加盐盐擂 20min，使盐溶性蛋白质溶出，形成一定黏性，再加其他辅料拌擂均匀即可。

（3）成型　小规模生产常用手工成型，工业化生产采用机械成型，如日本的 K3B 三色板成型机，每小时可铺 900 块。由螺旋输送机将鱼糜按鱼糕形状挤出，连续铺在板上，再等间距切开。

（4）加热　鱼糕加热有焙烤和蒸煮两种。焙烤是将鱼糕放在传送带上，以 20～30s 通过隧道式远红外焙烤机，使表面有光泽，然后再烘烤熟制；一般蒸煮较为普遍，通常采用连续式蒸煮器，我国生产的均为蒸煮鱼糕，95～100℃加热 45min，使鱼糕中心温度达到 75℃以上。最好的加热方式是先 45～50℃保温 20～30min，再迅速升温至 90～100℃蒸煮 30min，这样会大大提高鱼糕弹性。

(5) 冷却　鱼糕蒸煮后立即放入10℃冷水中冷却，使鱼糕吸收加热时失去的水分，防止因干燥产生皱皮和褐变。冷却后的鱼糕中心温度仍很高，通常要放在冷却室内继续自然冷却。冷却室空气要经过净化处理。

(6) 包装与贮藏　冷却后的鱼糕，用自动包装机包装后装入木箱，放入0～4℃保鲜冷库中贮藏。一般鱼糕在常温下可保存5天，在冷库中可放20～30天。

4. 质量指标与参考标准

(1) 感观指标　个体大小基本均匀、完整、较饱满，口感爽、弹性好，有鱼鲜味，无异味。

(2) 理化指标　水分≤82%，淀粉≤15%。

(3) 微生物指标　菌落总数≤3×10^3CFU/g，大肠菌群≤30 MPN/100g，致病菌不得检出。

(4) 操作规范参考标准　《食品安全管理体系水产品加工企业要求》(GB/T 27304—2008)；《水产食品加工企业良好操作规范》(GB/T 20941—2007)；《出口水产品质量安全控制规范》(GB/Z 21702—2008)；《鱼糜加工机械安全卫生技术条件》(GB/T 21291—2007) 和《水产品加工质量管理规范》(SC/T 3009—1999)。

(5) 产品质量参考标准　《鱼糜制品卫生标准》(GB 10132—2005)。

(三) 鱼饼

鱼饼是我国尤其东南沿海一带如浙江等地深受消费者喜爱的传统食品，是以新鲜鱼或冷冻鱼糜为主原料，配以独特的调味品经加热凝固形成的弹性胶凝鱼糜食品，其肉质鲜嫩、鲜而不腥、韧脆适度、低脂肪，营养丰富，是家庭、酒店、旅游及馈赠亲友的佳品。

1. 工艺流程

冷冻鱼糜→半解冻
↓
原料鱼→前处理→采肉→漂洗→脱水→精滤（或绞碎）→擂溃（或斩拌）→调味→成型→油炸→预冷→包装→贮藏。

2. 参考配方　鱼糜60kg，淀粉8kg，蛋清5 kg，大豆蛋白5kg，白糖0.75kg，姜0.6 kg，葱1kg，食盐0.8kg，味精0.5kg，葱1.2kg，磷酸氢二钠0.05kg，清水适量。

3. 操作要点

(1) 擂溃、调味　对于无盐的冷冻鱼糜先进行空擂，以进一步磨碎鱼肉组织，使其温度上升到0℃以上，然后加入2%～3%的食盐继续擂溃（盐擂）

20～30min，使肌原纤维陆续溶解成黏稠的溶胶体。然后添加其他辅料继续擂溃，混合均匀。擂溃时间不可太长，防止鱼糜升温，引起变性，影响凝胶强度。

（2）成型　工业化生产采用鱼饼成型机成型。

（3）油炸　鱼饼可先低温油炸再高温油炸，采用自动油炸锅则第一次油温110～150℃，中心温度达到60℃，第二次油温150～190℃，鱼饼中心温度75～80℃。

（4）预冷　油炸后的鱼饼快速冷却至5℃以下。

（5）包装　冷却后，剔除不成型、炸焦等不合格品进行包装。

（6）贮藏　采用冷藏或冻藏。

采用原料鱼时，前处理、漂洗、采肉和精滤等前段参见冷冻鱼糜加工。

4. 质量指标与参考标准

（1）感观指标　个体大小基本均匀、完整、较饱满，外部金黄、白度较好，酥脆、弹性好，无异味。

（2）理化指标　失水率≤6%，水分≤82%，淀粉≤15%。

（3）微生物指标　菌落总数≤3×10^3CFU/g，大肠菌群≤30 MPN/100g，致病菌不得检出。

（4）操作规范参考标准　《食品安全管理体系水产品加工企业要求》（GB/T 27304—2008）；《水产食品加工企业良好操作规范》（GB/T 20941—2007）；《出口水产品质量安全控制规范》（GB/Z 21702—2008）；《鱼糜加工机械安全卫生技术条件》（GB/T 21291—2007）和《水产品加工质量管理规范》（SC/T 3009—1999）。

（5）产品质量参考标准　《鱼糜制品卫生标准》（GB 10132—2005）。

（四）鱼豆腐

鱼豆腐也属于高级的鱼糜制品，其味道鲜美，营养丰富，是消费者普遍喜爱的鱼糜制品。

1. 工艺流程

冷冻鱼糜→半解冻
↓
原料鱼→前处理→采肉→漂洗→脱水→精滤（或绞碎）→擂溃（或斩拌）→调味→成型→油炸→预冷→包装→冻结贮藏。

2. 参考配方　鱼糜50kg，肥肉5kg，淀粉12kg，植物蛋白2kg，鸡蛋清7kg，乳化粉0.16kg，食盐2kg，味精0.8kg，砂糖1kg，水30kg，磷酸盐0.05kg。

3. 操作要点

(1) 擂溃、调味　对于无盐的冷冻鱼糜先进行空擂，以进一步磨碎鱼肉组织，使其温度上升到0℃以上，然后加入2%～3%的食盐继续擂溃（盐擂）20～30min，使肌原纤维陆续溶解成黏稠的溶胶体。然后添加其他辅料继续擂溃，混合均匀。

(2) 蒸煮成型　工业化生产采用蒸煮成型机成型。

(3) 油炸　采用自动油炸锅进行油炸，油温140～150℃，表面炸成黄色即可。

(4) 预冷　油炸后的鱼饼快速冷却至5℃以下。

(5) 冻结、贮藏　将冷却后的鱼豆腐包装后尽快送去速冻。采用平板速冻机进行速冻，冷冻温度－35℃，时间3～4h，使鱼糜中心温度达到－20℃。冷冻后的鱼豆腐置于冷库中冻藏，库温－20℃，维持库温稳定。

采用原料鱼时，前处理、漂洗、采肉和精滤等前段参见冷冻鱼糜加工。

4. 质量指标与参考标准

(1) 感观指标　表面金黄有光泽、白度较好，口感爽，肉滑，弹性好，有鱼鲜味，无异味。

(2) 理化指标　水分≤82%，淀粉≤15%。

(3) 微生物指标　菌落总数≤3×10^3CFU/g，大肠菌群≤30 MPN/100g，致病菌不得检出。

(4) 操作规范参考标准　《食品安全管理体系水产品加工企业要求》(GB/T 27304—2008)；《水产食品加工企业良好操作规范》(GB/T 20941—2007)；《出口水产品质量安全控制规范》(GB/Z 21702—2008)；《鱼糜加工机械安全卫生技术条件》(GB/T 21291—2007) 和《水产品加工质量管理规范》(SC/T 3009—1999)。

(5) 产品质量参考标准　《鱼糜制品卫生标准》(GB 10132—2005)、《冻鱼糜制品》(SC/T 3701—2003)。

(五) 鱼面、燕皮

鱼面、燕皮是我国传统的地方特产，湖北云梦鱼面、福建平潭燕皮久负盛名。

1. 工艺流程　原料鱼→前处理→采肉→绞肉→擂溃→捏成块团→加淀粉碾成薄皮→（蒸熟）→干燥→切割→再干燥→成品

2. 参考配方

(1) 鱼肉50kg，精盐1.75kg，砂糖3kg，淀粉1～5kg，白酱油1.5kg，姜汁清水适量。

(2) 鱼肉20kg，豆粉24kg，面粉22.5kg，精盐1.75kg，食碱0.2～0.25kg，清水18kg。

3. 操作要点

（1）前处理　原料鱼处理同鱼糜制品的一般工艺。

（2）擂溃　依次完成空擂、盐擂、拌擂操作。生熟鱼面在配料上略有差异，此外，有些地方在鱼糜中加入一定比例的猪肉以成肉燕皮。

（3）捏成团块　将擂溃完成后的配料鱼糜捏成小块，250～500g/块，便于后续操作及具备一定时间的凝胶化。

（4）加淀粉碾成薄皮　在碾板和木棍上或面团表面撒上淀粉，将鱼糜团块用手工或制面机碾成厚约0.3～0.6cm的薄皮。

（5）蒸熟　将碾成的薄皮放在竹篦上，锅中蒸熟（时间约1h）。现时滚筒制面生产则采用成条后直接水煮的方法，也有将制成的扁平带状料坯于45℃的加热滚筒进行凝胶化。

（6）干燥　即行晒干操作，要求晒至六成为妥。对生鱼面，燕皮不经上述蒸熟而直接晒干。

（7）切割　用手工或机器要求切条（1～1.5mm宽、15～20cm长），方形（8cm×8cm或5cm×7cm）或小圆片。云梦鱼面传统做法，则是在拌研、盘条（盐条）、切条（坨子、剂子）、擀面、蒸熟后直接切面、再摊晒。

（8）再干燥　将切成的条或方形、圆形片再日晒或烘干至足干，即为成品。

4. 质量指标与参考标准

（1）感观指标　有该制品特有的色泽、风味，无异味；外形一致完整。

（2）理化指标　水分含量≤18%。

（3）微生物指标　菌落总数≤3×10^3CFU/g，大肠菌群≤30 MPN/100g，致病菌不得检出。

（4）操作规范参考标准　《食品安全管理体系水产品加工企业要求》（GB/T 27304—2008）；《水产食品加工企业良好操作规范》（GB/T 20941—2007）；《出口水产品质量安全控制规范》（GB/Z 21702—2008）；《鱼糜加工机械安全卫生技术条件》（GB/T 21291—2007）和《水产品加工质量管理规范》（SC/T 3009—1999）。

（5）产品质量参考标准　《鱼糜制品卫生标准》（GB 10132—2005）。

二、新型鱼糜制品生产技术

（一）鱼卷

鱼卷（竹轮）是从日本传入我国的一种鱼糜制品，其呈空心圆柱状，内外直径分别为1厘米左右和2厘米左右，长4～6厘米，头尾浅黄色，中间棕色，有皱纹状表面。因最初是将擂溃和调味后的鱼糜以手工方式卷在直径1厘米左右的竹竿上，然后放在火上炙烤而成，所以日本将此制品取名为“竹轮”(Chikuwa)。鱼卷可直接食用，也可切成片状、丝状经油炸或烹调加工制成各种花色品种。

1. 工艺流程

冷冻鱼糜→半解冻
↓
原料鱼→前处理→漂洗→采肉→精滤（或绞碎）→擂溃（或斩拌）→调味→成型→焙烤→冷却→包装。

2. 参考配方 鱼肉50kg，淀粉2.5～3.5kg，盐500～700g，砂糖850～1 000g，味精85～100g，黄酒500g，香辛料30g，清水适量。

3. 操作要点

（1）原料鱼选择和处理 其对原料鱼质量要求不高，各种食用鱼均可作为原料。将鱼体清洗干净，采肉，然后用绞肉机绞肉。

（2）擂溃 先把定量的鱼肉置于擂溃机中擂溃一定时间，然后加盐擂溃10min，逐渐加入调味料和淀粉，使鱼糜产生很强的黏性后停止擂溃。

（3）成型、焙烤 可将擂溃好的鱼糜用手工涂抹握制在特制的铜管外，使其呈圆柱形，要大小一致、厚薄均匀、外形完整，送进烤炉焙烤熟，然后将铜管拔出即为圆柱形空心鱼卷。也可采用自动成型机成型。

（4）冷却 熟化的鱼卷采用冷风快速冷却。

（5）包装 冷却后的鱼卷采用自动包装机包装。

（6）贮藏 根据货架期需要，采用冷藏或冻藏。

4. 质量指标与参考指标

（1）感官指标 色泽金黄，形状完整，富有弹性，鲜香可口。

（2）理化指标 水分≤82%，淀粉≤15%。

（3）微生物指标 菌落总数≤3×10^3CFU/g，大肠菌群≤30MPN/100g，致病菌不得检出。

（4）操作规范参考标准 《食品安全管理体系水产品加工要求》（GB/T 27304—2008）；《水产食品加工企业良好操作规范》（GB/T 20941—2007）；《出口水产品质量安全控制规范》（GB/Z 21702—2008）；《鱼糜机械安全卫生技术条件》（GB/T 21291—2007）；《水产品冻结操作技术规程》（SC/T 3005—1988）和《水产品加工质量管理规范》（SC/T 3009—1999）。

（5）产品质量参考标准 《鱼糜制品卫生标准》（GB 10132—2005）。

（二）蟹肉棒

蟹肉棒又称仿蟹腿肉或蟹足，它是日本于1972年以狭鳕鱼糜为原料开发出来的新颖鱼糜仿生食品。我国也于20世纪80年代开始从日本引进数条模拟蟹肉生产线，主要分布在辽宁、山东、福建、江苏和浙江等省的沿海城市，如大连、青岛、日照和厦门等。起初我国生产的模拟蟹肉产品大都出口国外，随着我国人民生活水平不断提高，现在产品主要在国内销售。模拟蟹肉具有天然蟹肉的鲜味，表皮有蟹红色，肉洁白，弹性佳，营养丰富，是一种很受欢迎的水产深加工食品。

1. 工艺流程

冷冻鱼糜→半解冻
↓
原料鱼→前处理→漂洗→采肉→精滤（或绞碎）→擂溃（或斩拌）→调味→涂膜机涂片→加热→冷却→轧条纹→成卷→涂色→薄膜包装→切段→蒸煮→冷却→切小段→真空包装→贮藏

2. 参考配方　鱼糜50kg，精盐1～1.5kg，味精0.5kg，淀粉3kg，蛋清5kg，甘氨酸0.5～0.75kg，丙氨酸0.25kg，蟹汁0.5～1kg，蟹肉香精0.5kg，冰水15kg，蟹色素适量，清水适量。

3. 操作要点

(1) 擂溃　擂溃过程中加入碎冰使温度低于10℃，总擂溃时间为35～50min。如擂溃时间不够，则盐溶性蛋白溶出少，弹性形成能力差；而擂溃时间过长，鱼糜在加热前部分胶凝，形成不规则网络结构，降低蟹肉棒弹性。

(2) 涂膜机涂片　将擂溃好的鱼糜送入充填涂膜机内，由充填涂膜机将鱼糜在不锈钢传送带上涂成厚为1.5mm、宽为120mm的薄带状。

(3) 加热　薄带状的鱼糜随着传送带运行被送入蒸汽箱中，经温度90℃蒸汽加热30s左右，使鱼糜涂片凝胶化，加热后的鱼糜呈薄膜状，洁白细腻，不焦不糊，此蒸煮工序的目的为鱼糜涂片定型而非蒸熟。

(4) 冷却　薄带状的鱼糜经蒸煮后，随着传送带运行开始自然冷却。

(5) 轧条纹　用带条纹的轧辊（螺纹梳刀），将鱼糜涂片切成深度为1mm×1mm、间距为1mm左右的条纹，使成品表面呈现蟹腿肉的条纹。

(6) 成卷　轧了条纹的鱼糜涂片由不锈钢铲刀紧贴在不锈钢传送带上将涂片铲下，然后用自动成卷机将涂片卷成卷状。

(7) 涂色　将色素均匀涂在鱼糜卷的表面，所用色素的颜色要与蟹的红色素相似。色素的配制方法：食用红色素800g，食用棕色素50g，鱼糜10kg，水9.5kg，搅拌均匀后稍呈黏稠状涂用。

(8) 薄膜包装　使用自动包装机将聚乙烯薄膜卷包鱼糜，并热合缝口。

(9) 切段　将包装了薄膜的鱼糜卷切成每段为50cm长的段，整齐地装在干净的不锈钢盘中，以备第二次蒸煮。

(10) 蒸煮　将不锈钢盘放在手推车上，推入蒸箱，采用连续式蒸箱，蒸煮温度为98℃，时间18min。

(11) 冷却　蒸煮好的制品用18～19℃的清水喷淋冷却3min，然后经冷却柜将产品冷却至25℃左右。

(12) 切小段　冷却后的制品按产品包装要求，由切段机切成一定长度的小段，多数产品段长为10cm左右。

(13) 包装　将制品小段定量装入聚乙烯薄膜袋，然后用真空封口机自动包装封口。

(14) 贮藏　将袋制品装入平板速冻机内速冻，温度在－33℃以下，使制品中心温度快速降至－18℃，并要求在－18℃以下低温贮藏和流通。

4. 质量指标与参考指标

(1) 感官指标　具有蟹肉的鲜味，表皮有蟹红色，肉洁白，弹性佳。

(2) 理化指标　水分≤82%，淀粉≤15%。

(3) 微生物指标　菌落总数≤3×10^3CFU/g，大肠菌群≤30MPN/100g，致病菌不得检出。

(4) 操作规范参考标准　《食品安全管理体系水产品加工要求》(GB/T 27304—2008)；《水产食品加工企业良好操作规范》(GB/T 20941—2007)；《出口水产品质量安全控制规范》(GB/Z 21702—2008)；《鱼糜机械安全卫生技术条件》(GB/T 21291—2007)；《水产品冻结操作技术规程》(SC/T 3005—1988) 和《水产品加工质量管理规范》(SC/T 3009—1999)。

(5) 产品质量参考标准　《鱼糜制品卫生标准》(GB 10132—2005)。

(三) 模拟虾仁

模拟虾仁，也称为人造虾仁，是以鱼糜与虾肉为原料或在鱼糜中加入虾汁或人工配制的虾味素和食用色素，经特制的模具成型制作的具有新鲜虾仁口味的仿生食品，其口感细腻润滑、爽口劲道，是高蛋白、低脂肪、低能量的优质水产食品之一，深受广大食客喜爱。

1. 工艺流程

冷冻鱼糜→半解冻
↓
原料鱼→前处理→漂洗→采肉→精滤（或绞碎）→擂溃（或斩拌）→调味→调色→成型→加热→冷却→包装

2. 参考配方　鱼肉10kg，虾肉1kg，食盐250g，蛋清1kg，淀粉500g，谷氨酸钠100g，料酒200g，海藻酸钠200g，大豆蛋白500g，清水适量。

3. 操作要点

(1) 原料鱼的选择和处理　原料鱼必须新鲜，鲜鱼经清洗、刮鳞，去内脏、血污、腹膜，切头去尾，再充分洗净。

(2) 调味　调味方法有两种：一种方法是加入天然煮虾水的浓缩物或小型虾的碎肉；另一种方法是加入人造“虾味素”进行调味。

(3) 调色　调色的方法与调味相似，可以加天然虾类的有色煮汁或真虾肉，也可用人工合成的色素进行调色。

(4) 成型　将加工处理好的鱼糜用特制模具挤压成型，然后经加热制成与天然虾肉外形相似的人造虾肉。

(5) 包装　可用聚乙烯塑料袋包装，在0～4℃低温贮藏或冻藏；也可用复合袋包装或制成罐头，经高温杀菌后在常温下贮藏。

4. 质量指标与参考指标

(1) 感官指标　外形饱满，洁白色泽，表面光滑，外表分布着红白相间的近似条状花纹，具有天然虾仁鲜味。

(2) 理化指标　水分≤82%，淀粉≤15%，蛋白质≥12%。

(3) 微生物指标　菌落总数≤3×10^3CFU/g，大肠菌群≤30MPN/100g，致病菌不得检出。

(4) 操作规范参考标准　《食品安全管理体系水产品加工要求》(GB/T 27304—2008)；《水产食品加工企业良好操作规范》(GB/T 20941—2007)；《出口水产品质量安全控制规范》(GB/Z 21702—2008)；《鱼糜机械安全卫生技术条件》(GB/T 21291—2007)；《水产品冻结操作技术规程》(SC/T 3005—1988) 和《水产品加工质量管理规范》(SC/T 3009—1999)。

(5) 产品质量参考标准　《鱼糜制品卫生标准》(GB 10132—2005)。

(四) 模拟贝肉

将鱼肉模拟贝肉外形似扇贝丁（闭壳肌），有滚面包粉（配合油炸食用）和不滚面包屑两种制品。

1. 工艺流程　原料鱼→前处理→采肉→擂溃→成型→凝胶化→加热→切段→成型（贝柱状）→加热→切片→（沾面包粉）→包装→冻藏。

2. 参考配方　鱼肉50kg，精盐1.5kg，砂糖1kg，淀粉2.5kg，扇贝风味调味料1kg，扇贝香精0.1kg，清水1.5kg。

3. 操作要点

(1) 前处理　原料鱼处理同鱼糜制品的一般工艺。

(2) 擂溃　依次完成空擂、盐擂、调味擂操作。

(3) 成型　将擂溃调味后的鱼糜压成300mm×600mm×50mm的板状。

(4) 凝胶化　板状鱼糜于40～50℃的条件下凝胶化60min，或于15℃下放置一夜进行凝胶化。

(5) 加热和成型　85～90℃的高温加热50～60min，冷却后用食品切斩机切成2.0mm宽的薄片，改变方向后再切1次，切削成细丝鱼糕，再加入经同样调味后的鱼糜10%～20%，混合后用成型机做成直径30～40mm的圆柱状，并切成50～60mm长的段，压入内表呈扇贝褶边两边半圆柱形模片组成的成型模内。

（6）加热和切片　用85～90℃的高温加热30min，冷却后按要求切成厚15mm的扇贝片状，之后滚或不滚面包粉。

（7）包装　有时用竹签串联，装入塑料容器内，真空包装后冻藏。

4. 质量指标与参考标准

（1）感观指标　白度较好，有弹性，有鲜香味、无异味；外形一致完整。

（2）理化指标　水分≤82%，淀粉≤15%。

（3）微生物指标　菌落总数≤3×10^3CFU/g，大肠菌群≤30 MPN/100g，致病菌不得检出。

（4）操作规范参考标准　《食品安全管理体系水产品加工企业要求》（GB/T 27304—2008）；《水产食品加工企业良好操作规范》（GB/T 20941—2007）；《出口水产品质量安全控制规范》（GB/Z 21702—2008）；《鱼糜加工机械安全卫生技术条件》（GB/T 21291—2007）和《水产品加工质量管理规范》（SC/T 3009—1999）。

（5）产品质量参考标准　《鱼糜制品卫生标准》（GB 10132—2005）、《冻鱼糜制品》（SC/T 3701—2003）。

（五）天妇罗

天妇罗（tempura）传统制法是以鱼片、虾等涂面包粉后的油炸制品，是日本市场上最常见的方便食品，种类很多。天妇罗在日本各地也有萨摩扬、利久扬、信田卷等别称，有时也取音译“甜不辣”，系典型的油炸鱼糜制品，前述的油炸鱼丸和鱼糕也可归入天妇罗制品。

1. 工艺流程　原料鱼→前处理→采肉→绞肉→擂溃→成型→油炸→脱油→冷却→包装→冻藏。

2. 参考配方　鱼肉50kg，精盐1.75kg，砂糖2kg，味精0.5kg，马铃薯淀粉5kg，葡萄糖0.25kg，冰水12.5kg。

3. 操作要点

（1）前处理　原料鱼处理同鱼糜制品的一般工艺，配料中若添加动植物副料，则在加入前做适度切碎处理。

（2）擂溃　依次完成空擂、盐擂、拌擂操作，调味的鱼糜温度8～13℃为宜。

（3）油炸　油炸工艺一般采用2次油炸法，即第1次使用100%新油（菜油居多），油温120～150℃，油炸后制品中心温度50～60℃；第2次使用70%新油和30%旧油相混合，油温150～180℃，油炸后制品中心温度为75～80℃。油炸时对添加蔬菜配料的则应采用低的油温，并延长油炸时间，以确保制品的质量。

（4）脱油　油炸后应及时脱油，可用专用的脱油机或离心机脱油，甚至简单的沥油。

（5）冷却　脱油后，制品经通风冷却制成产品。

（6）包装　可用聚乙烯塑料袋真空包装后冻藏。

4. 质量指标与参考标准

（1）感观指标　有该制品特有的色泽、风味，无异味；外形一致完整。

（2）理化指标　水分≤82%，淀粉≤15%。

（3）微生物指标　菌落总数≤3×10^3CFU/g，大肠菌群≤30MPN/100g，致病菌不得检出。

（4）操作规范参考标准　《食品安全管理体系水产品加工企业要求》（GB/T 27304—2008）；《水产食品加工企业良好操作规范》（GB/T 20941—2007）；《出口水产品质量安全控制规范》（GB/Z 21702—2008）；《鱼糜加工机械安全卫生技术条件》（GB/T 21291—2007）和《水产品加工质量管理规范》（SC/T 3009—1999）。

（5）产品质量参考标准　《鱼糜制品卫生标准》（GB 10132—2005）、《冻鱼糜制品》（SC/T 3701—2003）。

参考文献

陈艳，等.2006. 鱼糜凝胶过程的影响因素分析 [J]. 食品研究与开发，24 (3)：12-1.

丁玉庭，等.2007. 鱼糜制品凝胶强度的提高及其影响因素 [J]. 浙江工业大学学报，35 (6)：631-635.

段传胜，等.2007. 鲢鳙鱼糜凝胶特性的研究进展 [J]. 内陆水产 (7)：38-40.

戈贤平.2013. 大宗淡水鱼生产配套技术手册 [M]. 北京：中国农业出版社.

洪志鹏，章超桦.2005. 水产品安全生产与品质控制 [M]. 北京：化学工业出版社.

黄国宏，等.2007. 鱼糜加工过程中凝胶性能的影响因素研究进展 [J]. 现代食品科技，23 (1)：107-110.

李蕙文.2002. 灌肠制品 451 例 [M]. 北京：科学技术文献出版社.

励建荣，等.2008. 鱼糜制品凝胶特性研究进展 [J]. 食品工业科技，29 (11)：291-295.

刘红英，齐风生.张辉.2006. 水产品加工与贮藏 [M]. 北京：化学工业出版社.

彭增起，刘承初，邓尚贵.2010. 水产品加工学 [M]. 北京：中国轻工业出版社.

汪之和.2003. 水产品加工与利用 [M]. 北京：化学工业出版社.

夏松养.2008. 水产食品加工学 [M]. 北京：化学工业出版社.

阳庆潇.2001. 人造虾肉的加工工艺 [J]. 水产品加工 (4)：38-39.

杨贤庆，李来好，徐泽智.2002. 冻模拟蟹肉加工技术 [J]. 制冷，79 (2)：67-69.

淡水鱼脱水干制技术

干制是一种传统的食品保藏方法，主要是通过干燥脱水来降低水分活度，而达到防止食品腐败变质、延长保质期的目的。水产干制品具有保藏期长、重量轻、体积小和便于贮藏运输等优点，但同时干燥会导致蛋白质变性和脂肪氧化酸败，对产品的风味和口感带来不同程度的影响。随着食品干制技术的快速发展，出现了轻干（轻度脱水）、生干、调味干制等方法，以提高产品的质量和满足不同的消费需求。水产品干燥方法有很多，一般可分为自然干燥和人工干燥两类。自然干燥主要有晒干和风干两种；而用于水产品干燥的人工干燥方法较多，常用的人工干燥方法有热风干燥、真空干燥、冷冻干燥和辐射干燥等。工艺上根据不同产品类型和产品品质要求，可选择不同的干燥方法或是几种干燥方法的组合应用。

第一节　脱水干制技术原理

干燥（drying）就是在自然条件或人工条件下，促使食品中水分蒸发的工艺过程。水分是微生物生长繁殖必不可少的条件之一，利用干燥方法可以减少淡水鱼的水分含量而降低水分活度，从而抑制微生物生长，抑制酶的活性，达到防腐、延长货架寿命的目的。一般细菌生长所需的最低水分含量低于 40%时，就不易生长繁殖而发生腐败。水产干制品的贮藏性，不仅与水分含量有关，而且取决于可被微生物利用的水分活度（A_w），如普通细菌得以繁殖的最低 A_w 值为 0.90，嗜盐细菌为 0.75，耐干性霉菌则为 0.65。因而，水产品的 A_w 值降低到 0.70 以下，则可能有较好的耐贮存性，但 A_w 达到此值时的水分含量需降至 20%以下。除干燥可以有效降低水分含量从而降低水分活度外，通过添加多价醇类及盐、糖等溶质与水结合，也可降低水分活度。

淡水鱼干制品的品质变化，除因高温季节当天未干或因干燥前期掌握不当发生腐败外，还会因蛋白质变性使其组织质地发生很大变化，且难以复水，如干燥温度太高，又会使其消化率降低，影响营养价值；干燥过程中如控制不当，鱼类脂质氧化酸败的产物与含氮化合物起反应，形成黄褐色物质，呈现出油烧现象，导致干制品发生颜色、滋味和气味等变化，以至降低甚至失去商品价值。为预防油烧，可在干制前先以抗氧化剂处理。此外，水产品用日晒法干制时，其体表色素易于受到氧化、分解，导致制品褪色，且此褪色现象与脂质氧化有关。

近几年来，随着经济和科技的快速发展，在原有干制技术的基础上引进并开发了许多人工干燥设备，不仅使生产的产品种类多样化，而且使产品的质量和稳定性有了很大的提高。

一、淡水鱼干制保藏原理

（一）水分活度对微生物生长的影响

大多数食品的腐败变质主要是由微生物的作用引起的，而微生物的生长与繁殖必须有充足的水分，因为微生物从外界摄取营养物质并向外界排泄代谢物质，都需要水作为溶剂或媒介。但是除去食品中大部分的水分并不能阻止微生物的生长，故水分含量不是表示体系中微生物能否生长繁殖的最佳指标。食品所含的水分有结合水分和游离（或自由）水分，但只有游离水分才能被微生物、酶和化学反应所能利用，此即有效水分，可用水分活度（A_w）加以估量。食品水分活度，可表示为食品表面测定的水蒸气压与相同温度下纯水的饱和蒸汽压之比值。降低水分活度，就能抑制微生物的生长活动，使食品保藏时间延长。

对食品中有关微生物需要的水分活度进行大量研究的结果表明，各种微生物都有它自己生长最旺盛的适宜水分活度。水分活度下降，它们的生长率也下降。各种微生物保持生长所需的最低 A_w 值各不相同。大多数重要的食品腐败细菌所需的最低 A_w 值都在 0.90 以上，但是肉毒杆菌则在水分活度低于 0.95 时就不能生长。芽孢的形成和发芽，需要更高的水分活度。至于金黄色葡萄球菌，水分活度在 0.86 以上时虽然仍能生存，但如稍降低，产生肠毒素的能力就受到强力抑制。但是若在缺氧条件下，水分活度为 0.90 时，它的生长就受到抑制；在有氧条件下，它的适宜水分活度最低值又可降低到 0.8。某些嗜盐菌在水分活度降低至 0.75 时尚能生长。大多数酵母在水分活度低于 0.87 时仍能生长，耐渗透压酵母在水分活度为 0.75 时尚能生长。霉菌的耐旱性优于细菌，在水分活度为 0.8 时仍生长良好。如水分活度低于 0.65，霉菌的生长完全受到抑制。必须注意的是，微生物对水分的需要经常会受到温度、pH、营养成分、氧气、抑制剂等各种因素的影响，这可能导致微生物能在更低的水分活度时生长，或者恰好相反。新鲜水产食品的水分活度都在 0.99 以上，虽然这对各种微生物的生长都适宜，但是最先导致新鲜食品腐败变质的微生物都是细菌。一般认为，在室温下保藏食品，水分活度应降到 0.70 以下。必须注意的是，微生物的最低水分活度界限受到温度、pH、营养成分、氧气、抑制剂等各种因素的影响，这可导致微生物能在更低的水分活度时生长。食品中微生物生长所需的最低 A_w 值为细菌>酵母>霉菌。各种微生物繁殖的最低水分活度界限，可为控制淡水鱼干燥程度和保藏性提供可靠依据。干制后微生物便长期处于休眠状态，环境条件一旦适宜，又重新吸湿恢复活动。干制并不能将微生物全部杀死，只能抑制它们的活动。

（二）水分活度对化学反应的影响

食品中一些蛋白质、脂肪等物质的水解反应都是在水溶液中才能进行，如果降低食品的水分活度，可一定程度抑制或降低其化学反应，但氧化反应受水分活度的影响较小。食品化学反应的最大反应速度，一般发生在具有中等水分含量的食品中（A_w 为 0.7～0.9），如脂类的氧化反应、水解反应、羰氨反应和维生素的分解等，这些是不期望的。最小反应速度一般出现在 A_w 为0.2～0.4 附近，当进一步降低 A_w 至 0.2 以下时，脂类氧化反应很迅速，而其他反应的反应速度全都保持在最小值。通常在水分活度很低时，认为此时的水分存在状态是单分子层水分子，用食品的单分子层水数值，可以准确地预测干燥产品最大稳定性时的含水量。因而，要合理控制干制时水分活度对制品化学变质的影响。

（三）水分活度与酶活性的关系

食品中的酶主要有内源性酶、微生物分泌的胞外酶及人为添加的酶。水分活度对酶活性的影响主要通过以下途径：①作为运动介质促进扩散作用；②稳定酶的结构和构象；③作为水解反应的底物；④破坏极性基团的氢键；⑤从反应复合物中释放产物。

酶活性随 A_w 的提高而增大，通常在 A_w 为 0.75～0.95 时酶活性达到最大。在 A_w<0.65 时，酶活性降低或减弱，但要抑制酶活性，A_w 应在 0.15 以下。因此，通过 A_w 来抑制酶活性不是很有效。在低水分的干制品中，特别是在它吸湿后，酶仍会缓慢地活动，从而引起食品品质恶化或变质的可能。一般来说，只有干制品水分降低到 1%以下时，酶的活性才会完全消失。

酶在湿热条件下易钝化，如在湿热条件下，100℃瞬间即能破坏它的活性。但在干热条件下难于钝化，即使用 204℃这样的高温热处理，钝化效果也极其微小。因此，为了控制干制品中酶的活动，就有必要在干制前对食品进行湿热或化学钝化处理，以达到使酶失活的目的。为了鉴定干制食品中残留的酶活性，可用接触酶或过氧化物酶作为指示酶。

二、淡水鱼干制技术

（一）干燥过程

淡水鱼的干燥，是通过其表面水分的蒸发和内部水分向表面扩散这两个要素进行的。淡水鱼在干燥介质（如空气）中，表面的水分蒸发除去，表层和内部的水分形成浓度差，内部的水分就向表面转移扩散，在表面被继续蒸发，这种连续的传质传热过程就是干燥过程。

在干制中，随着被干物料周围空气温度的上升，空气中水蒸气压下降，使其与物料表面的水蒸气压差增加，物料表面的水分快速向空气中蒸发。随着蒸发的进行，物料周围就覆盖了一层一定厚度的湿空气，减少了空气与物料表面之间的蒸汽压差，从而影响到水分的蒸发。假如此时有干热空气流通，则可吹走物料表面的湿空气，这样就扩大了两者之间的蒸汽压差，从而又促进了水分的蒸发。此时物料表面的水分减少，形成了表层与内部的水分含量差，内部水分向表面不断扩散，以补给表面水分的继续蒸发。这样，水分从原料的内部扩散至表面，然后通过物料表面的空气而蒸发，直至干燥结束。前者称为内部扩散（internal diffu-sion）；后者称为表面蒸发（surface evaporation）。干燥速度即由这两个因素决定。

在大部分食品中，干燥速率就是水分子从食品表面跑向干燥空气的速度。在干燥初期，单位时间内物料水分的蒸发速度在不断增加，此时称为快速干燥阶段，主要表现为物料表面温度的上升和水分的蒸发。随着干燥的进行，由于水从产品内部迁移的速度足够快，可保持恒定的表面湿度，物料表面的水分蒸发量小于或等于内部水分向表面扩散量时，蒸发速率恒定，称之为干燥速率恒定阶段。此阶段主要表现为水分的蒸发，而物料表面的温度不再上升。当干燥鱼到某一程度时，鱼的肌纤维收缩且相互间紧密连接，使水的通路受堵，再加上鱼体表层肌肉变硬，导致水分向表面的扩散以及从表面蒸发的速率下降，此时便进入了降速干燥阶段，这时主要表现为水分蒸发减少，鱼体的温度又开始上升。如温度过高时，会引起结焦或焦化。

延长恒速干燥的时间，有利于食品的脱水干燥，如强行急速干燥，则会造成内部水分向表面的扩散速度跟不上表面水分的蒸发速度，从而造成食品表面的干燥效应，形成表层硬壳。此时，内部的水分已很难再通过表面蒸发出来，而这时食品内部的水分含量仍很高，食品就不易久藏。在水产品的干制中，一般要避免这种情况。不同种类的淡水鱼，内部水分扩散速度不同。同一淡水鱼品种在干燥过程中，由于组织结构起了变化，所以内部水分扩散速度也不同。因此，要想使表面水分蒸发速度与内部水分扩散速度相协调，对不同的水产品要选择不同的干燥条件（温度、空气流速等）；对同一种水产品在干燥过程中的不同阶段，也要采用不同的干燥条件。

（二）淡水鱼干制过程中的主要变化

1. 淡水鱼干制过程中的物理变化　干燥速度和物料温度的变化都可能引起淡水鱼物理性质的变化，如干缩、表面硬化、多孔性、热塑性、溶质的迁移及挥发物质损失等物理现象。

(1) 干缩　在淡水鱼加工过程中，细胞失去活力后，其细胞壁仍能不同程度地保持原有的弹性。但当受力过大、超过弹性极限时，即使外力消失也会出现难以恢复的塑性变形。干缩正是鱼体失去弹性时出现的一种变化，这也是不论有无细胞结构的食品干制时最常见的、最显著的变化之一。

有充分弹性并呈饱满状态的鱼片（块）全面均匀而缓慢地失水时，鱼片（块）随水分的消失将均衡地进行线性收缩，即物体沿长、宽、高度方向均匀地按比例缩小。实际上，鱼片（块）的弹性并不均匀，干制时鱼片（块）内的水分也难以均匀地排除，所以干制时鱼片（块）均匀地干缩极为少见。为此，淡水鱼品种不同，干制过程中它们的干缩也各有差异。

高温快速干燥时鱼片（块）表面层远在鱼体或鱼块中心干燥前已干硬，其后中心干燥和收缩时就会脱离干硬膜而出现内裂、孔隙和蜂窝状结构。

(2) 表面硬化　表面硬化实际上是鱼体或鱼块表面收缩和封闭的一种特殊现象。干燥过程中温度过高，会导致鱼肉细胞过度膨胀破裂、有机物质挥发、分解或焦化以及表面硬化等不良现象发生。有时通风强度越大、温度越高，反而干燥时间越长，严重时会导致产品变色甚至内部腐败。

造成表面硬化现象有两种原因：一是鱼片（块）干燥时，其内部的溶质成分因水分不断向表面迁移而积累，从而在物料表面上形成结晶的硬化现象；另一个原因是由于鱼片（块）的表面干燥过于强烈，水分汽化很快，内部水分不能及时迁移到表面上来，而使鱼片（块）表面迅速形成一层干硬膜。

(3) 多孔性　快速干燥时食品鱼体表面硬化及其内部蒸汽压的迅速建立，会促使鱼肉成为多孔性制品。鱼片的膨化干制，正是利用外逸的水蒸气来促进组织结构的膨松。真空干燥时的高度真空也会促使水蒸气迅速蒸发并向外扩散，从而形成多孔性的鱼制品。

现在，有不少干燥技术或干燥前预处理，可以使物料形成多孔性结构，以便有利于质的传递，加速物料的干燥速率。实际上多孔性海绵结构为最好的绝热体，会减慢热量的传递，因此并不一定能提高干燥速率。不论怎样，多孔性能使鱼类产品迅速复水，提高其食用的方便性。但多孔性存在使产品易于氧化，储藏性能较差。

(4) 热塑性　热塑性是指在食品干燥过程中，温度升高时食品会软化甚至有流动性，而冷却时会变硬的现象。鱼蛋白在干燥过程中由于受热而变得黏稠，以至使粉粒相互结块而沾壁，在鱼粉或鱼蛋白粉喷雾干燥期间，控制鱼粉（鱼蛋白粉）的热塑性（黏性）温度至关重要。

(5) 溶质的迁移　在食品物料所含的水分中，一般都有溶解于其中的溶质如糖、盐、有机酸、可溶性含氮物质等，脱水过程中水分由物料内部向表面迁移时，可溶性物质也随之向表面迁移。当溶液达到表面后，水分气化逸出，溶质的浓度增加。当脱水速度较快时，脱水的溶质有可能堆积在物料表面结晶析出，类似结霜或在表面形成干硬膜。如果脱水速度较慢，则当靠近表层的溶液浓度逐渐升高时，溶质借浓度差的推动力又可重新向中心层扩散，使溶质在物料内部重新趋于均布。显然，可溶性物质在干燥物料中的均匀分布程度与脱水工艺条件有关。

（6）挥发物质损失　水分从被干燥的鱼体物料中蒸发逸出时，总是夹带着微量的各种挥发物质。挥发物质往往构成了淡水鱼的特有风味，所以在通常的情况下是不希望损失的。过度加热会引起物料温度升高，当料温超过冰晶开始融化的温度时，溶液自由沸腾，使溶液中挥发性的芳香物质损失增加。

2. 淡水鱼干制过程中的化学变化　淡水鱼脱水干制过程中，除物理变化外，同时还会有一系列化学变化发生，这些变化对干制品及其复水后的品质如色泽、风味、质地、黏度、复水率、营养价值和贮藏期均会产生影响。这种变化还因淡水鱼品种而异，有它自己的特点，不过这些变化的程度却随食品成分和干制方法而有差异。

淡水鱼中的营养物质如蛋白质、脂肪、多种维生素、无机物和少量的碳水化合物，当淡水鱼失去水分时，单位质量干燥原料营养成分的含量相对增加，但与新鲜淡水鱼相比，淡水鱼干制品的营养价值有所下降。

（1）蛋白质　蛋白质对高温敏感，在高温下蛋白质易变性，组成蛋白质的氨基酸与还原糖发生作用，产生美拉德反应而褐变。产生褐变的速度因温度和时间而异。高温长时间的干燥，使褐变明显加重。当鱼体的温度达到某一个临界值时，其变为棕褐色的速度就会很快。褐变的速度还与其水分含量有关。另外，由于淡水鱼蛋白质含量较高，故其外观、含水量及硬度等均不能回到新鲜时的状态，这主要是由于蛋白质变性导致的。在热以及水分脱除的作用下，维持蛋白质空间结构稳定的氢键、二硫键、疏水相互作用等遭到破坏，从而改变了蛋白质的空间结构而导致变性。

蛋白质在干燥过程中的变化程度，主要取决于干燥温度、时间、水分活度、pH、脂肪含量以及干燥方法等。干燥温度对蛋白质在干制过程中的变化起着重要的作用。一般情况下，干燥温度越高，蛋白质变性速度越快，而随着干燥温度的增加氨基酸损失也增加。在高温下蛋白质发生降解还会产生硫味，这主要是二硫键的断裂引起的。干燥时间也是影响蛋白质变性的主要因素之一。一般情况下，干燥初期蛋白质变性速度较慢，而后期加快。但对于冷冻干燥而言则正好相反，整体而言冷冻干燥法引起蛋白质变性要比其他方法轻微的多。通常认为，脂质对蛋白质的稳定有一定保护作用，但脂质氧化的产物将促进蛋白质的变性。而水分含量也与蛋白质干燥过程的变性有密切关系。研究发现，当水分含量在20%～30%及高温条件下，鲈肌原纤维蛋白质将发生急剧变性。

（2）脂肪　一些淡水鱼中脂肪含量较高，在干燥过程中容易氧化“哈败”，造成食品危害。干燥会造成食品形态结构的变化，如鱼粉、片状鱼干或多孔状的膨化鱼片在干燥后增加了表面积，增大了与氧气接触的机会。高温脱水时脂肪氧化比低温时严重得多，干燥前添加抗氧化剂，能有效地抑制脂肪氧化。

目前，常用的油脂食品的抗氧化剂有丁基羟基茴香醚（BHA）和二丁基羟基甲苯（BHT）等，它们通过释放氢原子阻断油脂自动氧化过程，从而抑制食品氧化，其抗氧化效果好，属于人工合成的抗氧化剂，国家标准规定最大使用量为0.2g/kg。

（3）维生素　在食品干燥过程中维生素容易损失，所以如何减少维生素的损失、提高干燥食品质量是干燥食品的研究重点。鱼类的可食用部分含有多种人体营养所需的维生素，包括脂溶性维生素A、维生素D、维生素E和水溶性维生素B族和C族等。干燥过程会造成部分水溶性维生素的破坏。维生素损耗程度取决于干制前物料预处理条件及选用的脱水干燥方法和条件。维生素C易因氧化而损失；核黄素对光极其敏感；硫胺素对热敏感，故干燥处理时常会有所损失。滚筒或喷雾干燥时有较好的维生素A保存量，但干制将导致维生素D大量损耗，而其他维生素如吡哆醇（维生素B6）和烟碱酸实质上损耗很少。

（4）色素　食品的色泽随物料本身的物化性质而改变，干燥会改变食品的物理化学性质，使其反射、散射、吸收传递可见光的能力发生变化，从而改变食品色泽。

淡水鱼的不同组织呈现不同颜色，肉的切面和鳞的光泽，从不同的角度看，其色泽不同，这正是由于光线反射的缘故。鱼类中色素有肌红蛋白、血红蛋白、β-胡萝卜素、黑色素和胆汁色素等，因鱼种类和组织不同，其所含色素种类及量亦不同。这些色素一般对光、热等条件都不稳定，易受加工条件的影响而发生变化，从而使食品色泽变化，当然食品色泽的变化与加工过程中的一些褐变反应也是分不开的。干制过程中类胡萝卜素会发生变化，温度越高，处理时间越长，色素变化量也就越多。血红素对热极不稳定，受热后很容易去鲜艳的红色而变成暗红色。

褐变反应是促使干制品变色的一个主要原因，通常包括酶促褐变与非酶促褐变两种形式。为减少酶促褐变，应进行酶钝化处理或破坏酶活性。酶钝化处理应在干制前进行，因为干制时物料的受热温度不足以破坏酶的活性，而且热空气还有加速褐变的作用。糖的焦糖化和美拉德反应，是脱水干制过程中常见的非酶促反应。前者反应中糖分首先分解成各种羰基中间物，而后再聚合反应成褐色聚合物。

（5）风味 引起水分去除的物理力，也会引起一些挥发物质的去除，从而导致风味变差。在热干燥中，风味挥发性物质比水更易挥发，因为如醇、醛、酮、酯等沸点更低。干制品的风味物质比新鲜制品要少，干制品在干燥过程中会产生一些特殊的蒸煮味，热会带来一些异味、煮熟味、硫味和焦香味的生成。干制有助于降低淡水鱼的鱼腥味。

食品失去挥发性风味成分是脱水干制时常见的一种现象，干制时至少会导致风味成分轻微的损耗。对于一些想较好保持食品风味的物料，为减少风味物质损耗，通常可采用三种方法：一是芳香物质回收，在干燥设备中添加冷凝回收装置，回收或冷凝外逸蒸汽，再加回到干制食品中，以便尽可能地保存它的原有风味，当然也可从其他来源取得香精或风味制剂，以补充干制品中风味的损耗；二是采用低温干燥，以减少挥发；三是在干燥前预先添加包埋物质如树胶等，将风味物质包埋、固定，从而阻止风味物质外逸。

三、淡水鱼干制方法

淡水鱼干制方法，可分为自然干燥和人工干燥两大类。

1. 自然干燥 自然干燥是利用太阳辐射热和风力，对物料进行干燥的一种方法。鱼物料获得来自太阳的辐射能后，其温度随之上升，内部水分因受热而向表面的周围介质蒸发，表面附近（界面）的空气中水蒸气处于饱和状态，与周围空气形成水蒸气分压差和温度差，于是在自然对流循环中促使鱼体或鱼块中的水分不断向空气中蒸发，直到鱼肉中水分含量降低到与空气温度及其相对湿度相适应的平衡水分为止。

自然干燥又分为晒干和风干。晒干是利用太阳辐射促使物料的水分蒸发，同时，利用风力把原料周围的水蒸气不断带走以达到干燥目的。晒干是将原料放置在阳光直射和通风良好的地方，温度较高，干燥速度较快，但是易造成脂肪氧化和蛋白质变性。风干是在无太阳直接照射的情况下，主要利用风力使空气不断掠过原料周围，带走原料蒸发的水分，并补充水分蒸发所需要的热量而达到干燥目的。风干温度较低，无直接阳光照射，制品质量较好。但在阴雨天或空气湿度较高的地区和季节，往往因不能及时干燥而造成腐败变质。

自然干燥是人类长期采用的一种方法，其特点是方法简便，设备简单，节约能耗，生产费用低，可就地加工。但自然干燥易受气候条件的限制，存在不少难以控制的因素（如温度和风速等），从而难以获得高品质和质量稳定的产品；同时，自然干燥需要有大面积晒场和大量的劳动力，劳动生产率极低；而且，自然干燥还易遭受灰尘、杂质、虫害等污染以及鸟类、啮齿类动物的侵袭，既不卫生，又有损耗。此外，由于紫外线的作用会促进脂肪的氧化，因此含脂较高的水产品不宜用晒干；且自然干燥对维生素类破坏比较大。目前，为了更好地利用太阳能资源，已出现了自然干燥与人工干燥组合的干燥方法。

2. 人工干燥 人工干燥法很多，主要有热风干燥、冷风干燥、真空干燥、冷冻干燥、远红外干燥和微波干燥等。淡水鱼在生鲜时水分含量为75%～90%，其中，有10%～20%是难以干燥的结合水，由于其肌肉组织的非均一性，加以受到所含脂肪、浸出物以及皮等影响，因而成为复杂的干燥对象。这些干制方法用于淡水鱼各有其特点。

（1）热风干燥 热风干燥是用加热后的空气做媒介，将鱼体进行加热促进水的蒸发，同时将表面水分去除的干燥方法。热风干燥设备投资少，适应性强，操作、控制简单，卫生条件较好，可人工控制风速、温度和相对湿度，以提高干燥速率和鱼制品品质。常用的设备主要是利用蒸汽和烟道气加热的箱式或隧道式干燥器，加热空气在适当调节温度、湿度后可以循环使用，以节约能源。一般鱼产品干燥的风温大体在40～60℃。热风干燥可大规模连续化生产，干制速度快，产品质量易控制。

（2）冷风干燥 为避免热风干燥过程中温度过高对鱼产品品质的不良影响，可用冷风代替热风进行干燥，即利用冷却除湿器使空气中的水分冷却、凝结并除去，以低湿空气循环通过被干燥的鱼体，达到干燥目的的方法称为冷风干燥法。循环冷风的温度控制在15～30℃，相对湿度在20%左右，风速为2.5m/s。由于温度低，不易出现脂肪氧化和美拉德反应引起的褐变，所以适合于小型多脂鱼的干燥，产品的色泽良好。

（3）真空干燥 真空干燥过程就是将被干燥鱼体放置在密闭的干燥室内，用真空系统抽真空的同时对被干燥鱼体不断加热，使其内部的水分通过压力差或浓度差扩散到表面，水分子在表面获得足够的动能，在克服分子间的吸引力后，逃逸到真空室的低压空气中，从而被真空泵抽走的过程。真空干燥技术干燥温度低，避免过热；水分容易蒸发，干燥速度快；同时，可使鱼体形成一定的膨化多孔组织，产品溶解性、复水性、色泽和口感都较好。目前，真空干燥技术已应用于罗非鱼片、南美白对虾等水产品的干燥。

（4）冷冻干燥 冷冻干燥是利用冰晶升华的原理，在高度真空的环境下，将已冻结的食品物料的水分不经过冰的融化直接从冰固态升华为蒸汽而使食品干制的方法。由于食品物料是在低压和低温下，对热敏性成分影响小，可以最大限度地保持食品原有的色香味。现已应用于虾仁、干贝、海参、鱿鱼、甲鱼和海蜇等干制品的加工，但由于设备昂贵，工艺周期长、操作费用高，所以适合于经济价值高的一类鱼或水产品进行干燥；同时，为降低操作费用，还可以将冷冻干燥与其他干燥方式如热风干燥、微波干燥等组合起来，既能使产品拥有令消费者满意的感官品质，又可获得较好的经济效益。

（5）辐射干燥　辐射干燥是用红外线、远红外线、微波、高频电场等为能源直接向食品物料传递能量，使物料内外部受热，没有温度梯度，加热速度快，热效率高，加热均匀，不受物料形状限制，获得的干制品质量高。根据电磁波的频率，可将其分为红外线干燥和微波干燥。

①红外线干燥：利用红外线作为热源，直接照射到食品上，使温度升高，引起水分蒸发而获得干制的方法。红外线因波长不同，而有近红外线和远红外线之分，但它们加热干燥的原理一样，都是由于红外线被食品吸收后，引起食品分子、原子的振动和转动，使电能转变成为热能，水分便吸热而蒸发。红外线干燥的主要特点是干燥速度快，干燥时间仅为热风干燥的10%～20%，因此生产效率较高。由于食品表层和内部同时吸收红外线，因而干燥较均匀，干制品质量较好。设备结构较简单，体积较小，成本也较低。

②微波干燥：就是利用食品水分子（偶极子）在电场方向迅速交替改变的情况下，因运动摩擦而产生热量使水分蒸发去除。微波是波长在1mm～1m，频率为300～300 000MHz具有一定穿透性的电磁波。微波与物料直接作用，将高频电磁波转化为热能，可使食品物料内外同时加热，具有加热速率快、加热均匀、选择性好、干燥时间短、便于控制和能源利用率高等优点，能够较好地保持物料的色、香、味和营养物质，在干燥的同时还能兼有杀菌的作用，有利于延长产品的保藏期。其缺点是微波的分布不够均匀，容易出现食品边缘或尖角部分焦化以及由于过热引起的烧伤现象，且其干燥终点不易判别，容易产生干燥过度；此外，微波干燥的传质速率不易控制，容易破坏食品的微观结构等。因此，微波干燥的发展趋势是采用微波与真空干燥、热风干燥或热泵干燥等相结合的联合干燥方法。目前，微波干燥已经被应用于白鲢制品、鳙鱼片、海带等产品的干燥。

（6）新型干燥技术

①热泵干燥技术：20世纪70年代末、80年代初发展起来的一种新型干燥技术。热泵干燥是利用逆卡诺原理，吸收空气的热量并将其转移到房内，实现烘干房的温度提高，配合相应的设备实现物料的干燥。热泵干燥机由制热系统和制冷系统两个循环组成，由压缩机-换热器（内机）-节流器-吸热器（外机）-压缩机等装置构成一个循环系统。热泵干燥的优点是在封闭系统中干燥，干燥条件易控制；可以避免水产品中不饱和脂肪酸的氧化和表面发黄，减少了蛋白质受热变性、物料变形、色香味的损失等，干燥效果和真空干燥相似；环境污染小；干燥过程中能耗低，是一种节能型干燥技术。目前，热泵干燥的已经应用在罗非鱼、竹筴鱼等产品的干燥。

②高压电场干燥技术：20世纪80年代刚刚兴起的一种新型干燥技术，其干燥特性为一种新干燥机制，它与被干燥物及其所含水分的接触是靠高压电

场，而不是与电极直接接触。这与通常加热干燥中“传热传质”的干燥机制截然不同。被干燥物不升温，能够实现水产品在较低温度范围（25～40℃）的干燥，可避免水产品中不饱和脂肪酸的氧化和表面发黄现象的产生，减少蛋白质受热变性和呈味类物质的损失。

③超临界 CO_2 干燥：也是近年来发展起来的一种新型干燥技术，它是在高于 CO_2 临界温度和临界压力下进行的干燥。超临界 CO_2 干燥在材料和医药领域已经有了广泛应用，并实现了产业化，但其在食品工业中的应用刚刚起步。超临界 CO_2 干燥优点是，干燥过程属于萃取干燥，可以将残存的被脱除物质最大限度的移出物料；可以更好地保持产品的微观结构；干燥时间短；干燥温度低，最大限度地保留食品的营养成分；无有毒试剂，安全性好，对环境无污染；CO_2 纯度高、廉价，来源广泛，可循环使用。但是要将超临界 CO_2 应用于食品干燥，存在一个关键的问题就是超临界 CO_2 是一种非极性溶剂，水在超临界 CO_2 中的溶解度较低。

（7）联合干燥　由于各种干燥技术既有各自的优点，又有其不同的局限性。因此，在不断完善各种干燥技术自身技术方法和设备的同时，根据物料的特点，将两种或两种以上的干燥方法优势互补，分阶段或同时进行联合干燥已经成为水产品干燥技术发展的新趋势。这种干燥方法被称为联合干燥或组合干燥，它不仅可以改善产品质量，同时又能提高干燥速率、节约能源，尤其对热敏性物料最为适用。在水产品加工中主要的联合方式有热泵-微波真空联合干燥、热风-微波联合干燥、微波-真空冷冻联合干燥、热泵-热风联合干燥等。但是由于水产品种类繁多，不同种类组织状态相差很大，因此组合干燥工艺并非固定不变，工艺参数及干燥转换点的确定、干燥过程的数学模型与工程化问题还需要大量的实验工作。

由于微波的加热特性，所以对低水分含量（20％以下）物料的干燥非常适用，此时水分迁移率低，但运用微波对物料进行加热则较易驱除物料内部的水分。但在食品水分含量较高的情况下，应用微波加热反而容易出现食品过热的问题，对产品的质量造成不好的影响。由于微波干燥的局限性，利用热泵或热风与微波联合干燥方式对产品进行干燥是一种有效的干燥方式，热泵或热风干燥可有效的排出物料表面的自由水分，而微波干燥可有效地排除内部水分，两种方法相结合，可发挥各自的优点，不但可以提高产品的干燥效率，而且可以显著提高经济效益。热泵或热风与微波联合干燥有两种方式，一是先进行热泵或热风干燥，由于在热泵或热风干燥接近终点时干燥效率最低，此时再采用微波进行干燥，可使物料内部水分迅速脱除从而大大提高干燥效率；二是先用微波对物料进行预热，再利用热泵或热风进行干燥。目前，已有微波与热泵或热风联合干燥技术在膨化草鱼片、罗非鱼片等水产品中应用的报道。

微波真空联合干燥的加工温度低、营养成分损失率低、脱水效率高，因此，对含水率较高的水产品进行脱水加工时，更能发挥其优势。目前，鱼片的生产方法主要是烘烤和油炸两种，采用单一微波对鱼片进行干燥易造成产品受热不均匀、产生焦黑点、干燥过度、制品质构和口感不好等缺点。微波真空联合技术，可以较好地解决微波加热不均及鱼片口感问题。微波真空联合干燥技术充分利用了微波加热的迅速、高效、可控性好、安全卫生的优点，同时，真空所创造的环境低压降低了水的沸点，这一方面提高了热效率，另一方面可以防止鱼片因局部过热而出现焦黑点，同时可以提高鱼片的膨化率，改善鱼片质构。微波真空干燥技术具有效率高、成品质量好、能耗低、自动化程度高等特点，在淡水鱼干燥中有一定的应用前景。

四、淡水鱼干制品的保藏与劣变

（一）干制品的吸湿

将干制品置于空气相对湿度高于其水分活度（A_w）对应的相对湿度（RH）时则吸湿，反之则干燥。吸湿或干燥作用，持续到干制品水分活度对应的相对湿度与环境空气的相对湿度相等为止。塑料薄膜对水蒸气或多或少总有一些透过性，因此，用塑料薄膜袋密封的干制品也会由于所处空气的 RH 变化而吸湿或干燥。

干制品在贮藏中，必须尽可能使制品周围的空气与制品水分活度对应的相对湿度接近，避免制品周围空气温度偏高并采用较低的贮藏湿度。对于个体大、比表面积小、吸湿性比较弱的制品与个体小、比表面积大、吸湿性强的制品，必须采取不同的包装方法。

（二）干制品的发霉

干制品的发霉一般是由于加工时干燥不够完全，或者是干燥完全的干制品在贮藏过程中吸湿而引起的劣变现象，鱼干制品易发霉。防止的方法和措施是：①对干制品的水分含量和水分活度建立严格的规格标准和检验制度，不符合规定的干制品不包装进库；②干制品仓库应有较好的防潮条件，尽可能保持低而稳定的仓库温度和湿度，定期检查温湿度并记录库存制品的质量状况，及时处理和翻晒；③应采用防潮性能较好的包装材料进行包装，必要时放入去湿剂保存。

（三）干制品的“油烧”

干制品的“油烧”是由于干制品中的脂肪酸被空气中的氧气氧化，导致其变色的现象。在脂肪含量多的中上层鱼类干制品中油烧现象较为普遍，一般鱼类在腹部脂肪多的部位也易油烧而发黄。干制品油烧是鱼体脂肪与空气接触所引起，但加工贮藏过程中光和热的作用可以促进脂肪的氧化。因此，脂肪多的鱼类在日干和烘干过程中容易氧化。

防止制品在贮藏过程中油烧变质的方法是：①尽可能避免干制品与空气接触，必要时密封并充惰性气体（N_2、CO_2等）包装，使包装内的含氧量在1%～2%；②添加抗氧化剂或去氧剂一起密封，并在低温下保存。

（四）干制品的虫害

鱼类的干制品在干燥及贮藏中容易受到苍蝇类、蛀虫类的侵害。自然干燥初期，苍蝇可能在水分较多的鱼体上群集，传播腐败细菌和病原菌，而且在肉的缝隙间和鱼鳃等处产卵，较短时间内就能形成蛆，显著地损害商品价值。要防止苍蝇的侵害，必须保持干燥场地及其周围的清洁，以阻止苍蝇的进入。使用杀虫剂时，必须充分注意不能让药剂直接接触到食品。

防止虫害最有效的方法是，将干制品放在不适合害虫生活和活动的环境下贮藏。例如，大多数的害虫在环境温度10～15℃以下几乎停止活动，所以利用冷藏很有效。此外，害虫在没有氧气的条件下不能生存，故对干制品采用真空包装及充入惰性气体密封也是有效的。

五、淡水鱼干制品种类

淡水鱼一般含蛋白质较高，易变质。淡水鱼的干制品（即干鱼）是以自然热源（晒干、风干）或人工热源（机械烘干）干燥脱水技术或真空冷冻脱水技术等促使淡水鱼体中的水分蒸发，以抑制细菌繁殖和鱼体蛋白分解，达到防腐的目的。淡水鱼干制品所含水分在40%以下，适于较长期保存。通常干鱼体重为鲜品的20%～40%，体积也较小，便于贮藏运输。我国淡水鱼干制品的种类很多，大致可分为：

1. 生干品　又称淡干品，是指将原料水洗后，不经盐渍或煮熟处理而直接干燥的制品。其原料通常是易于迅速干燥的水产品，如鱼肚（鱼胶）、小杂鱼等。生干品由于原料组织的成分、结构和性质变化较少，故复水性较好；另外，原料组织中的水溶性物质流失少，能保持原有品种的良好风味。但是，由于生干品没有经过盐渍和煮熟处理，干燥前原料的水分较多，在干燥的过程中容易腐败，并且在贮藏过程中，因酶的作用易引起色泽和风味的变化。

2. 煮干品　又称熟干品，是由新鲜原料经煮熟后进行干燥的制品。经过加热使原料肌肉蛋白质凝固脱水和肌肉组织收缩疏松，从而使水分在干燥过程中加速扩散，避免变质。在南方渔区干制加工中占有重要的地位。制品具有较好的味道、色泽，食用方便，能较长时间地贮藏，如草鱼干、小杂鱼干等。加热还可以杀死细菌和破坏鱼体组织中酶类的活性；为了加速脱水，煮时加3%～10%的食盐。煮干品质量较好，耐贮藏，食用方便，其中不少是经济价值很高的制品。但是，原料经水煮后，部分可溶性物质溶解到煮汤中，影响制品的营养、风味和成品率。干燥后的制品组织坚韧，复水性较差。煮干加工主要适用于体小、肉厚、水分多、扩散蒸发慢和容易变质的小型淡水鱼。

3. 盐干品　经过腌渍、漂洗再行干燥的制品。多用于不宜进行生干和煮干的大中型鱼类和不能及时进行生干和煮干的小杂鱼等的加工，如腌制干鱼、原色鱼干等。盐干品加工把腌制和干制两种工艺结合起来，食盐一方面在加工和贮藏过程中起着防止腐败变质的作用；另一方面能使原料脱去部分水分，有利于干燥。所以，盐干特别适合于大中型鱼类和来不及处理或因天气条件无法及时干燥的情况下采用。

4. 调味干制品　原料经调味料拌和浸渍后干燥或先将原料干燥至半干后浸调味料再干燥的制品。其特点是水分活度低耐保藏，且风味、口感良好，可直接食用。调味干制品的原料一般可用鲜销不太受欢迎的低值鱼类，主要制品有五香烤鱼、五香鱼脯、珍味烤鱼和鱼松等。

第二节　淡水鱼干

淡水鱼干是淡水鱼传统加工的一个主要产品类型，其加工工艺简单，保藏性较好，多以青鱼、草鱼等淡水鱼为原料，盐腌后晒制而成。这种加工方法优点是加工操作比较简便，制品的保藏期较长；缺点是不经漂淡处理的产品味道太咸，而漂淡干制品的肉质干硬，复水性差，缺乏风味，且长期贮藏过程中易产生氧化蚝败。淡水鱼干作为一种传统特色水产食品仍有较大的消费市场。

一、腌鱼干

1. 工艺流程　原料鱼→预处理→清洗→腌渍→脱水→包装→成品。

2. 操作要点

（1）原料选择　选用鲜活青鱼、草鱼、鲢、鲤、鲫等淡水鱼为原料。

（2）原料预处理　选择新鲜原料鱼，用清水洗净鱼体上的黏液和污物，按照鱼类大小分别采用背剖、腹剖和腹边剖三种形式。背剖，一般用于鱼大肉厚的，剖割时从鱼背鳍下第二鳞片进刀，刀至鱼头骨时，微斜在头骨正中切开。除去内脏及牙墩，去除脊骨的血污及腹内黑衣黏膜。若鱼身较大，应在脊背骨下及另一边的肉厚处，分别开吞刀、夹刀及片刀，使盐水易于渗透。鱼小肉薄的，可采用腹剖。即在鱼腹正中进刀，两片对称剖开。腹边剖割的，可在鱼身中线下边切入，上至鱼眼外围，下到尾部肛门上为止。剖割后，去除内脏。

（3）清洗　将去除内脏的鱼体用清水洗去鱼体内的污物、黏液。

（4）腌渍　根据鱼体大小确定用盐数量，一般采用15％～30％的盐进行拌盐腌渍，冬、春季偏少，夏、秋季节偏多。按层鱼层盐的方法将其平码在腌池内，上面加顶盐，并加上相当鱼重5%的压石，用盐时使鱼体各部位都有均匀的一层薄盐，相互之间没有黏着。拌盐后在鱼池中腌4～10天。

（5）脱水　出池后用清水洗掉鱼体上的黏液、盐粒和脱落的鳞片，沥去水分，用细竹片将两扇鱼体和两鳃撑开，然后用细绳或铁丝穿在鱼的额骨上，吊挂起来或摆晒于干净晒场上。为防中午烈日曝晒，应以席片遮盖并经常翻动，直至晒干。

（6）包装、贮藏　要求密封避光、不漏气，并进行真空或充氮包装，防止高度不饱和脂肪酸的脂肪氧化。

3. 质量指标与参考标准

（1）感观指标　具有鱼干应有的色泽，鱼体干净、完整，体表无盐霜，肉坚硬，干燥均匀，无异味。

（2）理化指标　水分含量≤25%，蛋白质含量≥45%，酸价（以脂肪计）（KOH）≤130mg/g，过氧化值（以脂肪计）≤0.60g/100g。

（3）微生物指标　菌落总数≤3×10^{4}CFU/g，大肠菌群≤30MPN/100g，致病菌不得检出。

（4）操作规范参考标准　《食品安全管理体系水产品加工企业要求》（GB/T 27304—2008）；《水产食品加工企业良好操作规范》（GB/T 20941—2007）；《出口水产品质量安全控制规范》（GB/Z 21702—2008）和《水产品加工质量管理规范》（SC/T 3009—1999）。

（5）产品质量参考标准　《动物性水产干制品卫生标准》（GB 10144—2005）；《腌腊肉制品卫生标准》（GB 2730—2005）；《腌腊鱼》（DB 43/344—2007）。

二、淡煮鱼干

1. 工艺流程　原料鱼→挑选→预处理→水煮→出晒或烘干→包装→成品。

2. 操作要点

（1）原料选择　选用新鲜的大宗淡水小型经济鱼类，如小鲫鱼。

（2）预处理　选择新鲜原料鱼，拣除杂物，用清水洗净鱼体上的黏液和污物。采用腹剖，即在鱼腹正中进刀，两片对称剖开。腹边剖割的，可在鱼身中线下边切入，上至鱼眼外围，下到尾部肛门上为止。剖割后，去除内脏。

（3）清洗　将去除内脏的鱼体，用清水洗去鱼体内的污物、黏液，以保证产品的卫生和外观整洁。

（4）水煮　取清洁的饮用水煮小鱼，水与原料重量比为4∶1。按水的质量加入5%～6%的盐。先把盐水烧沸，再将原料鱼投入锅中。每锅煮沸6min左右，煮鱼过程中要用笊篱沿锅边缘不断同向搅动小鱼，并去掉水面上的浮沫。每一锅都要加适量的盐以保持盐水的浓度，煮4锅左右，煮水已变得混浊时，应及时换水。

（5）出晒或烘干　将煮熟的小鱼捞入筐中，沥干水后即可出晒。如遇阴雨天气，则应薄摊于室内风干，切勿堆放，以免鱼料内部过热而变质。出晒时，把鱼摊在席或帘上，要适当翻动，使其迅速、均匀干燥。也可把熟鱼稍冷后摊放在烘车竹帘上，推进烘道进行干燥，烘道温度保持在70～75℃为宜，时间为2～3h。

（6）包装、贮藏　将干燥好的小鱼过筛，分级，并根据小鱼的大小和条形分级包装。可用小塑料袋定量包装，一般每袋500g或1 000g，最后装入大纸箱。

3. 质量指标与参考标准

（1）感观指标　具有鱼干应有的色泽，鱼体干净、完整，体表无盐霜，肉坚硬，干燥均匀，无异味。

（2）理化指标　水分含量≤25%，蛋白质含量≥45%，酸价（以脂肪计）（KOH）≤130mg/g，过氧化值（以脂肪计）≤0.60g/100g。

（3）微生物指标　菌落总数≤3×10^4CFU/g，大肠菌群≤30MPN/100g，致病菌不得检出。

（4）操作规范参考标准　《食品安全管理体系水产品加工企业要求》（GB/T 27304—2008）；《水产食品加工企业良好操作规范》（GB/T 20941—2007）；《出口水产品质量安全控制规范》（GB/Z 21702—2008）和《水产品加工质量管理规范》（SC/T 3009—1999）。

（5）产品质量参考标准　《动物性水产干制品卫生标准》（GB 10144—2005）。

第三节　淡水鱼调味干制品

调味干燥技术是水产原料经调味处理后干燥或烘烤，或先将原料干燥至半干后浸调味料再干燥的一种技术，集成了调味、干燥和包装等技术手段，弥补了传统干制品口味单一的缺陷，是近年来发展的新的加工技术。

淡水鱼是一种优质的动物蛋白质资源，具有价格便宜和营养丰富等特点。随着人们生活水平的提高和生活方式的转变，营养美味的休闲水产食品受到越来越多消费者的青睐。调味淡水鱼干制品为一种高蛋白休闲食品，其水分活度低，耐保藏，且风味、口感良好，方便即食，市场前景广阔。这类产品加工工艺较简单，设备投资少，原料来源广泛，是实现大宗淡水鱼加工增殖的一个有效途径。近年来，国内对淡水鱼调味干燥技术进行了大量研究，开发出了系列美味可口的调味鱼片、鱼肉粒、膨化鱼片、风味烤鱼和香脆鱼等产品。

一、调味鱼干片

1. 工艺流程 原料鱼→预处理→剖片→脱腥→调味→摊片→烘干→回潮→烤熟、拉松→冷却→包装→成品。

2. 操作要点

（1）原料选择 选用新鲜或冷冻大宗淡水鱼，包括青鱼、草鱼、鲢、鳙、鲤、鲫、鲂。

（2）原料预处理 将原料鱼去头、去鳞、去内脏，用尖刀自鱼体上部沿脊椎骨向下剖开，然后用清水冲洗干净。

（3）剖片 沿与鱼骨呈45°～60°角度，将鱼肉切成大小适宜的鱼片。

（4）脱腥 将鱼片置于10℃的茶叶脱腥液中脱腥处理2h，沥干。

（5）调味 将脱腥后的鱼片放入由一定比例的食盐、蔗糖、味精、白酒、食醋、五香粉辣椒、花椒及山梨醇等配制的调味液中浸渍，每隔15～20min翻拌1次，时间1～1.5h，使调味料充分均匀地渗入鱼肉中。调味液的配方，可根据鱼的不同品种及产品的不同口味进行调整。

（6）摊片 调味后的鱼均匀摊在烘车内，尽量少留间隙多摊鱼片，厚度要合适均匀。

（7）烘干 将装好鱼片的烘车及时推入烘道（烘箱），烘道初温30～35℃（以不高于35℃为宜），逐步升温，待鱼半干（约6h）推出烘道外吸潮，待鱼片水分均匀后，再推入烘道，温度控制在40～45℃，烘干约10h。

（8）回潮 将烘干后的生鱼片在水中浸泡1～2s，使鱼片均匀渗湿，使产品在后续烘烤时不被烤焦。

（9）烤熟、拉松 将鱼片烘干后送入烘烤机烘烤，温度140～150℃，时间5～8min，然后趁热碾压拉松，温度在80℃左右，滚压时鱼片的含水量最好在25%～28%。压辊的间距、压力根据烘烤鱼片厚度调整。碾压沿着肉纤维的垂直方向进行，使鱼片的肌肉纤维组织疏松均匀，外形美观。

（10）包装 采用聚乙烯或聚丙烯复合薄膜塑料袋真空或充气包装。

3. 质量指标与参考标准

（1）感观指标 色泽呈黄色或黄白色，鱼片平整，片型完好，肉质疏松，有嚼劲；滋味鲜美，咸甜适宜，具有烤鱼的特有香味，无异味。

（2）理化指标 水分含量17%～25%，食盐（以NaCl计）3%～6%，酸价（以脂肪计）（KOH）≤130mg/g，过氧化值（以脂肪计）≤0.60g/100g。

（3）微生物指标 菌落总数≤3×10^4CFU/g，大肠菌群≤30MPN/100g，致病菌不得检出。

（4）操作规范参考标准 《食品安全管理体系水产品加工企业要求》（GB/T 27304—2008）；《水产食品加工企业良好操作规范》（GB/T 20941—2007）；《出口水产品质量安全控制规范》（GB/Z 21702—2008）和《水产品加工质量管理规范》（SC/T 3009—1999）。

（5）产品质量参考标准 《动物性水产干制品卫生标准》（GB 10144—2005）；《调味鱼干》（SC/T 3203—2001）；《绿色食品鱼类休闲食品》（NY/T 2109—2011）。

二、卤鱼干

1. 工艺流程 原料鱼→预处理→清洗→盐卤→腌渍→干燥→包装→成品。

2. 操作要点

（1）原料选择 选用新鲜的大宗淡水鱼，包括青鱼、草鱼、鲢等。

（2）原料预处理 选择新鲜原料鱼，用清水洗净鱼体上的黏液和污物，按照鱼类大小分别采用背剖、腹剖和腹边剖三种形式。背剖，一般用于鱼大肉厚的，剖割时从鱼背鳍下第二鳞片进刀，刀至鱼头骨时，微斜在头骨正中切开。除去内脏及牙墩，去除脊骨的血污及腹内黑衣黏膜。若鱼身较大，应在脊背骨下及另一边的肉厚处，分别开吞刀、夹刀及片刀，使盐水易于渗透。鱼小肉薄的，可采用腹剖。即在鱼腹正中进刀，两片对称剖开。腹边剖割的，可在鱼身中线下边切入，上至鱼眼外围，下到尾部肛门上为止。剖割后，去除内脏。

（3）清洗 剖割后在血液凝固前，用刷子逐条地在清水中洗刷去血污、黏液，放进筐内，滴干水分，即可进行腌制。

（4）盐卤 将洗涤后的鱼体投入事先备好的卤液中，浸洗 3～5h，取出滴干卤水，再行腌制。

（5）腌渍 根据鱼体大小确定用盐数量，一般每 100kg 鱼用盐 18～24kg。冬、春季偏少，夏、秋季节偏多。腌制时，将盐均匀地擦敷在鱼体、鱼鳃、吞刀、眼球及钓孔内。然后置于腌池内，肉面向上，鱼鳞向下，鱼头稍放低，鱼尾斜向上，层层排叠。叠至池口时，可继续排叠，直至超出池口 10～15cm。经 4～5h 后，鱼体收缩至与池口平齐时，再加撒一层封口盐，并用竹片盖面，石头加压。使鱼体浸入卤水，充分吸收盐分，脱出水分。

（6）干燥 鱼出卤时，利用卤水将鱼体洗刷 1 次，除去沾染的污物，滴干卤水后，排放于晒鱼帘上。鱼鳞向上，晒 1～2h 后翻成肉面向上，晒至中午时，将鱼收进室内或将竹帘两头掀起盖上鱼体，让其凉至 15：00～16：00，利用弱阳光再晒。经过 2～3 天，晒至鱼肚鱼鳃挤不出水分时，即干燥了。

（7）包装、贮藏 要求密封避光、不漏气，并进行真空或充氮包装，防止高度不饱和脂肪酸的脂肪氧化。

3. 质量指标与参考标准

（1）感观指标　具有鱼干应有的色泽，鱼体干净、完整，体表无盐霜，肉坚硬，干燥均匀，无异味。

（2）理化指标　水分含量≤25%，蛋白质含量≥45%，酸价（以脂肪计）（KOH）≤130mg/g，过氧化值（以脂肪计）≤0.60g/100g。

（3）微生物指标　菌落总数≤3×10^4CFU/g，大肠菌群≤30MPN/100g，致病菌不得检出。

（4）操作规范参考标准　《食品安全管理体系水产品加工企业要求》（GB/T 27304—2008）；《水产食品加工企业良好操作规范》（GB/T 20941—2007）；《出口水产品质量安全控制规范》（GB/Z 21702—2008）和《水产品加工质量管理规范》（SC/T 3009—1999）。

（5）产品质量参考标准　《动物性水产干制品卫生标准》（GB 10144—2005）。

三、风味烤鱼

1. 工艺流程　原料鱼→预处理→盐渍→蒸煮干燥→调味→烘烤→包装→成品。

2. 操作要点

（1）原料选择　选用新鲜或冷冻大宗淡水鱼，包括青鱼、草鱼、鲢、鳙、鲤、鲫、鲂。

（2）原料预处理　将原料鱼去头、去鳞、去内脏，用清水冲洗干净后切块。

（3）盐渍　将清洗后的鱼块放入7%～12%的盐水中盐渍10～20min。根据鱼块大小厚薄，适当改变盐水浓度和浸渍时间。

（4）蒸煮干燥　经盐渍的鱼沥水后，装在蒸煮烘架上蒸熟，然后放入75～80℃烘房内干燥约6h。也可将盐渍沥水后的鱼，直接放在80～90℃烘房中，烘干至六七成。

（5）调味　将鱼块放入由一定比例的食盐、蔗糖、味精、黄酒、食醋、酱油及香辛料等配制的调味液中浸渍，每隔15～20min翻拌1次，时间1～1.5h，使调味料充分均匀地渗入鱼肉中。调味液的配方，可根据鱼的不同品种及产品的不同口味进行调整。

（6）烘烤　将浸渍调味的鱼块，沥水后上烘架，进行第二次烘烤。此时烘房温度控制在85～90℃，烘干时间为3～3.5h。

（7）包装　经烘干后的成品放在室内摊晾，摊凉后成品水分含量为11%～14%。高温季节需用风机降温。冷却至室温后，用聚乙烯袋定量包装，装箱，置阴凉干燥处保藏。

3. 质量指标与参考标准

（1）感观指标　色泽呈黄色或黄白色，片型完好，有嚼劲；滋味鲜美，咸甜适宜，具有烤鱼的特有香味，无异味。

（2）理化指标　水分含量10%～15%，食盐（以NaCl计）3%～6%，酸价（以脂肪计）（KOH）≤130mg/g，过氧化值（以脂肪计）≤0.60g/100g。

（3）微生物指标　菌落总数≤3×10^4CFU/g，大肠菌群≤30MPN/100g，致病菌不得检出。

（4）操作规范参考标准　《食品安全管理体系水产品加工企业要求》（GB/T 27304—2008）；《水产食品加工企业良好操作规范》（GB/T 20941—2007）；《出口水产品质量安全控制规范》（GB/Z 21702—2008）和《水产品加工质量管理规范》（SC/T 3009—1999）。

（5）产品质量参考标准　《动物性水产干制品卫生标准》（GB 10144—2005）；《烤鱼片》（SC/T 3302—2010）；《绿色食品鱼类休闲食品》（NY/T 2109—2011）。

四、油炸香脆鱼片

1. 工艺流程　原料鱼→预处理→切片→腌制调味→油炸→脱油→包装→成品。

2. 操作要点

（1）原料选择　选用新鲜或冷冻大宗淡水鱼，包括青鱼、草鱼、鲢、鳙、鲤、鲫、鲂。

（2）原料预处理　将原料鱼去头、去鳞、去内脏，用尖刀自鱼体上部沿脊椎骨向下剖开，然后用清水冲洗干净。

（3）切片　沿与鱼骨呈45°～60°角度将鱼肉切成大小适宜的鱼片。

（4）腌制调味　将鱼片放入由一定比例的食盐、蔗糖、味精、白酒、五香粉、辣椒、花椒等配制的腌制液中腌制，腌制时间2.5～3.5h，使调味料充分均匀地渗入鱼肉中。腌制液的配方，可根据鱼的不同品种及产品的不同口味进行调整。

（5）油炸　采用两次阶段油炸方法，先在95～100℃油中油炸2～5min，然后在125～130℃油中炸1～3min。两次油炸初始温度较低，鱼肉内部水分能方便地从鱼肉内部转移到鱼肉外部最终离开鱼体，高温油炸时，鱼表面水分能较好地离开鱼体，失重较明显，避免了一次油炸鱼片变焦、脱皮的问题。

（6）脱油　将油炸完成的鱼片在脱油机中脱油。

（7）包装　采用铝箔复合袋真空或充气包装。

3. 质量指标与参考标准

(1) 感官指标　色泽呈黄褐色，口感酥脆，无粉质感，有鱼香味，无异味。

(2) 理化指标　水分≤15%，粗脂肪含量≤10%，酸价（以脂肪计）(KOH) ≤3mg/g，过氧化值（以脂肪计）≤0.25g/100g。

(3) 微生物指标　菌落总数≤1×10^{3}CFU/g，大肠菌群≤30MPN/100g，致病菌不得检出。

(4) 操作规范参考标准　《食品安全管理体系水产品加工企业要求》(GB/T 27304—2008)；《水产食品加工企业良好操作规范》(GB/T 20941—2007)；《出口水产品质量安全控制规范》(GB/Z 21702—2008) 和《水产品加工质量管理规范》(SC/T 3009—1999)。

(5) 产品质量参考标准　《油炸小食品卫生标准》(GB 16565—2003)；《动物性水产干制品卫生标准》(GB 10144—2005)；《绿色食品鱼类休闲食品》(NY/T 2109—2011)。

五、膨化鱼片

1. 工艺流程

淀粉、面粉、配料
↓
原料鱼→预处理→采肉→斩拌→蒸煮成型→冷却→切片→干燥→油炸膨化→包装→成品。

2. 操作要点

(1) 原料选择　选用新鲜或冷冻大宗淡水鱼，包括青鱼、草鱼、鲢、鳙、鲤、鲫、鲂。

(2) 原料预处理　将原料鱼去头、去鳞、去内脏，用清水冲洗干净后剖片。

(3) 采肉　采用冲压式或滚筒式采肉机采肉，然后用冷水漂洗除去鱼肉中的有色物质、气味、脂肪、残余的皮及内脏碎屑、血液、水溶性蛋白质、无机盐类等，得鱼肉糜。

(4) 斩拌　称取适量的白糖、味精、食盐和小苏打，用水溶解制备成配料液。将鱼肉糜和配料液混匀后斩拌 1～2min 混合均匀，然后添加一定量的玉米淀粉和面粉，继续斩拌 30s 混合均匀，斩拌期间温度控制在 10℃以下。

(5) 蒸煮成型　将混合均匀的鱼肉浆置于蒸煮盘中，在 70～75℃条件下蒸煮 10～12min。

(6) 冷却　蒸煮后的鱼糕于 4℃条件下快速冷却。

（7）切片　将冷却后的鱼糕切片，鱼片厚度为1～1.5mm。

（8）干燥　将鱼片在50℃干燥室中干燥4～6h，至水分含量为8%～10%。

（9）油炸膨化　将干燥后的鱼片在180～200℃的油浴中油炸8～15s，将油沥干并冷却。

（10）包装　将冷却后的香酥鱼片采用铝箔蒸煮袋充氮包装，然后于室温下保藏。

3. 质量指标与参考标准

（1）感官指标　色泽呈金黄色，外表光滑完整，不易破碎，口感酥脆，无粉质感，有鱼香味，无异味。

（2）理化指标　水分含量≤7.00%，食盐（以NaCl计）≤3%，酸价（以脂肪计）（KOH）≤3mg/g，过氧化值（以脂肪计）≤0.25g/100g。

（3）微生物指标　菌落总数≤3×10^{4}CFU/g，大肠菌群≤30MPN/100g，致病菌不得检出。

（4）操作规范参考标准　《食品安全管理体系水产品加工企业要求》（GB/T 27304—2008）；《水产食品加工企业良好操作规范》（GB/T20941—2007）；《出口水产品质量安全控制规范》（GB/Z 21702—2008）和《水产品加工质量管理规范》（SC/T 3009—1999）。

（5）产品质量参考标准　《油炸小食品卫生标准》（GB 16565—2003）；《动物性水产干制品卫生标准》（GB 10144—2005）；《绿色食品鱼类休闲食品》（NY/T 2109—2011）。

六、休闲鱼肉粒

1. 工艺流程　原料鱼→预处理→蒸煮→取肉→添加辅料→斩拌→炒制→成型→烘干→冷却→包装→成品。

2. 操作要点

（1）原料选择　选用新鲜或冷冻大宗淡水鱼，包括青鱼、草鱼、鲢、鳙、鲤、鲫、鲂。

（2）原料预处理　将原料鱼去头、去鳞、去内脏，用清水清洗干净后切成一定大小的鱼块。

（3）蒸煮　将鱼肉放入蒸煮机中蒸煮，蒸煮温度一般为90～100℃，蒸煮时间10～20min。

（4）取肉　将煮熟的鱼趁热手工去除鱼皮，冷却后剔除鱼骨刺等，然后将鱼肉顺肌纤维拆碎，沥干水。

（5）添加辅料　将一定量麦芽糊精、白砂糖、食盐和味精等辅料，用少量水溶解后与鱼肉充分混合。

（6）斩拌　将煮好的鱼肉与辅料在斩拌机中混合均匀。

（7）炒制　将与辅料充分混合后的鱼肉，置于炒锅中用文火小心炒制，拌炒时间为8～15min。

（8）成型　将炒制完成后的鱼肉在模具中挤压成型。

（9）烘干　采用组合干燥方式，35～40kW微波干燥8～13min，然后80～85℃热风干燥15～20min。干燥完成后鱼肉粒水分含量为15%～20%。

（10）冷却、包装　冷却至室温后，采用聚乙烯或聚丙烯复合薄膜塑料袋真空或充气包装。

3. 质量指标与参考标准

（1）感官指标　色泽呈浅黄色或淡红褐色，边角整齐，不破碎；质地结实，软硬适中，有嚼劲，无粉质感；具有鱼香风味，无异味。

（2）理化指标　水分15%～20%，蛋白质≥28%，食盐（以NaCl计）≤6%，酸价（以脂肪计）(KOH）≤130mg/g，过氧化值（以脂肪计）≤0.60g/100g。

（3）微生物指标　菌落总数≤3×10^4CFU/g，大肠菌群≤30MPN/100g，致病菌不得检出。

（4）操作规范参考标准　《食品安全管理体系水产品加工企业要求》(GB/T 27304—2008)；《水产食品加工企业良好操作规范》(GB/T20941—2007)；《出口水产品质量安全控制规范》(GB/Z 21702—2008)；《水产品加工质量管理规范》(SC/T 3009—1999）和《食品加工机械（鱼类）剥皮、去皮、去膜机械的安全和卫生要求》(SC/T 6027—2007)。

（5）产品质量参考标准　《动物性水产干制品卫生标准》(GB 10144—2005)；《绿色食品　鱼类休闲食品》(NY/T 2109—2011)。

第四节　淡水鱼肉松

肉松是我国著名的特产，它一般是由瘦肉经高温煮制、炒制脱水等工艺精制而成，成品为肌肉纤维蓬松成絮状或团粒状的干熟肉制品。根据所用原料、辅料不同，有猪肉松、牛肉松、羊肉松、鸡肉松和鱼肉松等。

鱼肉松是由鱼肉经蒸煮、调味、炒松等工艺精制而成的絮状干肉制品，其营养丰富，含有人体所需的多种必需氨基酸和维生素B_1、维生素B_2、尼克酸以及钙、磷、铁等无机盐，且易被人体消化吸收，不含骨刺，味道鲜美，方便食用，是一种老幼皆宜的营养健康食品。近年来，随着人们经济生活水平的不断提高，消费者对水产方便食品的需求日益增加，将鱼肉加工成鱼肉松也越来越受到人们的关注和重视。大多数鱼类都可以加工鱼肉松，以白色肉鱼类制成的质量较好。鱼肉松加工的原料要求新鲜无病害，决不能用变质鱼生产鱼肉松。原材料的优选是鱼肉松品质和美味的保障。目前，鱼肉松的生产主要以带鱼、鲱、鲐、黄鱼、鲨、马面钝等海水鱼类为原料，淡水鱼肉松还比较少。近年来，也出现了以青鱼、草鱼、鲢等大宗淡水鱼为原料生产鱼肉松的报道。

一、鱼肉松

1. 工艺流程　原料鱼→预处理→脱腥→蒸煮→采肉→炒松调味→擦松→过筛→包装→成品。

2. 参考配方　鱼肉 10kg，白糖 50g，精盐 80g，味精 4g，酱油 500g，料酒 500g，醋 50g，生姜 60g，葱 100g，香料适量。

3. 操作要点

（1）原料选择　选用新鲜或冷冻大宗淡水鱼，包括青鱼、草鱼、鲢、鳙、鲤、鲫、鲂。

（2）原料处理　原料鱼去头、去鳞、去内脏，然后用清水冲洗干净。

（3）脱腥：将鱼体放入 0.5%冰醋酸和 3%氯化钠浸泡液中浸泡 1h 后，用清水漂洗至中性。溶液的温度要保持 10℃以下。

（4）蒸煮　将脱腥后的鱼肉沥干后放入蒸锅内，同时，加入姜、盐、料酒等调味料，用蒸汽蒸煮 15～30min（视鱼种类、大小不同而异），使鱼肉易于与骨刺、鱼皮分离。

（5）采肉　将煮熟的鱼趁热手工去除鱼皮，冷却后剔除鱼骨刺等，然后将鱼肉顺肌纤维拆碎，沥干水。

（6）炒松调味　将撕碎的鱼肉放入炒松机中用文火炒至半干，加入盐、糖、味精等调味料，继续炒至鱼肉纤维松散，并呈微黄色为止。

（7）擦松　将炒好的肉松立即送入擦松机内进行擦松至蓬松的纤维状，根据肌肉类型确定擦松时间。

（8）过筛　用振荡筛去除小骨刺等杂物。

（9）包装贮藏　产品用聚乙烯塑料袋充气包装或马口铁罐包装，室温贮藏。

4. 质量指标与参考标准

（1）感官指标　呈絮状，纤维柔软蓬松，无焦头；色泽均匀，呈浅黄色；味浓郁鲜美，甜咸适中，香味纯正，无腥味，无肉眼可见的杂质。

（2）理化指标　水分含量≤20%，蛋白质含量≥32%，食盐（以 NaCl 计）≤7%，酸价（以脂肪计）（KOH）≤130mg/g，过氧化值（以脂肪计）≤0.60g/100g。

（3）微生物指标　菌落总数≤3×10^4CFU/g，大肠菌群≤40MPN/100g，

致病菌不得检出。

（4）操作规范参考标准　《食品安全管理体系水产品加工企业要求》（GB/T 27304—2008）；《水产食品加工企业良好操作规范》（GB/T 20941—2007）；《出口水产品质量安全控制规范》（GB/Z 21702—2008）和《水产品加工质量管理规范》（SC/T 3009—1999）。

（5）产品质量参考标准　《肉松》（GB/T 23968—2009）、《绿色食品鱼类休闲食品》（NY/T 2109—2011）。

二、鱼肉酥松

1. 工艺流程　原料鱼→预处理→脱腥→蒸煮→采肉→炒松调味→冷却→包装→成品。

2. 参考配方　鱼肉 10kg，油 250g，白糖 300g，精盐 130g，味精 4g，酱油 500g，料酒 500g，醋 10g，生姜 20g，葱 250g，香料适量。

3. 操作要点

（1）原料选择　选用新鲜或冷冻大宗淡水鱼，包括青鱼、草鱼、鲢、鳙、鲤、鲫、鲂。

（2）预处理　原料鱼去头、去鳞、去内脏，然后用清水冲洗干净。

（3）脱腥　将鱼体放入 0.5％冰醋酸和 3％氯化钠浸泡液中浸泡 1h 后，用清水漂洗至中性。溶液的温度要保持 10℃以下。

（4）蒸煮　将脱腥后的鱼肉沥干后放入蒸锅内，同时加入姜、盐、料酒等调味料，用蒸汽蒸煮 15～30min（视鱼种类、大小不同而异），使鱼肉易于与骨刺、鱼皮分离。

（5）采肉　将煮熟的鱼趁热手工去除鱼皮，冷却后剔除鱼骨刺等，然后将鱼肉顺肌纤维拆碎，沥干水。

（6）炒松调味　把油放入炒锅加热，然后将鱼肉放入锅内用文火上下翻炒，边炒边加入醋、酒、盐，最后放糖。当炒至冒出大量水蒸气，鱼肉颜色由淡黄变成金黄，发出香味时，加入香料粉，继续炒至锅中鱼肉松散，干燥为止。

（7）冷却　将已炒好的鱼肉离火出锅，置于浅盘等容器中，冷却至室温。

（8）包装贮藏　产品用聚乙烯塑料袋充气包装或马口铁罐包装，室温贮藏。

4. 质量指标与参考标准

（1）感官指标　呈酥松絮状或短纤维状，无焦头、糖块；色泽均匀，呈金黄色或浅黄色；味浓郁鲜美，甜咸适中，香味纯正，无腥味。

（2）理化指标　水分含量≤4％，蛋白质含量≥25％，食盐（以 NaCl 计）≤7％，酸价（以脂肪计）（KOH）≤130mg/g，过氧化值（以脂肪计）≤

0.60g/100g。

（3）微生物指标　菌落总数≤3×10^{4}CFU/g，大肠菌群≤40MPN/100g，致病菌不得检出。

（4）操作规范参考标准　《食品安全管理体系水产品加工企业要求》（GB/T 27304—2008）；《水产食品加工企业良好操作规范》（GB/T 20941—2007）；《出口水产品质量安全控制规范》（GB/Z 21702—2008）和《水产品加工质量管理规范》（SC/T 3009—1999 ）。

（5）产品质量参考标准　《肉松》（GB/T 23968—2009）；《绿色食品鱼类休闲食品》（NY/T 2109—2011）。

第五节　淡水鱼粉

全世界鱼粉生产发展很快，鱼粉生产在水产加工产业中占有重要位置。加工鱼粉的原料鱼占世界渔获物总产量比重较大，据统计，生产鱼粉的原料占世界渔获物的1/3左右，即每年约要消耗2 500万t原料鱼，可见鱼粉在渔业生产中占有重要的地位。全世界的鱼粉生产国主要有秘鲁、智利、日本、丹麦、美国、前苏联、挪威、南非和冰岛等，其中，秘鲁与智利的出口量约占总贸易量的70%。中国鱼粉产量不高，主要生产地在山东、浙江，其次为河北、天津、福建、广西等。

鱼粉具有生物学价值高、钙磷含量高、微量元素和B族维生素含量丰富、易于消化吸收等特点，是一种优质蛋白质饲料。鱼粉中蛋白质含量的高低是决定鱼粉价格的主要指标，鱼粉中蛋白质含量为50%～70%，其消化率在90%以上。构成鱼粉蛋白质的某些氨基酸是一般植物蛋白所缺乏的，而这些氨基酸都是家禽、家畜和鱼类等动物所必需的；鱼粉所含的矿物质，主要是钙、磷、铁等，它们是动物生长所不可缺少的，特别是鱼粉中含有许多微量元素，它们是动物新陈代谢、尤其是酶代谢所不可缺少的；鱼粉中还含有多种维生素，它们主要是B族维生素，对动物生长具有重要意义；鱼粉中油脂所含有的EPA、DHA具有促进小动物的卵化率、成活率和生长率等功效。鉴于鱼粉营养价值高，有许多国家正在开展食用鱼粉的研究开发，如南非已在制饼干的麦粉中添加5%的食用鱼粉，来提高饼干的营养价值。

中国是世界最大的鱼粉消费国，全世界鱼粉年产量600万t左右，贸易量约400万t，国内鱼粉消费量和进口量约占世界鱼粉总产量和贸易量的1/4。我国鱼粉的年消耗量为120万～150万t，而国内生产能力只有约30万t，远不能满足我国鱼粉市场的需求。目前，生产鱼粉的原料多为海水鱼，淡水鱼粉所占比例还很少。随着淡水鱼养殖产量的快速增长，以淡水鱼为原料生产鱼粉、鱼蛋白粉等产品，不仅可以有效解决淡水鱼易腐败难储藏的问题，提高原料的加工利用率，还可一定程度上扩大鱼粉市场供给，也可为人们提供优质蛋白质产品，具有广阔的市场前景。

一、饲料鱼粉

鱼粉能显著促进畜禽、鱼类和其他动物的生长发育，提高产肉、产奶、产蛋能力和抗病力，是饲养业不可缺少的饲料。鱼粉的生产方法，主要分为干法和湿法两种。其中，干法又分为直接干燥法和干压榨法；而湿法又分为湿压榨法和离心法。此外，还有萃取法和水解法。直接干燥法中蒸煮、干燥后不除油，设备简单，成本低廉，适合于少脂鱼类。然而直接干燥法由于原料直接进行高温且长时间的干燥，其中油脂的氧化比较严重，往往导致鱼粉颜色变深，并容易产生酸败味，而蛋白质的变化也将导致消化率下降。干榨法设备、工艺简单，成本低廉，原料鱼的蒸煮和干燥合并在蒸干机内一次完成。但与直接干燥法一样由于原料直接进行高温且长时间的干燥，油脂的氧化比较严重，鱼粉颜色较深，蛋白质消化率下降，部分蛋白质也会分解，产生胺类、氨和硫化物等挥发性物质，从而产生酸败味，鱼粉质量较差。目前，世界上渔业较发达的国家主要采用先进的湿法全鱼粉生产工艺进行鱼粉生产。湿法生产中由于采用了在干燥前先进行压榨或离心等新工艺去除了大部分油脂，这就避免了干燥过程中油脂氧化的缺陷，不仅鱼粉的质量比较好，而且大大节省了能耗。尤其是离心法，还有占地面积小的优点，适合于多脂鱼类的生产；但湿法对于水溶性蛋白质、B族维生素及矿物质会有部分损失，且生产设备投资费用较大。而萃取法的最大特点是，可以生产食用鱼粉，然而由于大量使用易燃有机溶剂，车间的安全措施必须非常严格。水解法则是利用酶或酸水解的方法生产鱼蛋白水解产品，可根据需要得到多种制品。实际生产过程中一般要根据原料鱼种、产品质量要求和投资能力的大小等因素，来确定选择鱼粉生产工艺。也可将上述不同方法结合起来生产鱼粉，以获得较好的效果。

（一）直接干燥法生产鱼粉

1. 工艺流程　原料鱼→切碎→蒸煮→干燥→粉碎→筛析→称量→包装→成品。

2. 操作要点

（1）原料选择　选用新鲜或冷冻大宗淡水鱼，包括青鱼、草鱼、鲢、鳙、鲤、鲫、鲂及其加工下脚料。

（2）切碎　将原料送入切碎机中切成小块（小杂鱼不必切碎）。

（3）蒸煮　将原料鱼切碎后送入蒸煮机进行蒸煮，蒸煮条件视鱼种和新鲜度等条件而定，一般在80～90℃，蒸煮20～25min，然后送入干燥机中干燥。

（4）干燥 由于没有压榨工艺，为除去相当于鱼粉质量两倍的水分，大约需要干燥3h左右，在干燥过程中，干燥轴上的搅拌器不断旋转搅拌，使鱼粉受热均匀，以防干焦。

（5）粉碎 将脱脂后的鱼粉经磁性分离器除去金属等杂质后，用粉碎机粉碎至所要求的粒度。

（6）筛析、称量 粉碎鱼粉通过16目的筛析机后，经自动秤进行称量。

（7）包装、贮藏 产品用铝箔袋包装，置于通风、阴凉和干燥的仓库中室温贮藏。

3. 质量指标与参考标准

（1）感官指标 色泽黄褐色或白色，呈膨松粉末状，无结块，无霉变，有鱼香味，无焦灼味和油脂酸败味。

（2）理化指标 水分含量≤10%，蛋白质含量≥50%，粗脂肪≤14%，盐含量（以NaCl计）≤4%，灰分≤20%，胃蛋白消耗率≥85%，挥发性盐基氮（VBN）≤150mg/100g，油脂酸价（KOH）≤7mg/g，不含非鱼粉原料的含氮物质以及加工鱼露的废渣。

（3）微生物指标 霉菌≤3×10^{3}CFU/g，沙门氏菌不得检出，寄生虫不得检出。

（4）操作规范参考标准 《食品安全管理体系水产品加工企业要求》（GB/T 27304—2008）；《水产食品加工企业良好操作规范》（GB/T 20941—2007）；《出口水产品质量安全控制规范》（GB/Z 21702—2008）；《水产品加工质量管理规范》（SC/T 3009—1999）。

（5）产品质量参考标准 《鱼粉》（GB/T 19164—2003）。

（二）干压榨法生产鱼粉

1. 工艺流程

原料鱼→切碎→蒸干→粗筛→压榨→粉碎→筛析→称量→包装→成品。

↓（压榨）

成品鱼油←炼制←粗鱼油

2. 操作要点

（1）原料选择 选用新鲜或冷冻大宗淡水鱼，包括青鱼、草鱼、鲢、鳙、鲤、鲫、鲂及其加工下脚料。

（2）切碎 将原料送入切碎机中切成小块（小杂鱼不必切碎）。

（3）蒸干 将切碎的原料通过螺旋输送器送至具有蒸汽夹层的蒸干机中进行蒸煮和干燥，蒸汽压力控制在400～700kPa，时间一般需要3.5～4h。在蒸干过程中，蒸干机中心轴上的搅拌器不停地搅拌，使鱼粉受热均匀，以防干焦。

（4）粗筛 蒸干后的鱼粉通过3目的粗筛，以除去可能没有打碎的骨骼和机械类杂物。

（5）压榨　将粗筛鱼粉预热到100℃，以降低油的黏度，提高出油率，然后输送到螺旋压榨机压榨。压榨液经油水分离机得到的粗油进一步精制得到成品油。

（6）粉碎　将脱脂后的鱼粉经磁性分离器除去金属等杂质后，用粉碎机粉碎至所要求的粒度。

（7）筛析、称量　粉碎鱼粉通过16目的筛析机后经自动秤进行称量。

（8）包装、贮藏　产品用铝箔袋包装，置于通风、阴凉、干燥的仓库中室温贮藏。

3. 质量指标与参考标准

（1）感官指标　色泽黄褐色或白色，呈膨松粉末状，无结块，无霉变，有鱼香味，无焦灼味和油脂酸败味。

（2）理化指标　水分含量≤10%，蛋白质含量≥50%，粗脂肪≤14%，盐含量（以NaCl计）≤4%，灰分≤20%，胃蛋白消耗率≥85%，挥发性盐基氮（VBN）≤150mg/100g，油脂酸价（KOH）≤7mg/g，不含非鱼粉原料的含氮物质以及加工鱼露的废渣。

（3）微生物指标　霉菌≤3×10^{3}CFU/g，沙门氏菌不得检出，寄生虫不得检出。

（4）操作规范参考标准　《食品安全管理体系水产品加工企业要求》（GB/T 27304—2008）；《水产食品加工企业良好操作规范》（GB/T 20941—2007）；《出口水产品质量安全控制规范》（GB/Z 21702—2008）；《水产品加工质量管理规范》（SC/T 3009—1999）。

（5）产品质量参考标准　《鱼粉》（GB/T 19164—2003）。

（三）湿压榨法生产鱼粉

1. 工艺流程

原料鱼→切碎→蒸煮→压榨→撕碎→干燥→粉碎→筛析→称量→包装→成品。

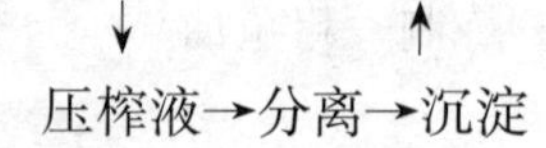

2. 操作要点

（1）原料选择　选用新鲜或冷冻大宗淡水鱼，包括青鱼、草鱼、鲢、鳙、鲤、鲫、鲂及其加工下脚料。

（2）切碎　为了提高后续蒸煮效果，使热很快传到鱼肉内部，需将原料送入切碎机中切成小块（一般大型多脂鱼切成1～2cm，少脂鱼切成2～3cm，小杂鱼不必切碎）。

（3）蒸煮　将切碎的原料通过螺旋输送器送至蒸煮器中。蒸煮的时间和温度依鱼种和新鲜度而定，蒸煮温度一般为80～90℃，蒸煮时间为20～25min，多脂鱼和变质程度大的鱼蒸煮温度要高些，时间长些。

（4）压榨 蒸煮后的原料由螺旋输送机送入螺旋压榨机进行压榨，使油和水与肌肉分离。压榨液经倾析器分离，将沉淀送至干燥机中与撕碎的压榨饼一起干燥。液态经油水分离机得到的粗油进一步精制得到成品油。

（5）撕碎 将压榨饼送至撕碎机中撕碎，以增加对热的接触面，提高干燥效率。

（6）干燥 将压榨饼送至干燥机中进行干燥，干燥温度一般为65～75℃，干燥时间为30～40min。在干燥过程中，干燥轴上的搅拌器不断旋转搅拌，使鱼粉受热均匀，以防干焦。

（7）粉碎 干燥后的粗鱼粉经磁性分离器除去金属等杂质后，用粉碎机粉碎至所要求的粒度。脱脂后的鱼粉用粉碎机粉碎至所要求的粒度。

（8）筛析、称量 粉碎鱼粉通过16目的筛析机后经自动秤进行称量。

（9）包装、贮藏 产品用铝箔袋包装，置于通风、阴凉和干燥处室温贮藏。

3. 质量指标与参考标准

（1）感官指标 色泽黄褐色或白色，呈膨松粉末状，无结块，无霉变，有鱼香味，无焦灼味和油脂酸败味。

（2）理化指标 水分含量≤10%，蛋白质含量≥50%，粗脂肪≤14%，盐含量（以NaCl计）≤4%，灰分≤20%，胃蛋白消耗率≥85%，挥发性盐基氮（VBN）≤150mg/100g，油脂酸价（KOH）≤7mg/g，不含非鱼粉原料的含氮物质以及加工鱼露的废渣。

（3）微生物指标 霉菌≤3×10^3CFU/g，沙门氏菌不得检出，寄生虫不得检出。

（4）操作规范参考标准 《食品安全管理体系水产品加工企业要求》（GB/T 27304—2008）；《水产食品加工企业良好操作规范》（GB/T 20941—2007）；《出口水产品质量安全控制规范》（GB/Z 21702—2008）；《水产品加工质量管理规范》（SC/T 3009—1999）。

（5）产品质量参考标准 《鱼粉》（GB/T 19164—2003）。

（四）离心法生产鱼粉

1. 工艺流程 原料鱼→切碎→蒸煮→倾析离心→油水分离→鱼蛋白水解→一次浓缩→二次浓缩→干燥→粉碎→筛析→称量→包装→成品。

2. 操作要点

（1）原料选择 选用新鲜或冷冻大宗淡水鱼，包括青鱼、草鱼、鲢、鳙、鲤、鲫、鲂及其加工下脚料。

（2）切碎　将原料送入切碎机中切成小块（小杂鱼不必切碎）。

（3）蒸煮　将切碎的原料通过螺旋输送器送至蒸煮器中。蒸煮的时间和温度依鱼种和新鲜度而定，蒸煮温度一般为80～90℃，蒸煮时间为20～25min，多脂鱼和变质程度大的鱼蒸煮温度要高些，时间长些。

（4）离心　原料经蒸煮后成浆状，通过离心机转轴中空的管道输入分离腔内，经离心浆状原料被分离成固相、油和液相三部分。

（5）油水分离　离心后的液相被输入到立式离心机中进一步分离，根据不同的相对密度，液相又被分成粗渣、油和汁水三部分。

（6）鱼蛋白水解、浓缩　将分离出的水相进行水解，并进行二次浓缩得鱼蛋白浓缩液。

（7）干燥　将离心后的固相和鱼蛋白浓缩液送至干燥机中进行干燥，干燥温度一般为65～75℃，干燥时间为30～40min。在干燥过程中，干燥轴上的搅拌器不断旋转搅拌，使鱼粉受热均匀，以防干焦。

（8）粉碎　干燥后的粗鱼粉经磁性分离器除去金属等杂质后，用粉碎机粉碎至所要求的粒度。

（9）筛析、称量　粉碎鱼粉通过16目的筛析机后经自动秤进行称量。

（10）包装、贮藏　产品用铝箔袋包装，置于通风、阴凉和干燥处室温贮藏。

3. 质量指标与参考标准

（1）感官指标　色泽黄褐色或白色，呈膨松粉末状，无结块，无霉变，有鱼香味，无焦灼味和油脂酸败味。

（2）理化指标　水分含量≤10%，蛋白质含量≥50%，粗脂肪≤14%，盐含量（以NaCl计）≤4%，灰分≤20%，胃蛋白消耗率≥85%，挥发性盐基氮（VBN）≤150mg/100g，油脂酸价（KOH）≤7mg/g，不含非鱼粉原料的含氮物质以及加工鱼露的废渣。

（3）微生物指标　霉菌≤3×10^3CFU/g，沙门氏菌不得检出，寄生虫不得检出。

（4）操作规范参考标准　《食品安全管理体系水产品加工企业要求》（GB/T 27304—2008）；《水产食品加工企业良好操作规范》（GB/T 20941—2007）；《出口水产品质量安全控制规范》（GB/Z 21702—2008）；《水产品加工质量管理规范》（SC/T 3009—1999）。

（5）产品质量参考标准　《鱼粉》（GB/T 19164—2003）。

（五）萃取法生产鱼粉

1. 工艺流程　原料鱼→切碎→蒸干→溶剂脱脂→粉、溶剂分离→干燥→粉碎→筛析→称量→包装→成品。

2. 操作要点

（1）原料选择　选用新鲜或冷冻大宗淡水鱼，包括青鱼、草鱼、鲢、鳙、鲤、鲫、鲂及其加工下脚料。

（2）切碎　将原料送入切碎机中切成小块（小杂鱼不必切碎）。

（3）蒸干　将切碎的原料通过螺旋输送器送至具有蒸汽夹层的蒸干机中进行蒸煮和干燥，蒸汽压力控制在400～700kPa，时间一般需要3.5～4h。在蒸干过程中，蒸干机中心轴上的搅拌器不停地搅拌，使鱼粉受热均匀，以防干焦。

（4）萃取　原料经蒸干后，加入萃取剂脱脂，萃取所用的溶剂有酒精、苯、轻汽油、异丙醇、二氯乙烷和三氯乙烷等。

（5）粉、溶剂分离　脱脂后的原料中混有萃取剂，可根据不同溶剂的性质将粉和溶剂分离。

（6）干燥　将离心后的固相和鱼蛋白浓缩液送至干燥机中进行干燥，干燥温度一般为65～75℃，干燥时间为30～40min。在干燥过程中，干燥轴上的搅拌器不断旋转搅拌，使鱼粉受热均匀，以防干焦。

（7）粉碎　干燥后的粗鱼粉经磁性分离器除去金属等杂质后，用粉碎机粉碎至所要求的粒度。

（8）筛析、称量　粉碎鱼粉通过16目的筛析机后经自动秤进行称量。

（9）包装、贮藏　产品用铝箔袋包装，置于通风、阴凉和干燥处室温贮藏。

3. 质量指标与参考标准

（1）感官指标　色泽黄褐色或白色，呈膨松粉末状，无结块，无霉变，有鱼香味，无焦灼味和油脂酸败味。

（2）理化指标　水分含量≤10%，蛋白质含量≥50%，粗脂肪≤14%，盐含量（以NaCl计）≤4%，灰分≤20%，胃蛋白消耗率≥85%，挥发性盐基氮（VBN）≤150mg/100g，油脂酸价（KOH）≤7mg/g，不含非鱼粉原料的含氮物质以及加工鱼露的废渣。

（3）微生物指标　霉菌≤3×10^{3}CFU/g，沙门氏菌不得检出，寄生虫不得检出。

（4）操作规范参考标准　《食品安全管理体系水产品加工企业要求》（GB/T 27304—2008）；《水产食品加工企业良好操作规范》（GB/T 20941—2007）；《出口水产品质量安全控制规范》（GB/Z 21702—2008）；《水产品加工质量管理规范》（SC/T 3009—1999）。

（5）产品质量参考标准　《鱼粉》（GB/T 19164—2003）。

二、鱼蛋白粉

淡水鱼营养丰富，蛋白质含量高，品质好，所含氨基酸的组成与人体肌肉成分极为接近，并易于被人体摄入吸收，生物利用率高。鱼肉蛋白经水解可得到多种产品，根据水解方法不同，可分为碱水解、酸水解和酶解三种。其中，酶法水解具有反应条件温和、效率高、安全性好、营养价值不会降低等特点，在食品工业中应用较多。酶解作用包括利用自身溶酶和外源添加酶。采用酶法生产的鱼蛋白粉，可较好地保留原料中的成分，通过对蛋白分子的适度水解，提高蛋白质的消化吸收率和功能性质。

近年来，研究人员以淡水鱼为原料，围绕淡水鱼蛋白水解酶的选择和酶解工艺优化等方面开展了大量研究工作，采用现代生物酶解技术和食品工程技术，开发了淡水鱼水解蛋白粉和淡水鱼低聚肽粉等产品。产品具有良好的溶解性、乳化性和起泡性等，可作为食品直接食用或作为食品配料应用于食品生产中，应用范围广泛。

（一）淡水鱼食用鱼蛋白粉

1. 工艺流程 原料鱼→预处理→采肉→脱腥→磨浆→浓缩→喷雾干燥→包装→成品。

2. 操作要点

（1）原料选择 选用新鲜或冷冻大宗淡水鱼，包括青鱼、草鱼、鲢、鳙、鲤、鲫、鲂。

（2）原料预处理 原料鱼去头、去鳞、去内脏，剖片，然后用清水冲洗干净。

（3）采肉 采用机械采肉机进行采肉。根据要求调节皮带与滚筒之间的松紧程度和采肉次数，以保证肉的质量和采肉率。

（4）脱腥 将鱼肉放入0.3%～0.5%食盐、0.1%～0.3%柠檬酸和0.1%～03%活性酵母中浸泡30～60min，鱼肉与脱腥液比例为1∶（2～3），脱腥后用清水漂洗2～3次。

（5）磨浆 将脱腥后的鱼肉中添加一定比例的水，先用碎肉机进行粗磨，然后用超细粉碎机进一步超微细化成均匀的鱼肉浆。

（6）浓缩 采用真空浓缩至固形物含量至25%～40%为宜。

（7）喷雾干燥 采用喷雾干燥法进行干燥。进风温度170～200℃，干燥至蛋白粉中水分含量低于10%。

（8）包装 产品用铝箔袋包装，置于通风、阴凉和干燥处室温贮藏。

3. 质量指标与参考标准

（1）感官指标 色泽白色或淡黄色，呈粉末状，无结块，无霉变，有鱼香味，无焦灼味和油脂酸败味。

(2) 理化指标 水分含量≤5%，蛋白质含量≥80%，盐含量（以 NaCl 计）≤4%，油脂酸价（KOH）≤7mg/g。

(3) 微生物指标 菌落总数≤3×10^4CFU/g，大肠菌群≤30MPN/100g，霉菌≤25CFU/g，致病菌不得检出。

(4) 操作规范参考标准 《食品安全管理体系水产品加工企业要求》(GB/T 27304—2008)；《水产食品加工企业良好操作规范》(GB/T 20941—2007)；《出口水产品质量安全控制规范》(GB/Z 21702—2008)；《水产品加工质量管理规范》(SC/T 3009—1999)。

(5) 产品质量参考标准 《食品安全国家标准乳粉》(GB 19644—2010)；《大豆蛋白粉》(GB/T 22493—2008)。

（二）淡水鱼低聚肽粉

1. 工艺流程 原料鱼→预处理→采肉→打浆→酶解→灭酶→分离→脱盐→喷雾干燥→包装→成品。

2. 操作要点

(1) 原料选择 选用新鲜或冷冻大宗淡水鱼，包括青鱼、草鱼、鲢、鳙、鲤、鲫、鲂。

(2) 原料预处理 原料鱼去头、去鳞、去内脏，剖片，然后用清水冲洗干净。

(3) 采肉 采用机械采肉机进行采肉，根据实际情况调节机械参数和采肉次数，保证鱼肉的质量和采肉率。

(4) 打浆 在鱼肉中添加一定比例的水，然后用斩拌机打成均匀的鱼肉浆。

(5) 酶解 加入适量蛋白酶 Alcalase 2.4L，调节鱼浆 pH 9.5，于 45～55℃酶解 2～4h。

(6) 灭酶 酶解完成后，将酶解液加热至 95℃并保持 10min 灭酶。

(7) 分离 调节水解液 pH 至 4.5～5.5，离心除去未被水解的残渣。

(8) 脱盐 将水解液通过大孔吸附树脂柱进行脱盐。

(9) 真空浓缩 采用真空浓缩至固形物含量至 25%～40%。

(10) 喷雾干燥 采用喷雾干燥制得低聚肽粉。

(11) 包装贮藏 产品用铝箔袋包装，置于通风、阴凉和干燥处室温贮藏。

3. 质量指标与参考标准

(1) 感官特性 色泽为白色或淡黄色，粉末状，无结块，无正常视力可见的外来杂质

(2) 理化指标 总氮（以干基计）≥13.5%，低聚肽（以干基计）≥

80%，灰分≤7%，相对分子质量小于1 000u的蛋白质水解物所占比例≥85%，干燥失重≤7%。

(3) 微生物指标　菌落总数≤5×10^{3} CFU/g，大肠菌群≤30MPN/100g，霉菌≤25CFU/g，致病菌不得检出。

(4) 操作规范参考标准　《食品安全管理体系水产品加工企业要求》(GB/T 27304—2008)；《水产食品加工企业良好操作规范》(GB/T 20941—2007)；《出口水产品质量安全控制规范》(GB/Z 21702—2008)；《水产品加工质量管理规范》(SC/T 3009—1999)。

(5) 产品质量参考标准　《海洋鱼低聚肽粉》(GB/T 22729—2008)；《淡水鱼蛋白肽》(QB/T 4588—2013)。

(三) 淡水鱼汤粉

鱼汤粉是由鱼身经脱腥、预油炸、熬煮、浓缩和喷雾干燥等工艺制成的粉状蛋白制品，其营养丰富，含有人体所需的多种必需氨基酸，且水溶性蛋白含量高易被人体消化吸收，味道鲜美，方便食用，是一种老幼皆宜的营养健康食品。

1. 工艺流程　原料鱼→预处理→脱腥→油炸→熬煮→过滤→浓缩→均质→喷雾干燥→包装→成品。

2. 操作要点

(1) 原料选择　选用新鲜或冷冻大宗淡水鱼，包括青鱼、草鱼、鲢、鳙、鲤、鲫、鲂或采肉后的副产物如带肉鱼骨、碎鱼肉等为原料，要求原料在二级鲜度以上。

(2) 预处理　将原料鱼去头、去鳞、去内脏，然用清水冲洗干净。

(3) 脱腥　采用酵母发酵脱腥，将鱼块与1%酵母粉溶液以质量比1∶2，于(30±2)℃浸渍1h，然后用清水漂洗至无味。

(4) 油炸　沥干鱼体表面水分，于185～200℃油中油炸20～25s。

(5) 熬煮　将油炸过的鱼肉转移到夹层锅内，以鱼水质量比1∶5.5，熬煮时间2.5h，熬煮次数2次。

(6) 浓缩　采用真空浓缩至固形物含量25%～40%，浓缩温度50～60℃。

(7) 均质　将浓缩后的鱼汤进行均质，均质温度为50～60℃，压力为25MPa，均质次数2次。

(8) 喷雾干燥　将鱼汤进行喷雾干燥得鱼汤粉。进料温度50～60℃，进风温度175～185℃，出风温度80～90℃。

(9) 包装贮藏　产品用铝箔袋包装，置于通风、阴凉和干燥处室温贮藏。

3. 质量指标与参考标准

(1) 感官指标　产品色泽为米白色，粉末状，无结块，无霉变，有浓郁的鱼香味，无腥味，复水后呈乳白色。

(2) 理化指标　水分含量≤5%，粗蛋白质含量≥85%，粗脂肪≤10%。

(3) 微生物指标　菌落总数≤5×10^3CFU/g，大肠菌群≤30MPN/100g，霉菌≤25CFU/g，致病菌不得检出。

(4) 操作规范参考标准　《食品安全管理体系水产品加工企业要求》(GB/T 27304—2008)；《水产食品加工企业良好操作规范》(GB/T 20941—2007)；《出口水产品质量安全控制规范》(GB/Z 21702—2008)；《水产品加工质量管理规范》(SC/T 3009—1999)。

(5) 产品质量参考标准　《鸡粉调味料》(SB/T 10415—2007)；《牛肉粉调味料》(SB/T 10513—2008)。

参考文献

范江平，卢昭芬，李吉云，等.2005. 不同风味鱼肉松的加工试制 [J]. 肉类工业 (10): 47-48.

戈贤平.2013. 大宗淡水鱼生产配套技术手册 [M]. 北京: 中国农业出版社.

李乃胜，薛长湖，等.2010. 中国海洋水产品现代加工技术与质量安全 [M]. 北京: 海洋出版社.

刘书成.2011. 水产食品加工学 [M]. 郑州: 郑州大学出版社.

刘焱，娄爱华，覃思.2008. 淡水鱼膨化鱼片加工工艺的探讨 [J]. 中国水产, 395 (10): 74-75.

普家勇.2006. 淡水鱼调味鱼干片加工技术 [J]. 渔业致富指南, 1: 52-53.

祁兴普，夏文水.2007. 白鲢鱼肉粒干燥工艺的研究 [J]. 食品工业科技, 28 (2): 166-170.

沈月新.2001. 水产食品学 [M]. 北京: 中国农业出版社.

汪之和.2002. 水产品加工与利用 [M]. 北京: 化学工业出版社.

王兴礼，刘德福.2006. 调味鲤鱼鱼干片的加工制作 [J]. 食品工业科技, 9: 145-147.

吴光红，车文毅，费志良，等.2001. 水产品加工工艺与配方 [M]. 北京: 科学技术文献出版社.

夏文水.2007. 食品工艺学 [M]. 北京: 中国轻工业出版社.

严宏忠.2002. 风味淡水鱼肉松生产工艺研究 [J]. 食品科技 (3): 22-23.

朱珺杰，娄永江.2009. 食用鱼蛋白粉产品开发研究 [J]. 食品与机械, 25 (5): 148-152.

G. M. Hall 著，夏文水译.2002. 水产品加工技术 [M]. 北京: 中国轻工业出版社.

淡水鱼腌制发酵技术

水产腌制发酵技术，是具有悠久历史并且有效的传统加工保藏方法之一。水产腌制发酵制品，主要包括盐腌制品、糟醉制品和发酵腌制品。盐腌制品主要用食盐和其他腌制剂对水产原料进行腌制，如调味咸鱼、腌青鱼等；糟醉制品是以鱼类等为原料，在食盐腌制的基础上，使用酒酿、酒糟和酒类进行腌制而成的产品，如香糟鱼、醉鱼等；发酵腌制品为盐渍过程中自然发酵熟成或盐渍时直接添加各种促进发酵与增加风味的辅助材料加工而成的水产制品，如酶香鱼、腌腊鱼和酸鱼等。腌制发酵类鱼制品因其独特的风味和口感，深受广大消费者的欢迎，许多产品在国内外享有盛誉，成为各地的地方特色和传统特产，在我国具有很大的市场需求。

随着人们生活水平的提高和消费模式的转变，人们对营养、健康、安全和方便水产制品的需求逐渐增加，对传统特色的腌制发酵鱼类制品也提出了低盐量、风味营养俱佳和安全性高的消费要求。近几年，国内一些科研单位围绕符合我国消费者饮食习惯和深受欢迎的腌腊制品、糟制品、发酵制品等特色水产品的生产工艺和技术开展了大量研究工作，利用现代食品高新技术对传统工艺技术进行革新和升级，在腌制、糟醉、发酵等方面都取得了较多研究成果，并且部分已在生产中进行了推广应用。

第一节 腌制加工原理

食盐腌制是腌制的主要代表性方法，腌制过程包括盐渍和成熟两个阶段，而盐渍就是食盐和水分之间的扩散和渗透作用。在盐渍中，鱼肌细胞内盐分浓度与食盐溶液中盐分浓度存在浓度差，导致盐溶液中食盐不断向鱼肌内扩散和鱼肌内水分向盐溶液中渗透，而最终使鱼肌脱水的作用。这一作用在整个盐渍过程中一直在进行，直至肌细胞膜内外两侧浓度达到平衡，浓度差消失，渗透压降至零，此时便达到盐渍平衡。这时，可让腌制品在卤水中再放置一段时间，以便其继续成熟。成熟是指在鱼肌内所发生的一系列生化和化学变化，包括以下几个方面：①蛋白质在酶的作用下分解为短肽和氨基酸，非蛋白氮含量增加，使风味变佳；②在嗜盐菌解脂酶作用下，使部分脂肪分解产生小分子挥发性醛类物质而具有一定的芳香味；③肌肉组织大量脱水，一部分肌浆蛋白质失去了水溶性。肌肉组织网络结构发生变化，使鱼体肌肉组织收缩而变得坚韧。

腌制过程中的脱水作用和盐分进入肌肉组织内，使肌肉中游离水含量下降，并导致水分活度（A_w）下降。对微生物而言，脱水将导致细菌质壁分离现象而影响其正常的生理代谢活动。在这一条件下，酶也因蛋白质变性而失活，氧的含量也大大减少，从而有效地抑制了微生物的生长繁殖，使食品的保质期延长。因此，腌制溶液的扩散和渗透理论成为水产品腌制过程中的重要理论基础。

一、食品腌制保藏理论基础

（一）扩散

扩散是分子或微粒在不规则热运动下，固体、液体或者气体（蒸汽）浓度均匀化的过程。扩散总是由高浓度朝着低浓度的方向进行，并且继续到各处浓度均等时停止，扩散的推动力是浓度梯度（差）。

物质在扩散过程中，其扩散量和通过的面积及浓度梯度成正比，扩散方程可以写为：

$$dQ = -DF\frac{dc}{dX}d\tau \tag{5-1}$$

式中　Q——物质扩散量；

D——扩散系数（随着溶质及溶剂的种类而异）；

F——扩散通过的面积；

$\frac{dc}{dX}$——浓度梯度（c 为浓度，X 为间距）；

τ——扩散时间；

经过变换扩散系数 D 可以写成：

$$D = -\frac{dQ/d\tau}{F(dc/dX)} \tag{5-2}$$

爱因斯坦假设扩散物质的粒子为球形时，扩散系数 D 可以写成如下形式：

$$D = \frac{RT}{6N\pi r\eta} \tag{5-3}$$

式中　D——扩散系数，在单位浓度梯度的影响下，单位时间内通过单位面积的溶质量（m^2/s）；

R——气体常数［8.314J/（K・mol)］；

N——阿伏伽德罗常数（6.023×10^{23}）；

T——绝对温度（K）；

η——介质黏度（Pa·s）；

r——溶质微粒（球形）直径，应比溶剂分子大，并且只适用于球形分子。

根据公式（5-1）可见，水产品腌制过程中溶质扩散速率，因扩散系数、扩散通过的面积和盐溶液浓度梯度而异。扩散系数则取决于扩散物质的种类和温度。式（5-3）表明，温度（T）越高，粒子直径（r）越小，介质的黏度（η）越低，扩散系数（D）则越大。

（二）渗透

渗透是溶剂从低浓度溶液经过半透膜向高浓度溶液扩散的过程。半透膜就是只允许溶剂（或小分子）通过而不允许溶质（或大分子）通过的膜，细胞膜就属于半透膜。从热力学观点看，溶剂只从外逸趋势较大的区域（蒸汽压高）向外逸趋势较小的区域（蒸汽压低）转移，由于半透膜孔眼非常小，所以对液体溶液而言，溶剂分子只能以分子状态迅速地从低浓度溶液中经过半透膜孔眼向高浓度溶液内转移。

食品腌制过程，相当于将细胞浸入食盐或食糖溶液中，细胞内呈胶体状态的蛋白质不会溶出，但电解质则不仅会向已经死亡的动物组织细胞内渗透，同时也向微生物细胞内渗透，因而腌渍不仅阻止了微生物对水产品营养物质的利用，也使微生物细胞脱水，正常生理活动被抑制。

渗透压取决于溶液溶质的浓度，和溶液的数量无关。范特-霍夫（Van’t-Hoff）经研究，推导出稀溶液（接近理想溶液）的渗透压值计算公式如下：

$$P = cRT \qquad (5-4)$$

式中 P——溶液的渗透压（kPa）；

c——溶质的摩尔浓度（mol/L）；

R——气体常数［8.314J/（K·mol）］；

T——绝对温度（K）。

若将许多物质特别是 NaCl 分子会解离成离子的因素考虑在内，上式还可以进一步改为：

$$P = icRT \qquad (5-5)$$

式中 i——包括物质离解因素在内的等渗系数（物质全部解离时 $i=2$）。

以后，布尔又根据溶质和溶剂的某些特性，再进一步将范特-霍夫公式改成下式：

$$P = (\rho/100M)cRT \qquad (5-6)$$

式中 ρ——溶剂的密度（g/L）；

c——溶质的质量分数（g/100g）；

M——溶质的摩尔质量（g/mol）。

前面提到过腌制速度取决于渗透压，而根据式 5-4 来看，渗透压与温度和浓度成正比，因此为了加快腌制过程，应尽可能在高温度（T）和高浓度溶液（c）的条件下进行。从温度来说，每增加 1℃，渗透压就会增加 0.30%～0.35%。所以糖渍常在高温下进行。盐腌则通常在常温下进行，有时采用较低温度，如在 2～4℃。渗透速率还和溶剂密度及溶质的摩尔质量 M 有一定关系。不过，溶剂密度对腌制过程影响不大，因为腌制食品时，溶剂选用范围十分有限，一般总是以水作为溶剂。至于溶质的摩尔质量则对腌制过程有一定影响，因为对建立一定渗透压来说，溶质的摩尔质量越大，需用的溶质质量也就越大。又由式 5-5 可见，若溶质能够解离为离子，则能提高渗透压，用量显然可以减少些。如选用相对分子质量小并且能在溶液中完全解离成离子的食盐时，当它的溶液浓度为 10%～15%时，就可以建立起与 3×10^5～6×10^5 Pa 相当的渗透压，而改用食糖时，溶液的浓度需达到 60%以上才行。这说明糖渍时需要的溶液浓度要比用盐腌制时高得多，才能达到保藏的目的。

（三）扩散渗透平衡

食品腌制过程实际上是扩散和渗透相结合的过程。这是一个动态平衡过程，其根本动力就是由于浓度差的存在。当浓度差逐渐降低直至消失时，扩散和渗透过程就达到平衡。食品腌制时，食品外部溶液和食品组织细胞内部溶液之间借助溶剂的渗透过程及溶质的扩散过程，浓度会逐渐趋向平衡，其结果是食品组织细胞失去大部分自由水分，溶质浓度升高，水分活性下降，渗透压得以升高，从而可以抑制微生物的侵袭造成的腐败变质，延长食品保质期。

（四）食盐浓度与微生物生长繁殖的关系

食盐对微生物的影响，因其浓度而异，低浓度时几乎没有作用。有些种类的微生物在 1%～2%食盐中反而能更好地生长。事实上食盐对微生物的抑制作用，较其他盐类更弱，但是高浓度的食盐对微生物有明显抑制作用。这种抑制作用表现为降低水分活度，提高渗透压。盐分浓度越高，水分活度越低，渗透压越高，抑制作用越大。此时，微生物的细胞由于渗透压作用而脱水、崩坏或原生质分离。不同微生物对食盐的耐受性是不同的。一般来说，盐在 1%以下时，微生物的生理活动不会受到任何影响。当盐含量为 1%～3%时，大多数微生物就会受到暂时性抑制；当盐含量为 6%～8%时，大肠杆菌、沙门氏菌和肉毒杆菌停止生长；当盐含量超过 10%后，大多数杆菌便不再生长。球菌在盐含量达 15%时被抑制，其中葡萄球菌则要在盐含量达到 20%时，才能被抑制。酵母在 10%的盐溶液中仍能生长，霉菌必须在盐含量达到 20%～25%时才能被抑制。所以，腌制食品易受到酵母和霉菌的污染而变质。

（五）腌制防腐作用

1. 渗透压的作用　微生物细胞实际上是有细胞壁保护及原生质膜包围的胶体状原生浆质体。细胞壁是全透性的，原生质膜则为半透明性的，它们的渗透性随微生物的种类、菌龄、细胞内组成成分、温度、pH、表面张力的性质和大小等因素变化而变化。根据微生物细胞所处溶液浓度的不同，可把环境溶液分成三种类型，即等渗溶液（isotonic）、低渗溶液（hypotonic）和高渗溶液（hypertonic）。

（1）等渗溶液　就是微生物细胞所处溶液的渗透压与微生物细胞液的渗透压相等，如0.9%的食盐溶液就是等渗溶液（习惯上称为生理盐水）。在等渗溶液中，微生物细胞保持原形，如果其他条件适宜，微生物就能迅速生长繁殖。

（2）低渗溶液　微生物细胞所处溶液的渗透压低于微生物细胞的渗透压。在低渗溶液中，外界溶液的水分会穿过微生物的细胞壁并通过细胞膜向细胞内渗透，渗透的结果使微生物的细胞呈膨胀状态，如果内压过大，就会导致原生质胀裂（plasmoptsis），不利于微生物生长繁殖。

（3）高渗溶液　外界溶液的渗透压大于微生物细胞的渗透压。处于高渗溶液的微生物，细胞内的水分会透过原生质膜向外界溶液渗透，其结果是细胞的原生质脱水而与细胞壁分离，这种现象称为质壁分离（plasmolysis）。质壁分离的结果是细胞变形，微生物的生长活动受到抑制，脱水严重时就会造成微生物死亡。腌制就是利用这种原理来达到保藏食品的目的。在用糖、盐和香料等腌渍时，当它们的浓度达到足够高时，就可抑制微生物的正常生理活动，并且还可赋予制品特殊风味及口感。

在高渗透压下，微生物的稳定性决定于它们的种类，其质壁分离的程度决定于原生质的渗透性。如果溶质极易通过原生质膜，即原生质的通透性较高，细胞内外的渗透压就会迅速达到平衡，不再存在质壁分离的现象。因此，微生物种类不同时，由于其原生质膜也不同，对溶液的反应也就不同。因此，腌制时不同浓度盐溶液中生长的微生物种类也就不同。1%食盐溶液就可以产生0.830MPa（计算值）的渗透压，而通常大多数微生物细胞的渗透压只有0.3～0.6MPa，因此食盐高浓度（如10%以上）就会产生很高的渗透压，对微生物细胞产生强烈的脱水作用，导致微生物细胞的质壁分离。

2. 降低水分活度作用　食盐溶解于水后，解离出来的Na^+和Cl^-与极性的水分子通过静电引力作用，在每个Na^+和Cl^-周围都聚集了一群水分子，形成了水化离子。食盐浓度越高，Na^+和Cl^-的数目越多，所吸收的水分子就越多，这些水分子因此由自由状态转变为结合状态，导致了水分活度的降低。随着食盐浓度的增加，水分活度逐渐降低。在饱和盐溶液（浓度为26.5%，即在 20℃时，100g 水仅能溶解 36g 盐）中，无论细菌、酵母还是霉菌都不能生长。

（六）影响腌制的因素

食品腌制的主要目的是防止腐败变质，但同时也为消费者提供具有特别风味的腌制食品。为了达到这些目的就需要对腌制过程进行合理的控制，扩散渗透是腌制过程的关键，若对影响这个过程关键的因素控制不当，就难以获得优质腌制食品。目前影响的因素主要有以下几个方面：①食盐浓度；②腌制温度；③食盐纯度；④渗透调节剂；⑤真空；⑥原料鱼的性状等。

1. 腌制温度　由扩散渗透理论可知，温度越高，扩散渗透速度越快。以 15%食盐溶液在不同温度下腌制海鳗，从腌制开始到食盐含量为 7%所需时间来看，10℃为 32℃时的 2 倍、28℃时的 1.5 倍，平均每升高 1℃，时间可以缩短 6min 左右。虽然腌制温度越高，时间越短，但是选用适宜腌制温度必须谨慎小心，这是因为温度越高，微生物生长活动也就越迅速，特别是在低盐浓度腌制时，有可能还没有完成腌制就会发生腐败变质。

2. 食盐用量（浓度）　从渗透理论来看，渗透溶液的分子量及其离解情况对渗透脱水有很大的影响。溶质的分子量对渗透过程的速度并无显著的影响，但渗透压与溶质分子量及其浓度有一定的关系，因此对于固定分子量的渗透溶液来说，浓度的不同，进而引起渗透压的不同，从而造成对渗透过程的影响。盐浓度越大或用盐量越高，则鱼肌肉中食盐含量越大。食盐在鱼体中的渗透速度刚开始时很快，然后逐渐减慢达到平衡，这一过程可以认为与一般的扩散过程一样。

实际上，腌制时的食盐用量需根据腌制目的、环境条件、腌制原料、消费者口味而有所不同。为达到完全防腐的目的，要求食品内盐含量至少在 17%，而所用盐浓度至少要达到 25%。但是盐量过高，就难以食用，同时过高盐制品还缺少风味和香气。从消费者能接受的腌制品咸度来看，盐含量一般控制在 2%～3%为宜。

3. 食盐纯度　食盐因其来源不同，可以分为海盐、湖盐、池盐、井盐和矿盐等，食盐的主要成分为 NaCl，不过常常含有一些杂质，如 $CaCl_2$、$MgCl_2$、$FeCl_3$、$CaSO_4$、$MgSO_4$ 等。其中，$CaCl_2$、$MgCl_2$ 具有苦味，水溶液中的 Ca^{2+}、Mg^{2+} 含量达到 0.15%～0.18%及食盐中达到 0.6%时就察觉出有苦味。研究发现，使用纯度低的食盐，盐渍时渗透慢且食盐渗入量少，保藏效果差。Ca、Mg 盐多时，制品则硬、脆，并带有苦味。因此，为了保证食盐迅速渗入食品内，应尽可能使用高纯度的食盐，提高腌制的效率和腌制品的品质。

4. 渗透调节剂　传统鱼肌肉的腌制采用食盐来脱水保藏，但是出于健康的考虑，需要减少食盐的摄取，高盐含量的腌制鱼就受到一定的制约。当盐渍浓度下降时，需要考虑腌制时间，以保证腌制过程快速不至于鱼产生腐败。出于这个原因，需要考虑渗透脱水调节剂来加速盐渍过程，如加入糖类物质蔗糖、海藻糖等。海藻糖在腌制过程的作用主要是由于其分子结构具有多羟基，能够很好地与自由水分子相结合，降低了水分活度，使得食盐扩散阻力降低；另一方面海藻糖增加了渗透过程的渗透压，加快腌制过程。

5. 真空 真空渗透近年来作为一种适合改善液固系统传质的技术而出现。真空可以造成低氧的环境，减轻或避免氧化作用；可以形成压力差，能够加速物料中物质分子的运动和气体分子的扩散。物料组织中的气体在压差的作用下，很容易扩散出来被及时抽掉。真空渗透技术主要利用压力差结合浓度梯度实现快速腌制。

6. 原料鱼的性状 食盐的渗透因原料鱼的化学组成、比表面积及其形态而异。对全鱼而言，皮下脂肪层薄，少脂性的鱼或无表皮的时候渗透速度大，鱼片比全鱼渗透快。一般来说，新鲜的鱼渗透要快。关于解冻鱼的食盐渗透速度因解冻之前冻藏时间而异，短期冻藏比未冻鱼渗透快，长期冻藏反而慢。鱼体中盐分渗透的最大障碍是鱼皮和鱼体厚度。

二、腌制方法

水产品的腌制方法，按腌制时的用料（选用材料）大致分为：①食盐腌制法；②盐醋腌制法（醋渍）；③盐糖腌制法；④盐糟腌制法；⑤盐酒腌制法；⑥酱油腌制法；⑦盐矾腌制法；⑧多重复合腌制法（如香料渍法）。按腌制品的熟成程度及外观变化，常分为普通腌制法和发酵腌制法。

食盐腌制法是最基本的腌制方法，简称为盐腌法。盐腌可看作是盐渍而熟成的过程。食盐腌制法按用盐方式分为干腌法、湿腌法和混合腌制法；按盐渍的温度，可分为常温腌制和低温腌制；按用盐量多少，可分为重盐渍与轻盐渍（淡盐渍）等。

1. 干腌法 利用干盐或混合盐擦涂在食品表面，然后层堆在腌制架上或层装在腌制容器内，各层间还应均匀地撒上食盐，各层依次压实，在外加压或不加压的条件下，依靠外渗汁液形成盐液进行腌制的方法。由于开始腌制是仅加食盐不加盐水，故称干腌法。在干腌过程中，食盐产生的渗透压及食盐的吸湿性使鱼体组织渗出水分，形成食盐溶液，再向食品内部渗透，因为盐水形成缓慢，所以盐分向鱼肉内部渗透较慢，延长了腌制时间，但腌鱼风味较好；而且，食盐溶解需要吸收热量，故能降低鱼体温度，这对鱼类腌制防腐有重要意义。干腌法具有鱼肉脱水效率高、不需要特殊设备、营养成分流失较少等优点，但干腌法腌制不均匀，失重大，味太咸，鱼体的外观差，且因腌制时间

长，暴露空气中久而易发生脂肪氧化。

2. 湿腌法　即盐水腌制法。就是在容器内将食品浸没在预先配制好的食盐溶液内，腌制剂通过扩散和水分转移直至鱼肉组织内外盐溶液浓度达到动态平衡的腌制方法。这种方法常用于盐腌鲑、鳟、鳕等大型鱼类及沙丁鱼、秋刀鱼等中小型鱼类。由于鱼肉组织内的水分会在食盐产生的渗透压下析出而导致盐水浓度降低，所以需经常搅拌并补充食盐，以加快盐溶液的渗透速度。高浓度盐溶液可缩短腌制过程。盐水腌制过程中鱼体完全浸入盐液中，腌制液渗入较均匀，因鱼体不与外界空气接触，不易引起脂肪氧化现象，同时不会产生过度脱水现象，但含盐量较低、水分含量高，多不易保藏。湿腌腌鱼虽然肉质柔软，但蛋白质流失大，而且耗盐量大，所用容器设备多，工厂占地面积大，所需劳动量也高于干腌法。

3. 混合腌制法　这是一种干腌和湿腌相结合的腌制法，特别适合多脂鱼。即将鱼体在干盐中滚蘸盐粒后，以层盐层鱼的方式排列在腌制容器中腌制一昼夜，再注入一定量的饱和食盐水进行腌制，以防止鱼体在腌制时盐液浓度被稀释。采用这种方法，食盐的渗透均匀，盐腌初期不会发生鱼体的腐败，能很好地抑制脂肪氧化，制品的外观较好，咸度适中，但生产工艺较复杂。

4. 低温腌制法　①冷却腌制法：将原料鱼预先在冷藏库中冷却或加入碎冰，使其达到0～5℃时再进行腌制的方法。这种腌制法能在气温较高的季节阻止鱼肉组织在腌制过程中的自溶和细菌作用，以保证产品的质量。在确定用盐量时，必须将冰融化形成水的因素考虑在内。②冷冻腌制法：预先将鱼体冻结再进行腌制。随着鱼体解冻，盐分渗入，腌制逐渐进行。这种腌制方法主要用于腌制大型而肥壮的贵重鱼品，可防止大型鱼体在腌渍过程中鱼体深处发生变质。

三、腌制过程中的品质变化

（一）物理变化

1. 重量变化　腌制过程中，鱼体水渗出的同时盐分则渗入，而一般表现为重量的减少。但是，因盐渍条件不同，也有相反的从外部吸水重量增加的情况。干盐渍法，不管何种条件鱼体总是脱水，因而重量减少，其程度与用盐量成正比。盐水渍法在某种浓度以上食盐的获得量小于鱼体脱水量，重量减少；某种浓度以下食盐的获得量大于鱼体脱水量，重量增加。盐水渍法重量增减的临界食盐浓度可通过实验结果求得，一般为10%～15%。腌制鱼重量的增减不仅与食盐浓度有关，还与盐水量和鱼体重量之间的比例有关。

2. 肌肉组织收缩　鱼体在不同的食盐浓度下进行盐渍时，伴随着水分的渗出和食盐渗入及肌肉组织中的组分在盐卤中的溶出，鱼体的组织外观发生明显变化，当鱼体总体重量减少时，鱼体有一定程度的组织收缩。同时，随着鱼体肌肉中的食盐浓度的增加，硬度和内聚性渐渐增加，弹性渐渐减小。

（二）化学变化

1. 蛋白质与脂质分解 鱼体腌制过程中在微生物酶的作用下，蛋白质、脂质被分解，游离氨基酸增加。分解的程度与食盐的浓度成反比，但饱和盐浓度并不能完全抑制这种分解。温度越高，分解程度越大。鱼种之间以红色肉鱼分解大，同一种鱼以全鱼比去内脏的鱼分解程度大。某些鱼种的腌制品，具有独特的柔软性并呈良好的香味，这种现象称为熟成。多脂性的鱼种在较低的盐浓度（＜10%）和较低的温度（＜10℃）下，用盐水渍或避免暴露空气的状态下盐渍为宜。

2. 脂质氧化 盐渍特别是干盐渍时，脂质（游离脂肪酸）易被空气氧化，并产生“哈败”。氧化产物中存在着毒性物质，食盐具有促进氧化变质的作用。为防止脂质的氧化，可添加适当的抗氧化剂并采用低温盐渍。

3. 蛋白质变性 咸鱼与鲜鱼的肉质相差较大，特别是高盐渍鱼变得较硬，这种变化与组织的收缩以及蛋白质的变性有关。盐渍后肌肉中的主要蛋白质——肌球蛋白（myosin）失去溶解性和酶活性。盐渍鱼肉蛋白质变性的直接原因是鱼肉内产生的盐浓度，但是在较低盐浓度（5%以下）盐渍时也曾发现产生显著的不溶解性现象，不同鱼种的蛋白变性难易程度也不同。除了上述变化以外，腌制也会引起蛋白质热稳定性和构象结构变化，主要受其周围环境如离子强度等的影响。蛋白质天然构象内的疏水相互作用可以改善热稳定性，而离子强度的增大，引起疏水相互作用的减弱，从而引起稳定性减小，也就使得蛋白质变性温度值向低值方向移动。

4. 肌肉成分溶出 盐渍过程中，肌肉产生可溶性成分的溶出。溶出成分中氮化物主要成分是蛋白质和氨基酸，溶出量以氮计，达10%～30%。随着盐渍温度的提高，溶出到盐卤中的氨基酸的量增加，但是增加的幅度随着温度的提高而渐渐减少。随着盐渍浓度的提高，溶出到盐卤中的氨基酸的数量逐渐减少，浓度越大，氨基酸溶出的数量就越少。当浓度达20%以上时，溶出的量随着时间变化则趋于恒定。

鱼体肌肉中蛋白质分解同样随着温度的增加而增加，所以肌肉中的游离氨基酸量在增加，增加的幅度要大于盐卤中增加的幅度。盐浓度的影响明显大于温度对其溶出的影响，这是因为高浓度的食盐对鱼体中的蛋白酶具有较强的抑制作用，浓度越大，抑制也越大。因此一般来说，盐水渍较干盐渍、高温较低温、鱼片较鱼体溶出程度大。

5. 结晶性物质的析出 盐渍鱼的表面有时会产生白色的结晶性物质，这种物质主要是正磷酸盐，鱼肉中核苷酸类物质由于酶的分解而游离出磷酸基，由于食盐过饱和而被析出。特别是原料鲜度差、低温盐渍或者被干燥的条件下易于产生。这种结晶物的存在虽对保藏性没有显著影响，但会影响产品的食用品质。

（三）微生物引起的变质

1. 腐败分解　盐渍在一定程度上能抑制细菌的生长，但不能完全抑制细菌的作用，有时也会引起腐败分解，腐败的细菌类与新鲜鱼一样。产生腐败的因素如下：①食盐浓度，食盐浓度越高，抑制腐败的作用越大，食盐浓度至少在10%以上才有抑制效果；②食盐种类，盐渍的保存效果因用盐的种类而异，食盐的纯度是主要因素；③盐渍温度，盐渍的温度越低，保藏作用越大，特别是食盐的纯度越高，低温的效果越好；④空气接触，厌氧条件对腐败分解有抑制作用。

2. 变色　①咸鱼发红：盐渍鱼的表面会产生红色的黏性物质。产红细菌主要有八迭球菌和假单胞菌两种嗜盐菌。它们都分解蛋白质，而后者主要使咸鱼产生令人讨厌的气味。低温低湿对防止发红有效，也可在盐渍用盐中添加醋酸和苯甲酸等。②褐变：在盐渍鱼的表面产生褐色的斑点，使制品的品质下降，这主要是由嗜盐性霉菌引起的。这种霉菌适于在食盐浓度10%～15%、相对湿度75%、温度为25℃的环境中繁殖，有些菌株有分解蛋白质的活性，但不到使咸鱼软化的程度。

（四）成熟过程

成熟是一个复杂的过程，决定于成熟物化条件的各种参数（温度、pH、离子强度和水分活度）和鱼的生物学参数（脂肪含量、酶、细菌等）。它包含了化学和生化反应，使得鱼组织特性发生变化从而引起鱼的感官特性变化，在成熟过程中酶起到了关键作用，主要是内源性组织蛋白酶和细菌蛋白酶作用的结果。产生的生化变化主要是蛋白质组分和脂肪的降解，形成低分子化合物赋予了产品的感官特性，产生的肽和氨基酸和进一步酶解的产物还有涉及它们之间的化学反应，构成了对风味有重大影响的重要挥发性和非挥发性化合物。

对盐渍腌制的多脂鱼来说，成熟对其风味产生是一个更重要的阶段。鲱鱼片在腌制中，由于水的外渗可失重达20%，在10天内由于盐的摄入，可以恢复到原来的重量。成熟或陈化中起作用的酶，可能来自鱼的消化系统（故有时剖鱼时不去幽门盲肠以利于这种熟化）、鱼的肌肉、鱼体上原来生长或盐渍中生长的细菌。虽然成熟过程非常复杂，但一般认为，产品成熟的主要风味来自蛋白质和脂肪的一些分解产物，甚至在低脂、白肉鱼类的腌制品的风味中，脂肪的分解和氧化酸败也起着很重要的作用。经美拉德褐变反应的腌制品，对风味也作出了很大的贡献。鱼体中的糖尤其是ATP降解时释放出来的核糖，对美拉德褐变反应有促进作用。然而，对于干腌的咸鱼来说，一般不希望其发生任何褐变，以免影响产品的感官品质。

第二节　淡水鱼盐腌

腌制，通常是指用盐或盐溶液、糖或糖溶液、酒糟、香料等其他辅助材料对食品原料进行处理以增加风味，改善质构，利于保藏的加工过程。普通食盐溶液即使在低浓度下，也比其他食品腌制液如蔗糖溶液更为有效。在盐腌过程中，被加工的水产品物料浸渍于盐溶液中，或处在与固体食盐接触时鱼体中渗透出的水分所形成的食盐溶液中。由于鱼肌肉细胞与腌制液中盐分的浓度差，在渗透压的作用下，达到盐渍平衡。高浓度食盐引起的水分活度降低和渗透压的提高，对微生物有明显的抑制作用，能有效地延缓和控制鱼的腐败。在盐渍过程中，一方面通过盐渍的渗透作用，尽快地除去鱼肉中深度部位的水分，同时增加鱼肉中溶质的浓度，降低水分活度，抑制微生物的生长繁殖，并因蛋白质变性而使酶失活，达到防腐败变质的目的；另一方面，在酶、微生物等作用下，鱼肉组织发生自溶和腐败等。盐渍的效果，取决于这两方面的竞争作用。只有当鱼肉中盐浓度达到饱和浓度时（约为26%），这样的咸鱼才能长期保藏。盐腌的成败在于鱼肉深度部位的水分活度能否快速降低，这取决于盐的渗透速度。从理论角度上讲，腌鱼在腌制结束之后的水分活度能达到0.75，但是如果在腌制过程中没能控制腌鱼对水分的吸收，在A_w达到<0.75之前，就会引起微生物生长并导致腐败。

水产品的盐渍主要有低盐和高盐两种方法。盐腌过程中，无论何种腌制方法，都是在形成溶液后，产生相应的渗透压，溶质扩散进入鱼组织内部，而水分渗透出来，降低了其游离水分，相应降低了水分活度，正是在这种渗透压的影响下，抑制了微生物活动和形成了相应的腌制品。盐浓度越大或用盐量越高，则食品中食盐内渗量就越高。但是，高盐易危害健康，因此亟须采用现代加工技术对传统腌制工艺进行革新，在降低腌鱼制品盐含量的同时加快腌制成熟过程。

一、快速低盐腌制技术

传统方法多采用高盐法（制品盐分含量15%～20%），通过提高食盐用量来控制加工过程中水产品的腐败和提高成品保藏期。但盐含量高，会引起味咸、肉质较硬，产品的色泽、风味和口感方面也较难以控制，且高盐不利于人体健康。为迎合消费者对口味要求咸淡适中和对食品要求安全营养的消费需求，低盐化产品逐渐受到重视。但低盐腌制时盐浓度较低，腌制速度较慢，低盐腌制时间较长。且当盐浓度较低时，抑菌作用减弱，因此，必须采用某些技术手段加快腌制速度。目前，这些技术手段主要通过降低水分活度、pH、加工贮藏温度，来控制微生物的生长繁殖，以保证产品品质和安全性。

近年来，研究人员对低盐腌制技术及其理论基础进行了大量研究工作，结合现代物理与生物加工技术，通过对腌制鱼腌制方法、后熟方式等方面的深入研究，开发了一种快速低盐腌制水产品加工技术。

1. 工艺流程　新鲜或冷冻鱼→原料鱼预处理→腌制液配制→腌制→生物成熟→后熟→物理成熟→真空包装→成品。

2. 操作要点

（1）原料选择　选用新鲜或冷冻大宗淡水鱼，包括青鱼、草鱼、鲢、鳙、鲤、鲫、鲂。

（2）原料预处理　冷冻鱼解冻或鲜鱼经去头、去脏、去鳞，切成一定大小的鱼块。

（3）腌制液配制　由食盐和快速渗透剂等配制成的腌制溶液，添加一定比例的食盐、糖、适量大料、桂皮和生姜等。

（4）腌制　在6～16℃下，将鱼块置于上述腌制液中，比例为1∶5，进行真空腌制6～10h，取出，沥干。

（5）生物成熟　将腌制后的鱼体采用0.3%～0.4%风味酶作用，时间2～4h。

（6）后熟　采用真空-热风联合干燥，温度为45℃，干燥时间6～10h。

（7）物理后熟　将经过后熟的鱼块，采用间歇微波处理，温度为60～90℃，时间1min。

（8）包装、贮藏　将成熟后的鱼体真空包装后置于0～10℃环境中贮藏。

该技术利用真空腌制和添加海藻糖方法加速腌制，解决了腌制过程中蛋白质变性引起的口感变差问题，增加鱼肉结构组织的韧性；采用微波和风味酶可加速腌鱼成熟过程，促进羰基化合物和呈香物质酯类等风味物质的产生，产品具有较好的质构和风味品质。

3. 质量指标与参考标准

（1）感官指标　外表光洁，无黏液，无霉点；具有该腌鱼制品应有的光泽，切面的肌肉呈红色或暗红色，脂肪呈白色；组织致密，有弹性，无汁液流出，无异物；具有该产品固有的滋味和气味。

（2）理化指标　酸价（以脂肪计）（KOH）≤30mg/g，过氧化值（以脂肪计）≤2.50g/100g，组胺≤30mg/100g。

（3）微生物指标　菌落总数≤3×10^4CFU/g，大肠菌群≤30MPN/100g，致病菌不得检出。

（4）操作规范参考标准 《食品安全管理体系水产品加工企业要求》（GB/T 27304—2008）；《水产食品加工企业良好操作规范》（GB/T 20941—2007）；《出口水产品质量安全控制规范》（GB/Z 21702—2008）。

（5）产品质量参考标准 《盐渍鱼卫生标准卫生标准》（GB 10138—2005）、《腌腊肉制品卫生标准》（GB 2730—2005）、《腌腊鱼》（DB 43/344—2007）。

二、酸辅助低盐腌制技术

酸辅助低盐腌制技术，是在腌制过程中添加食醋等酸味剂，以加快腌制过程改善腌制风味的一种技术。酸辅助与盐腌、调味同时进行，在这种加工方式下处理的腌鱼产品，具有酸作用强度小、酸渗透效果好的特点，产品具有口感、风味、咀嚼度好和保藏期长的特点。添加酸促使蛋白质变性和降低酶活性，抑制蛋白质降解和组胺的产生，降低腌鱼的 pH，延长保质期。添加适度酸，还可以使产品产生无腥酸香清爽的良好风味。

研究人员对酸辅助低盐腌制技术及其理论基础进行了大量研究工作，将盐腌和脱水联合应用于腌制品的加工过程中，并辅助于熟化和真空包装，通过控制水分活度、调节 pH 等保质栅栏因子，开发出了一种低温或常温流通，无须加热烹调风味可口的即食淡腌鱼制品，有效缩短了脱水时间，提高了产品的卫生质量，延长了产品的货架期。

1. 工艺流程 新鲜或冷冻鱼→原料鱼预处理→腌制液配制→混合腌制→漂洗→脱水→真空包装→熟化→成品。

2. 技术要点

（1）原料选择 选用新鲜或冷冻大宗淡水鱼，包括青鱼、草鱼、鲢、鳙、鲤、鲫、鲂。

（2）原料预处理 冷冻鱼解冻或鲜鱼经去头、去脏、去鳞，切成一定大小的鱼块。

（3）腌制液配制 食盐、蔗糖、八角、辣椒粉等调味料在盐水中煮沸 10min，黄酒易挥发，捞取残渣后加入黄酒，煮沸 5min，补充适量纯净水，冷却。

（4）混合酸腌制 在 10～16℃下，将鱼块置于上述腌制液中，比例为 1∶2，腌制 2～3h，添加 3%的醋酸处理，浸渍入味取出。

（5）漂洗 采用流动清水，水温 20～25℃，漂洗后，沥干。

（6）脱水 鼓风干燥脱水，温度 50～55℃，时间 2～3h，热风速度 2～5m/s。

（7）真空包装 脱水后的鱼体装入复合蒸煮袋中，真空封口，真空度大于 0.095MPa。

(8) 熟化杀菌　121℃，5～15min，迅速冷却，置于 0～10℃环境中贮藏。

3. 质量指标与参考标准

(1) 感官指标　外表光洁，无黏液，无霉点；具有该腌鱼制品应有的光泽，切面的肌肉呈红色或暗红色，脂肪呈白色；组织致密，有弹性，无汁液流出，无异物；具有该产品固有的滋味和气味。

(2) 理化指标　酸价（以脂肪计）（KOH）≤30mg/g，过氧化值（以脂肪计）≤2.50g/100g，组胺≤30mg/100g。

(3) 微生物指标　菌落总数≤3×10^4 CFU/g，大肠菌群≤30（MPN/100g)，致病菌不得检出。

(4) 操作规范参考标准　《食品安全管理体系水产品加工企业要求》(GB/T 27304—2008)；《水产食品加工企业良好操作规范》(GB/T 20941—2007)；《出口水产品质量安全控制规范》(GB/Z 21702—2008)。

(5) 产品质量参考标准　《盐渍鱼卫生标准卫生标准》(GB 10138—2005)、《腌腊肉制品卫生标准》(GB 2730—2005)、《腌腊鱼》(DB 43/344—2007)。

第三节　淡水鱼糟醉制

糟鱼制品，是将原料经洗涤，盐腌晒干后，加配米酒糟、白糖、白酒等糟浸发酵制成的一种复合性食品。其肉质紧密，富有弹性，甜咸和谐，香气浓郁。糟鱼兼有酒香味、米香味和腊香味，产品香味醇厚，久食不厌；而且酒糟含有蛋白质、淀粉、粗纤维、脂肪、氨基酸、聚戊糖、灰分以及丰富的维生素、生长素等物质和一些矿质元素，并同时含有发酵过程中产生的酵母菌、多种清香醇甜因子等，营养价值大，是湖北、江西、江苏和浙江等地具有民族特色的传统食品。糟醉加工过程，一般包括盐渍脱水和糟制成熟两个阶段。盐渍脱水一般采用短期薄盐渍的方法，赋予产品一定的咸味，给进一步调味创造有利条件，再加以适度的干燥，目的是起到初步杀菌作用，且鱼体部分干燥，可以有效促进酒糟鱼糟制过程中糟醉液在鱼段中的渗透扩散。调味料主要是酒糟和其他一些香料物质，酒糟可以提高产品的营养价值。在糟制成熟过程中，酒糟含有酒精和酵母菌，具有防腐能力，并可分解有腥味的物质，同时，促进鱼肉蛋白降解产生呈味氨基酸等呈味物质。

传统的糟鱼加工仍然是以手工操作，生产多在秋冬季节进行，春夏季由于雨水多、空气湿度大、气温高，容易引起鱼肉的腐败变质。生产环境差，产品质量不稳定，货架期短，难以形成规模化生产。研究人员集成应用真空渗透技术、生物发酵技术、栅栏技术、干燥技术、低温杀菌技术和新型包装技术等现代食品加工技术，对传统糟鱼制品进行现代化改造，通过对酒糟的制备工艺条件以及淡水鱼原料预处理方式、腌制工艺、脱水方式、糟制温度、时间、酒糟添加量等参数对糟鱼质构和风味品质的影响研究，优化了鱼肉糟制工艺。通过低温腌制技术结合真空与热风联合干燥技术，提高产品腌制风味，使产品肉质紧密而富有弹性，真空渗透技术和控温发酵技术大大提高了糟制速度和风味形成，建立了淡水鱼糟醉制品的工业化生产技术。

一、传统糟鱼

1. 工艺流程 原料鱼处理→盐渍→干燥→糟渍→装坛→封口→包装→成品。

2. 操作要点

（1）原料选择 选用新鲜或冷冻青鱼、草鱼、鲢、鲤等大宗淡水鱼。

（2）原料处理 新鲜鱼经去头、去脏、去鳞，将鱼体剖开，仔细去除全部内脏、黑膜等，较大的鱼需剔除脊骨，然后用流动清水漂洗干净。

（3）盐渍 将清洗后的鱼沥干水分后进行盐渍，用盐量可根据加工时的温度和产品要求而定，用盐量为8%～10%，盐渍时间3～5h。

（4）晒干 将盐渍后的鱼取出置于清水中，使其表面稍微脱盐并洗去其表面的黏滞物。将鱼晒干到一般盐干品的程度，用作糟渍的原料。

（5）糟渍 常用甜酒原糟和黄酒糟。使用经过压榨的甜酒原糟，其水分含量为40%～50%，酒精成分3%～6%，香味浓醇。要使用新鲜糟，不得使用已发酵的陈糟。还可根据各地的传统口味，添加适量的香辛料（胡椒、花椒、桂皮、茴香、辣椒等），盐，糖等。原料鱼与酒糟的比例通常在1∶（1～1.5）。先在糟制坛底铺一层糟，然后将切成一定大小的鱼块整齐地排列在糟上，然后层糟层鱼逐层摆放，直到装满，并压紧，在顶层添加少量烧酒和食盐，然后封紧坛口，应保证密封不透气。气温高时2～3个月成熟，气温低时3～4个月成熟。

（6）包装、成品 按鱼糟比1.5∶1进行包装，以糟包裹鱼块，然后进行真空包装，经检验合格后即为成品。

3. 质量指标与参考标准

（1）感官指标 产品鱼块呈鲜艳的红色至红褐色，酒糟呈白色至淡黄色，鱼块大小均匀，鱼块肉质紧密，富有弹性，鲜嫩味美，咸淡适宜，香气醇厚，具有浓郁的酒香气和鱼香味。

（2）理化指标 水分含量≤50%，蛋白含量≥30%，灰分≤1.5%，盐含量≤1.5%～2.5%，酸价（以脂肪计）（KOH）≤130mg/g，过氧化值（以脂肪计）≤0.60g/100g，固形物含量≥75%。

（3）微生物指标　大肠菌群≤30MPN/100g，致病菌不得检出。

（4）操作规范参考标准　《食品安全管理体系水产品加工企业要求》（GB/T 27304—2008）；《水产食品加工企业良好操作规范》（GB/T 20941—2007）；《出口水产品质量安全控制规范》（GB/Z 21702—2008）。

（5）产品质量参考标准　《酱卤肉制品》（GB/T 23586—2009）、《食品安全地方标准　发酵肉制品》（DB 31/2004—2012）。

二、特色香糟鱼

1. 工艺流程

原料鱼预处理→盐渍→干燥→切块→真空渗透→糟制→包装→杀菌→成品。

↑

大米→熟制→加酒曲→酿制

2. 操作要点

（1）原料选择　选用新鲜或冷冻青鱼、草鱼、鲢、鲤等大宗淡水鱼。

（2）原料预处理　新鲜鱼经去头、去脏、去鳞，将鱼体剖开，仔细去除全部内脏、黑膜等，较大的鱼需剔除脊骨，然后用流动清水漂洗干净。

（3）盐渍　经漂洗干净的鱼体，沥干水分，加入由一定比例的食盐、糖、适量大料、桂皮、生姜等配制成的腌制液，用盐量可根据加工时的温度和产品要求而定，在6～15℃下，腌制6～10h，取出，沥干。

（4）脱水干燥　采用真空—热风联用干燥，温度45℃，干燥时间2～3h，真空度0.085MPa，干燥至水分30%以下。

（5）切块　将干燥脱水后的鱼体切割成长2～3cm、宽1～1.5cm的小块。

（6）真空渗透　将米酒酿糟过滤，得酒酿与酒糟，将鱼块与酒酿混合，在真空渗透机中进行真空渗透。

（7）糟制　将真空渗透后的鱼块与酒糟、味精、白糖、香辛料等混合均匀，低温糟制一段时间，发酵成熟。

（8）包装杀菌　将糟制成熟的鱼块装入蒸煮袋中，真空封口，高温杀菌15-20-15min/116℃。

该技术采用鲜鱼为原料，经盐腌、干燥后加配上乘的糯米甜酒糟或米酒糟、白糖、白酒等糟制发酵制成香糟鱼制品。采用真空与热风联合干燥技术和真空渗透技术，使产品肉质紧密而富有弹性，大大提高了糟制速度，促进了糟制风味的快速形成。

3. 质量指标与参考标准

（1）感官指标　产品鱼块呈鲜艳的红色至红褐色，酒糟呈白色至淡黄色，鱼块大小均匀，鱼块肉质紧密，富有弹性，鲜嫩味美，咸淡适宜，香气醇厚，具有浓郁的酒香气和鱼香味。

（2）理化指标　水分含量≤50%，蛋白含量≥30%，灰分≤1.5%，盐含量≤1.5%～2.5%，酸价（以脂肪计）（KOH）≤130mg/g，过氧化值（以脂肪计）≤0.60g/100g，固形物含量≥75%。

（3）微生物指标　菌落总数≤3×10^4CFU/g，大肠菌群≤30MPN/100g，致病菌不得检出。

（4）操作规范参考标准　《食品安全管理体系水产品加工企业要求》（GB/T 27304—2008）；《水产食品加工企业良好操作规范》（GB/T 20941—2007）；《出口水产品质量安全控制规范》（GB/Z 21702—2008）。

（5）产品质量参考标准　《酱卤肉制品》（GB/T 23586—2009）、《食品安全地方标准　发酵肉制品》（DB 31/2004—2012）。

三、烟熏香糟鱼

1. 工艺流程　原料鱼预处理→低温腌制→真空干燥→浸渍调味料→热风干燥→熏制→装袋→真空封口→杀菌→冷却→包装成品。

2. 操作要点

（1）原料选择　选用新鲜或冷冻青鱼、草鱼、鲢、鲤等大宗淡水鱼。

（2）原料预处理　采用鲜活鱼为原料，将鱼体浸泡在0.2%碳酸钠溶液中5min，取出用清水冲洗至中性，然后去头、去脏、去鳞，将鱼体剖开，仔细去除全部内脏、黑膜及血污等，然后用流动清水漂洗15～30min，漂洗期间要翻动鱼体，以确保清洗干净。

（3）低温腌制　将漂洗干净的鱼体沥干水分，按配方要求加入盐、花椒，先用80%的盐和花椒与鱼体拌和均匀，逐条整齐地排列于容器中，然后用20%的盐均匀撒在腌制鱼体表面最上层，作为封顶盐，在低温腌制室中腌制。腌制一段时间后，会形成相当数量的鱼卤，腌制鱼时需上下翻动1次，然后加压加速食盐的渗透，再腌制入味即可。

（4）真空干燥　腌制后鱼体放在真空干燥机中，温度45～50℃，时间6～10h，真空度0.08MPa。

（5）浸渍调味料　将真空干燥过的鱼体浸渍在由食盐、白糖、花椒、料酒和干酒糟等按一定比例配置成的调味料中（以液体覆盖住鱼体为限），15～25h。

（6）热风干燥　将浸渍调味料后的鱼体送入热风干燥机中干燥：温度40～60℃，风速2～5m/s，干燥至鱼体含水25%～45%。

（7）熏制　采用三种果木木屑复配成的烟熏料，在烟熏室中利用低温熏制 3h。

（8）装袋、真空封口　将熏制好的鱼体按要求装入包装袋中，真空封口，真空度为 0.09MPa。

（9）杀菌冷却　采用高温反压杀菌，15－30－15min/118℃。

该技术利用酒糟为调味基料，加上辅助调味料，综合腌制、糟制、烟熏的各自特点，采用特殊加工工艺，有效地去除淡水鱼的土腥味，制成风味独到的烟熏香糟鱼制品。

3. 质量指标与参考标准

（1）感官指标　产品鱼块呈鲜艳的红色至红褐色，鱼块大小均匀，鱼块肉质紧密，富有弹性，鲜嫩味美，咸淡适宜，香气醇厚，具有浓郁的酒香气和熏香味。

（2）理化指标　水分含量≤50%，蛋白含量≥30%，灰分≤1.5%，盐含量≤1.5%～4%，酸价（以脂肪计）（KOH）≤130mg/g，过氧化值（以脂肪计）≤0.60g/100g。

（3）微生物指标　菌落总数≤3×10^{4}CFU/g，大肠菌群≤30MPN/100g，致病菌不得检出。

（4）操作规范参考标准　《食品安全管理体系水产品加工企业要求》（GB/T 27304—2008）；《水产食品加工企业良好操作规范》（GB/T 20941—2007）；《出口水产品质量安全控制规范》（GB/Z 21702—2008）。

（5）产品质量参考标准　《熏煮火腿》（GB/T 20711—2006）。

四、醉鱼

1. 工艺流程　原料鱼→预处理→清洗→腌制→漂洗、沥水→干燥→切块→醉制→计量包装→真空封口→杀菌→成品。

2. 操作要点

（1）原料选择　选用新鲜或冷冻的草鱼、鲢等大宗淡水鱼。

（2）原料预处理　以鲜活或冷冻淡水鱼为原料，去鳞，从尾鳍沿背鳍剖开至鱼头处，使鱼肚皮处连着，去内脏、去头，把整个鱼身摊开。注意在操作过程中不要弄破胆汁，以免使鱼肉产生苦味。

（3）清洗　用流水清洗，除净污血、黑膜、内脏及鱼鳞等，在鱼身厚处用刀划割几下，以便加工时容易入味及烘干时水分可以快速均匀散发。

（4）腌制　取适量腌制剂均匀涂抹于鱼体内外，鱼身摊开，皮面向下，整齐平放堆码于腌制池中，并在最上层覆盖一层薄盐，然后用重物压实，在腌池表面加盖，以防止杂物等进入。腌制时，应根据鱼体大小、品种、地方的食用习惯、气温等调整腌制剂用量及腌制时间，以防止微生物的大量繁殖。

(5) 漂洗、沥水　腌制完成的鱼体用20～25℃流水清洗，去除表面的黏液、盐点及残留的污物，洗后沥水，控干到不滴水为宜。

(6) 干燥　采用热风干燥，风速2～5m/s，60℃干至最终含水量在35%～45%。干燥完成的鱼干，若不马上加工，应贮藏于-18℃的冷库里。

(7) 切块　按包装规格进行切段，此工序只是粗切，要求尽量按规格大小，使每块鱼干加工后与包装规格相一致，这样包装后的产品，外观、形状都会比较美观，受人欢迎。

(8) 醉制　以酒糟、糖、香辛料等为主要配料与鱼块拌匀，存放于调味槽中，表面加盖或覆盖塑料薄膜，以减少酒精等挥发，此过程一般约需一昼夜。醉制过程应严格控制温度，特别是在夏秋季节加工，应控制温度在20℃以下。

(9) 计量包装　根据产品规格修整鱼块，精确计量，同时避免鱼刺等硬物外露，以减少包装袋破损及产品的不必要返工。

(10) 真空封口　真空度0.09～0.1MPa，要求封口平直牢实不皱缩、不发黄变焦。

(11) 杀菌　高温反压杀菌，杀菌公式为10-20-10min/121℃反压冷却。

3. 质量指标与参考标准

(1) 感官指标　鱼块呈鲜艳的红色至红褐色，肉质紧密，软硬适度，富有弹性，咸鲜适口，香气醇厚，具有浓郁的酒香味和鱼香味，无异味，无杂质。

(2) 理化指标　水分35%～50%，食盐（以NaCl计）≤6%，酸价（以脂肪计）(KOH) ≤130mg/g，过氧化值（以脂肪计）≤0.60g/100g。

(3) 微生物指标　菌落总数≤3×10^4CFU/g，大肠菌群≤30MPN/100g，致病菌不得检出。

(4) 操作规范参考标准　《食品安全管理体系水产品加工企业要求》(GB/T 27304—2008)；《水产食品加工企业良好操作规范》(GB/T 20941—2007)；《出口水产品质量安全控制规范》(GB/Z 21702—2008)；《水产品加工质量管理规范》(SC/T 3009—1999)。

(5) 产品质量参考标准　《鱼类罐头卫生标准》(GB 14939—2005)。

第四节　淡水鱼发酵制品

应用生物发酵技术来保持和改善鱼制品的品质、抑制腐败菌的生长，是一种很好的食品加工及保藏方法，现已广泛应用于水产品的加工中，如青贮鱼饲料（fish silage）、发酵鱼露、发酵酸鱼和发酵鱼糜等。生物发酵主要利用乳酸菌将糖转化为各种酸，使pH降低，同时代谢产生一些细菌素等抑菌物质，抑制腐败菌和致病菌的生产繁殖；发酵还可产生乙醛及双乙酰等芳香代谢物质，使产品产生浓郁的发酵风味；同时，在发酵过程产生益生物质或采用益生菌为发酵剂、利用多种酶的作用分解蛋白质、脂肪、糖类，提高制品消化吸收性能和营养价值；在鱼的发酵中，酸和酶的作用使鱼肉的质构发生变化，赋予产品良好的口感。发酵的鱼制品，因其具有独特感官品质以及较长的货架期、良好的营养价值和保健作用而受到广大消费者欢迎。目前，这些发酵鱼制品主要采用自然发酵方法，依靠自然界中偶然沾染的微生物，在适宜温度和湿度条件下长期发酵而制成。这种方法制得的产品风味醇厚自然，但这些产品含盐量高（7%～15%），质量难以控制，且生产周期长，尚未形成标准化、规模化生产。采用现代微生物发酵技术，不仅可以提高发酵制品品质和安全性，而且能有效缩短生产周期，提高生产效率，实现传统发酵制品的工业化、规模化和标准化生产，成为近年来食品领域研究开发的一个热点。近年来，研究人员对淡水鱼发酵鱼制品的工业化生产技术进行了大量研究工作，采用现代食品生物发酵技术结合传统发酵工艺，对传统发酵制品的工艺进行升级改造，开发系列发酵鱼制品，以满足工业化生产需求。

一、发酵鱼糜制品

生物发酵鱼糜具有营养价值高、安全性好、食用方便、易保藏及益生效应等优点，近年来受到国内外学者的广泛关注，但其生产原料多采用海水鱼，淡水鱼因腥味较重、凝胶强度低且容易凝胶劣化应用较少。研究人员近年来在淡水鱼糜生物发酵技术方面开展了大量研究工作，优化筛选出了适合鱼肉快速发酵生产的发酵剂，并采用单一和混合菌种接种发酵技术，对发酵过程中发酵工艺参数、产品品质特性、生物安全性以及适用原料鱼种类等方面进行了大量的研究，优化了鱼糜发酵工艺和条件，结合现代食品与发酵技术，研制出了符合我国饮食消费习惯的发酵鱼肉香肠、发酵鱼糕、发酵鱼肉火腿等优质发酵鱼糜凝胶制品。建立了淡水鱼鱼糜的生物发酵工艺和技术，以及满足商业要求的发酵鱼糜保藏技术。发酵加工过程中鱼糜不经反复漂洗处理，大大提高了鱼糜得率，同时减少了漂洗污水排放，降低了对环境的污染，发酵鱼糜制品比传统工艺制备的鱼糜得率高10%以上，鱼糜凝胶强度高达800g/cm以上，该项技术有望在水产加工领域进行推广应用。

（一）发酵鱼肉香肠

1. 工艺流程 原料鱼→预处理→腌制→斩拌→接种发酵剂→灌装→成品→包装→干燥→发酵。

2. 操作要点

（1）原料选择 选用新鲜或冷冻大宗淡水鱼，包括青鱼、草鱼、鲢、鳙、鲤、鲫、鲂。

（2）预处理　鲜鱼或冷冻鱼解冻后去头、去鳞、去内脏，采肉，然后用清水冲洗干净。

（3）腌制　在鱼肉中加入食盐和辅料，置于温度为0～5℃的冷却室中腌制1～5h。

（4）斩拌　将腌制好的鱼肉放入斩拌机内斩碎，然后添加适量的糖类、味精及其他调味料，置于温度为0～5℃的冷却室中继续斩拌至混合均匀。

（5）接种发酵剂　接种一定量专用的乳酸菌和木糖葡萄球菌混合发酵剂，混合均匀，使得接种后每克鱼糜中含有10^5～10^7CFU的发酵菌。

（6）灌装　将接种好的鱼糜灌入胶原蛋白肠衣中，或猪、羊肠衣中，香肠按50～500g/根扎口。

（7）发酵　将灌装好的香肠置于发酵室中，进行两段式发酵至pH 4.3～4.6。

（8）后熟　将发酵好的香肠置于10～15℃环境中后熟至水分降至50%以下；或将香肠置于65～80℃环境中干燥20～50min。

（9）包装贮藏　真空包装后置于0～4℃贮藏。

3. 质量指标与参考标准

（1）感官指标　肠衣干燥完整，表面呈自然皱纹，质地坚实而有韧性，无腥味，具有特有的发酵风味。

（2）理化指标　水分含量≤50%，蛋白含量≥30%，淀粉含量≤2%，灰分≤1.5%，盐含量≤5%。

（3）微生物指标　大肠菌群≤30MPN/100g，致病菌不得检出。

（4）操作规范参考标准　《食品安全管理体系水产品加工企业要求》（GB/T 27304—2008）；《水产食品加工企业良好操作规范》（GB/T 20941—2007）；《出口水产品质量安全控制规范》（GB/Z 21702—2008）；《鱼糜加工机械安全卫生技术条件》（GB/T 21291—2007）、《食品安全地方标准　发酵肉制品生产卫生规范》（DB 31/2017—2013）。

（5）产品质量参考标准　《食品安全地方标准　发酵肉制品》（DB 31/2004—2012）、《中式香肠》（GB/T 23493—2009）。

（二）发酵鱼肉火腿

1. 工艺流程　原料鱼→预处理→斩拌→添加辅料→接种发酵剂→灌装→发酵→包装→成品。

2. 操作要点

（1）原料选择　选用新鲜或冷冻大宗淡水鱼，包括青鱼、草鱼、鲢、鳙、鲤、鲫、鲂。

（2）预处理　鲜鱼或冷冻鱼解冻后去头、去鳞、去内脏，采肉，然后用清水冲洗干净。

（3）斩拌 将鱼肉放入斩拌机中斩碎，制成鱼肉浆。

（4）添加辅料 在鱼肉浆中添加适量的糖类、食盐、味精及其他调味料，置于温度为0～5℃的冷却室中继续斩拌至混合均匀。

（5）接种发酵剂 接种一定量专用的乳酸菌混合发酵剂，混合均匀，使得接种后每克鱼糜中含有10^5～10^7CFU的发酵菌。

（6）灌装 将接种好的鱼肉浆灌入PVDC或纤维肠衣等阻隔性好的肠衣中。

（7）发酵 将灌装好的鱼肉浆置于22～35℃的发酵室中发酵30～48h，鱼肉浆的最终pH为4.3～4.6。

（8）包装贮藏 真空包装后置于0～4℃贮藏。

3. 质量指标与参考标准

（1）感官指标 色泽白度较好，富有光泽，口感鲜嫩、凝胶性好，无腥味，具有发酵风味。

（2）理化指标 水分含量≤80%，蛋白含量≥15%，淀粉含量≤2%，灰分%≤1.5%，盐含量≤5%。

（3）微生物指标 大肠菌群≤30MPN/100g，致病菌不得检出。

（4）操作规范参考标准 《食品安全管理体系水产品加工企业要求》（GB/T 27304—2008）；《水产食品加工企业良好操作规范》（GB/T 20941—2007）；《出口水产品质量安全控制规范》（GB/Z 21702—2008）；《鱼糜加工机械安全卫生技术条件》（GB/T 21291—2007）、《食品安全地方标准 发酵肉制品生产卫生规范》（DB 31/2017—2013）。

（5）产品质量参考标准 《食品安全地方标准 发酵肉制品》（DB 31/2004—2012）。

（三）发酵鱼糕

1. 工艺流程 原料鱼→预处理→斩拌→添加辅料→接种发酵剂→灌装→发酵→杀菌→冷却→成品。

2. 操作要点

（1）原料选择 选用新鲜或冷冻大宗淡水鱼，包括青鱼、草鱼、鲢、鳙、鲤、鲫、鲂。

（2）预处理 鲜鱼或冷冻鱼解冻后去头、去鳞、去内脏，采肉，然用清水冲洗干净。

（3）斩拌 将鱼肉放入斩拌机中斩碎，制成鱼肉浆。

（4）添加辅料 在鱼肉浆中添加适量的水、糖类、糯米粉、食盐、味精及其他调味料，置于温度为0～5℃的冷却室中继续斩拌至混合均匀。

（5）接种发酵剂　接种一定量专用的乳酸菌和酵母菌混合发酵剂，混合均匀，使得接种后每克鱼肉浆中含有 10^5～10^7CFU 的发酵菌。

（6）灌装　将接种好的鱼肉浆糜灌入的 PVDC 肠衣或蒸煮袋等阻隔性好的包装容器中。

（7）发酵　将灌装好的鱼糜置于 22～35℃的发酵室中发酵 8～35h，鱼肉浆的最终 pH 为 4.6～5.3。

（8）杀菌　发酵好的产品在 85～118℃加热杀菌 15～60min。

（9）冷却贮藏　经 85～100℃杀菌后的产品冷却后，在 0～4℃低温贮藏；经 115～118℃杀菌后的产品冷却后，常温贮藏。

5. 质量指标与参考标准

（1）感官指标　色泽白度较好，口感鲜嫩、组织紧密，无腥味，具有发酵风味。

（2）理化指标　水分含量≤85%，蛋白含量≥10%，淀粉含量≤8%，灰分≤1.2%，盐含量≤5%。

（3）微生物指标　菌落总数≤3×10^4CFU/g，大肠菌群≤30MPN/100g，致病菌不得检出。

（4）操作规范参考标准　《食品安全管理体系水产品加工企业要求》（GB/T 27304—2008）；《水产食品加工企业良好操作规范》（GB/T 20941—2007）；《出口水产品质量安全控制规范》（GB/Z 21702—2008）；《鱼糜加工机械安全卫生技术条件》（GB/T 21291—2007）、《食品安全地方标准　发酵肉制品生产卫生规范》（DB 31/2017—2013）。

（5）产品质量参考标准　《食品安全地方标准　发酵肉制品》（DB 31/2004—2012）。

二、发酵酸鱼

发酵酸鱼，是我国一种深受消费者欢迎的传统特色发酵鱼制品。其风味独特，酸香浓郁，鱼腥味低，回味醇厚，贮藏期长，而且酸能软化鱼体骨刺，带骨即食，备受人们的喜爱。这些产品的生产，主要分布在湖南、广西、云南和贵州等地，其产品根据不同工艺和配方风味各异。发酵酸鱼制品作为地方特色产品主要采用自然发酵方法，依靠自然界中偶然沾染的微生物在适宜温度和湿度条件下长期发酵形成。但传统产品发酵周期长，含盐量不均，产品质量不稳定，随机性强，发酵条件难控制，因而制约了该产品的工业化生产。近年来，江南大学研究人员对传统发酵酸鱼的工业化生产技术进行大量研究工作，对我国湘西有代表性的传统发酵酸鱼进行菌种分离纯化和优选，并将精选菌株应用于发酵整条鱼或鱼块，利用快速低盐腌制技术、微生物混合接种和控温发酵等技术，增加鱼制品的成熟风味和口感，软化骨刺，产酯增香，降低或祛除土腥味，开发具有浓郁发酵风味的低盐全鱼、鱼块制品，生产周期比传统自然发酵缩短60%以上，产品盐含量低于5%，显著提高了传统酸鱼制品的质量和安全，延长了保质期。

（一）发酵全鱼

1. 工艺流程

小米预处理
↓
原料鱼处理→腌制→拌料→装坛→密封→发酵→成品。

2. 操作要点

（1）原料选择　选用新鲜鲤、鲢、鲫等大宗淡水鱼。

（2）原料处理　从背部连头剖开鱼体，去除内脏（留鳃），不可清洗。

（3）盐腌　将鱼体均匀混合食盐（150g）及香辛料（花椒、八角、桂皮、生姜、剁椒等适量）腌制7天，鱼盐比例10：（1～1.5），香辛料（八角、桂皮、花椒）比例分别为原料鱼重的0.2%～0.3%，3天翻缸1次。

（4）小米预处理　小米洗净后室温浸泡6h后上屉蒸熟，扒开散热后稍晾干，加入5%的食盐混合均匀。

（5）拌料　按小米重0.2%～0.3%的比例分别加入八角、桂皮、花椒，与米粉混合均匀后在鱼体表面和鱼体内涂满米粉。

（6）装坛　装坛顺序为盐渍辣椒-姜片-鱼体-盐渍辣椒-姜片-鱼体，依照此法，一层一层装至坛容量的95%为止，最后再在上面撒一层小米。

（7）密封　采用翻水坛或覆水坛密封，每隔3天换1次新鲜水，以保持水液新鲜，防止杂菌感染及坛内进水。

（8）发酵　自然条件下发酵2～6个月成熟，发酵期间不宜打开坛口。

3. 质量指标与参考标准

（1）感官指标　色泽明亮，味道鲜香，酸味纯正，酸咸可口，香气宜人。

（2）理化指标　盐含量≤10%，水分含量≤75%，蛋白含量≥20%，灰分≤4%。

（3）微生物指标　大肠菌群≤30MPN/100g，致病菌不得检出。

（4）操作规范参考标准　《食品安全管理体系水产品加工企业要求》（GB/T 27304—2008）；《水产食品加工企业良好操作规范》（GB/T 20941—2007）；《出口水产品质量安全控制规范》（GB/Z 21702—2008）；《食品安全地方标准　发酵肉制品生产卫生规范》（DB 31/2017—2013）。

（5）产品质量参考标准　《食品安全地方标准　发酵肉制品》（DB 31/2004—2012）。

（二）发酵鱼块

1. 工艺流程

玉米粉预处理
↓
原料鱼处理→切块→腌制→拌料→密封→发酵→成品。

2. 操作要点

（1）原料选择　选用新鲜鲤、鲢、鲫等大宗淡水鱼。

（2）原料预处理　活鱼洗净后剖开，去除内脏，放尽鱼血，剔骨，去鳞，洗净后晾干。

（3）切片　将晾干后的鱼体切成 2cm×4cm×4cm 的鱼块。

（4）腌制　按鱼块重添加 5%的食盐，混合均匀后腌制 1h 左右。

（5）玉米粉预处理　将玉米粉与适量的花椒、八角、桂皮、干辣椒粉等混合，然后用小火炒制香味扑鼻，并呈现金黄色。

（6）拌料　将腌制好的鱼块与玉米粉按 2∶1 的比例混合，搅拌均匀后装坛。

（7）密封　先用塑料膜盖住瓶口，再用橡皮筋把塑料膜牢牢绑紧，拧紧瓶盖即可，或把瓶盖拧紧，并在盖子周边涂上一层石膏浆。

（8）发酵　夏季，制作好的发酵鱼块存放 1 周就可开瓶食用，冬天则需要半个月。

3. 质量指标与参考标准

（1）感官指标　色泽明亮，味道鲜香，酸味纯正，酸咸可口，香气宜人。

（2）理化指标　盐含量≤10%，水分含量≤75%，蛋白含量≥20%，灰分≤4%。

（3）微生物指标　大肠菌群≤30MPN/100g，致病菌不得检出。

（4）操作规范参考标准　《食品安全管理体系水产品加工企业要求》（GB/T 27304—2008）；《水产食品加工企业良好操作规范》（GB/T 20941—2007）；《出口水产品质量安全控制规范》（GB/Z 21702—2008）；《食品安全地方标准　发酵肉制品生产卫生规范》（DB 31/2017—2013）。

（5）产品质量参考标准　《食品安全地方标准　发酵肉制品》（DB 31/2004—2012）。

三、发酵调味品

发酵鱼类调味品，是一种深受消费者欢迎的传统特色调味制品。主要以鱼类为原料，经盐渍、发酵等工艺加工制成，具有特殊鲜味。产品主要包括鱼酱油、鱼露和鱼酱等。

（一）鱼酱油

鱼酱油长期以来一直是东南亚国家的传统鱼类发酵产品，同时，在欧洲和北美洲也有消费。鱼酱油是一种带有琥珀色并具有咸味和甜味的液体产品。最具代表性的鱼酱油产品是：Nuoc - mam（越南和柬埔寨）、Nam-pla（泰国）、Patis（菲律宾）、Uwoshoyu（日本）和 Ngapy（缅甸）。传统的鱼酱油是通过盐渍、酶解和细菌发酵的共同作用来进行生产，发酵过程主要通过来自内脏的蛋白水解酶和耐盐微生物的共同作用，其中，内源性的酶主要负责肌肉蛋白的降解，而细菌仅仅起到较小的作用。

1. 工艺流程　原料鱼预处理→制备酱醅→发酵→过滤去渣→离心除杂→灌装→灭菌→成品。

2. 操作要点

（1）原料选择　选用新鲜鲤、鲢、鲫等大宗淡水鱼。

（2）原料预处理　活鱼洗净后剖开，去除内脏，放尽鱼血，剔骨，去鳞，洗净后晾干，绞碎。

（3）制备酱醅：将绞碎的鱼肉、水按 2∶1（*W*/*W*）的比例混合后，再添加 17%～27%鱼重的食盐和 8%～12%鱼重的绞碎虾头制备成酱。

（4）发酵　采用两段式发酵或一段式发酵。两段式发酵，将制备的酱醅放置在 20℃下发酵 20～40 天，然后在 20～50℃温度范围内进行发酵；一段式发酵，一直维持在 20℃下进行发酵 2～5 个月，发酵期间需要每天搅拌 1 次，以使发酵均匀而迅速，经过 3～6 个月发酵成熟。

（5）过滤去渣　发酵成熟后，采用布滤、竹帘过滤或砂滤等方法过滤去渣。

（6）离心除杂　离心去除发酵不完全的蛋白质和其他杂质，制备成清澈透明的鱼酱油。

（7）灭菌　将制备的鱼酱油在 80～95℃加热 10～20min 灭菌。

3. 质量指标与参考标准

（1）感官指标　橙黄色至棕红色，具有鱼酱油特有的香气，具有鱼酱油固有的鲜美滋味，不得有其他不良异味，澄清，不混浊，无异物，允许有少量蛋白质沉淀。

（2）理化指标　氨基酸态氮≥0.4g/100mL，食盐（以 NaCl 计）≥14g/100mL，总氮≥0.54g/100mL。

（3）微生物指标　菌落总数≤8 000 CFU/g，大肠菌群≤30 MPN/100 g，致病菌不得检出。

（4）操作规范参考标准　《食品安全管理体系水产品加工企业要求》（GB/T27304—2008）；《水产食品加工企业良好操作规范》（GB/T20941—

2007)；《出口水产品质量安全控制规范》(GB/Z 21702—2008)。

(5) 产品质量参考标准　《酱油卫生标准》(GB 2717—2003)、《绿色食品　发酵调味品》(NY/T 900—2007)。

(二) 鱼露

鱼露是各种小杂鱼加盐腌制，加上蛋白酶或利用鱼体内的有关酶及各种耐盐细菌发酵，使鱼体蛋白质水解，经过晒炼溶化、过滤、再晒炼，去除鱼腥味，再过滤，加热灭菌而成的调味酱汁。其味道鲜美，风味独特，是可作酱油用的调味品。

鱼露的滋味鲜美，蛋白含量丰富，含有多种氨基酸包括所有的必需氨基酸、牛磺酸及丙酮酸、琥珀酸等有机酸，还含有钙、镁、锌、铁等对人体有益的矿质元素和维生素，是一种风味良好、备受欢迎的调味佳品。鱼露的生产与消费主要分布在东南亚国家，如越南、泰国、日本及菲律宾北部，我国东部沿海地带如广东、福建等，在欧洲和非洲地区也有分布。进入 20 世纪 80 年代以来发展迅速，目前国内产量每年约 10 万 t 以上。尽管生产和食用鱼露的国家和地区相对比较集中，然而由于各国生产鱼露的原料鱼不同及饮食习惯的影响，不同国家生产的鱼露具有差异性。

1. 工艺流程　原料鱼预处理→发酵液制备→蛋白溶解液制备→发酵→离心除杂→灌装→灭菌→成品。

2. 操作要点

(1) 原料选择　选用新鲜鲤、鲢、鲫等大宗淡水鱼。

(2) 原料预处理　活鱼洗净后剖开，去除内脏，放尽鱼血，剔骨，去鳞，洗净后晾干，切碎。

(3) 发酵液的制备　将鱼碎块与酱油曲按 1∶0.25 的重量比进行混合，再添加总重量 15%～20%的食盐后，发酵制备成发酵液。发酵温度为 15～25℃，发酵时间为 10～20 天，发酵期间每天搅拌 1 次。

(4) 蛋白溶解液的制备　在以鱼头、鱼骨、鱼皮和碎鱼肉组成的原料中，加入原料重量 30%～50%的柠檬酸水溶液，于 90～100℃下搅拌加热 10～30min 使原料完全溶解，然后加入原料重量 20%～30%的食盐，自然冷却至室温，用柠檬酸钠调整 pH 至 5.0～5.5，制备成蛋白溶解液。

(5) 发酵　将发酵液与蛋白溶解液按 1∶4 的比例进行混合，加入占总重量 0.1%～0.5%酵母后搅拌均匀，保温发酵制得鱼露。发酵温度为 28～35℃，发酵时间为 30～60 天。

(6) 离心除杂　离心过滤去除发酵不完全的蛋白质和其他杂质，制备成清澈透明的鱼露。

(7) 灭菌　经过发酵后的鱼露在 80～95℃加热 10～20 min 灭菌。

3. 质量指标与参考标准

(1) 感官指标　橙黄色至棕红色，具有鱼露特有的香气，具有鱼露固有的鲜美滋味，不得有其他不良异味，澄清，不混浊，无异物，允许有少量蛋白质沉淀。

(2) 理化指标　氨基酸态氮≥0.4g/100 mL，食盐（以 NaCl 计）≥14g/100 mL，总氮≥0.54g/100 mL。

(3) 微生物指标　菌落总数≤8 000 CFU/g，大肠菌群≤30 MPN/100 g，致病菌不得检出。

(4) 操作规范参考标准　《食品安全管理体系水产品加工企业要求》(GB/T27304—2008)；《水产食品加工企业良好操作规范》(GB/T20941—2007)；《出口水产品质量安全控制规范》(GB/Z 21702—2008)。

(5) 产品质量参考标准　《酱油卫生标准》(GB 2717—2003)、《绿色食品　发酵调味品》(NY/T 900—2007)、《鱼露》(SB/T 10324—1999)。

(三) 鱼酱

酱以其独特的滋味充当菜肴或佐料。鱼以其高蛋白质、低脂肪等特点深受人们喜食。鱼酱兼顾两者优点，是我国传统的鱼加工产品。鱼酱是以鱼和小虾为原料，在高盐条件下制作而成的富含氨基酸和肽的酱类制品，它含有咸味和鲜味成分，可作为菜肴的调味品而食用。

1. 工艺流程　原料鱼预处理→盐醋水浸泡→沥干→磨浆→加盐→入坛发酵→调味→混合均质→灌装→灭菌→成品。

2. 操作要点

(1) 原料选择　选用新鲜鲤、鲢、鲫等大宗淡水鱼。

(2) 原料预处理　活鱼洗净后剖开，去除内脏，放尽鱼血，剔骨，去鳞，洗净后晾干，切块。

(3) 盐醋水浸泡　将切好的鱼块浸泡在由体积百分浓度为 0.5%～1.0% 的醋酸与质量百分浓度为 1%～2%的食盐水组成的溶液中 30min 以上，沥干。

(4) 磨浆　将鱼块磨成鱼浆。

(5) 加盐　往鱼浆中加盐，保持盐分质量百分含量在 20%～25%。

(6) 自然发酵　将鱼浆入坛密封后，于 20～25℃发酵 20～25 天。

(7) 加酶水解　发酵后的鱼浆中，加入质量百分浓度为 1%～2%的风味蛋白酶溶液进行水解。

(8) 调味　将配料与酶水解后的鱼浆按质量比（0.9～1.1）：1 混合均匀制得鱼浆，其中，配料各组分质量份为：干红椒 80～90，干紫苏 10～20，生姜 20～25，味精 20～22，芝麻 10～20，胡椒 20～25，白糖 20～30，黄酒 10～15。

(9) 混合均质　采用均质机将调味后的鱼酱混合均质。

(10) 灭菌　将均质后的鱼酱在80～95℃加热10～20 min灭菌。

3. 质量指标与参考标准

(1) 感官指标　色泽呈正常的酱红色，具有本品应有的滋味、气味，无异味；组织及形态整体均匀、细腻；无肉眼可见的外来杂质。

(2) 理化指标　固形物含量≥60%；食盐（以NaCl计）≤10%。

(3) 微生物指标　应符合食品商业无菌要求。

(4) 操作规范参考标准　《食品安全管理体系水产品加工企业要求》(GB/T 27304—2008)；《水产食品加工企业良好操作规范》(GB/T 20941—2007)；《出口水产品质量安全控制规范》(GB/Z 21702—2008)。

(5) 产品质量参考标准　《绿色食品　发酵调味品》(NY/T 900—2007)、《虾酱》(SB/T 10525—2009)、《半固态（酱）调味品卫生要求》(DB11/ 516—2008)。

第五节　淡水鱼烟熏制品

一、烟熏方法

烟熏是一种传统的食品加工保藏方法，最初是为了调换口味，减少加工强度，后来认识到熏制加工具有杀菌和抗氧作用。烟熏加工，是指原料经过盐渍、脱盐、干燥等工序等处理后在一定温度下用烟熏烤，将制品水分减少至所需含量，并使其具有特殊的烟熏风味、色泽和较好保藏性能的加工方法。熏制使鱼体表面发干，提供了阻碍微生物的物理障碍，造就了一个需氧菌不易增殖的不利环境；熏制加工中所加盐分减少了水分活度，抑制许多腐败菌和致病菌生长；熏制使酚类抗氧化物质在鱼体中沉积，延迟鱼体中常见的高度不饱和脂类的自动氧化；抗菌物质如苯酚、甲醛和亚硝酸盐在鱼体中沉积。

根据熏制温度和方法不同，可将烟熏方法分为冷熏法、温熏法、热熏法和液熏法；根据原料特性和产品不同，可选用不同的熏制方法。

1. 冷熏法　将鱼盐渍、调味后，在15～30℃的温度范围内进行烟熏干燥的方法为冷熏。冷熏所需时间较长，至少为4～7天，最长的可达20～35天。冷熏法生产的制品干燥比较均匀，制品含水量一般在40%左右，熏烟成分在制品中内渗比较深，贮藏性较好，但风味不及温熏制品。

2. 温熏法　将鱼盐渍、调味后，在30～90℃的温度范围内进行烟熏干燥的方法为温熏法，温熏时间从数小时到数天。温熏制品水分含量较高，一般在50%以上，风味、口感较好。

3. 热熏法　将鱼盐渍、调味后，在120～140℃的温度范围内进行2～3 h短时间烟熏处理方法为热熏法。由于热熏温度较高，表层蛋白质会迅速凝固，以致制品表面上很快形成干膜，妨碍了制品内部的水分渗出，延缓了干燥过程，也阻碍了熏制成分向制品内部渗透。热熏制品色泽、风味较好，但水分含量较高，保藏性差，需冷冻贮藏。

4. 液熏法 液熏是近几年发展起来的新的熏制方法，该方法是利用木材干馏生成的烟气成分，采用一定方法液化或者再加工形成的烟熏液，浸泡食品或喷涂食品表面，以代替传统的烟熏方法，目前已在肉制品、鱼制品等方面得到广泛的应用，世界上先进国家生产的熏制食品几乎都采用液熏法生产，主要的烟熏水产品有熏三文鱼、鳟、鲐等。液熏剂成分比较稳定，包含气体烟几乎相同的风味成分，相对冷熏和热熏，液熏法它不需要熏烟发生装置，节省了大量设备投资费用；烟熏剂成分稳定，更便于实现熏制过程的机械化和连续化，大大缩短熏制时间；液态熏制剂已除去固相物质，无致癌威胁，既可以保持传统熏鱼的独特风味，又可以大大降低有毒、有害物质的危害，是一种更加清洁、卫生、安全的熏制方法。

不同熏制工艺和烟熏程度的产品保藏性和风味有显著差异。随着现代食品加工和保藏技术的发展，烟熏不仅仅是保藏食物的一种有效方法，更主要是作为改善食品风味和外观的重要手段。在实际生产中往往需要根据不同的原料特性和产品要求，采用不同的烟熏方法。

二、烟熏鱼制品

烟熏鱼制品具有工艺简单，营养丰富，风味独特、食用方便等特点，深受广大人民群众的喜爱。但目前烟熏鱼制品多以鲱鱼、鲐鱼、鲑鱼、鳕鱼、鳟鱼等海水鱼类为主，国内也有液熏罗非鱼片等产品，大宗淡水鱼烟熏制品的生产还比较少，下面以液熏罗非鱼片为例介绍淡水鱼熏制品。

1. 工艺流程 原料鱼预处理→盐腌、调味→脱盐→沥干→熏制→干燥→冷却至室温→包装→成品→冷藏/冻藏。

2. 技术要点

(1) 原料选择 选用新鲜或冷冻罗非鱼。

(2) 原料预处理 以新鲜鱼或冷冻鱼为原料，经去头、去脏、去鳞，将鱼体剖开，仔细去除全部内脏、黑膜等，较大的鱼需剔除脊骨，然后用流动清水漂洗干净。

(3) 腌制调味 鱼体按质量比 2∶1 放入由 7%～15%的食盐和适量味精、砂糖、料酒等配制的腌制液中进行调味浸渍，浸渍时间根据鱼片厚薄、鱼的种类、鲜度和制品要求而定。在 5～10 ℃的条件下，浸渍 2h 以上或者在 5 ℃冷库中浸渍一夜。

(4) 脱盐 将腌渍后的鱼片采用流动水冲洗脱盐，用静水脱盐则必须经常换水。脱盐的目的，一是除去过剩的食盐，二是除去容易腐败的可溶性物质。脱盐时间根据原料种类、大小、鲜度、水温、水量和流水速度等而定。脱盐后沥干表面水分。

（5）沥干　将脱盐后的鱼片置于烟熏炉架上进行干燥，沥干温度为15～20℃，直至鱼片的表面没有明显的水珠时结束干燥。

（6）液熏　将鱼片放入烟熏液中浸渍5～20 min，具体液熏时间根据鱼体、鱼片厚薄、鱼的种类和制品要求而定，烟熏剂添加量控制在3%～5%为宜。

（7）干燥　液熏后的鱼片在40～55℃真空干燥1～2 h，之后于60℃热风悬挂干燥2 h。

（8）包装贮存　熏制完成的产品冷却至室温后整形包装，用塑料复合袋真空包装后冷藏。

3. 质量指标与参考标准

（1）感官指标　肉色正常，带有明显的熏制色泽特征；鱼肉完整，软硬适度；具有特有的烟熏风味，无异味。

（2）理化指标　水分含量40%～55%，食盐（以NaCl计）≤6%，酸价（以脂肪计）（KOH）≤130mg/g，过氧化值（以脂肪计）≤0.60g/100 g。

（3）微生物指标　菌落总数≤3×10^{4} CFU/g，大肠菌群≤30 MPN/100g，致病菌不得检出。

（4）操作规范参考标准　《食品安全管理体系水产品加工企业要求》（GB/T 27304—2008）；《水产食品加工企业良好操作规范》（GB/T 20941—2007）；《出口水产品质量安全控制规范》（GB/Z 21702—2008）。

（5）产品质量参考标准　《熏煮火腿》（GB/T 20711—2006）、《熏煮香肠》（SB/T 10279—2008）。

参考文献

高亮，王跃智，等．2011. 熏制鲟鱼预调味料食品加工工艺［J］．中国水产，4：67.

韩建春，闫莉丽．2007. 冷熏虹鳟鱼生产工艺研究［J］．肉类研究，11：36-38.

黄靖芬．2008. 罗非鱼片液熏加工工艺及其产品保藏特性的研究［D］．中国海洋大学．

李罗明，王传花，黄力强．2008. 淡水鱼腌腊风味熟食制品加工技术研究［J］．现代农业科技，13：260-262.

李乃胜，等．2011. 中国海洋水产品现代加工技术与质量安全［M］．北京：海洋出版社．

王兴礼．2005. 淡水鱼烟熏制品的加工工艺研究［J］．中国水产，12：71-72.

吴靖娜，许永安，刘智禹．2011. 液熏技术在水产加工中的应用［J］．现代农业科技．19：348-350.

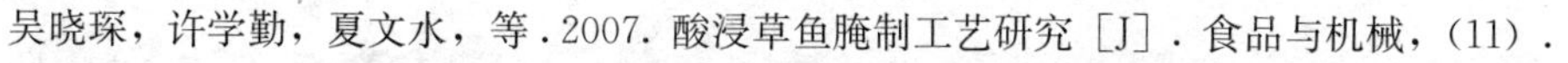

吴晓琛，许学勤，夏文水，等．2007．酸浸草鱼腌制工艺研究［J］．食品与机械，(11)．

夏松养，等．2008．水产品食品加工学［M］．北京：化学工业出版社．

夏文水．2007．食品工艺学［M］．北京：中国轻工业出版社．

夏文水，胡永金，姜启兴．2006．一种利用微生物混合发酵剂制作鱼肉发酵香肠的方法：中国，200610040085.1［P］．2006-10-11．

夏文水，孙土跟，姜启兴，等．2011．利用乳酸菌发酵剂制作发酵鱼糜的方法：中国，201010201869.4［P］．2011-01-12．

夏文水，孙土跟，许艳顺，等．2011．利用微生物发酵剂制作鱼米混合鱼糕的方法：中国，201010201886.8［P］．2011-03-16．

余和平．2000．液体烟熏香味料及其在食品工业中得应用［J］．食品与机械，5：29-30．

张其标，陈申如，倪辉，等．2009．利用液熏法加工熏制鳗鱼的工艺研究［J］．集美大学学报．14（4）：356-361．

章银良，夏文水．2007．海鳗盐渍过程的动力学和热力学［J］．农业工程学报，(2)．

章银良，夏文水．2007．腌鱼产品加工技术与理论研究进展［J］．中国农学通报，(3)：116-120．

郑捷，刘安军，曹东旭，等．2007．烟熏香糟鱼加工工艺的研究［J］．食品研究与开发，28（3)：112-115．

［英］G. M. Hall 等著．2002．水产品加工技术［M］．夏文水等译．北京：中国轻工业出版社．

Cardinal M. Cornet J., Secret T., et al., 2006. Effects of the smoking process on odor characteristics of smoked herring (Clupeid harangues) and relationships with phenol compound content [J]. Food Chemistry, 96 (1): 137-146.

Jae-Hyung Mah, Young Jun Kim, Han-Joon Hwang. 2009. Inhibitory effects of garlic and other spices on biogenic amine production in Myeolchi-jeot, Korean salted and fermented anchovy product [J]. Food Control, 449-454.

Tateo Fujii, Shoko Watanabe, Masako Horikoshi, et al. 2011. PCR-DGGE analysis of bacterial communities in funazushi, fermented crucian carp with rice, during fermentation [J]. Food Science and Technology, 151-157.

Yongjin Hu, Wenshui Xia, Changrong Ge. 2008. Characterization of fermented silver carp sausages inoculated with mixed starter culture [J]. Food Science and Technology, 730-738.

淡水鱼罐藏加工技术

淡水鱼罐头制品，是将淡水鱼经过预处理后装入密封容器中，再经加热杀菌、冷却后的产品。淡水鱼罐头制品具有较长的保藏性，较好的口味，便于携带，食用方便等优点，是深受消费者欢迎的产品。淡水鱼罐头制品的品种较多，常见的淡水鱼罐头主要有红烧鲤鱼、葱烧鲤鱼、荷包鲫鱼、咖喱鱼片、熏鱼罐头、淡水鱼圆罐头及淡水鱼肉肠等。

第一节　淡水鱼罐藏技术与原理

一、淡水鱼罐藏原理

淡水鱼罐头制品加工原理是：将经初加工的淡水鱼原料置于容器内排气密封，经过高温加热处理，杀灭原料中的大部分微生物，并破坏酶的活性，同时隔绝空气，防止外界的再污染和空气氧化，从而使淡水鱼制品得以长期保藏。

1. 加热对微生物的影响　水产食品的腐败，主要是微生物和酶所引起的。微生物受到加热处理，对热敏感的微生物就会立即死亡。加热促使微生物死亡，一般认为是由于细胞内蛋白质受热凝固因而失去新陈代谢的能力所致。水产品中污染的微生物种类很多，微生物的种类不同，其耐热性也不同，即使同一菌种，其耐热性也因菌株不同而异。非芽孢菌、霉菌、酵母菌以及芽孢菌的营养细胞的耐热性较低。各菌种芽孢的耐热性不同，其中嗜热菌的芽孢耐热性最强，厌氧菌芽孢次之，需氧菌芽孢的耐热性最弱。同一种芽孢的耐热性，又因热处理前的菌龄、生产条件和储藏环境等的不同而异。同一菌株芽孢由加热处理后残存芽孢再形成新生芽孢的耐热性，就比原芽孢的耐热性强。肉毒梭状芽孢杆菌是致病微生物中耐热性最强的，它是非酸性罐头的主要杀菌目标。

食品在杀菌前，其中污染的微生物种类及数量取决于原料的状况（来源及贮运过程）、工厂的环境卫生、车间卫生、机器设备和工器具的卫生、生产操作工艺条件、操作人员个人卫生等因素。此处，罐内食品成分包括 pH、脂肪、糖、蛋白质、盐、植物杀菌素等成分含量和组成都会影响微生物的耐热性，因此，需根据不同食品种类采用不同的杀菌强度和杀菌工艺。

pH 是对微生物耐热性影响最大的外在环境因素之一。较高的酸度可以抑制乃至杀灭许多种类的嗜热菌或嗜温微生物，而在较酸的环境中还能存活或生长的微生物往往不耐热。这样，就可以对不同pH的食品物料采用不同强度的热杀菌处理，既可达到热杀菌的要求，又不致因过度加热而影响食品的质量。从食品安全和人类健康的角度，根据肉毒梭状芽孢杆菌的生长习性，通常分成酸性（pH≤4.6）和低酸性（pH>4.6）两类。在pH≤4.6的酸性条件下，肉毒杆菌不能生长。其他多种产芽孢细菌、酵母及霉菌则可能造成食品的败坏。一般而言，这些微生物的耐热性远低于肉毒杆菌，因此，不需要高强度的热处理过程。

2. 加热对酶的影响 酶的活性和稳定性与温度之间有密切的关系。在较低的温度范围内，随着温度的升高，酶活性也增加。通常，大多数酶在30～40℃的范围内显示最大的活性，而高于此范围的温度将使酶失活。

影响酶耐热性的因素主要有两大类：一是酶的种类和来源，另一是热处理的条件。酶的种类及来源不同，耐热性相差也很大。酶对热的敏感性与酶分子的大小和结构复杂性有关。一般来说，酶分子越大和结构越复杂，它对高温就越敏感。

pH、水分含量、加热速率等热处理的条件参数也会影响酶的热失活，pH直接影响酶的耐热性。一般食品的水分含量越低，其中的酶对热的耐性越高。加热速率影响到过氧化酶的再生，加热速率越快，热处理后酶活力再生得越多。采用高温短时的方法进行食品热处理时，应注意酶活力的再生。食品的成分，如蛋白质、脂肪、碳水化合物等，都可能影响酶的耐热性。

二、淡水鱼罐藏技术

（一）热杀菌技术

杀菌强度的控制，既要达到灭菌的目的，又要尽可能保持食品的风味与营养价值。根据杀菌温度，有低温杀菌法与高温杀菌法之分。前者的加热温度在80℃以下，是一种杀灭病原菌及无芽孢细菌、但对其他无害细菌不完全杀灭的方法；后者是在100℃或以上的温度条件下，对罐内微生物进行杀灭的方法。即使高温杀菌，有时也难以达到完全无菌。实际上，即使生产的罐头是含菌的，只要罐内残存的细菌无损于罐头的卫生与质量情况，能相当长时期保持罐头的标准质量，仍然是允许的，称为商业杀菌。“可接受水平”相当于最危险的致病菌——肉毒梭状芽孢杆菌的存活率为万亿分之一（10^{-12}）。

传统罐头生产主要采用加压加热高温杀菌的工艺，高温高压杀菌法比较方便、可靠，且对原汁、鱼糜等包装食品具有增进食品风味、软化食品质构的作用。由于杀菌温度高、时间长，对许多淡水鱼的营养和风味成分都有一定的破坏作用。因此，在罐头杀菌的同时，还要尽量减少高温对产品品质的破坏。影响罐头杀菌效果的因素较多，主要应考虑的是微生物的有关情况以及罐头的传热情况。微生物种类不同，其耐热性也有差异，并且微生物的耐热性随所处环境条件而变化。此外，罐头杀菌是否完全与食品在杀菌前的污染程度有关，污染越严重，所需杀菌强度越大。

淡水鱼罐头的高温杀菌，有高压蒸汽杀菌和反压水杀菌两种方法。一般马口铁罐头多采用高压蒸汽杀菌，玻璃瓶罐头和软包装罐头多采用高压水杀菌（也叫反压水杀菌）。鱼贝类的大直径扁罐及玻璃瓶罐，都可采用高压水杀菌。此法的优点是能平衡罐内外压力，可使玻璃瓶盖保持稳定，同时高压能提高水的沸点，促进传热。高压是靠通入压缩空气来维持的，反压力需大于杀菌温度对应的饱和蒸汽压力，一般要求高21～27kPa。当降温冷却时，随水温的逐渐下降，同时将反压逐渐降低，直至罐头冷却到40℃左右。水产品软罐头需经过100℃以上的加热杀菌，由于封入袋内的空气及内容物受热膨胀产生压力，呈膨胀状态，甚至引起蒸煮袋破裂。为了防止破裂，除了在封口时采用真空封口机封口，尽可能减少袋内气体外，在蒸汽杀菌过程中，需采用压缩空气加压杀菌及加压冷却。高温杀菌时，如蒸煮袋内压力大于外压并超过10kPa以上时，袋就会破裂，因此必须用压缩空气加压，施加大于与杀菌温度相应的饱和蒸汽压的压力。水产品软罐头进入杀菌锅后，一般在锅温达到90℃左右开始进行空气加压。如加压太早，则升温时间延长；加压太迟，则蒸煮袋容易发生破裂。冷却阶段，当冷却水刚进入锅内的瞬间，锅内压力聚降，由于软罐头内容物不可能同步冷却，此时袋内压力过大，导致蒸煮袋破裂。此时必须注意反压的控制，使冷却过程中杀菌锅内压力始终保持大于蒸煮袋内的压力。

罐头杀菌的完成，是依靠从容器外部传入的热量，使细菌蛋白质变性凝固，从而杀灭细胞。因此，杀菌的效果与传热的效果密切相关。罐头容器的传热主要靠传导，故受到罐头容器材料传热系数的影响，马口铁的传热系数要比玻璃大得多。另外，罐头的大小、形状也影响热量传至罐头中心所需的时间，小容器的罐头比大容器的罐头升温时间短。另外，罐内食品的状态，包括食品含水量、液汁添加量、浓度、块形大小和装填松紧程度等，都影响罐头的传热效果。大部分鱼罐头是鱼块浸渍于汁液中，故热量的传入，既有传导也有对流。冷点的位置并非简单的是容器的几何中心，往往是最厚的鱼块的几何中心，这是由于导热传热要比对流传热慢得多。为了提高杀菌效果，使罐头在杀菌过程中做回转运动，在罐内形成机械对流，这样可缩短杀菌时间，提高罐头食品的质量。

在实际生产中，影响罐头杀菌效果的因素很多，杀菌强度的制定应结合各种因素，全面考虑。在确定某种罐头杀菌强度时，可以根据罐头中心温度在杀菌过程中的变化情况，然后通过对象菌（如肉毒梭菌）的热致死率，计算出最低杀菌强度，从而确定杀菌条件。但在实际生产中，还需通过小样试验，检验初步拟定的杀菌条件是否可靠，对杀菌后的样品进行保温贮藏、细菌检验、感官检查和长期贮藏试验，确认所制定杀菌规程是合理的，才可用于生产。生产中的杀菌规程常以下式表示：

$$(t_1 - t_2 - t_3)\ P/T$$

式中　T——杀菌温度（℃）；

t_1、t_2、t_3——分别为杀菌过程中升温、恒温、降温 3 个阶段的时间（min）；

P——加热或冷却时杀菌锅内使用的反压压力（kPa 或大气压）。

淡水鱼含水量高，肉质柔嫩，经高强度热杀菌处理后往往会导致肉质软烂，影响产品食用和感官品质，因此需要通过 pH 调节、冷杀菌或改善食品传热特性等方法，来降低后续杀菌强度或通过部分脱水等预处理方法，从而降低高温热处理对鱼肉罐藏食品质构品质的影响。如某些鱼类产品通过加入番茄酱等措施进行处理，将整罐产品的最终平衡 pH 控制在 4.6 以下，就可以按照酸性食品的杀菌要求来进行处理。

（二）包装技术

淡水鱼罐头根据包装容器的材料不同，可分为金属罐包装、玻璃罐包装和软罐包装。

1. 金属罐包装　金属罐头的材料通常是马口铁，其两面镀有纯锡的低碳薄钢板。以制成双卷边罐应用最普遍，罐形有圆形、方形和椭圆形等。冲底罐由于制罐方便、外形美观，适合各种小型鱼类的体型特点，在鱼类罐头的使用上越来越广泛。其罐头制品经杀菌后，保质期可达 2 年以上。

马口铁罐与其他包装材料相比有其明显优越性：①机械性能好，马口铁罐相对于其他包装容器，如塑料、玻璃、纸类容器等的强度均大，且刚性好，不易破裂，不但可用于小型销售包装，而且是大型运输包装的主要容器；②阻隔性优异，马口铁罐有比其他任何材料均优异的阻隔性，阻气性、防潮性、遮光性、保香性均好，加之密封可靠，能可靠地保护产品；③工艺成熟生产效率高，马口铁罐的生产历史悠久，工艺成熟，有与之相配套的一整套生产设备，生产效率高，能满足各种产品的包装需要；④装潢精美，金属材料印刷性能好，图案商标鲜艳美观，所制得的包装容器引人注目，是一种优良的销售包装；⑤形状多样，马口铁罐可根据不同需要制成各种形状，如方罐、椭圆罐、圆罐、马蹄形和梯形等，既满足了不同产品的包装需要，又使包装容器更具变化，促进了销售；⑥可回收再利用，符合国际环保要求和未来产品趋势。

因为具有这些属性，马口铁罐提供一个除了热以外，完全隔绝环境因素的密闭系统，避免食品因光、氧气、湿气而劣变，也不因香气透过而变淡或受环境气味透过污染而变味，食品贮存的稳定度优于其他包装材质。马口铁罐包装相对于软包装形式具有很大的优势，但是马口铁罐包装的成本较高，使得其使用受到一定的局限。

2. 玻璃罐包装 玻璃包装容器是常用的包装容器之一。这种包装形式能使鱼罐头的保质期达到1年以上，在调味小鱼干和调味干鱼片的生产中得到应用，如香辣黄花鱼罐头、香辣鲅鱼块罐头等，一般选用带螺旋瓶盖的广口玻璃瓶。

玻璃罐包装的鱼罐头具有以下优点：化学稳定性好，不易与内装物发生反应，透明度高；耐热性好且不易变形，抗压强度大、耐内压、阻隔性、卫生性与保存性好，易于密封，开封后可再度紧封等。但与此同时，玻璃瓶的耐冲击性较差、易碎、灌装成本高、成型加工较复杂，密度大运输费用高，限制了玻璃瓶的应用。

3. 软罐包装

（1）蒸煮袋包装 水产软罐头的主要包装形式。软罐头真空包装的制品经高温杀菌后，能在常温下保存6～12个月，但由于经过高温杀菌处理，容易造成产品风味劣化、肉质酥烂、罐头味重等缺点，一定程度上限制了该类包装产品的发展市场。

蒸煮袋按其是否具有阻光性，分为带铝箔层的不透明蒸煮袋和不带铝箔层的透明蒸煮袋；按其耐高温程度，分为普通蒸煮袋（RP-F），可耐100～121℃杀菌温度；高温杀菌蒸煮袋（hiRP-F），耐121～135℃杀菌温度；超高温杀菌蒸煮袋（URP-T），能耐135～150℃杀菌温度。按包装袋规格有大型及小型两种蒸煮袋。若从外表形状区分，可分为四方封口的平袋和可以竖放的立袋。

（2）肠衣类包装 20世纪80年代采用聚偏二氯乙烯（PVDC）为主的薄膜肠衣充填灌肠，经高温杀菌处理的火腿肠开始在我国出现，90年代出乎意料地发展成占据国内肉制品产量半壁江山的拳头产品。然而，PVDC肠衣和火腿肠充填打卡包装机却主要依赖日本进口，重复引进的生产线高达600条以上。目前，肠衣软包装类的低温灌肠制品、发酵制品将是发展方向，各种人造纤维肠衣、阻隔性复合肠衣、热收缩肠衣等软包装材料以及相应的充填包装设备和技术有很大的发展潜力。

（3）刚性塑料容器包装 多层共挤压塑料如聚偏二氯乙烯和EVOH，塑料罐可采用拉环金属盖做底，双封罐身；或者做一个金属薄膜，热封在边上。后者的好处是：一旦金属薄膜去除掉，塑料罐可以利用微波加热。

塑料罐的灌装与金属罐相同，需要在真空下密封，以减少杀菌过程中罐内外的压差。塑料通常可耐受121℃的杀菌温度，也需要有蒸煮袋类似的反压。它们可制成各种形状和大小，具有足够的吸引力，而且不会腐败。如果内容物一次消费不完，可以重新加盖在冰箱中保存。

三、淡水鱼罐头生产工艺

淡水鱼罐头制品的品种很多，其基本的生产工艺大致相同，但各类淡水鱼罐头制品具体生产工艺各异，一般包括为以下几个环节：原料预处理、装罐、排气、密封、杀菌冷却、检查、包装与贮藏。

（一）原料预处理

淡水鱼罐头原料必须是新鲜的，由于淡水鱼易腐败变质，所以原料验收后就必须进入“冷链”中，并且避免原料的挤压和阳光的直射等。由于罐头生产是工业化的规模生产，原料用量较大，在许多时候采用冷冻原料，此时加工前需要先进行解冻。冷冻品可采用空气解冻和水解冻两种方法。空气解冻，宜在室温低于15℃的条件下自然解冻。对于体积大的淡水鱼原料宜采用水解冻，水温一般在20℃左右。用流动水或淋水解冻的原则是解冻过程要缓慢，以防水产品汁液流失过多而降低品质。

淡水鱼原料的处理一般先将其进行流水洗涤，去除表面附着物，原料经过解冻、清洗后剔除鳞、头、尾、鳍、内脏等不可食部分，然后冲洗干净进行切块和后续预处理。

（1）盐渍　盐渍的主要目的是进行调味，以增进最终产品的风味，同时也有助于保持产品的形态。罐头食品中的食盐含量一般控制在1%～2.5%。盐渍的方法有盐水盐渍法和拌盐法。鱼肉在盐水盐渍过程中，由于盐水的渗透脱水作用，鱼肉组织会变得较为坚实，有利于预煮和装罐。盐渍过程按鱼块大小控制盐渍时间，盐渍好后捞出沥干。

（2）预煮　预煮方法因产品的调味方法不同而异，对于油浸、茄汁类淡水鱼罐头，较多采用蒸煮法。其方法是将盐渍并沥干后的原料定量装罐，然后放入排气箱（也可用蒸缸、杀菌锅等）内，直接用蒸汽加热蒸煮，温度约为100℃。蒸煮时间因鱼的种类、块形大小及设备条件等的不同而异，一般需20～40min。蒸煮过程中鱼肉脱水率与鱼的种类、加工过程中鱼肉浸润状况等因素有关，通常为15%～25%。在实际生产中，鱼块表面硬结，脊骨附近鱼肉蒸熟，即完成预煮。蒸煮后将罐头倒置片刻，使罐内汤汁流尽（称为控水）。控水后应立即注液、加盖、排气和密封。鱼类暴露空气中，其表面色泽易变深、变暗，影响成品的外观质量。如果不是在装罐后预煮的情况下，预煮后的鱼肉应先冷却使肉变硬，以免装罐时的鱼肉破碎。冷却应尽快进行，特别是要快速通过微生物繁殖与化学降解最快的温度区域。有些调味类罐头，采用原料与调味液共煮的方法进行预热处理，目的是增加产品的特殊风味。

（3）油炸　油炸可使鱼肉获得独特的风味和色泽。油炸时先将植物油或猪油加热至沸腾，将分级后沥干的鱼块投入锅中进行油炸，每次投入量为锅内油量的1/15～1/10，待表面结皮后，立即将鱼块抖散，以免鱼块相互黏结，炸至鱼肉有些坚实感、呈金黄色或黄褐色时，即可捞起来沥油。对于小型鱼类油温，一般控制在180～200℃；当原料块形较大时，可增至200～220℃。油炸时，操作者应根据油温、块形大小、原料种类等条件，并结合鱼块坚实感与色泽控制油炸时间，一般为2～5min。油炸得率与原料鱼的水分含量有关，一般为55%～70%。油炸过程中产生的鱼屑较多，应及时除去并经常补充新油，定时去除油脚，以免油炸老化产生苦味影响产品质量。

(4) 烟熏　烟熏是能使鱼品具有独特风味和色泽的重要预热方法。烟熏方法有冷熏与热熏之分。烟熏温度在40℃以下为冷熏，一般将熏温在40～70℃的熏制称为温熏。由于温熏的熏制时间较冷熏短，制品的色、香、味亦较冷熏好，故一般都采用温熏。原料鱼的温熏包括烘干与烟熏两个过程。烘干一般在烘房中用热风烘干，开始时烘温控制的低些，为50～60℃，干燥后阶段烘温可增至65～70℃。一般烘干至原料表面干结不沾手，脱水率约为15%时即可完成。如过于干燥，烟熏时熏烟不易沉积、渗透，难以上色。相反，如干燥不够，原料鱼表面水分过多，造成熏烟过度沉积，鱼品颜色发黑，鱼肉发苦。烟熏制品原料鱼的脂肪含量，对最终产品的质量有较大影响。低脂原料在烟熏过程中会失去较多的水分，肉质较坚硬，虽便于装罐，但加热杀菌后的质构过于嫩软。近年来，出现代替烟熏方法，在盐渍的盐水中加入烟熏风味剂，然后装罐预热，可得到风味良好的制品。

（二）装罐

装罐是淡水鱼罐头加工过程中的重要工序。一般包括称量、装入鱼块和灌注调味液或植物油三部分。包装形式主要有马口铁罐、玻璃罐、复合蒸煮袋和刚性塑料包装等。称量按产品标准准确进行，一般允许稍有超出，而不应低于标准，以确保产品净重。在称量时，对块数、块形大小、头尾段及鱼块色泽进行合理搭配，以保证成品的外观、质量，并提高原料的利用率。鱼块装入容器中，应排列整齐紧密，保持块形完整、色泽一致、罐口清洁，且鱼块不得伸出罐外，以免影响密封。装罐后注入的汁液为调味液或精制植物油，目的在于调味或油浸。汁液在注入前要先预热，以提高罐内食品温度，提高排气和杀菌效果。高温杀菌时汁液的对流，可加强传热作用。汁液的灌注量不宜过多，使罐内留有一定空隙，有利于罐头排气时在罐内形成一定的真空度。油浸类淡水鱼罐头除加入一定精制植物油外，还可添加少量调味料，如精盐、糖等。

（三）排气

在密封之前，对罐头进行排气的必要性在于两方面：一是防止罐头在高温杀菌时，由于罐内空气、蒸汽的膨胀，使罐内压力大为增加，导致罐头变形，甚至漏气或爆裂；二是减少食品中营养物质在高温杀菌过程中的破坏，延长罐头食品的保藏期。由于加热过程中，食品中的维生素在有氧条件下破坏较多，而在无氧条件下较稳定，因此排气有利于减少食品中维生素的损失。罐头经过高温杀菌后，仍有少量微生物残存，其中，以好氧性芽孢杆菌为多。排气后罐内形成一定的真空度，能抑制这些好氧性芽孢杆菌的繁殖，这对罐头食品保藏期的延长十分重要。另外，为了适应在气温较高或者海拔较高、气压较低地区的贮存销售，通过排气使罐内产生一定的真空度也是很有必要的。排气并不是要求将罐头内的空气排净，在实际生产中由于设备、操作等条件的限制，这也是无法达到的。此外，过度的排气会造成大型罐头的瘪听，对食品风味也有不利影响。因此，排气时真空度的控制，只要不影响产品质量并能适应气温、海拔较高地区的销售即可。排气方式主要有抽空排气和加热排气两种。抽空排气是在真空封罐机内完成的。罐头在进入封罐机前被自动加盖，然后在真空室中抽空排气的同时被密封。真空室中的真空度不应低于 53.29kPa。罐头的加热排气是在排气箱内进行的。罐头持续加热，罐内空气受热膨胀而逸出罐外，同时蒸汽也起到驱除空气的作用。罐头被送出排气箱后，应立即用封罐机将罐头封口，在杀菌、冷却后，罐内便形成一定的真空度。一般加热温度在 90～100℃，时间为 6～15min。对于大型罐、玻璃罐、生装鱼块的罐头、装罐紧密不易传热的罐头，加热时间可延长到 20min 或更长时间。加热排气除在排气箱内进行外，也可采用将食品趁热充填，并注入烧热的油、盐水的调味液等，然后立即密封的方法。

（四）密封

为了防止外界空气和微生物与罐内食品的接触，必须将罐头密封，使罐内食品保持完全隔绝的状态。封罐是借助封罐机完成的。封罐机有多种类型，可分为半自动封口机、真空自动封口机等。对于不同的排气方式，密封可分为热充填热封、蒸汽压力下密封以及真空密封等形式。不同种类的容器，采用的密封方法不同。马口铁罐的密封，主要靠封口机两道滚轮，将罐盖与罐身边缘卷成双重卷边，由于边内填充着被压紧的橡胶，从而使罐头内隔绝密封。玻璃瓶罐头的密封，是借助封罐机一道滚轮的滚压作用，使罐盖封口槽内的橡胶圈紧压在瓶口的封口线上，从而实现密封。

（五）杀菌冷却

淡水鱼罐头在密封后，虽已隔绝外界微生物的污染，但罐内仍存在不少微生物，为使鱼类罐头有较长的货架期，必须杀死罐内的微生物。加热杀菌的方法有常压杀菌（杀菌温度低于 100℃）和高压杀菌（杀菌温度高于 100℃）。

淡水鱼罐头一般采用高压杀菌，也有酸性罐头采用巴氏杀菌，如酸菜鱼罐头等。罐头在受到足够的杀菌强度后，需要立即冷却以避免杀菌过度；另外，长时间缓慢冷却操作（如让罐头自然冷却）会导致嗜热芽孢（能在杀灭肉毒梭状芽孢杆菌条件下残存的）发芽繁殖而引起腐败，这种问题对于直径较大的容器特别危险，因为冷点穿过嗜热菌生长的合适温度范围可能需要超过 24h。在冷却介质替换杀菌介质时必须仔细控制，最重要的是容器周围的介质压力在加工过程中必须恒定。因此，冷点的温度必须在整个冷却过程进行监控，以确定杀菌后杀菌锅中压力下降的最适形式。用于冷却罐头的水必须加氯，因为罐头是热的，封口处化合物可能会熔化，冷却水有可能会渗入罐中由真空引起的顶隙中。尽管这种可能性很小（通常 $1/10^4$ 或 $1/10^5$），然而泄露腐败是最常见的罐头微生物腐败的原因。

冷却水氯化，可以直接加氯气或加一些能与水反应后产生游离氯的物质，如次氯酸钠。由于氯十分活泼，特别是可与有机物反应，在容器表面或杀菌锅中由于灌装操作溢出都有可能存在有机物。因此，加氯量必须根据杀菌锅中排出水的余氯来控制，余氯量可以连续监控，加氯量也随之调整，余氯量高于 10mg/kg 会加速外壁腐蚀，所以用量必须严格控制。

罐头冷却时间过长会使罐头出杀菌锅时很潮湿，必须用干燥机烘干以便后道操作。罐头封口处的水很容易在后道机械或人工操作时被微生物污染，再浸入封口，造成内容物二次污染。

（六）检查

罐头在杀菌冷却后，必须经保温检查、外观检查、敲音检查、真空度检查、开罐检查、理化和微生物检验等，衡量其各项指标是否符合标准，是否符合商品要求，完全合格后才可出厂。

（七）包装和贮藏

罐头经检查合格后，擦去表面污物，涂上防锈油，贴上商标纸，按规格装箱。罐头在销售或出厂前，需要专用仓库贮藏，库温以 20℃左右为宜，仓库内保持通风良好，相对湿度一般不超过 75%。在雨季应做好罐头的防潮、防锈和防霉工作。

第二节　淡水鱼调味罐头

淡水鱼原料在生鲜状态或进行预热处理后，加入调味液进行装罐杀菌制成的产品称为淡水鱼调味罐头。淡水鱼调味罐头按照加工口味，分为红烧、茄汁、葱烤、鲜炸、五香、豆豉和咖喱等多种类型。此类罐头注重加工口味和调味液的配方，体现了我国烹饪技术的传统特色。

一、淡水鱼调味罐头加工工艺

（一）工艺流程

原料鱼处理→盐渍→预热处理→调味→装罐→排气密封→杀菌→冷却→成品→检查→包装贮藏。

（二）技术要点

淡水鱼调味罐头与其他种类淡水鱼罐头的基本生产工艺大致相同，其特有的工艺环节包括以下几个环节：

1. 预热处理　淡水鱼调味罐头需要在装罐前进行预热处理，可采用预煮和油炸工艺。预煮的方式较多采用蒸煮法，也采用原料与调味液共煮的方法，对于草鱼等大型淡水鱼，可以将整鱼放在蒸汽室中预热，也可分割切成块后在盐水中预热。这样可以在脱水的同时也除去气味较重的鱼油，并便于鱼肉的去骨及加工成小块作为罐头原料。淡水鱼调味罐头也可采用油炸工艺进行预热处理，赋予原料特有的色泽和风味。

2. 调味　调味方法因不同产品口味而异，配制相应口味的香料水、调味汁后，常用的调味方式一种是将预热处理后的淡水鱼原料趁热浸渍在调味液中几十秒到几分钟，让风味滋味物质扩散进入鱼肉中；另一种方式是将热的调味液和淡水鱼同时装入罐中，杀菌与调味过程同时进行。

二、淡水鱼调味罐头产品

（一）红烧鲤鱼罐头

1. 工艺流程　原料鱼预处理→盐渍→油炸→调味→装罐→排气密封→杀菌冷却→成品。

2. 操作要点

（1）原料选择　选用新鲜或冷冻大宗淡水鱼，包括青鱼、草鱼、鲢、鳙、鲤、鲫、鲂。

（2）原料预处理　将原料鱼去鳞、去头尾、去鳍、剖腹去内脏，然后清洗干净，横切成5～6cm长的鱼块。

（3）盐渍　将鱼块按大小分级，并分别浸没于3%的盐水中，鱼块与盐水之比为1∶1，盐渍时间5～10min，捞出沥干。

（4）油炸　将盐渍后的鱼块投入180～210℃的油锅中，鱼块与油之比为1∶10，油炸时间为3～6min，炸至鱼块呈金黄色。

（5）调味液配制　将香辛料放入夹层锅内微沸30min，过滤去渣后，再加入糖、盐等其他配料煮沸溶解后过滤，最后加入味精，用开水调至总量为110kg调味液备用。

调味液配方（kg）为：砂糖 6，精盐 3.5，味精 0.045，琼脂 0.36，水 88，花椒 0.05，五香粉 0.08，鲜姜 0.5，洋葱 1.5，酱油 10。

（6）装罐　采用 860 号罐，净含量为 256g，装鱼肉 150g，鱼块不多于 3 块且竖装排列整齐，加麻油 0.45g，调味液 106g，调味液温度保持在 80℃以上。

（7）排气及密封　热排气罐头中心温度达 80℃以上，抽气密封真空度 0.046～0.053MPa。

（8）杀菌及冷却　杀菌公式为 15－90－15min/116℃。杀菌后冷却至 40℃左右，取出擦罐入库。

3. 质量指标与参考标准

（1）感官指标　肉色正常，具有红烧鲤鱼之酱红色，略带褐色，滋味、气味正常，无异味；组织紧密，不松散，不干硬，罐内倒出时鱼块不碎散；鱼块应竖装排列整齐，块形大小较均匀。

（2）微生物指标　符合罐头食品商业无菌要求。

（3）操作规范参考标准　《食品安全管理体系水产品加工企业要求》（GB/T 27304—2008）；《水产食品加工企业良好操作规范》（GB/T20941—2007）；《出口水产品质量安全控制规范》（GB/Z 21702—2008）。

（4）产品质量参考标准　《鱼类罐头卫生标准》（GB 14939—2005）；《绿色食品　鱼罐头》（NY/T 1328—2007）。

（二）葱烤淡水鱼罐头

1. 工艺流程　原料鱼处理→盐渍→油炸→调味→装罐→排气、密封→杀菌、冷却→成品。

2. 操作要点

（1）原料选择　选用鲜活鲤或鲫等淡水鱼为原料。

（2）原料处理　原料鱼清洗后去鳞、去头尾、去鳍、去内脏，用清水洗净腹腔内的黑膜及污物，大鱼切段。

（3）盐渍　将鱼体浸没于 3％盐水中盐渍 3～5min，捞出沥干后按大小分级。

（4）油炸　将鱼体投入 170～190℃的油中，油炸至鱼体呈棕红色上浮时翻动，防止其焦煳和黏结，捞出沥油。

（5）调味

①调味液配制：将生姜洗净切碎，加水加盐至微沸约 20min，捞去姜渣，加入其他配料，拌匀再煮沸过滤，总量调至 50kg，备用。

调味液配方（kg）：酱油 10，砂糖 6，精盐 4，味精 0.3，清水 28，生姜 2，五香粉 0.1。

② 熟大葱的制备：将大葱和洋葱去外皮和青叶，大葱纵切后，再横切成4～5cm 的葱段；洋葱切成丝。1kg 葱加 60g 精制植物油，在锅内炒熟，防止焦煳或有生油味。

（6）装罐　采用抗硫涂料罐 602 号，净含量为 312g。容器经清洗消毒后，装炸鱼 235g，加熟大葱 30g；或装炸鱼 215g，加熟洋葱 50g：鱼整条装或段装，大小大致均匀，最后加入调味液 47g，调味液温度保持 80℃以上。

（7）排气及密封　抽气密封，真空度 0.046～0.053MPa。

（8）杀菌及冷却　杀菌公式为 30－90－30min/115℃，杀菌后冷却至 40℃左右，取出擦罐入库。

3. 质量指标与参考标准

（1）感官指标　呈酱红色略带红褐色，具有葱烤鱼应有的滋味和气味，无异味；组织紧密，柔软，鱼骨酥软，从罐内倒出时不碎散，大小大致均匀。

（2）理化指标　固形物≥75%，氯化钠 1.2%～2.0%。

（3）微生物指标　符合罐头食品商业无菌要求。

（4）操作规范参考标准　《食品安全管理体系水产品加工企业要求》(GB/T 27304—2008)；《水产食品加工企业良好操作规范》(GB/T 20941—2007)；《出口水产品质量安全控制规范》(GB/Z 21702—2008)。

（5）产品质量参考标准　《鱼类罐头卫生标准》(GB 14939—2005)；《绿色食品　鱼罐头》(NY/T 1328—2007)。

（三）咖喱鱼片罐头

1. 工艺流程　原料鱼处理→拌料→冷凝→油炸→调料制备→调味→装罐→排气密封→杀菌冷却→成品。

2. 操作要点

（1）原料选择　选用新鲜或冷冻良好的青鱼、草鱼或鲢等做原料，青鱼、草鱼每条在 2kg 以上，鲢每条在 5kg 以上。

（2）原料预处理　鲜活鱼或冷冻鱼经解冻洗净，去鳞、去头尾、去鳍、去内脏，沿鳃盖骨切去鱼头，用清水洗净腹腔内的黑膜及污物。沿脊骨将鱼剖成两片，去脊骨、肋骨、腹部肉及鱼皮，得到两片净鱼肉片。将鱼肉片切成 4.5～6.5cm 的鱼段，再从鱼段中间切开，去除背部红肉，然后再切成厚约 0.5cm、长 4.5～6.5cm、宽 2～4cm 的鱼片。将鱼片用清水漂洗 5～10min，使鱼肉呈白色，取出沥干。

（3）拌料　在不锈钢容器中放入鱼片、精盐、味精、葱姜水、黄酒，搅拌均匀，待鱼片有黏性时，放入淀粉和鸡蛋混合液（淀粉和鸡蛋用打蛋机打匀成混合液），再次拌匀。拌料配方（kg）为：鱼片 21.25，精盐 0.3，黄酒 0.32，味精 0.033，葱姜水 0.21，淀粉 2，鸡蛋液 3。

（4）冷凝　将拌料后的鱼片装入盘中，置低温处冷凝 1～2h（冷凝后鱼片应当班做完），然后将鱼片一片一片平摊于盘中，盘里放精制植物油，小鱼片可搭在一起约 0.5cm 厚。

（5）油炸　将鱼片连盘一起放入 140～150℃油中油炸，时间约 1min 左右，待鱼片浮起呈黄色时即可，不得炸成焦黄色，将盘连鱼片一起取出，用刀划成 4cm 左右的鱼片，铲下鱼片。油炸得率为 82%～85%。

（6）调味液的配制

① 香料油配制：配方为精制植物油 9 kg，葱头丝 5.15 kg，大蒜泥 0.83 kg。将精制植物油加热到 120℃，放入葱头丝及大蒜泥，熬至香气外溢，防止焦煳而产生苦味。取出过滤备用。

② 调味汁的配制：咖喱鱼片罐头调味汁配方（kg）为：精盐 0.5，砂糖 0.5，黄酒 0.84，味精 0.28，淀粉 0.74，姜汁 0.07，咖喱粉 0.9，红花水 0.42，红辣椒粉 0.07，香料油 4.4，水 25～28。先将香料油和咖喱粉放入夹层锅内加热至香气出来并呈黄色后，再加入其他配料（精盐、砂糖先用清水溶解、过滤后加入，淀粉先用 1.5 倍清水拌匀加入），煮沸后加入黄酒，随即出锅，得调味液 33kg。

（7）装罐　采用抗硫涂料罐 854 号。先加入香料油 20g 和 75～80g 调味液，液温保持在 80℃以上，然后装鱼片 140g，平整排列，形态稍差和较小的鱼片放在中间，每罐鱼片的色泽大致均匀。

（8）排气及密封　真空封罐，真空度为 0.053～0.067MPa。

（9）杀菌及冷却　采用高压蒸汽杀菌，杀菌公式：10－65－10min/118℃。降压后取出罐，水淋冷却至 40℃左右，取出擦罐入库。

3. 质量指标与参考标准

（1）感官指标　鱼片呈咖喱黄色，油色黄亮，鱼肉组织紧密有弹性，具有咖喱鱼片特有的风味，无异味。

（2）理化指标　固形物≥60%，氯化钠 2%～2.4%。

（3）微生物指标　符合罐头食品商业无菌要求。

（4）操作规范参考标准　《食品安全管理体系水产品加工企业要求》（GB/T 27304—2008）；《水产食品加工企业良好操作规范》（GB/T 20941—2007）；《出口水产品质量安全控制规范》（GB/Z 21702—2008）。

（5）产品质量参考标准　《鱼类罐头卫生标准》（GB 14939—2005）；《绿色食品　鱼罐头》（NY/T 1328—2007）。

（四）荷包鲫鱼罐头

1. 工艺流程　原料鱼处理→填馅→油炸→调味→装罐→排气密封→杀菌冷却→成品检验入库。

2. 操作要点

（1）原料处理　将活鲜鲫去鳞、去头尾、去鳍，掏净内脏，用流动水充分刷洗去净腹腔黑膜及污物，沥水 5～10min。

（2）填馅　猪肉中膘肉约占 6%。将猪肉用孔径 0.5cm 纹板绞肉机绞碎，然后加上其他配料，充分搅拌混合均匀即成肉馅。将肉馅填入鱼腹内，填满塞紧。

肉馅配方（kg）：绞碎猪肉 10，碎生姜 0.1，花椒粉 0.01，丁香粉 0.005，碎洋葱 0.4，五香粉 0.01，水 1.0。

（3）油炸　将鲫放入 180～210℃的油中炸 3～6min，炸至鱼体呈棕红色，背部按之有弹性，肉馅表面不焦煳为宜，捞出沥油。

（4）调味　将生姜、花椒粉放入夹层锅内，加水煮沸 30min 去渣后，加入其他配料，再次煮沸过滤，调整至总量为 50kg 的调味汁。

调味汁配方（kg）：砂糖 3.0，酱油 7，精盐 4，味精 0.3，生姜 0.5，花椒粉 0.125，水 35。

（5）装罐　采用抗硫涂料罐 602 号，净含量为 312g。将空罐清洗消毒后，装鲫 265g，排列整齐，加调味汁 47g，汁温保持于 80℃以上，每罐再加黄酒 6g 后迅速密封。

（6）排气密封　真空封罐机密封，真空度 0.033～0.036MPa，密封后罐头倒放。

（7）杀菌冷却　密封后的罐头必须及时进行杀菌，杀菌公式：30 - 90 - 30min/116℃。降压后出锅前，先松开杀菌锅门或盖，在锅内降温 5min 后再出锅。出锅后自然冷却 5min，再用冷水冷却至 38℃左右，擦罐入库。

3. 质量指标与参考标准

（1）感官指标　呈酱红色或带红褐色。具有荷包鲫鱼应有的滋味及气味，无异味，鱼肉组织紧密，柔嫩，鱼骨酥软，小心从罐内倒出鱼体时不碎散，允许有脱皮现象，鱼体完整。

（2）理化指标　罐内固形物≥85%，氯化钠 1.4%～2.4%。

（3）微生物指标　符合罐头食品商业无菌要求。

（4）操作规范参考标准　《食品安全管理体系水产品加工企业要求》（GB/T 27304—2008）；《水产食品加工企业良好操作规范》（GB/T 20941—2007）；《出口水产品质量安全控制规范》（GB/Z 21702—2008）。

（5）产品质量参考标准　《鱼类罐头卫生标准》（GB 14939—2005）；《绿色食品　鱼罐头》（NY/T 1328—2007）。

（五）茄汁淡水鱼罐头

茄汁类淡水鱼罐头，是将处理好的原料经盐渍脱水生装后加茄汁；或生装经蒸煮脱水后加茄汁；或先预煮脱水后装罐加茄汁；或经油炸后装罐加茄汁而制成的。其调味液以茄汁为主，有特殊风味。此类产品茄汁的配制比较重要，通常由番茄酱、糖、盐、植物油、黄酒按一定比例调和配制而成。茄汁鱼类罐头十分注重茄汁的配制，不同鱼种适用不同的茄汁配方。常采用的淡水鱼原料很多，如青鱼、鲢、鳙等。

1. 工艺流程 原料鱼处理→盐渍→茄汁配制→油炸→装罐→脱水→调味→排气密封→杀菌冷却→包装→成品入库。

2. 操作要点

（1）原料选择 选用鲜活或冷冻的青鱼、鲢、鳙、鲤等淡水鱼为原料。

（2）原料处理 将新鲜鱼用清水洗净，冷冻鱼用20℃以下的冷水解冻洗净，然后除去鱼头尾、鳞、鳍，剖腹去内脏，用清水洗净腹腔内的黑膜及血污，切成长5～6cm的鱼块。

（3）盐渍 将鱼体浸没于3%～5%盐水中盐渍5～8min（盐水：鱼=1：1），视鱼块大小而定，盐渍后用清水漂洗1次，沥水。

（4）油炸 将鱼块放入170～180℃油中，油炸时间为2～4min，炸至鱼块表面呈金黄色时即可捞起沥油。

（5）茄汁的配制 番茄酱（20%）35，冰醋酸0.1～0.4，精盐3.5，砂糖6.5，油炸洋葱31.5，胡椒粉0.1，蒜泥0.35，味精0.015，精制植物油16.5，红甜椒粉0.021，黄酒3.2，清水或香料水3.5，配成总量100。

（6）装罐 采用抗硫涂料罐860号，净含量256g，将容器清洗消毒后，先在罐底放月桂叶0.5～1片，胡椒粒2粒，装鱼块170～185g，鲢每罐不超过4块，鲤每罐不超过5块，竖装，大小搭配均匀，排列整齐，加茄汁71～86g，汁温保持在75℃以上。

（7）排气及密封 将罐预封后热排气时，罐头中心温度达75℃以上，趁热密封，真空封罐真空度为0.047～0.053MPa。

（8）杀菌及冷却 热排气杀菌公式为10-70min-反压冷却/118℃；真空抽气杀菌公式为15-70min-反压冷却/118℃，杀菌后冷却至40℃左右，取出擦罐入库。

3. 质量指标与参考标准

（1）感官指标 鱼色正常，茄汁为橙红色，具有茄汁鱼应有的风味，无异味，肉质软硬适中，鱼块竖装排列整齐，块形大小较均匀，脊椎骨无明显外露。

（2）理化指标 固形物含量≥70%，氯化钠1.2%～2.2%。

（3）微生物指标 符合罐头食品商业无菌要求。

（4）操作规范参考标准 《食品安全管理体系水产品加工企业要求》

(GB/T 27304—2008)；《水产食品加工企业良好操作规范》(GB/T 20941—2007)；《出口水产品质量安全控制规范》(GB/Z 21702—2008)。

(5) 产品质量参考标准　《鱼类罐头卫生标准》(GB 14939—2005)；《绿色食品　鱼罐头》(NY/T 1328—2007)。

(六) 酥炸鲫鱼罐头

1. 工艺流程　原料鱼处理→盐渍→油炸→调味→装罐→密封→杀菌冷却→入库保藏。

2. 操作要点

(1) 原料处理　冷冻原料鱼用自然解冻或用自来水淋水解冻。解冻时应设专人负责，并经常翻动，使其解冻均匀。解冻原料应分批投入，并放在有一定铺垫物的台案上，解冻后及时剔除腐败变质鲫。用刀轻轻刮去鱼鳞，剪去鱼鳍，然后用小刀或剪刀进行剖腹，从肛门部位向下剖开，挖去内脏，去除鱼鳃。在操作过程中应特别小心，勿弄破苦胆，以免影响成品风味。

(2) 盐渍　将处理后的鲫用清水冲洗干净，然后放入4%的盐水中盐渍20min。鲫与盐水比例为1∶2，捞出用清水冲洗一遍，沥干水分，每盐渍一锅要及时补充盐含量。

(3) 油炸　油炸温度170～180℃，油炸时间为3～6min。鲫经油炸后鱼体应坚挺，不得有焦煳现象，油炸脱水率在40%～47%。每次投料不宜过多，应为油量的10%左右为宜。投料初期不可搅动，以防鱼肉破碎。要及时清除鱼肉碎屑和油渣，视情况添加或更换新油。

(4) 调味　将桂皮、八角茴香、生姜、月桂叶、花椒、干辣椒、陈皮等用纱布袋装好扎紧口，加水煮沸1h以上，然后加入其他配料煮沸，最后加入黄酒、味精过滤备用，调至总量100kg调味液。油炸后的鱼在70～80℃的调味汤汁中约浸1min，取出后沥汁。

调味液配方(kg)：白砂糖12，黄酒5，精盐1，桂皮0.5，八角茴香0.3，生姜1，月桂叶0.1，花椒0.2，味精0.2，干辣椒0.05，陈皮0.1，水100。

(5) 装罐　罐号1589，净重400g；鱼肉400g。装罐时应排列整齐，搭配均匀，并保持鱼体完整。

(6) 密封　抽气密封真空度控制在0.035～0.4MPa。封口后应逐罐检查，剔除不良罐。

(7) 杀菌冷却　杀菌公式：25-70-(15～25) min/118℃ (反压冷却)，应采用加压水杀菌，罐头在杀菌锅内的摆放高度应在溢水管口15cm以下，用铁箅子将罐头压住，不得漂浮水面。降温时不可进水太快或加压时间太长，防止后期瘪罐。冷却至38℃左右为宜，取出擦罐入库。

3. 质量指标与参考标准

（1）感官指标　见表6-1。

表6-1　感官指标

项目	优级品	一级品	合格品
色泽	肉色正常，呈黄褐色	肉色正常，呈棕褐色	肉色较正常，呈褐色
滋味气味	具有酥炸鲫鱼罐头应有的滋味和气味，香味浓郁	具有酥炸鲫鱼罐头应有的滋味和气味，香味较浓郁	具有酥炸鲫鱼罐头应有的滋味和气味，无异味
组织形态	组织酥软，不干硬。从罐内向外倒出鱼体时不碎散，分条装和段装两种。条装体形完整，排列整齐，允许有添称小块1块；段装部位搭配、块形大小均匀，允许有添称小块1块	组织较酥软，不干硬。从罐内向外倒出鱼体时不碎散，分条装和段装两种。条装体形较完整，排列较整齐，允许有添称小块1块；段装部位搭配、块形大小较均匀，允许有添称小块1块	组织尚酥软，条装体形尚完整，排列尚整齐，允许有添称小块2块；段装鱼块整齐块形部位搭配一般，碎块不超过重量的35%，允许有添称小块2块

（2）理化指标　见表6-2。

表6-2　理化指标

罐号	净重		固形物			重金属含量（mg·kg）					氯化钠/%
	标明重量/g	允许公差/%	含量%	规格重量/g	允许公差/%	锡(Sn)	铜(Cu)	铅(Pb)	砷(As)	汞(Hg)	
962	312	±3.0	90	281	±9.0	⩽200	⩽5.0	⩽1.0	⩽0.5	⩽0.2	1.2～2.0
602	312	±3.0	90	281	±9.0						

（3）微生物指标　符合罐头食品商业无菌要求。

（4）操作规范参考标准　《食品安全管理体系水产品加工企业要求》（GB/T 27304—2008）；《水产食品加工企业良好操作规范》（GB/T 20941—2007）；《出口水产品质量安全控制规范》（GB/Z 21702—2008）。

（5）产品质量参考标准　《鱼类罐头卫生标准》（GB 14939—2005）；《绿色食品　鱼罐头》（NY/T 1328—2007）。

（七）糖醋鲤鱼罐头

1. 工艺流程

原料鱼验收→切块→腌制→干燥→油炸→装袋、封口→杀菌、冷却→产品。

↑

糖醋调味酱制备

2. 操作要点

（1）原料验收　以鲜活鲤为原料。

（2）切块　将鲜活淡水鱼经宰杀、去鳞、去内脏、去头、去尾、清洗处理，沥干水后，切分成厚1.5cm大小的鱼块。

（3）腌制　将切好的鱼块置于腌制液中腌制1～3h，鱼块与腌制液质量比为1∶3，腌制液配方为质量百分含量3%～6%的食盐、2%～5%的食用醋、0.2%～0.5%的味精、1%～3%的料酒，加水补足100%。

（4）干燥　将腌制好的鱼块脱水干燥，使鱼块水分含量降为70%～72%。

（5）油炸　将干燥后的鱼块进行油炸，油炸条件为温度160～190℃，时间1～3min，炸至鱼块表面金黄，控制失重率20%～25%，沥干油后备用。

（6）装袋、真空封口　将沥干油后的鱼块，每块控制重10～12g和糖醋调味酱按照1∶（0.8～1）的质量比装入包装袋中，在真空度0.06～0.08MPa的真空条件下进行真空封口，每袋总重量为18～22g。

糖醋调味酱制备：所有配料按质量百分含量计，配方含10%～25%番茄浓缩汁，5%～10%白砂糖，2%～5%食用醋，0.3%～0.5%食盐，0.2%～0.5%味精，0.3%～0.8%柠檬酸，1.0%～2.0%酱油，1%～2%预糊化淀粉；制备时先将固体配料混合搅匀，加水溶解，再将液体配料加入，搅匀后加水补足100%，制备成糖醋调味酱。

（7）杀菌、冷却　将封口后的产品高温杀菌，反压冷却到40℃以下，杀菌条件为115～121℃，15～30min，反压压力0.10～0.15MPa。

3. 质量指标与参考标准

（1）感观指标　肉色正常，酱汁为亮红色；组织紧密适度，软硬适中，鱼块完整，块形大小大致均匀；咸淡适中，具有番茄酱制成的鱼罐头应有的滋味及气味，无异味，无油脂酸败味。

（2）理化指标　酸价（以脂肪计）（KOH）≤3.0mg/g，过氧化值（以脂肪计）≤0.25g/100g，无机砷≤0.1mg/kg，铅（Pb）≤1.0mg/kg，镉（Cd）≤0.1mg/kg，甲基汞≤1.0mg/kg。

（3）微生物指标　应符合食品罐头商业无菌的标准。

（4）操作规范参考标准　《食品安全管理体系水产品加工企业要求》（GB/T 27304—2008）；《水产食品加工企业良好操作规范》（GB/T 20941—2007）；《出口水产品质量安全控制规范》（GB/Z 21702—2008）。

（5）产品质量参考标准　《鱼类罐头卫生标准》（GB 14939—2005）；《绿色食品　鱼罐头》（NY/T 1328—2007）。

（八）酸菜鱼罐头

1. 工艺流程　原料鱼验收→预处理→脱腥、嫩化→油炸发色→调味→调酸→装罐、封口→低强度杀菌→快速冷却→产品。

2. 操作要点

（1）原料验收　以鲜活淡水鱼或海水鱼为加工原料，所用酸菜为酸青菜或酸盖菜，要求浸出液 pH 为 3.8～4.2。

（2）预处理　将鱼进行宰杀、清洗相应的预处理工序后，切分成厚度为 0.4～0.6cm 的鱼片或鱼块，片形、块形完整。

（3）脱腥、嫩化　预处理后的鱼片或鱼块进行脱腥、嫩化处理，选用黄酒、盐进行脱腥，水淀粉、蛋清挂浆进行嫩化处理；采用干腌法，每 1kg 鱼片或鱼块用黄酒 10g、淀粉 6g、蛋清 20g 和盐 20g 拌匀，腌制 20～25min。

（4）油炸发色　采用连续式油炸锅，将腌制后的鱼片或鱼块在色拉油中油炸，油炸条件为 150～170℃，时间 5～10s，要求鱼肉变白即捞出。

（5）调味　根据菜系口味特点调整配方中香辛料、调味料的用量；先配制香料油，将精制植物油加热到 170℃，放入适量葱头丝、大蒜泥及生姜，熬煮后取出过滤备用；然后配制调味液，先将香料油和香辛料等放入夹层锅内加热至香气出来后，再依次加入水、精盐、砂糖等煮沸，随即出锅。

（6）调酸　通过控制调味液中冰醋酸浓度、酸菜的酸度、酸度调节剂以及调整鱼肉、酸菜与调味液间的比例来调整制品酸度，要求制品货架期内的 pH 为 3.8～4.5，既达到酸性食品要求又不影响口感。

（7）装罐、封口　采用不同型号塑料碗盒，按鱼肉、酸菜与调味液比例装碗；先装入酸菜和鱼片或鱼块，按扇形均匀排列放置成圆形，形态稍差和较小的鱼片或鱼块放在中间，每碗鱼片或鱼块的色泽大致均匀；然后加入调味液，液温保持在 80℃以上；装碗后尽快封口，封口真空度为 0.036～0.046MPa，用封口膜将塑料碗盒口部密封。

（8）低强度杀菌　不同的碗形分别采用不同的杀菌条件，采用最小加工强度避免对鱼片或鱼块的品质破坏；杀菌条件为 110～116℃，25～45min。

（9）快速冷却　采用淋水式反压冷却，所用冷却水为零度冰水，反压为 0.06～0.10MPa，控制在 5～10min 内冷却到塑料碗盒中心温度 40℃以下，冷却后取出擦碗入库。

3. 质量指标及参考标准

（1）感观指标　鱼块完整，块形大小大致均匀，组织紧密适度，软硬适中，酸菜不软烂；具有酸菜鱼特有的酸爽滋味及气味，无异味。

（2）理化指标　酸价（以脂肪计）（KOH）≤3.0mg/g，过氧化值（以脂肪计）≤0.25g/100g，无机砷≤0.1mg/kg，铅（Pb）≤1.0mg/kg，镉（Cd）≤0.1mg/kg，甲基汞≤1.0mg/kg。

（3）微生物指标　应符合食品罐头商业无菌的标准。

（4）操作规范参考标准　《食品安全管理体系水产品加工企业要求》（GB/T 27304—2008）；《水产食品加工企业良好操作规范》（GB/T 20941—2007）；《出口水产品质量安全控制规范》（GB/Z 21702—2008）。

（5）产品质量参考标准　《鱼类罐头卫生标准》（GB 14939—2005）；《绿色食品　鱼罐头》（NY/T 1328—2007）。

（九）水煮鱼罐头

1. 工艺流程　原料鱼验收→宰杀、清洗→切分、腌制→油炸→装罐→排气、封口→杀菌、冷却→产品。

↑

配制香料油→配制调味液

2. 操作要点

（1）原料验收　加工原料为鲜活或新鲜的草鱼、青鱼或鲤等淡水鱼，原料大小不作特定要求；所用配菜为黄豆芽。

（2）宰杀、清洗　将鱼击昏后宰杀，去鱼鳞，净膛处理后，用洁净的水清洗干净鱼体内外的鱼鳞、血污及残留的内脏、鳃，同时去除鱼膛内部的黑膜，并将内脊处的淤血去除干净。

（3）切分　清洗后的鱼去头、尾，分离鱼身与鱼骨，将得到的鱼身切成厚度为0.5cm的鱼片，要求无鱼骨残留，片形完整。

（4）腌制　每1kg鱼片用黄酒15g、淀粉10g、蛋清40g和盐20g拌匀，腌制20～25min。

（5）油炸　采用连续式油炸锅，将腌制后的鱼片在色拉油中油炸，鱼肉变白即可捞出，150～170℃时间5～10s。

（6）调味液配制　根据菜系口味特点调整配方中香辛料、调味料的用量；先配制香料油，将精制植物油加热到170℃，放入适量葱头丝、大蒜泥及生姜，熬至香气外溢，防止焦煳而产生苦味，取出过滤备用；然后配制调味液，先将香料油和香辛料放入夹层锅内加热至香气出来后，再依次加入豆瓣酱、酱油、水、精盐和砂糖，煮沸1h后加入黄酒，随即出锅。

（7）装罐　采用特制塑料碗盒，先加入调味液200～600g，液温保持在80℃以上，然后装入黄豆芽150～450g，鱼片180～540g，按扇形均匀排列放置成圆形，形态稍差和较小的鱼片放在中间，每罐鱼片的色泽大致均匀。

（8）排气及封口　真空封口真空度为0.036～0.046MPa，用封口膜将塑料碗口部密封。

（9）杀菌及冷却　采用反压杀菌，根据不同的碗形分别采用不同的杀菌、冷却工艺参数进行杀菌、冷却，并取出擦罐入库。

3. 质量指标及参考标准

（1）感观指标　鱼块完整，块形大小大致均匀，组织紧密适度，软硬适中；咸淡适中，鱼鲜味明显，无异味。

（2）理化指标　酸价（以脂肪计）（KOH）≤3.0mg/g，过氧化值（以脂肪计）≤0.25g/100g，无机砷≤0.1mg/kg，铅（Pb）≤1.0mg/kg，镉（Cd）≤0.1mg/kg，甲基汞≤1.0mg/kg。

（3）微生物指标　应符合食品罐头商业无菌的标准。

（4）操作规范参考标准　《食品安全管理体系水产品加工企业要求》（GB/T 27304—2008）；《水产食品加工企业良好操作规范》（GB/T 20941—2007）；《出口水产品质量安全控制规范》（GB/Z 21702—2008）。

（5）产品质量参考标准　《鱼类罐头卫生标准》（GB 14939—2005）；《绿色食品　鱼罐头》（NY/T 1328—2007）。

第三节　淡水鱼油浸罐头

采用油浸调味，是淡水鱼油浸罐头所特有的加工方法。注入罐头的调味液，是精制植物油及其他调味料如糖、盐等。将生鱼肉装罐后直接加注精制植物油；将生鱼肉装罐经煮脱水后加注精制植物油；也可以将生鱼肉经预煮再装罐后加注精制植物油；或是将生鱼肉经油炸再装罐后加注精制植物油。这种方法制成的鱼类罐头称油浸鱼罐头。其中，凡预热处理采用的是烘干和烟熏方法的油浸鱼罐头，称油浸烟熏鱼类罐头。同样这类罐头经贮藏成熟，使色、香、味调和后再食用，味道更佳。

一、淡水鱼油浸罐头加工工艺

（一）工艺流程

（1）原料处理、盐渍、装罐后，直接进行油浸调味。

原料鱼处理→装罐→油浸调味→排气、密封→杀菌→冷却→成品→检查→包装贮藏。

（2）原料处理、盐渍、装罐后，经蒸煮脱水再油浸调味。

原料鱼处理→装罐→预煮→油浸调味→排气、密封→杀菌→冷却→成品→检查→包装贮藏。

（3）原料处理、盐渍后进行预热处理，再装罐进行油浸调味。

原料鱼处理→预热处理→装罐→油浸调味→排气、密封→杀菌→冷却→成品→检查→包装贮藏。

（二）技术要点

淡水鱼油浸罐头与其他种类淡水鱼罐头的基本生产工艺大致相同，其特有的工艺环节包括以下两个环节：

（1）预热处理　预热处理因油浸调味方式不同而不同，第一种加工工艺在装罐前不用预热处理；第二种加工工艺中，装罐后的预热处理方法为预煮脱水；第三种工艺中，装罐前的加工工艺预热处理方法为油炸、预煮或烟熏。

（2）油浸调味　淡水鱼油浸罐头的油浸调味工艺是在罐中装入淡水鱼块后，灌注一定量预先烧热的精制植物油，以及少量的调味料，植物油不宜多，制品具有油浸后特有的质地和风味。

二、淡水鱼油浸罐头产品

（一）油浸青鱼罐头

1. 工艺流程　原料鱼处理→装罐→预煮→复称→油浸调味→排气、密封→杀菌、冷却→成品→检查→包装贮藏。

2. 操作要点

（1）原料处理　选用鲜活或冷冻青鱼为原料，将新鲜鱼用清水洗净，冷冻鱼用20℃以下的冷水解冻洗净，然后去鳞、头、尾及内脏，用清水洗净腹内黑膜以及未去掉的鳞、鳍和血块等。

（2）切段　将鱼切成的块形应较空罐内高稍低3～5mm。

（3）装罐　每罐装鱼肉270～280g，搭配均匀，尾部小块每罐限1块，排列整齐，小块夹入中间。

（4）预煮脱水　将装好的鱼罐放在蒸汽箱中蒸30min，蒸后立即倒放以滴去水分。

（5）复称　沥去水分后的青鱼每罐重230g，复称如果重量偏高，不得取出熟鱼肉，应立即过称生鱼部分，减少改变称量；如有不足，则用小块生鱼添补，添补重量不得超过20g。

（6）油浸调味　复称后每罐加入食盐5g，加热过的精炼花生油20g，油的温度不可低于95℃。

（7）排气、密封　82℃，10min，真空封口，真空度为0.047～0.053MPa。

（8）杀菌、冷却　杀菌公式10－60－15min/121℃，反压0.1～0.15MPa下冷却到40℃以下，冷却后堆放时罐盖向下。

3. 质量指标与参考标准

（1）感官指标　具有油浸鱼应有的香味，油色透明，微有黄色，无异味；形态整齐，允许有添增的小鱼块，鱼肉紧密不碎；无其他夹杂物存在。

（2）理化指标　固形物含量≥70%，氯化钠1.2%～2.2%。

（3）微生物指标　应符合食品罐头商业无菌的标准。

（4）操作规范参考标准　《食品安全管理体系水产品加工企业要求》（GB/T 27304—2008）；《水产食品加工企业良好操作规范》（GB/T 20941—

2007)；《出口水产品质量安全控制规范》(GB/Z 21702—2008)。

(5) 产品质量参考标准　《鱼类罐头卫生标准》(GB 14939—2005)；《绿色食品　鱼罐头》(NY/T 1328—2007)。

(二) 熏鱼罐头

1. 工艺流程　原料鱼处理→油炸→调味→装罐、油浸调味→排气、密封→杀菌、冷却→成品→检查→包装贮藏。

2. 操作要点

(1) 原料选择　鱼罐头选用活的或新鲜度良好的冷藏或冷冻的青鱼、草鱼、鲢、鲤等鱼，每条鱼需在1kg以上。

(2) 原料处理　将新鲜鱼洗去黏液，冷冻鱼需先解冻，去鳞、去头、去尾及鳍，去内脏，在流动水中洗净腹腔内黑膜及血污。割下腹肉，切成2～3块，其余部分切成15mm厚的鱼块。大型鱼宜横切，小型鱼宜斜切，每块重70～80克。尾部斜切成2～3块。各部位鱼块分别放置，以便分别进行处理。每10kg鱼块加80g黄酒，充分拌匀。

(3) 油炸　将鱼块投入180℃左右的热油中，油炸2～3min，至鱼肉呈茶黄色为准。

(4) 调味　炸好的鱼块，滤油后趁热浸入调味液中1min，取出滤去余液，调味后的鱼块约增重20%。

(5) 调味液的配制　先将青葱1.5kg、生姜1kg、桂皮0.4kg、花椒0.18kg、陈皮0.18kg、茴香0.15kg、月桂叶0.12kg和水10kg，加热煮沸，制成总量为7.5kg香料水。再加入酱油40kg，黄酒40kg、砂糖25kg、精盐1.24kg、甘草粉0.5kg、丁香粉0.037kg、胡椒粉0.03kg、味精0.2kg，充分混合，调至110kg。

(6) 装罐、油浸调味　每罐装鱼块190g，调味油8g，合计198g，罐内装4～7块鱼，搭配均匀，排列整齐，尾肉及腹肉夹在罐中央。

调味油的配制：先将青葱4kg、生姜1kg、桂皮0.4kg、茴香0.3kg、陈皮0.8kg、月桂叶0.12kg、花椒0.2kg，加水煮沸1h，至水近干，加入精制油42kg，炖煮至香味浓郁时出锅，过滤备用。

(7) 排气、密封　加热排气，95℃ 10min，趁热真空封口，真空度为0.047～0.053MPa。

(8) 杀菌、冷却　杀菌公式15-65-15min/118℃，反压0.1～0.15MPa下冷却到40℃以下，取出擦罐入库。

3. 质量指标与参考标准

(1) 感官指标

项目	优级品	一级品	合格品
色泽	肉色正常，呈红褐色	肉色正常，呈淡红色至深红褐色	肉色正常，呈红褐色，允许略带白色
滋味气味	具有熏鱼罐头应有的滋味及气味，无异味		具有熏鱼罐头应有的滋味及气味，无异味，允许有轻微焦煳味
组织形态	组织紧密，软硬适度：鱼块骨肉连接，块形大致均匀；每罐4～7块，允许添称小块1块	组织紧密，软硬较适度；鱼块骨肉连接，块形较均匀；每罐3～8块，允许添称小块2块	组织尚紧密，软硬尚适度；每罐3～8块，允许添称小块2块

（2）理化指标

罐号	净含量		重金属含量（mg/kg）					氯化钠（%）
	标明净含量（g）	允许公差（%）	锡（Sn）	铜（Cu）	铅（Pb）	砷（As）	汞（Hg）	
953	189	±4.5	≤200.0	≤5.0	≤1.0	≤0.5	≤0.3	1.5～2.5
962	227	±4.5						

（3）微生物指标　应符合食品罐头商业无菌的要求。

（4）操作规范参考标准　《食品安全管理体系水产品加工企业要求》（GB/T 27304—2008）；《水产食品加工企业良好操作规范》（GB/T 20941—2007）；《出口水产品质量安全控制规范》（GB/Z 21702—2008）。

（5）产品质量参考标准　《鱼类罐头卫生标准》（GB 14939—2005）、《熏鱼罐头》（QB 1375—1991）、《绿色食品　鱼罐头》（NY/T 1328—2007）。

第四节　淡水鱼圆罐头

鱼圆（或称鱼丸），以味鲜、质嫩、色白、弹性好、入口即化而深受人们的喜爱。制作的鱼圆罐头可解决人们常年吃鱼难的问题，具有广泛的社会和经济效益。

一、清蒸鱼圆罐头

1. 工艺流程　原料鱼处理→采肉→漂洗、脱水→绞肉→配料→擂溃→成型、成熟→罐装、封口→杀菌、冷却→保温→挑拣→成品出厂。

2. 操作要点

（1）原料处理　选择鲜度高的新鲜淡水鱼，但由于鱼货的季节性很强，实际生产中不可能完全采用新鲜鱼，可用冻藏鱼，但应与新鲜鱼搭配使用。将合格的原料鱼去头、去内脏并剖边，用流水洗净腹腔内的血污、黑膜、白筋等杂物。原料处理应迅速，不要积压。

（2）采肉　处理后的原料鱼进采肉机，将鱼肉和皮骨分离。要提高出肉率，可将第一次采取下来的皮、骨再采取 1 次，所得鱼肉应分开存放、处理和使用。在该过程中应尽量防止皮、骨、鳞等异物混入鱼肉中。

（3）漂洗、脱水　采肉后的鱼肉，需进行漂洗。漂洗的目的是除去血液、色素、尿素、无机盐及部分水溶性蛋白质和脂肪，以增强鱼糜的弹性，改善鱼圆的色泽、品质。用水量一般为原料重的 4～5 倍，洗 2～3 次即可。因漂洗使鱼肉膨胀，一般应脱水处理，可采取压榨、甩干等方法，以脱水率80％～85％为宜。

（4）绞肉　绞肉的目的是破坏鱼肉的纤维组织，使肉质细碎，以使擂溃时盐溶性肌球蛋白易于溶出，形成良好弹性。淡水鱼肉质细嫩，通常绞 2～3 次即可，绞肉机绞板孔目直径应在 2～4mm。

（5）配料　配料的基本配方是鱼肉 100g，淀粉 20～30g，料酒 3g，食盐 3～5g，味精 0.5～1g，白糖 0.5～1.5g，水分 60～70g，葱汁、姜汁适量。可根据生产需要调配香辣味、五香味等。

（6）擂溃　擂溃时先用 6～7 成的清水（含碎冰一半）将鱼肉划散，搅成糊状。加入全部食盐，擂成浆状，但不宜过细，否则制品的弹性会有所减退。若采用的是冻鱼肉或是要制成冷冻品，可加入 0.1％～0.3％三聚磷酸钠或适当的大豆分离蛋白，以增强鱼肉的持水性。最后边擂溃、边加入剩余水分以及其他全部配料，一起擂溃成黏稠的泥浆状即可。一般约需 20min，速度不宜过快和过慢，以免擂溃过度或不充分。擂溃工序应尽量采用双锅擂溃机型，上锅盛装鱼肉进行擂溃，下锅装冰水，用以缓解因擂溃摩擦而造成的升温，避免鱼肉擂溃变性。如无擂溃机，亦可用打浆机或斩搅机替代。擂溃时应使配料温度控制在 15℃以下。

（7）成型、成熟　擂溃后利用浆料的黏着性和可塑性，采用鱼圆成型机或手工制成鱼圆形状，大小均匀一致。浆料应及时成型，否则容易转变为凝胶，使成型困难。必须在 5～10min 内使鱼丸的中心温度加热至 75℃左右，保持一段时间。

注意：如缓慢加热升温，则容易凝结成豆腐状制品；如过热，鱼圆易出现表皮硬化现象。另外，也可采用分段加热法，先加热到 40℃，保持 1h，再升温到 75℃成熟。这样，制品的弹性比较好，但生产难度增加了。鱼圆成熟后，捞出放入清水中静漂备用。

（8）罐装、封口　用干净的灭菌沥干瓶，每瓶放入 32 粒，同时加入清水

（热）或4%盐水（热），送入蒸煮排气箱排气5min，留有顶隙，趁热真空封罐，真空度为0.047～0.053MPa；如采用软包装，可采用高温蒸煮袋干装后真空封口，封口真空度>0.09MPa。

（9）杀菌、冷却　装罐封口后迅速送入杀菌锅杀菌。杀菌公式15-60-20min/118℃（反压水冷却），降温时间不宜过长。

（10）保温　鱼圆罐头冷却揩干入保温库37℃保温5～7天，检查无胖听、黑变等现象，即可包装出厂。

3. 质量指标与参考标准

（1）感观指标　个体大小基本均匀、完整、较饱满，白度较好，口感爽、弹性好，有鱼鲜味，无异味。

（2）理化指标　固形物含量≥60%，氯化钠1.2%～2.5%，淀粉≤15%。

（3）微生物指标　应符合食品罐头商业无菌的标准。

（4）操作规范参考标准　《食品安全管理体系水产品加工企业要求》（GB/T 27304—2008）；《水产食品加工企业良好操作规范》（GB/T 20941—2007）；《出口水产品质量安全控制规范》（GB/Z 21702—2008）。

（5）产品质量参考标准　《鱼类罐头卫生标准》（GB 14939—2005）；《绿色食品　鱼罐头》（NY/T 1328—2007）。

二、油炸鱼圆罐头

1. 工艺流程　原料鱼处理→采肉→漂洗→脱水→绞肉→配料→擂溃→成型→成熟→油炸→蒸汽加热→灌装→加汤→封口→杀菌→冷却→入库。

2. 操作要点

（1）油炸　一般使用精炼植物油为好。油炸锅温度控制在180～200℃，时间为2～3min。待鱼圆炸至表面坚实、熟透浮起呈金黄色时即可捞出油锅，进行冷却后再装盘运送或加工。有些单位为了节省食油将鱼圆先在水中煮熟，再予沥干水分油炸，这种产品弹性较好，但口味稍差。特别是不能用于加工罐头食品，因为水煮鱼圆鲜味及食盐含量均不能控制。

（2）蒸汽加热　将油炸鱼圆装盘后盖上纱布，进杀菌釜用蒸汽在常压下加热，时间为10min，使鱼圆表面得到初步消毒，并能提高鱼圆装罐初温，有利于罐内真空的获得。若新鲜鱼圆刚炸好就生产罐头，则不必再重新加热。

（3）装罐、加汤　将加热的鱼圆立即装入瓶内，每瓶装入量为240～260g，然后加满汤汁（玻璃瓶及瓶盖均需预消毒、清洗、沥水）。

按桂皮500g、陈皮500g、八角500g、丁香100g、月桂叶100g、生姜10kg和水125kg的配方，将鲜姜先切碎与香料用纱布包扎好，加入125kg水煮沸2h以上成为香料水。按香料水40kg、精盐1.5kg、白砂糖12.5kg、黄酒

5kg、酱油 2.5kg 和味精 100g 的配方，将香料水、精盐、白糖、酱油入锅加热溶解煮开，布袋过滤后再加入黄酒、味精搅拌均匀，溶解成为备用汤汁。

（4）封口　用真空封瓶机封口，真空度为 0.047～0.053MPa，封口后经检验人员严格检查封口质量，剔除不合格品。

（5）杀菌、冷却　装罐封口后迅速送入杀菌锅杀菌。杀菌公式 15－60－20min/118℃，反压冷却。

（6）保温　鱼圆罐头冷却揩干入保温库 37℃保温 5～7 天，检查合格即可包装出厂。

原料预处理、采肉、漂洗、脱水、绞肉、配料、擂溃、成型步骤同清蒸鱼圆罐头。

3. 质量指标与参考标准

（1）感观指标　个体大小基本均匀、完整、较饱满，白度较好，口感爽、弹性好，有鱼鲜味、无异味。

（2）理化指标　固形物含量≥60%，氯化钠 1.2%～2.5%，淀粉≤15%。

（3）微生物指标　应符合食品罐头商业无菌的标准。

（4）操作规范参考标准　《食品安全管理体系水产品加工企业要求》（GB/T 27304—2008）；《水产食品加工企业良好操作规范》（GB/T 20941—2007）；《出口水产品质量安全控制规范》（GB/Z 21702—2008）。

（5）产品质量参考标准　《鱼类罐头卫生标准》（GB 14939—2005）、《绿色食品　鱼罐头》（NY/T 1328—2007）。

第五节　淡水鱼肉肠

鱼肉肠是在鱼肉或鱼糜中加入畜肉绞肉，以调味品、香辛料调味，并加入其他辅助材料和添加剂后擂溃，脂肪含量大于 2%，充填于肠衣中加热后的成品。这些辅助材料和添加剂按需要可加入淀粉、粉末状植物蛋白、其他黏结材料、食用油脂、黏结增强剂、抗氧化剂和合成防腐剂。在鱼肉肠中，鱼肉用量占成品重量的 50%以上，植物蛋白量在成品重量的 20%以下。鱼肉肠按其是否加入畜肉，可分为畜肉型香肠和鱼糕型香肠。特点是白色鱼肉和褐色鱼肉都可作为原料，所以原料选择面较广，经高温杀菌后的部分产品可在常温下流通，而经烟熏后的产品还具有独特的风味。

一、鱼肉肠

1. 工艺流程

冷冻鱼糜→解冻
↓
原料鱼→去头、去内脏→洗涤→采肉→漂洗→脱水→精滤→擂溃→调配→灌肠→杀菌→冷却→外包装。

2. 参考配方　鱼肉40kg，精盐0.9kg，味精0.08kg，白胡椒粉0.025kg，砂糖12kg，淀粉24kg，黄酒2.5kg，生姜汁0.75kg。

3. 操作要点

（1）原辅料的选择　可以新鲜鱼或冷冻鱼糜为原料。

（2）擂溃与添加调味料　10～15℃下擂溃30min，使鱼肉蛋白质充分溶出形成网状结构，固定水分，使制品有一定的弹性，最好使用真空型擂溃设备，以减少擂溃时鱼糜中空气的混入量，确保成品中的气孔量降至最少。在混合过程中按工艺配方添加淀粉、调味料、着色料等其主要配料。

（3）灌肠　采用连续真空灌肠机进行灌肠，肠衣一般常使用中号或小号的高阻隔性的聚偏二氯乙烯（PVDC）肠衣，灌肠后采用铝线结扎。灌制的肉糜应紧密无间隙，防止装得过紧或过松，胀度要适中。

（4）加热杀菌　灌制好的肉肠要在30min内进行蒸煮杀菌。杀菌条件因产品类型和产品规格而异，高温肠可采用高压杀菌，杀菌公式15-30-20min/120℃；低温肠采用在95～100℃水中煮50～60min。

（5）冷却　鱼肠煮熟后应立即冷却。首先检查并除去爆破和扎口泄漏的，然后放在洁净的冷水中冷却至20℃以下。由于热胀冷缩作用，肠衣容易产生很多皱折，为使肠衣光滑美观，可用95℃热水浸泡20～30s后立即取出，自然冷却后包装。

（6）包装、贮藏　冷却后的肉肠装入箱子后，低温肠放入0～4℃保鲜冷库中贮藏，在冷库中可放20～30天；高温肠可常温保藏6个月以上。

如选择新鲜鱼为原料，原料预处理、采肉、漂洗、脱水、精滤工序同冷冻鱼糜。

4. 质量指标与参考标准

（1）感观指标　肠体均匀饱满，无损伤，结扎牢固；色泽较好；组织紧密，切片良好，有弹性，无密集气孔；咸淡适中，鲜香可口，无异味。

（2）理化指标　失水率≤6%，水分≤82%，淀粉≤15%。

（3）操作规范参考标准　《食品安全管理体系水产品加工企业要求》（GB/T 27304—2008）；《水产食品加工企业良好操作规范》（GB/T 20941—2007）；《出口水产品质量安全控制规范》（GB/Z 21702—2008）；《鱼糜加工机械安全卫生技术条件》（GB/T 21291—2007）；《水产品加工质量管理规范》（SC/T 3009—1999）。

(4) 产品质量参考标准　《鱼糜制品卫生标准》(GB 10132—2005)、《鱼类罐头卫生标准》(GB 14939—2005)、《火腿肠》(GB/T 20712—2006)。

二、鱼肉、猪肉混合肠

1. 工艺流程

冷冻鱼糜→解冻
↓
原料鱼→去头、去内脏→洗涤→采肉→漂洗→脱水→精滤→斩拌→灌肠→杀菌→冷却→外包装。
↑
鲜猪肉、肥膘→漂洗→切丁

2. 参考配方　鱼肉 50kg，瘦猪肉 15kg，肥膘 3.5kg，食盐 1.2kg，白糖 1.4kg，淀粉 3kg，黄酒 3kg，味精 0.7kg，白胡椒粉 0.7kg，生姜汁 1kg。

3. 操作要点

(1) 原料处理　冷冻鱼糜解冻。原料猪肉选择新鲜健康的猪肉，无异味，剔骨、切丁，一般将瘦肉切成 1.5～3cm 见方的肉丁，肥膘切成 0.5cm 的肥肉丁，瘦猪肉和肥膘用 40℃的水漂洗 5min 后，再用 10℃的淡盐水漂洗 5min，漂去红色血筋和杂质，然后分别用洁净纱布滤去水分。

(2) 斩拌　斩拌时先将鱼肉放入，加入原料肉重 5%的冰水斩拌 4min，再按工艺配方加入淀粉，再斩拌 3min，最后加入各种辅料和猪肉丁，斩拌 8min。整个斩拌过程中一定要严格控制温度，不能超过 15℃，夏天生产要求加入碎冰，因为温度太高会引起蛋白质变性，使凝胶形成能力大大下降，破坏鱼糜的弹性，同时会使酶活力和细菌活力增强，破坏鱼糜的品质。

(3) 灌肠　采用连续真空灌肠机进行灌肠，肠衣一般常使用中号或小号的高阻隔性的聚偏二氯乙烯 (PVDC) 肠衣，灌肠后采用铝线结扎。灌制的肉糜应紧密无间隙，防止装得过紧或过松，胀度要适中。

(4) 加热杀菌　灌制好的肉肠要在 30min 内进行蒸煮杀菌。杀菌条件因产品类型和产品规格而异，高温肠可采用高压杀菌，杀菌公式 15 - 30 - 20min/120℃；低温肠采用在 95～100℃水中煮 50～60min。

(5) 冷却　鱼肠煮熟后应立即冷却。首先检查并除去爆破和扎口泄漏的，然后放在洁净的冷水中冷却至 20℃以下。由于热胀冷缩作用，肠衣容易产生很多皱折，为使肠衣光滑美观，可用 95℃热水浸泡 20～30s 后立即取出，自然冷却后包装。

(6) 包装、贮藏　冷却后的肉肠，装入箱子后，低温肠放入 0～4℃保鲜冷库中贮藏，在冷库中可放 20～30 天；高温肠可常温保藏 6 个月以上。

如选择新鲜鱼为原料，原料鱼预处理、采肉、漂洗、脱水、精滤工序同冷冻鱼糜。

4. 质量指标与参考标准

(1) 感观指标 肠体均匀饱满，无损伤，结扎牢固；色泽较好；组织紧密，切片良好，有弹性，无密集气孔；咸淡适中，鲜香可口，无异味。

(2) 理化指标 失水率≤6%，水分≤82%，淀粉≤15%。

(3) 操作规范参考标准 《食品安全管理体系水产品加工企业要求》(GB/T 27304—2008)；《水产食品加工企业良好操作规范》(GB/T 20941—2007)；《出口水产品质量安全控制规范》(GB/T 21702—2008)；《鱼糜加工机械安全卫生技术条件》(GB/T 21291—2007)；《水产品加工质量管理规范》(SC/T 3009—1999)。

(4) 产品质量参考标准 《鱼糜制品卫生标准》(GB 10132—2005)、《鱼类罐头卫生标准》(GB 14939—2005)、《火腿肠》(GB/T 20712—2006)。

参考文献

车文毅．2000. 实用水产品加工技术 70 例 [M]．南京：江苏科学技术出版社．

杜志明．2002. 水产品质量达标鉴定及检验检疫实施手册 [M]．北京：人民出版社．

李江华．2008. 食品质量与卫生标准速查手册 [M]．北京：中国标准出版社．

李来好．2004. 水产品保鲜与加工 [M]．广州：广东科技出版社．

刘红英．2006. 水产品加工与贮藏 [M]．北京：化学工业出版社．

刘铁玲，李国菊．2004. 鲢鱼软罐头的研制 [J]．食品科学，25 (5)：203-205.

沈月新．2001. 水产食品学 [M]．北京：中国农业出版社．

汪之和．2002. 水产品加工与利用 [M]．北京：化学工业出版社．

王丽哲．2000. 水产品实用加工技术 [M]．北京：金盾出版社．

吴光红，车文毅，费志良，等．2001. 水产品加工工艺与配方 [M]．北京：科学技术文献出版社．

夏文水，姜启兴，许艳顺，等．2012. 一种常温保藏即食熏鱼食品的加工方法：中国，国家发明专利，201210550508. X [P]．2012-12-18.

夏文水，汤凤雨，姜启兴，等．2012. 一种可常温保藏的即食糖醋鱼的加工方法：中国，国家发明专利，201210446205.3 [P]．2012-11-09.

夏文水，张路遥，姜启兴，等．2012. 一种常温保藏的菜肴式方便食品碗状包装酸菜鱼的加工方法：中国，国家发明专利，201210533494.0 [P]．2012-12-12.

夏文水．2007. 食品工艺学 [M]．北京：中国轻工业出版社．

张万萍．1995. 水产品加工新技术 [M]．北京：中国农业出版社．

赵晋府．2003. 食品工艺学 [M]．北京：中国轻工业出版社．

郑坚强．2008. 水产品加工工艺与配方 [M]．北京：化学工业出版社．

G. M. Hall 著，夏文水等译．2002. 水产品加工技术 [M]．北京：中国轻工业出版社．

第七章

淡水鱼加工副产物的综合利用

我国水域辽阔，鱼类资源十分丰富，淡水鱼养殖量跃居世界第一位，2010年达到了2 300多万t。这为我国鱼加工下脚料的综合利用提供了良好、廉价、源源不断的原材料。如何深度开发鱼下脚料，不仅对于水产品加工综合利用和保护环境有重要意义，而且也能支持和促进水产捕捞和养殖生产的发展。

在淡水鱼消费和加工过程中，会产生大量的鱼鳞、鱼内脏、鱼皮和鱼骨等副产物。这些副产物中含有大量的蛋白质、酶、油脂以及其他一些具有生物活性的物质，如多糖、维生素和矿物质（包括能起重要生理作用的微量元素）等多种成分。下脚料中除了蛋白质外，其余各类成分不论在种类上或数量上，都远比作为可食部分的肌肉中要丰富得多，因此，开展水产品加工下脚料和废弃物的综合利用可变废为宝，生产出各种农业、轻工、医药、环保和食品行业所需的新产品，大大提高水产品的附加值，降低主导产品的成本，取得较高的经济、生态和社会效益。随着我国养殖业和水产品加工业的迅速发展，水产品下脚料的开发利用显得越来越重要，引起了化学、化工、食品、生物、医药和环境保护等众多领域学者的关注。

研究人员对主要大宗淡水鱼鱼体各部分的组成比例进行了分析测定（表7-1）。由表7-1可知，淡水鱼消费和加工中副产物的比例达到50%左右，目前，我国对淡水鱼加工副产物的有效利用率还较低，不仅浪费了资源，还对环境造成了一定的污染。造成这一现象的原因主要有两方面：首先，由于目前我国淡水鱼加工企业规模小且分散，不利于副产物的收集和大批量加工利用；其次，对于淡水鱼加工副产物资源的开发利用的研究还相对比较少，许多技术还需要进一步的完善。

目前，发达国家的水产品加工率在80%以上，而我国的水产品加工率不足30%。其中，淡水鱼加工率不到15%，下脚料的加工更是少之又少。目前在我国，鱼下脚料的利用途径主要包括：①加工成饲料鱼粉；②鱼头、鱼骨加工成鱼骨糊、鱼骨粉；③从鱼内脏中提取鱼油，提炼EPA、DHA制品；④从鱼鳞中提取鱼鳞胶；⑤鱼皮制革；⑥鱼肚（鱼鳔经清洗浸洗干燥而成）的加工；⑦胶原蛋白的提取；⑧酸贮液体鱼蛋白的生产。

表 7-1　北京地区大宗淡水鱼鱼体各部分的组成比例（%）

种类	鱼头	鱼体			鱼鳞	鱼内脏	鱼鳍
		鱼肉	鱼骨	鱼皮			
鲢	32.38±0.30	41.17±0.22	5.93±0.06	3.38±0.04	1.89±0.11	8.27±0.20	2.54±0.34
草鱼	16.20±1.00	53.70±1.42	9.03±1.03	4.11±0.24	2.96±0.18	8.74±1.41	1.86±0.07
鳙	33.37±2.23	41.32±2.79	7.40±0.53	2.92±0.24	2.05±0.23	6.34±0.13	3.54±1.12
鲤	25.92±1.65	43.99±1.85	5.12±0.20	4.19±0.93	4.91±0.26	13.37±0.49	2.50±0.61
鲫	19.73±1.45	32.39±1.63	10.53±3.55	2.97±0.79	4.44±0.19	18.71±1.79	1.61±0.14
团头鲂	12.79±1.20	50.72±1.65	9.04±1.85	5.25±0.61	2.92±0.54	7.82±0.43	2.15±0.14

注：表中数据由中国农业大学水产品加工研究室提供。

第一节　鱼鳞的加工利用

目前，大部分鱼鳞未经有效利用而被废弃。从表 7-2 中可以看出，淡水鱼鱼鳞中含有 20%～35%的蛋白质，生物学效价较高，可作为胶原蛋白等高附加值产品的原料。鱼鳞中所含有的羟基磷灰石具有较高的生物相容性，能与骨形成强的活性连接，可以作为植入性材料用于美容和医学领域。

一、鱼鳞的结构、化学组成和功能

1. 鱼鳞的结构　鱼鳞是鱼真皮层的变形物，其质地坚硬，对鱼体起到保护的作用。鱼鳞占鱼体总重的 2%～5%。淡水鱼的种类不同，鱼鳞的形状会相应不同，大小不一，质地也各异，光滑程度也不同。淡水鱼中的青鱼、草鱼、鲫和鲤等鱼的鳞片较大，便于收集和加工。根据鱼鳞形态，可将鱼鳞大致分为木盾鳞、硬鳞和古鳞三种，其中，以古鳞最为常见。鱼鳞可分为上下两层，上层为骨质层，主要成分是羟基磷灰石，并零散的分布着一些胶原纤维；下层为纤维质层，其中紧密地平行排列着直径 70～80nm 的胶原纤维。鱼鳞的表面结构并不均匀，可分成两个完全不同的区域。一侧是比较规则的区域，主要位于鱼鳞的基部，这部分鱼鳞可以清楚地看到表层具有规则的鳞相；另一侧是比较粗糙的区域，主要位于鱼鳞的端部，有许多黑色素颗粒与突起，是钙化层比较厚的区域，暴露在鱼体的外表面。

2. 鱼鳞的化学组成　鱼鳞中含有丰富的蛋白质和多种矿物质，其中，有机物占 20%～40%，无机物占 5%～20%。在有机物中含量最多的是蛋白质，鱼鳞中的蛋白质主要以胶原蛋白为主。除胶原蛋白外，大部分鱼类还存在一些特有的鱼鳞硬蛋白、少量角质蛋白和其他的蛋白，共同组成鱼鳞的总蛋白。有机组分中除蛋白质外，还含有脂肪、色素和黏液质等。鱼鳞的灰分含量较高，骨质层中的羟基磷灰石是灰分的主要来源。通常，无机物含量高的鱼鳞较为坚硬，无机物含量低的鱼鳞会相对柔软些。鱼鳞中的 Ca、Fe 和 Zn 含量较高，其中，钙以羟基磷灰石形式存在，另外鱼鳞中也含有少量的 Mg 及 P 等元素。鱼鳞的基本化学组成受到鱼体种类的影响，因此，在淡水鱼鱼鳞的开发利用过程中应根据各种淡水鱼化学成分的组成特点，进行加工利用，以达经济价值的最大化。表 7-2 中列举了中国农业大学食品科学与营养工程学院水产品加工研究室的研究人员对 6 种大宗淡水鱼鱼鳞基本化学成分组成的测定结果。

表 7-2　6 种大宗淡水鱼鱼鳞的基本化学成分组成（%）

	水分	灰分	粗蛋白	粗脂肪
鲢	67.46±5.20	7.43±0.72	26.64±0.54	0.03±0.02
草鱼	56.10±3.21	15.60±0.66	29.54±2.17	0.12±0.08
鳙	71.38±0.39	9.46±1.66	20.42±1.34	0.11±0.03
鲤	56.19±2.56	8.10±0.58	33.35±4.41	0.32±0.03
鲫	50.10±8.62	16.37±1.79	28.16±1.08	0.30±0.05
团头鲂	59.58±4.90	9.96±0.62	30.50±2.58	0.12±0.08

注：表中数据由中国农业大学水产品加工研究室提供。

3. 鱼鳞的功能性　关于鱼鳞的药用价值，在我国 1500 年前的《名医别录》中记载：取鲤、鲫之鳞片，文火熬成胶冻，可治妇女崩中带下，并对紫癜、齿龈出血有效。陈藏器、李时珍等指出：鱼鳞其性味甘、咸、平。功能主治：养血、止血、再生障碍贫血、崩漏带下、烫火伤、补肾固精、白血病和产后血晕等。近年来的研究表明，鱼鳞具有抗癌、抗衰老、降低血清总胆固醇和甘油三酸酯的功能。目前，对于鱼鳞保健功能的机理还未有统一的结论。据推测，鱼鳞的功能特性主要与以下 4 个因素有关：①鱼鳞中含有丰富的甘氨酸、丙氨酸和脯氨酸；②鱼鳞在熬制过程中会产生功能性多肽，目前已有研究证明一些短肽也可以被人体吸收，并已有动物实验证明，鱼鳞蛋白水解产物形成的小分子多肽具有降低小鼠血压、抗体内血栓的形成和抗氧化等作用；③鱼鳞中的胶原蛋白具有类纤维素的性质。由于胶原蛋白含有较多的中性和酸性氨基酸，从而有着聚集负离子基团的作用，可以吸附肠道毒素和重金属。同时胶原蛋白具有一定的乳化性能，疏水性较强的氨基酸被包埋在分子内部，形成特定的疏水区域，胆固醇、甘油酯类物质可以进入分子内部，有效防止高胆固醇血症的形成；④鱼鳞中含有丰富的微量元素，鱼鳞表层的钙化层中的 Ca、Fe 和 P 的含量较高，许多物质的生血、补血功能与铁的含量密切相关。鱼鳞中锌与铜的比值很高，已有研究表明，脾气虚弱患者或阴虚、阳虚患者血液中的锌铜比值比正常人低。因此有学者认为，鱼鳞在调节微量元素的平衡方面也起着重要作用。

二、鱼鳞的加工利用

鱼制品在生产加工过程中会产生大量的鱼鳞。在20世纪50～60年代，我国就开始利用鱼鳞研究开发生产明胶产品。日本公司已经成功地从鱼鳞中提取出胶原蛋白和磷灰石，并开始商品化生产含胶原和磷灰石的片剂和食品。近年来，以鱼鳞为原料开发的产品有鱼鳞胶原、鱼鳞明胶以及鱼鳞肽等鱼鳞制品。此外，鱼鳞胶还可以与其他明胶混合使用，用于制造胶囊、照相胶卷、印刷感光片和啤酒的澄清剂等。从鱼鳞中提取的羟基磷灰石，可以用于制取鸟嘌呤和闪光粉。

1. 鱼鳞胶原蛋白

（1）鱼鳞胶原蛋白的提取　鱼鳞胶原蛋白的提取方法根据介质的不同，可以分为酸提取法、酶提取法、热水提取法和碱提取法等，通常为几种方法联合采用。为提高胶原蛋白的得率，在提取前会采用盐酸或者EDTA对鱼鳞进行前处理，去除鱼鳞表面的无机物层，使得分布在鱼鳞纤维质层的胶原纤维暴露，从而被溶剂提取出来。盐酸脱钙主要是利用盐酸和羟基磷灰石的反应，从而将钙质以Ca^{2+}的形式浸出，以达到去除钙盐的目的。除了盐酸之外，常用的酸还有柠檬酸、乳酸等，虽脱钙的效果均不如盐酸理想，但较盐酸腐蚀性小，有利于后续的加工和环保。EDTA脱钙是利用其络合能力，使Ca^{2+}与EDTA络合，从而除钙。另外，也有采用其他手段辅助脱钙，如采用微波处理辅助除杂。

①鱼鳞未变性胶原蛋白的提取工艺：鱼鳞原料→清洗→酸处理→碱处理→清洗→缓冲溶液抽提→分离→干燥→成品。

首先清水将鱼鳞清洗干净去除杂质，放入1.5%盐酸溶液中浸泡，去除鱼鳞中的无机离子后，置于0.5% NaOH溶液中浸泡中和。捞出后用清水洗涤至中性，用不同类型的胶原蛋白浸提液浸提（得到不同类型的胶原蛋白），目前常用的提取剂有0.5mol/L乙酸、0.5mol/L乙酸-乙酸钠（1∶1的体积混合）、0.45mol/L NaCl溶液。浸泡完成后，经过钝化，再低温干燥。如果产品用于化妆品或药用填充剂，应注意干燥的温度，最好采用冷冻干燥的方法。如果作为滋补或食品的添加成分，对干燥温度的要求可以适度放宽。在鱼鳞中，胶原蛋白是与鱼鳞硬蛋白复合在一起的，通过酸浸提获得的胶原蛋白提取率较低，通常采用外加酶的方法来提高得率。有人研究，胃蛋白酶可以使胶原蛋白在酸溶液中的溶解性增加，达到提高鱼鳞胶原蛋白提取率的目的，同时胃蛋白酶又不会破坏胶原蛋白的结构，可以替代长时间的碱液处理。经过胃蛋白酶处理后胶原蛋白的提取率，可以增加1～2倍。

②变性鱼鳞胶原蛋白的提取工艺：鱼鳞原料→清洗→酸处理→碱处理→清洗→加热提取→干燥→成品。

前处理与未变性胶原蛋白的提取方法相同，不同的是提取过程中直接采用加热提取。胶原蛋白的三螺旋结构在热力作用下解体，生成单链结构，使胶原蛋白的溶解性大大增强。加热提取的胶原蛋白再经过真空浓缩、干燥等工艺得到粉状胶原蛋白。鱼鳞胶原蛋白在提取过程中应特别引起重视的是：鱼鳞原料的种类，预处理的温度、时间、处理液的浓度、提取以及干燥方法等因素都会对最终产品的黏度、分子量分布等质量产生重要的影响，应严格控制。

(2) 鱼鳞胶原蛋白的应用　胶原蛋白是人体皮肤真皮层的主要组成部分，它与少量弹性蛋白共同构成规则的胶原纤维网状结构，使皮肤具有一定的弹性和硬度，并为表皮输送水分。水解胶原蛋白能够为人体胶原蛋白的合成提供优质的氨基酸原料，促进胶原蛋白的合成，及时补充人体皮肤中流失的胶原蛋白，具有延缓皮肤衰老的作用。胶原蛋白还有加速血红蛋白和红细胞生成的功能，改善循环，有利于预防冠心病、大脑缺血性。骨细胞中的骨胶原是羟基磷灰石的黏合剂，它与羟基磷灰石共同构成骨骼的主体。只要摄入足够的胶原蛋白，就能够保证机体钙质的正常摄入量。因此，鱼鳞胶原蛋白也可用来制作补钙的保健食品。

此外，鱼鳞胶原蛋白还可作为食品添加剂应用于食品工业中。①肉品改良剂：鱼鳞胶原蛋白的水解产物明胶，水解过程破坏了胶原蛋白分子内的氢键，使其原有的紧密超螺旋结构破坏，形成结构较为松散的小分子，加入肉制品中可以改善结缔组织的嫩度，使之具有良好的品质。②饮料、酒类澄清剂：在啤酒和葡萄酒行业，鱼胶和明胶作为沉降、澄清剂，获得了很好的效果，产品质量非常稳定。在果酒酿造过程中也起到增黏、乳化、稳定和澄清等作用。在茶饮料的生产中，明胶用于防止因长期存放而形成混浊，从而改善茶饮料品质。③乳制品添加剂：胶原多肽可用于酸奶、奶饮料等乳制品中，通过阻止乳清析出，起到乳化稳定的作用，也可添加到奶粉中，完善奶粉的营养价值，提高机体的免疫力。④糕点、糖果添加剂：胶原多肽可添加至面包中，用于延长面包的老化时间，增加面包的体积及松软度。明胶具有吸水和支撑骨架的作用，其微粒溶于水后，能相互交织成网状结构，凝聚后使柔软的糖果保持形态稳定，即使承受较大的荷载也不会变形，因而可用于开发低热量糖果。

鱼鳞胶原蛋白在医药工业上，因其有利于上皮细胞的增生修复，促进创面愈合，可应用于烧伤、创伤的治疗；鱼鳞胶和其他明胶混合使用，可以用于制造胶囊的壁材，包裹易氧化易变性的芯材如鱼油、鱼肝油和维生素等。鱼鳞胶也可以作为药剂替代来源稀少的龟甲胶，有效率在95%以上。在化妆品工业上，鱼鳞胶具有很好的安全性和保湿性，可以用于生产化妆品填充剂的原料，也可以进行改性。如将鱼鳞胶进行水解，得到水解蛋白浓缩液，再与油酰氯缩合生成阴离子表面活性剂改性，可用于生产洗发水、润肤膏等。

2. 鱼鳞酶解液的制备与应用 鱼鳞中的蛋白质经蛋白酶水解，制得的酶解液可用于生产调味品和功能性食品添加剂，其基本工艺为：鱼鳞原料→预处理→酸处理→清洗→加酶水解→灭酶→分离→浓缩→干燥→成品。

加入不同类型的蛋白酶，将鱼鳞中的胶原蛋白大分子进行水解，得到聚合度较小的多肽类和游离氨基酸。在鱼鳞的氨基酸组成中含有较多的甘氨酸、天冬氨酸、脯氨酸、丙氨酸和少量的胱氨酸、色氨酸等，其中，呈味氨基酸的含量较高。另外，在水解过程中还会产生具有特定功能的功能肽。已有实验证

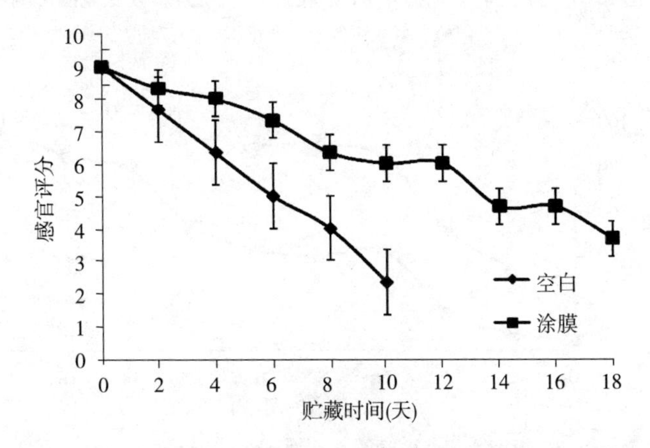

图7-1 鱼鳞涂膜剂对鲫4℃贮藏过程中感官评分变化的影响
（李凯峰、罗永康等，水产学报，2011）

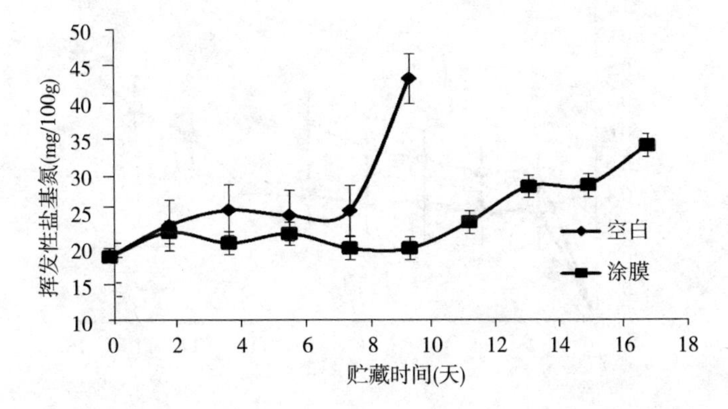

图7-2 鱼鳞涂膜剂对鲫4℃贮藏过程中挥发性盐基氮变化的影响
（李凯峰、罗永康等，水产学报，2011）

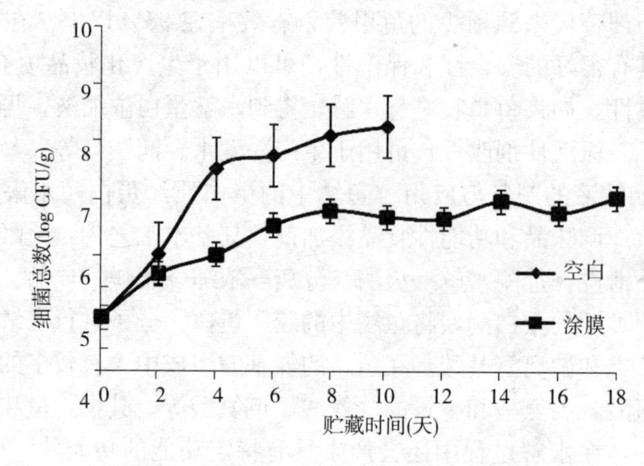

图 7-3　鱼鳞涂膜剂对鲫 4℃贮藏过程中细菌总数变化的影响

（李凯峰、罗永康等，水产学报，2011）

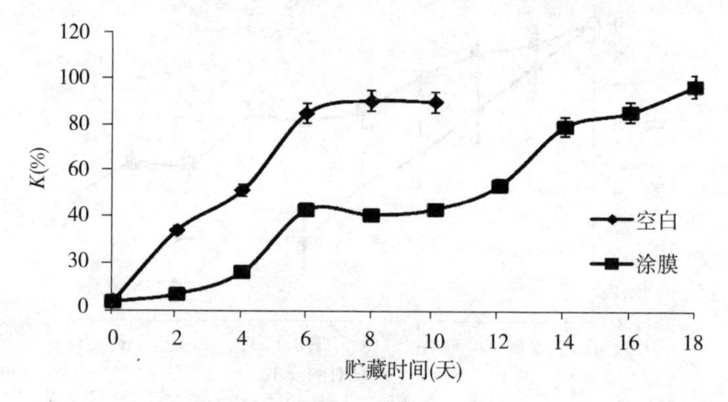

图 7-4　鱼鳞涂膜剂对鲫 4℃贮藏过程中 K 值变化的影响

（李凯峰、罗永康等，水产学报，2011）

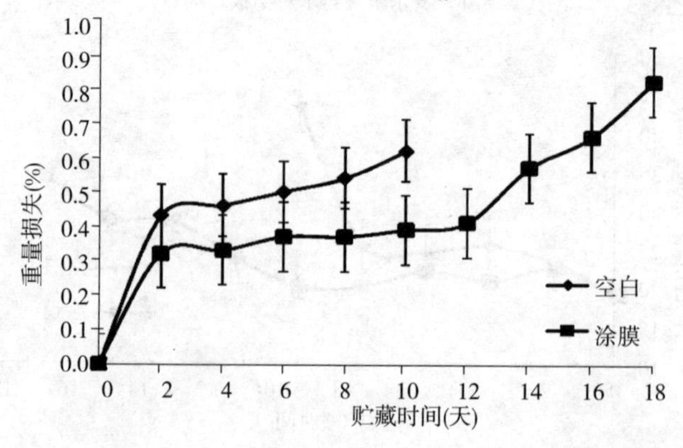

图 7-5　鱼鳞涂膜剂对鲫 4℃贮藏过程中重量损失变化的影响

（李凯峰、罗永康等，水产学报，2011）

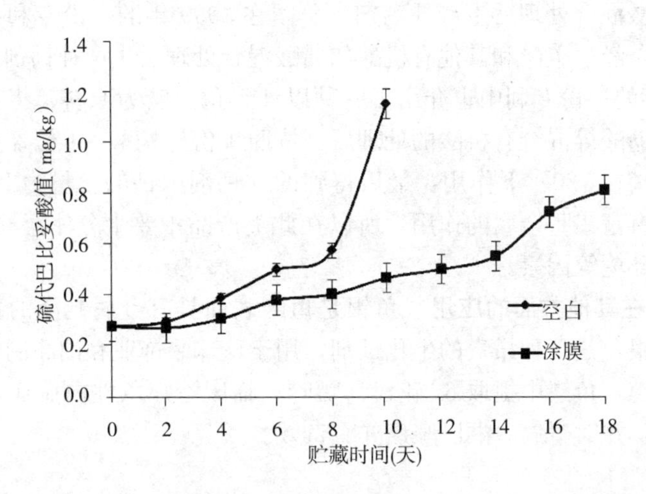

图 7-6　鱼鳞涂膜剂对鲫 4℃贮藏过程中硫代巴比妥酸变化的影响

（李凯峰、罗永康等，水产学报，2011）

明，鱼鳞蛋白水解液具有抗氧化、降低血压、降低血液中总胆固醇、抗衰老等功效。此外，研究人员利用淡水鱼鱼鳞酶解液复配，制成涂膜液用于鱼体保鲜，取得了较好成效，申请了相关的发明专利（图 7-1 至图 7-6）。具体制作工艺为：将鱼鳞原料与去离子水以 1∶10 的比例混合，加入 1%～5%（相对于鱼鳞重量）的胃蛋白酶，用 1mol/L 的盐酸调混合液 pH 至 2.0，然后放入 60℃的恒温水浴锅中酶解 2～6h，随后放入 100℃沸水浴灭活 10min。冷却后用 1mol/L 的 NaOH 调至 pH 为 7.0，过滤取上清液。

3. 鱼鳞羟基磷灰石的制备　以鱼鳞为原料生产羟基磷灰石的方法有 3 种，第一种方法为烧成法，即将去除胶原后的鱼鳞高温煅烧，此法可得到亚微米级的羟基磷灰石产品，其具有 3～20nm 的微孔和 120m^2/g 的比表面积，并保持了鱼鳞原有无机颗粒的形态，是一种制备亚微米级磷灰石的简单方法；第二种方法为碱溶法，即利用碱液将鱼鳞中的胶原蛋白除去，经过洗涤干燥后得到几十纳米的羟基磷灰石；第三种方法为先用酸溶解再加碱的复合方法。

羟基磷灰石对重金属有吸附作用，晶格中的 Ca^{2+} 对 Pb、Cd、Cu 等重金属具有选择性，在常温下可以很快发生置换反应，使溶液中重金属离子浓度很快降低。因此，由鱼鳞制备的羟基磷灰石可用于污水的处理。并且由于水产羟基磷灰石的安全性较高的特点，另外，羟基磷灰石有良好的生物相容性和生物活性，能与骨形成强的活性连接，可以作为植入性材料用于牙齿修复、美容、骨科和化工等多个行业。

4. 鱼鳞补钙剂的制备　鱼鳞中钙含量较高，且钙与磷的比例与人体骨骼类似，适于开发为补钙产品。根据已有研究报道，可将鱼鳞原料与碳酸和其他有机酸如醋酸混合处理后生产补钙剂。美国在1999年的一份专利中就提出以鱼鳞为原料，经过碳酸和其他有机酸如醋酸混合处理后生产补钙剂的方法。在日本1990年的一份专利中也介绍了一种以沙丁鱼鱼鳞为原料，将鱼鳞经过柠檬酸、葡萄糖酸等混合有机酸的处理后，按照1份柠檬酸、1份葡萄糖酸、一定比例的鱼鳞在120℃下作用，最后得到的补钙剂中钙的含量为2 600mg/L。但由于鱼鳞有富集重金属的作用，所以在此类产品中要十分注意原料的来源、产地和生长环境等因素。

5. 鱼鳞在其他方面的应用 鱼银是鱼鳞表面具有金属光泽的物质，从鱼鳞中提取鱼银，是一种昂贵的生化试剂，用于珍珠装饰业和油漆制造业，国内外市场很畅销。鱼鳞中提取6-硫代鸟嘌呤，临床治疗急性白血症，有效率为70％～75％，并对胃癌、淋巴腺瘤亦有奇效。

第二节 鱼皮的加工利用

鱼皮是水产品加工业的主要副产物之一。近几年，鱼皮的价值逐渐显现，除可以食用外，鱼皮还是食品工业、医药及化工生产的重要原料。鱼皮，干温、平，具有健脾止痢、润肺止咳、补肾益肝和补胃催乳等功能，主治恶性贫血。鱼皮内含有大量胶体、蛋白质和黏液物质及脂肪等，并含叶黄素、红色色素、皮黄素酯、叶黄素酯和虾黄质等，可做烧、扒、烩等菜肴，是珍贵的水产品之一。鱼皮的蛋白质含量较鱼肉高，主要蛋白质是胶原蛋白，且容易提取，因此鱼皮是制备胶原蛋白的良好原料。充分利用鱼皮资源，开发鱼皮制品，已经成为淡水鱼加工副产物综合利用的重要方面。

一、鱼皮的构造、化学组成

1. 鱼皮的构造 与陆生哺乳动物皮肤的构造有很多相似之处，可分为三层，即表皮层、真皮层和皮下层。表皮层很薄，位于皮的表面，由各种形状的彼此紧贴着的许多单核细胞组成，表皮的角质层对酸、碱等化学药品都有一定的抵抗能力；真皮层介于表皮层与皮下层之间，又可分为疏松层和致密层两层，是动物皮中最厚最重要的一层，用以制造胶原的主要原料，它主要是由胶原纤维、弹性纤维和网状纤维组成；皮下层位于真皮的下部，主要由少量胶原纤维和部分弹性纤维组成，纤维编织疏松，其中，掺杂着大量的肌肉组织、血管、神经组织及脂肪组织。与陆生哺乳动物皮肤相比，鱼皮的组织较松散，胶原易于提取，且鱼皮的脂肪及色素等含量较多。此外，不同鱼种的鱼皮厚度、脂肪和色素等含量的差别也较大。

2. 鱼皮的化学组成 主要化学组成是蛋白质、水分、脂肪和灰分。中国农业大学食品科学与营养工程学院水产品加工研究室研究人员对6种淡水鱼鱼皮的化学组成进行了分析，得到表7-3所示结果。

表7-3 6种淡水鱼鱼皮的主要成分组成（%）

鱼种类	水分	灰分	粗蛋白	粗脂肪
鲢	70.72±0.06	5.56±0.06	23.95±0.87	2.95±0.41
草鱼	61.60±0.69	1.23±0.38	22.50±1.87	2.41±0.94
鳙	71.79±0.39	0.86±0.20	24.28±2.15	0.88±0.14
鲤	57.99±5.41	0.53±0.06	18.36±1.97	9.70±0.26
鲫	60.47±1.30	1.74±0.21	23.45±0.43	1.45±0.75
团头鲂	65.27±5.62	0.42±0.16	25.07±1.68	0.74±0.45

注：表中数据由中国农业大学水产品加工研究室提供。

蛋白质是动物皮中最主要的成分，而皮内蛋白质可分为纤维型蛋白质和非纤维型蛋白质两类。属于非纤维型蛋白质的有白蛋白、球蛋白、黏蛋白和类黏蛋白、黑色素等；属于纤维型蛋白质的有胶原蛋白、弹性蛋白、网硬蛋白和角蛋白等。纤维型蛋白质是动物皮中的支持体，也是皮中的主要蛋白质；非纤维型蛋白质充满于纤维型蛋白质纤维组织的空隙之间。鱼皮的主要蛋白质属于纤维型蛋白，即胶原蛋白，其含量达到鱼皮总蛋白的80%以上，是提取胶原蛋白的良好原料。

二、鱼皮的加工利用技术

近年来，疯牛病和口蹄疫等动物传染性疾病的暴发，使传统的胶原蛋白原料猪皮、牛皮的安全性受到质疑，令生产胶原蛋白的原料来源受到很大的制约，从而使鱼皮成为提取胶原蛋白研究重点之一。从鱼皮中提取胶原蛋白加以利用，不仅可以提高鱼类加工业的附加值，也为胶原蛋白的生产开发一种新型的原料资源。

1. 鱼皮制备胶原蛋白 鱼皮胶原蛋白含量高，杂蛋白含量低，一般经一次纯化即可得到纯度较高的制品，是提取胶原蛋白的理想原料。傅燕凤等用有机酸（醋酸、柠檬酸、乳酸）对几种主要的淡水鱼，鲢、鳙、草鱼鱼皮胶原蛋白进行提取。研究表明，鲢、鳙、草鱼鱼皮的蛋白质含量均高于各自相应鱼肉的蛋白质含量，其中，胶原蛋白含量为20%左右，且不同鱼的含量有所不同。

（1）鱼皮胶原蛋白的提取 主要有酸提取法、碱提取法、酶提取法和热水提取法。这些提取方法的基本的原理都是根据胶原蛋白的特性，改变蛋白质所在的外界环境，把胶原蛋白从其他蛋白质中分离出来。酸提取法是利用一定浓度的酸溶液提取胶原蛋白，主要采用低离子浓度酸性条件破坏分子间的盐键等，而引起纤维膨胀、溶解，采用酸法提取的胶原蛋白通常称为酸溶性胶原蛋白（ASC）。酸提取法主要是将没有交联的胶原蛋白分子完全溶解出来。作为提取介质使用的酸，主要包括盐酸、醋酸、柠檬酸和甲酸等。碱提取法是利用碱在一定的外界环境条件下提取胶原蛋白。在碱性条件下处理，易造成胶原蛋白的肽键水解。有时会产生有毒物质，甚至具有致癌、致畸和致突变作用。因此迄今为止，有关使用该法提取胶原蛋白的报道较少。酶解提取法即是利用各种不同的酶，在一定的外界环境条件下提取胶原蛋白，这是目前胶原蛋白提取方法中使用最广泛的方法。所使用的酶包括中性蛋白酶、木瓜蛋白酶、胰蛋白酶和胃蛋白酶等，其中，胃蛋白酶是胶原蛋白提取过程中最常用的蛋白酶。使用胃蛋白酶提取得到的胶原蛋白（PSC）仍然保持完整的三螺旋结构，且胶原蛋白的抗原性降低了，更适合于作为医用生物材料及原料。热水提取法即是在一定条件下用热水抽提以得到水溶性胶原蛋白的方法，用该法提取的胶原蛋白一般称之为明胶。目前，提取胶原蛋白较常用的是酸法和酶法，下面是其提取胶原蛋白的工艺。

①酸法：鱼皮→粉碎→加酸→4℃搅拌→过滤→离心→上清液盐析→离心→酸溶解沉淀→透析→胶原蛋白（ASC）。

将碎鱼皮置入0.5mol/L的乙酸中提取一定时间，并不时搅拌然后分离，残渣在同样条件下提取一定时间，合并两次的提取液，加入一定量的NaCl溶液至最终浓度为0.9mol/L，过夜盐析，离心弃去上清液，加入0.5mol/L的乙酸中溶解，重复盐析和离心操作1次。然后在0.1mol/L的乙酸溶液中透析，再用蒸馏水透析至中性，此时得到的是ASC。

②酶法：鱼皮→粉碎→加酸→加胃蛋白酶→4℃搅拌→灭酶→过滤→离心→上清液盐析→离心→酸溶解沉淀→透析→胶原蛋白（PSC）。

将碎鱼皮置入一定量的0.5mol/L的乙酸中，加入鱼皮质量0.1%～1%的蛋白酶，搅拌提取一定时间后分离，提取液加入一定量的NaCl溶液至最终浓度为0.9mol/L进行盐析，离心弃去上清液，加入一定量的0.5mol/L的乙酸中溶解，重复盐析和离心操作。在0.1mol/L的乙酸溶液中透析12h，每4h换1次溶液，再用蒸馏水透析至中性，此时得到的是PSC。

（2）鱼皮胶原蛋白的应用　鱼皮胶原蛋白应用广泛，可应用在食品、化妆品及生物医药方面等。在食品中的应用主要是功能性食品和保健品，改善肉类的品质，作为食品的包装材料等。

①功能性食品和保健品：在日本，胶原蛋白及其降解产物被作为众多功能性食品和蛋白饮料的原料，已普遍应用于食品工业，如胶原多肽、水解氨基酸口服液及饮料等保健食品。另有报道，胶原蛋白还可以作为一种补钙的保健食品，如果缺少胶原蛋白，用补钙来防治骨质疏松，再多的钙也无法改善。有研

究表明，铝对人体有害，老年痴呆症可能与摄入过量的铝有关，而胶原蛋白在排出体内的铝方面也具有独到之处。

②改善肉类的品质：胶原蛋白粉可直接加入肉制品，提高产品的蛋白质含量，在适量的范围内添加到肉类灌肠中，能明显增强肉制品的弹性和切片性，如添加到红肠中可使其弹性好、黏性好，口感适中，有咬劲。

③作为食品的包装材料：胶原蛋白可作为食品黏合剂制成纤维膜，用做香肠肠衣、肉类、鱼类的包装材料；用明胶制成的明胶膜又称可食包装膜、生物降解膜，具有良好的抗拉强度、热封性、较高的阻气、阻油、阻湿性。以胶原蛋白作为主要原料，辅以甘油、氯化钙等添加剂，可制成可食性蛋白膜，用于糖果、蜜饯、果脯和糕点等的内包装膜，其不仅具有良好的外观、机械性能，而且可作为一种营养载体，成为食品的一种营养强化剂。

2. 鱼皮制备生物保鲜涂膜 鱼皮中的蛋白质经蛋白酶水解，制得的酶解液可用为功能性食品添加剂；另外，在水解过程中还会产生具有特定功能的功能肽，已有试验证明，鱼皮蛋白水解液具有抗氧化、降血压、降胆固醇和抗衰老等功效。近年来，将鱼皮直接进行酶解制成肽类并将其作为可食性涂膜，应用于鱼体保鲜的研究取得了一定的效果。中国农业大学水产品加工研究室利用鱼皮酶解物制备生物保鲜涂膜材料应用于鲤中，并将其保鲜效果与壳聚糖涂膜的效果进行对比，采用感官评分、挥发性盐基氮、菌落总数和 K 等作为鲤 的品质评价指标，分析了鲤 4℃贮藏条件下品质变化规律（图 7-7 至图 7-11）。鱼皮酶解物作为涂膜液，可以延长鲤的货架期长达 16 天，是未涂膜对照组货架期的 2 倍。其鱼皮酶解液的制备工艺为：鱼皮→切碎（0.5cm×0.5cm）→1∶7（W/V）蒸馏水清洗→搅拌 30 min→加胃蛋白酶→酶解 3 h（pH 2.0，45℃）→沸水浴灭酶 10 min→抽滤取上清液→调 pH 至 7.0→蛋白含量调至 35 mg/mL。

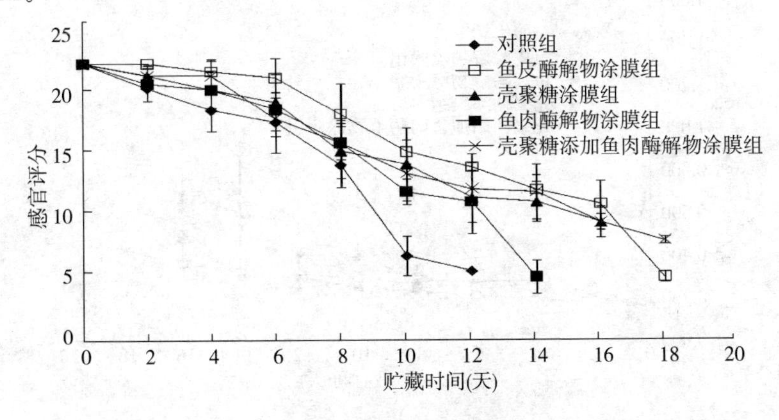

图 7-7 4℃贮藏条件下不同涂膜处理鲤感官评分的变化

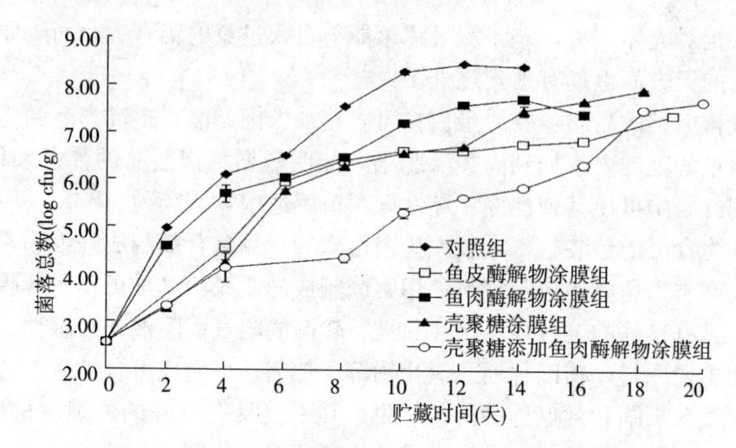

图 7-8　4℃贮藏条件下不同涂膜处理鲤菌落总数的变化

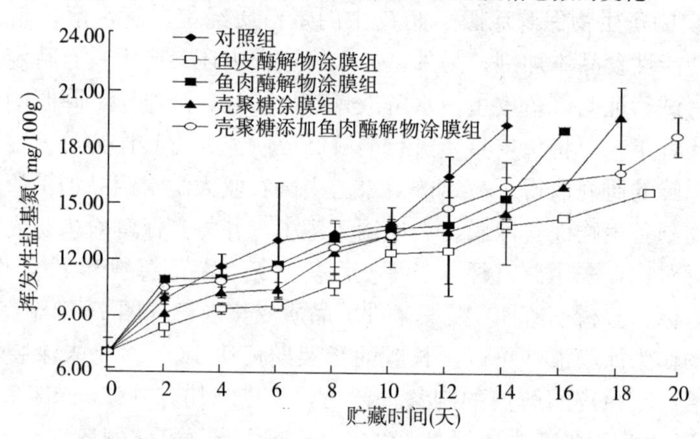

图 7-9　4℃贮藏条件下不同涂膜处理鲤挥发性盐基氮的变化

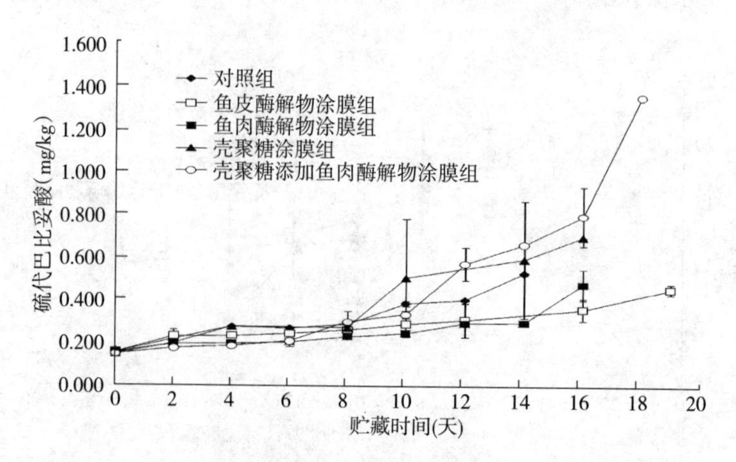

图 7-10　4℃贮藏条件下不同涂膜处理鲤硫代巴比妥酸的变化

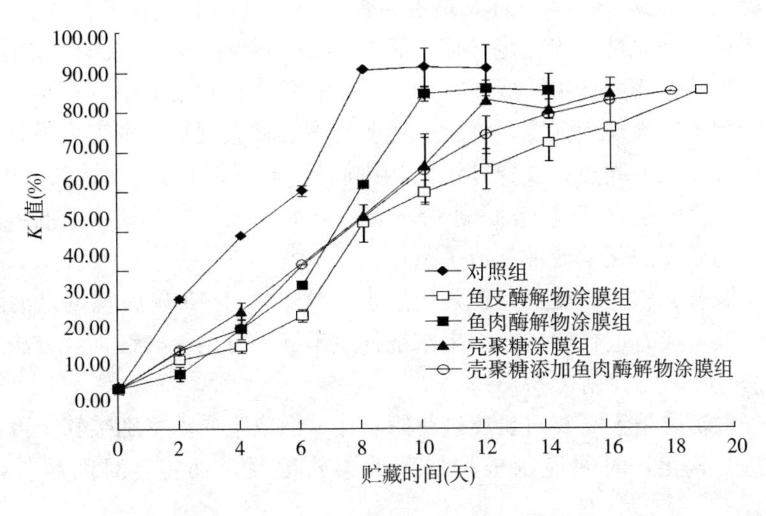

图 7-11　4℃贮藏条件下不同涂膜处理鲤 *K* 值的变化

3. 鱼皮制造皮革　鱼皮拥有特别的立体花纹图案，是制造高档皮革的重要原料之一。鱼皮质地柔软、富有弹性，透气性强，经久耐磨、耐折、耐刮，抗撕裂强度良好，使用寿命长，可以做到防水的效果，可运用于制作皮鞋、服装、手套、包袋、皮带和皮夹等实用消费品，还可用于其他皮件制品的点缀、装饰。淡水鱼皮制革的工艺，目前已经进行了相关研究与探讨。王学川等的研究表明，草鱼铬鞣鱼皮革经过与醛鞣剂、合成鞣剂或植鞣剂结合鞣制，其抗张、撕裂强度和收缩温度均可达到铬鞣山羊服装革标准，具有很强的实用价值。以草鱼皮为原料皮，保护其独特的花纹，通过鞣制、染色、加脂等工艺步骤，制出不同风格的鱼皮革质地丰满、柔软、有弹性。其他国家如日本、意大利、德国、俄罗斯等国的制革工作者也曾对鱼皮制革进行过研究，分别介绍了鱼皮的各种鞣制处理方法。目前，常采取的工艺流程如下：

（1）浸水　鱼皮剥下之后，通过盐腌处理浸水以除去食盐和污物，并充分回鲜。浸水温度要低，时间要短，要尽量减少鱼皮胶原纤维水解造成的损失，但要达到回鲜的要求。

（2）脱鳞、浸灰　鱼皮的大多数鳞片与皮连接并不十分牢固，有些在剥皮之前直接用机械方法也能刮去。但这样容易损伤鳞衣，因此可采用适当的碱或表面活性剂溶液处理。

脱鳞方法是采用碱对鱼皮进行脱鳞和膨胀，在脱鳞的同时除去部分非胶原蛋白，松散纤维。脱鳞时可单独采用硫化钠、石灰和氢氧化钠，也可将它们搭配使用。

脱鳞浸灰过程一定要严格控制温度，防止鱼皮胶原过度水解损失。一般温度不宜超22℃。碱膨胀的好坏、适度与否，不仅对后工序的加工有重要影响，而且对成革的理化性能起决定作用。膨胀不足，成革扁薄、板硬；膨胀过度，成革虚、松软；膨胀适中，成革丰满、柔软。鱼皮在碱溶液中进一步发生充水作用，宏观形态表现为强度、弹性、透明度增加；微观结构则表现为胶原纤维分离、松散、长度缩短。胶原纤维结构中胶原分子链间的部分结构链被打开，部分肽链发生断裂，侧链上的酰胺基被破坏，致使胶原纤维结构上的官能团暴露增加，为后序的化学处理创造了条件。

（3）脱灰、软化　浸灰鱼皮常用温水充分水洗2～3次后就可以消除膨胀状态，一般可接着进行软化。如果水洗程度不够，可用硫酸铵常规方法进行脱灰。脱灰pH一般控制在8.5～9.0。

在一般情况下不需要对鱼皮进行酶软化。但成革要求特别柔软，可采用酶对鱼皮进行软化，时间控制根据成革的柔软度要求而定，时间越长，成革越软。

（4）漂白　鱼皮一般不需要漂白，在软化后可直接进行浸酸鞣制。如果要制得色泽浅淡、鲜艳的皮革时，才要求褪色或漂白以除去天然色素。常用的漂白方法有氧化法，还原法、氧化-还原配套法，以配套法效果较好。常用的氧化剂有双氧水、高锰酸钾和亚氯酸钠等，还原剂有亚硫酸钠、亚硫酸氢钠、大苏打和保险粉（即连二亚硫酸钠）等。

经过漂白处理，鱼皮革的机械性能指标均有所下降，因此，鱼皮漂白应严格控制程度，以免过度漂白降低强度。

（5）鞣制、复鞣　鞣制工艺是制革工艺中非常重要的工序，鞣制工艺的不同将决定以后皮革的物理化学特性及用途。由于鱼皮胶原纤维多为水平走向，手感扁薄，胶原侧链的极性基较少，因此鞣制程度较低。为了充分利用鱼皮胶原的活性官能团，提高鞣制程度，应采用多种鞣剂相配合的办法对鱼皮进行鞣制和复鞣。在鞣制和复鞣时，宜采用填充和增厚效果好的鞣剂，这样能使革增厚，改善其丰满度。对要求比较软的革，如手套革，可采用合成鞣剂预鞣再铬鞣，含铬合成鞣剂复鞣，或醛、铬结合鞣制等；对要求有一定成型的革，如鞋面革，可采用铬、植结合鞣，合成鞣剂、植物鞣剂配合复鞣；而生产柔软且高抗张强度的革，可采用先铬鞣，再合成鞣剂复鞣。另外，在复鞣剂的选择上可以适当的选用一些两性复鞣剂，这样有利于复鞣剂在皮胶原上的结合。

（6）中和　中和的目的是最大限度地除去与胶原结合的酸，也避免铬络合物的结构受到伤害。中和材料的选择、中和程度的控制，对染色、填充、加脂都有直接影响。

（7）加脂、染色　鱼皮加脂应考虑以下因素：加脂材料应能够增加成革的丰满性、柔软性、油润感等特性；鱼加脂剂材料应尽量避免采用有腥味的鱼油产品，可采用一些能够掩盖腥味的加脂剂或香料；油脂固定时，应尽量缓慢均匀地进行，固油完毕后，应进行充分水洗，洗去鳞衣及皮面上的浮油、浮色。

鱼皮革一般采用中度磺化油脂和合成加脂剂在20～35℃进行加脂，时间为40～60min。加脂剂的用量因革的品种而不同。一般来讲，植鞣革或要求成型性好的革，加脂剂用量为2%～6%；铬鞣革或柔软度要求高的革，加脂剂用量为10%～18%；对要求特软的皮革，可采用加脂-干燥-回软-加脂的工艺路线。

（8）涂饰　鱼皮革可以是无涂饰具有活动鳞衣的皮革和相对固定鳞衣的涂饰鱼皮革。鱼皮革的涂饰不外乎两种风格：一种是采取揩喷方式使鳞衣与皮面黏合，将鳞衣所形成的图案固定然后再进行常规整饰；另外一种方法是鳞衣不经黏合，而直接在皮面上进行涂饰，这样鳞衣末端游离于皮面之外而显得“轻柔、飘逸”。因此，鱼皮革的涂饰应尽量采用苯胺、半苯胺涂饰，使涂层亮而薄，以充分体现鱼皮革层次感、立体感。

4. 鱼皮食品　目前，休闲食品已成为市场消费的热点之一。综合利用营养价值高、成本低的鱼皮，将其加工成休闲食品，为消费者提供一种营养价值高、美味可口的休闲食品，既解决鱼皮的综合利用问题，还将促进淡水鱼养殖业的发展，具有较大的社会效益和经济效益。近年来，将鱼皮加工为即食休闲食品、水发鱼皮的研究有些报道，其主要工艺为：鱼皮→洗去表面黏液及残留鱼肉→切段、杀菌→烫漂→冰水浸泡→沥水→调味→称重包装→杀菌→冷冻贮藏。

鱼皮切断后杀菌，是将鱼皮放进次氯酸盐稀溶液中（含有效氯0.05g/L，用量为鱼皮重量的10倍），浸泡10min，取出，无菌水漂洗几次，直至无氯气味。烫漂在90℃恒温水浴中烫漂30s。

5. 其他用途　鱼皮膘是木工不可缺少的黏合剂，如庆星鲨、鲐的皮可制成皮胶，另外在医疗行业鱼皮可制成抗菌布。埃及国家科研中心从鱼皮中提取几丁质，经特殊化学处理织成布，可以作医学专用的防菌衣裤、防菌病床罩单和手术专用防菌服等。

第三节　鱼骨的加工利用

鱼骨也是鱼类加工业的主要副产物之一，通常仅作为肥料、饲料。如何综合利用水产加工产生的鱼骨，增加附加值，减少环境污染，是鱼骨开发利用中需要解决的问题。

一、鱼骨的结构和成分组成及功能

1. 鱼骨的结构　鱼骨外表质地坚硬，内部中空，含有骨髓，是鱼体中轴骨、附肢骨及鱼刺的总称。中轴骨包括头骨和脊骨，是用于加工利用的主要部分。通常，鱼头骨和脊骨的重量可达鱼体重的10%～15%。

2. 鱼骨的基本化学组成及功能 鱼骨中含有蛋白质、水分、脂肪以及丰富的有机钙、磷及其他微量元素。鱼骨中的钙和磷是人体发育和代谢的必需微量元素，制作鱼骨食品主要是利用鱼骨中易于被人体吸收的钙、磷及其他微量元素，如铁、锌、锶、铜等元素。有资料显示，我国居民钙的摄入量明显不足，人体如果出现钙、磷元素摄入不足或钙、磷比例失调，人体将会产生各种病症，磷元素摄入不足还会影响钙的吸收。目前，市场上的补钙食品中主要添加的是碳酸钙等无机钙，人体吸收率低。鱼骨是鱼体内磷酸钙、碳酸镁、磷酸镁和氟化钙等的最大储存场所，因此，骨中钙含量很高。据测定，鱼骨中钙含量可达4 000mg/100g，高于畜禽类动物，而牛奶中的钙含量也只有120mg/100mL。鱼骨中的钙不但含量高，而且其钙磷比与人体所需的比例相近，具有吸收率高、人体副反应小的优点，是一种优良的天然钙源。鱼骨中富含人体必需的8种必需氨基酸，氨基酸组成与人体相近，而且生物效价高，优于植物蛋白。淡水鱼的种类不同，鱼骨的基本化学组成也会有所差异，表7-4中列举了中国农业大学食品科学与营养工程学院水产加工研究室对6种大宗淡水鱼鱼骨基本化学成分组成的测定结果。

表7-4 6种大宗淡水鱼鱼骨的基本化学成分组成（%）

种类	水分	灰分	粗蛋白	粗脂肪
鲢	64.91±1.23	9.92±0.90	14.76±0.28	4.40±1.32
草鱼	64.90±0.53	9.58±1.74	15.70±0.16	2.98±0.49
鳙	66.68±2.36	8.19±0.26	14.57±0.99	1.27±0.68
鲤	58.87±2.02	10.52±1.06	15.11±0.71	6.80±0.31
鲫	51.27±7.04	11.15±0.21	16.07±0.32	0.52±0.43
团头鲂	56.59±2.58	14.92±2.35	17.75±0.81	4.90±2.09

注：表中数据由中国农业大学水产品加工研究室提供。

二、鱼骨的加工利用

淡水鱼由于骨骼比重较高，骨刺细小，常被废弃或加工成附加值很低的产品。从表7-4中可以看出，淡水鱼骨中含有14%～18%的蛋白质，生物学效价较高，可作为鱼明胶、鱼蛋白多肽粉等高附加值产品的原料。同时，鱼骨中含有丰富的钙源可加工为钙片等补钙产品投放市场。

1. 鱼骨的加工技术

(1) 鱼骨胶原蛋白的提取 提取工艺为：鱼骨原料→清洗→碱处理→

NaCl 溶液处理→去脂肪→有机酸处理→盐析→透析纯化→高纯度鱼骨胶原蛋白。

首先将鱼骨原料清洗干净，然后放入 0.1mol/L 的 NaOH 浸泡 6h，再用 2.5% NaCl 溶液浸泡 6h 后，用脱脂棉纱过滤。用蒸馏水将鱼骨反复洗涤，充分沥干，沥干后的鱼骨需要去除脂肪。目前，鱼骨中脂肪的去除方法主要有异丙醇溶液浸泡和高温高压蒸煮两种。采用 0.1mol/L 的柠檬酸等有机酸，作为提取剂进行粗提鱼骨中的胶原蛋白。粗提液中的胶原蛋白经盐析后被沉淀出来，再利用酸溶液将其溶解，透析提纯。

（2）鱼骨蛋白多肽的制备　制备工艺为：鱼骨原料→清洗→破碎→高压蒸煮→加酶水解→灭酶→离心分离→上清液→真空浓缩→干燥→超微化处理→鱼骨蛋白多肽。

在鱼骨蛋白多肽的制备过程中，鱼骨的破碎程度越大越有利于蛋白酶的作用，高温蒸煮可以起到软化骨粒便于酶解和杀菌的作用。酶制剂的选择对鱼骨蛋白多肽粉的制备至关重要，目前选用较多的是木瓜蛋白酶、胰蛋白酶、碱性蛋白酶和中性蛋白酶，在酶解过程中还需要严格控制反应条件。如中国农业大学食品科学与营养工程学院水产加工研究室对鲢骨多肽制备工艺的研究表明：在温度 65℃、木瓜蛋白酶用量 5 000U/g（原料）、水解时间 5h、pH 为 7、料液比（W/V）＝1∶5 的条件下，所制备鱼骨多肽粉的得率最高。所得鱼骨多肽粉的主要成分为蛋白质、脂肪和矿物质，并且与猪骨等多肽粉相比，具有蛋白质含量高、脂肪含量相对较低的优点，是典型的高营养低热能食品。已有研究表明，经特定条件酶解后的鱼骨蛋白，具有清除自由基、降血压、提高免疫力等生物活性且易于被人体吸收。

（3）高活性鱼骨多肽活性钙粉的制备　制备工艺为：鱼骨原料→清洗→破碎→高压蒸煮→加酶水解→灭酶→离心分离取沉淀物→干燥→有机酸活化→高活性鱼骨多肽钙粉。

鱼骨蛋白多肽所产生的沉淀，可用于制备易于被人体吸收的高活性鱼骨多肽钙粉。将沉淀干燥后利用乳酸、柠檬酸、苹果酸等有机酸提取鱼骨中的钙，然后在中性条件下处理，干燥并研磨至粉末状。在鱼骨活性多肽钙粉的制备过程中，有机酸的种类、有机酸与鱼骨的比例和活化温度，是影响多肽钙粉中钙含量的重要因素。利用有机酸制备的活性钙比用无机酸制备活性钙，具有溶解性强的优点。中国农业大学食品科学与营养工程学院水产加工研究室对鲢骨多肽活性钙粉制备工艺进行了相应研究，在室温条件下，乳酸浓度 20%，骨粉质量与乳酸体积之比 M 粉∶V 乳酸＝10g∶70mL，活化时间约 6h 的条件下活性钙的含量较高。此外，已有动物实验证明，利用有机酸制备的鱼骨活性钙粉更易于被人体吸收。

（4）鱼骨中软骨素的提取　提取工艺为：鱼头骨原料→清洗→蒸煮→去杂质→干燥→粉碎→碱处理→酸处理→软骨素。

鱼头骨中含有软骨素，目前已有实验证明，软骨素具有抗肿瘤、抗突变和免疫调节等生理活性功能。首先将鱼头骨原料清洗干净，高温蒸煮后，去除脂肪和结缔组织得软骨。将清洗干净的软骨进行低温干燥，粉碎成小颗粒，再利用稀碱浓酸的方法提取鱼骨中的软骨素。值得注意的是，鱼骨内部的骨髓易氧化变质，因此在收集后应尽快加工利用，或置于冷库贮藏。

2. 鱼骨产品的应用　鱼骨中含有丰富的钙、磷和蛋白质等营养成分，制作鱼骨食品主要是提取鱼骨中的胶原蛋白和利用其中易于被人体吸收的钙、磷及其他微量元素，以满足人体对钙、磷及其他微量元素的需求。如中国农业大学食品科学与营养工程学院水产品加工研究室就利用鲢鱼骨，开发了一种蛋白补钙制剂鱼骨多肽钙粉。鱼骨可直接制作为骨泥，再与其他调料以一定比例混合制备成复合调味品。与鱼鳞中的胶原蛋白相同，从鱼骨中提取的胶原蛋白也可以作为肉品改良剂、饮料澄清剂等食品添加剂应用于食品工业，或作为保健品在市场上销售。从鱼骨中提取的软骨素可开发为保健食品，同时，活化后的鱼骨钙粉可开发为片状、粉状和液体饮料等补钙产品投放市场。

第四节　鱼内脏的加工利用

一、鱼内脏的组成

鱼内脏主要包括鱼肝、鱼肠、鱼鳔、鱼胆和鱼生殖腺等器官及脂肪组织，占草鱼、鲤、鲢、鳙等淡水鱼全重的6%～18%，脂肪、蛋白质、氨基酸及矿物质含量丰富。鱼内脏主要由脂肪、蛋白质、水分和维生素等组成，内脏中脂肪含量为30%～50%（干基），蛋白质含量为18%～30%（干基）。此外，还有脂溶性维生素A、维生素D和维生素E等。中国农业大学水产品加工研究室对6种淡水鱼内脏的化学组成进行了分析，得到如表7-5所示结果。合理利用鱼内脏中含量丰富的油脂和蛋白质，不仅增加鱼类的附加值，而且可减少鱼类废弃物对环境的污染。

表7-5　6种淡水鱼内脏的主要成分组成（%）

鱼种类	水分	灰分	粗蛋白	粗脂肪
鲢	64.64±1.85	1.10±0.55	6.25±0.14	18.10±5.34
草鱼	56.50±6.19	0.89±0.34	7.73±1.03	26.90±7.52
鳙	74.23±1.95	0.87±0.09	11.70±0.50	10.13±1.64

（续）

鱼种类	水分	灰分	粗蛋白	粗脂肪
鲤	76.06±3.61	1.36±0.21	13.89±0.55	8.00±4.17
鲫	58.63±3.75	1.76±0.16	5.10±2.55	2.19±1.50
团头鲂	50.06±8.83	0.50±0.04	6.14±3.24	15.73±7.94

注：表中数据由中国农业大学水产品加工研究室提供。

二、鱼内脏的加工利用

目前，国内外鱼类的内脏主要用于加工鱼粉，或制作液体鱼蛋白饲料、提取鱼油、提取鱼精蛋白和发酵为鱼露等。在研究方面，也有从鱼内脏提取蛋白酶、制备酶解蛋白等的报道。

1. 鱼内脏中提取鱼油　鱼油有着较高的营养价值和医疗保健作用。研究人员对鲢、鲤、青鱼、鲫、黑鱼和鳙 6 种淡水鱼内脏的脂肪酸组成进行了分析，得出这些鱼类总的饱和脂肪酸的质量分数为 18.7%～26.7%，单烯酸的质量分数为 21.6%～40.6%，多烯酸为 32.6%～59.7%。鱼油中含有一定量的 ω—3 多不饱和脂肪酸（DHA、EPA），随着鱼的种类和季节的不同，鱼油中的这些不饱和脂肪酸的含量会有一定的变化。ω-3 多不饱和脂肪酸是一类重要的生理活性物质，它有助于提高人体的免疫力。另外，它还具有抑制血小板凝集；降低血液中低密度脂蛋白浓度；降低血液黏度，防止老年痴呆及促进婴幼儿智力发育的功能。将精制鱼油制成胶丸、口服液等，是目前非常流行的保健食品。鱼油的提取方法，主要有蒸煮法、淡碱水解法、酶法提取法和超临界流体萃取法等。

（1）蒸煮法　在蒸煮加热的情况下，使内脏组织的细胞破坏，从而使鱼油分离出来。

工艺流程：鱼内脏→组织捣碎→加水→充氮气→蒸煮→分离→鱼油。

（2）淡碱水解法　提取鱼油工艺，是利用淡的碱液将鱼蛋白质组织分解，破坏蛋白质和鱼油的结合关系，从而能够充分的分离鱼油。与其他提取鱼油的工艺进行比较，此法制得的鱼油质量好，价格低廉。我国的鱼油厂普遍采用淡碱水解法生产鱼油。

工艺流程：鱼内脏→组织捣碎→加水→用 NaOH 调 pH 至 8.0→水解→离心分离→鱼油。

（3）酶法提取法　利用蛋白酶对蛋白质的水解破坏蛋白质和脂肪的结合关系，从而释放出油脂。该方法作用条件温和，产油质量高，同时，可以充分利用蛋白酶水解产生的酶解液。

工艺流程：鱼内脏→去鱼胆→剪碎鱼肠→组织捣碎→称重→添加酶制剂及水→调 pH→酶解→灭酶→有机溶剂萃取→分离→脱水→浓缩回收有机溶剂→鱼油。

（4）超临界流体萃取法（SFE） 将流体（大多数为 CO_2）充入一个特殊压力温度装置中，使之成为能从样品中将脂肪选择性地在超临界态下萃取出来。样品在设定的时间、压力和温度下，始终处于超临界液体的包围中，使样品中的脂肪发生溶解，溶解后的脂肪通过沉降从高压溶剂中分离出来。SFE 法规模较大，投入资金较多，因此，较适合应用于粗鱼油加工后期生理活性物质 EPA 和 DHA 的分离提纯。因为高度不饱和脂肪酸分子结构的特点，EPA 和 DHA 极易被氧化，易受光热破坏，传统的分离方法很难解决高浓度 EPA 和 DHA 的提纯问题。因此，用超临界 CO_2 技术分离 EPA 和 DHA，日益受到人们的重视，并取得良好进展。

2. 鱼内脏中提取蛋白质 鱼类内脏中含有丰富的蛋白质，近年来，很多研究者利用外加蛋白酶来酶解鱼类内脏制备酶解蛋白，以期实现对鱼类内脏的综合加工利用。其基本工艺为：鱼内脏→组织捣碎→加酶水解→灭酶→分离→浓缩→干燥→成品。

酶解是在温和的条件下进行，能在一定的条件下进行定位水解分裂产生特定的肽，且易于控制水解进程，因而能较好地满足肽的生产需要，反应产物与原料蛋白有相同的氨基酸组成，具有特殊的理化性能与生理功能，成为蛋白制品的发展方向。

利用鱼类内脏制备的酶解蛋白，在应用的时候还必须具有良好的功能特性。酶解蛋白的功能特性，包括溶解度、黏度、乳化性、起泡性、凝胶性和风味特性等，它们很大程度上取决于蛋白质的分子大小或水解度。研究表明，在一定条件下，鱼类内脏酶解蛋白具有良好的溶解性能、乳化性和乳化稳定性、起泡性等功能特性，适合应用于加工中。中国农业大学钟赛义等的研究认为，淡水鱼内脏酶解物具有很高的抗氧化活性，可以作为食品添加剂。目前，鱼类内脏酶解蛋白主要应用于饲料中，但是鱼肉酶解蛋白已经广泛应用各种食品加工中，如膨化食品、调味品、营养补充剂和方便面等。如果鱼类内脏酶解蛋白经过安全性评价，并具有良好的功能特性，在未来也将可以应用到这些食品加工中。

3. 鱼内脏中提取酶制剂 鱼类内脏中含有丰富的酶，而且这些酶在较宽的温度范围内都具有活性，是良好的酶制剂来源。以廉价的鱼内脏作为工业生产酶的原料来源，对降低工业成本和增加酶产出具有较强的可行性。目前，国外利用鱼类内脏来制备酶制剂的研究报道比较多，国内的研究报道相对较少；然而这些都还只是处于实验室研究阶段，还没有相关工业化生产的报道。

如从金枪鱼胃黏膜中提取凝乳酶的方法是：清洗金枪鱼胃→去除胃内膜→切段并均质（均质时加入等量的盐水，盐的加入量为水与胃组织总重的25%）→20℃过夜→将均质物搅拌成浆状并离心→上清液浓缩10倍（旋转蒸发器或冷冻干燥）→粗胃蛋白酶原→活化（加入0.1mol/L HCl溶液调节pH=4.0，20～25℃保持1h，然后加入0.1 mol/L NaOH溶液调节pH=5.0）。

获得的凝乳酶与皱胃酶有类似之处：①两者活化时所需的pH都在4.0～6.0；②乳的温度在21～38℃时，两者的凝乳能力相仿；③两者凝乳的能力都受乳的pH影响，且凝乳所需pH都在5.5～6.3。不同的是，即使pH在6.4以上，凝乳酶的活性损失也不如皱胃酶明显。

4. 鱼内脏提取胆色素钙盐和胆酸盐

（1）胆色素钙盐 胆汁加20%氢氧化钙饱和溶液，再通入水蒸气加热4～5h。此时有黄绿色的固体浮于液面或沉淀附于容器内壁，静置2～3h分离出该固形物，即为胆色素钙盐。经烘干后即为成品，可以装瓶贮存。上述钙盐混合物，如加稀盐酸使其生成氯化钙，可溶于水，而还原后的胆深红素及胆绿素不溶于水，经过滤分离，滤渣加氯仿使胆深红素与胆绿素分离（前者可溶于氯仿而后者不溶），再分别经过重结晶法提纯，即可得胆深红素及胆绿素的纯品。

（2）胆酸盐 利用已提取过胆色素钙盐的胆汁，调整其pH至原有新鲜胆汁的程度（pH为7.8），经过滤除其杂质。放入浓缩锅中加热浓缩，去掉5/6的水分，使成膏状后加3倍量的95%酒精及5%的活性炭，移入蒸馏瓶中，按分馏柱进行蒸馏（蒸出的酒精可回收再用），至瓶中剩余物为原料体积的1/3时取出过滤，滤渣再用酒精萃取2次后弃去（可作为肥料），3次滤液合并在一起置于0℃的冷库内，加乙醚，边加边搅拌至出现稳定乳浊状态为止。乙醚用量为浓液的2倍左右，时间约10min，再静置48h，已可见分层，分离出下层液体（上层为乙醚，可经过蒸馏、纯制后再用），而后注入搪瓷盘，摊成薄薄的一层，在通风条件下吹去残留的乙醚，放入真空干燥箱中烘干。烘干后取出用球磨机磨细，经150目的筛网筛选，马上装瓶包装，即为成品。成品极易吸潮，故磨细、装瓶工作必须在干燥环境中进行。该胆酸盐为牛胆酸和甘胆酸的钠盐的混合物，可分离提纯。

5. 鱼鳔加工 鱼鳔又名鱼肚、鱼胶、白花胶。鱼鳔蛋白质含量高达80%左右，脂肪含量非常少，富有高级胶原蛋白，并有钙、铁、磷等矿物质、黏多糖和多种维生素，是理想的高蛋白低脂肪食品，与燕窝、鱼翅齐名列为“八珍”之一。鱼鳔有补精益血、强肾固本之功效。鱼鳔的干品是我国水产食用珍品，也是目前国内外加工鱼鳔的主要产品形式。到目前为止，鱼鳔资源的加工利用还仅仅处于初级阶段，因此，运用现代食品生物技术开展鱼鳔资源精深加工的研究，将是今后水产食品领域的一个重要方向。此外，鱼鳔资源的药用作用逐步得到很多学者的重视，以鱼鳔为主要原料，配合其他中药研制而成的各类药剂，经过临床试验显示了较大的医用潜力，因此，鱼鳔资源的利用前景不可估量。

(1) 工艺流程　浸水→解剖→剥膜→去脂→漂洗→搭拼→干燥→包装→贮存。

(2) 操作要点

①浸水：将鱼鳔投入盛有清水的容器中，全部浸没，浸洗鳔上附着的油膜、血污。为使制品洁白，在浸洗时要注意换水 2～3 次，浸洗时间一般夏、秋季为 2～3h，春、冬季为 4～6h。

②剖剪：首先应以明矾溶液（0.5%～1%）浸渍 10～20min，使鳔体增硬，便于剖剪及剥膜去脂工序。剖剪时应在鳔的开口正中处从头直剪到底，有规则地纵剖。

③剥膜、去脂：鳔上的薄膜及微血管，鳔外的脂肪层必须剥净；去脂可用石灰水（0.4%）浸渍 15～30min。

④漂洗沥水：将去脂的鳔先在清水中加几滴盐酸（pH 3～4）溶液中浸洗片刻，然后再用清水冲洗干净，沥干水分备用。

⑤搭拼：大型鱼类的鳔可单个或数个搭拼一起呈圆形称圆胶，小形鳔或碎鳔可拉长搭拼成带状称长胶。长胶是在干净湿布上将鳔拉长铺成均一的厚度，再均匀排成带状，其长度通常为 80cm、宽 10cm，折进两边的布，用辊轴以碾压或用木槌捶平即成长胶。

⑥干燥：圆胶和长胶可直接贴在芦苇或木板上，也可摊平在晒垫上；长胶还可串在竹竿上，经 2～3 天可晒干，也可在烘房（40～50℃）烘干。

⑦包装贮存：圆胶可用聚乙烯袋定量包装，扎紧袋口，外套纸盒，也可采用真空包装；长胶可叠成长方形，定量称重，用麻袋片包裹捆紧，外注明品名、规格和重量等。成品贮存于密封而干燥的仓库内，尽量避免湿空气对流和阳光直射，以防止生虫和变质。

6. 鱼精蛋白　鱼类的精巢俗称鱼白，由于它有独特的嗅味，常常作为废弃物处理，但成熟的鱼精巢中富含鱼精蛋白，它是一种碱性蛋白，具有促使细胞发育繁殖、阻碍血液凝固、降血压、促消化和抑制肿瘤生长等多种作用。同时，鱼精蛋白对食品中常见腐败微生物的生长和繁殖有抑制作用，尤其对酵母和霉菌表现出更强的作用。因此，可作为食品防腐剂，用于提高乳制品、面类、果蔬等非酸性食品的保存期。从淡水鱼精子和卵子中可提取核酸，核酸是生物制药、保健品、化妆护肤品的原料，还可做肥料、食品和饲料添加剂、植物生长调节剂和生化试剂。

提取鱼精蛋白的工艺可因不同的鱼种而有所不同，但由于鱼精蛋白主要集中在精细胞核中，所以，其工艺原理一般都是先用一定浓度的NaCl溶液或柠檬酸溶液匀浆破细胞，然后分离得到核蛋白或细胞核组分，再利用一定浓度的磷酸或盐酸溶液酸解，目的是使核酸组分和蛋白质分开，最后用有机溶剂在低温下将酸解液中的蛋白质部分浓缩，再通过高速冷冻离心收集沉淀。

工艺流程：鱼类精巢→匀浆破细胞→离心分离→沉淀→酸解→酸解液→5%乙醇沉淀→冷冻离心→丙酮洗涤→鱼精蛋白粗品。

在鱼精蛋白的提取过程中，可能会混入杂蛋白、核酸等其他物质，对鱼精蛋白粗品进一步纯化，可采用葡聚糖凝胶柱层析法分离纯化蛋白质。

7. 其他 鱼籽可加工制成鱼籽食品，因其富含卵磷脂等物质且具有健美功效，深受妇女、儿童及老人的喜爱。鱼肠含有大量的消化道酶，经过纯化处理，可制取酶制剂，或制取不需拆除的手术缝合线。

内脏经化学方法或生物方法，可制成可溶性食用鱼蛋白粉、液体鱼蛋白饲料和液体鱼蛋白有机肥。其中，可溶性食用鱼蛋白粉营养丰富，水溶性好，易于消化吸收，可用作氨基酸强化食品基料，奶粉代用品；也可开发营养汤、调味品及鱼蛋白饮料等产品。它是医治小儿因消化不良引起腹泻的有效药物，还可供癌症或手术后进食困难病人所食流质中的蛋白源。该产品制取方法很多，如酶法水解、酸水解、碱水解和酒精萃取脱脂等。尤以酶法制取为佳，不仅能保持鱼固有的营养成分，而且口感好，易溶解，是近期国外发展起来的一项新技术。把鱼的内脏或下脚料经过特殊加工提炼，再配合其他辅料可制成各种保健品，如加强鱼油食品、低胆固醇补脑食品在市场上颇受欢迎。

第五节 鱼头的加工利用

一、鱼头的组成

淡水鱼的鱼头比较大，往往占到鱼体总重量的24%～34%，因此，鱼头的处理不仅会涉及经济效益，同时也会对环境产生巨大的影响。

虽然淡水鱼的鱼肉口感往往比海水鱼要差，但鱼头却有比较好的风味。如市场上鳙鱼头的价格比其鱼肉的价格还高，著名的千岛湖有机鱼头产品正是利用了鳙的这一商业特性，衍生出一系列经济价值极高的鱼头产品。同时，利用鱼头特殊的风味，经过蒸煮、酶解、过滤等工艺制得风味物质，可以直接作为调味料使用，也可以添加到酱油、鸡精中做成复合调味品。

淡水鱼鱼头中含有丰富的卵磷脂、DHA和EPA，郭松超的研究发现，鳙头粗脂肪中 DHA 和 EPA 的含量分别达到 6.37%和 7.29%，这两类物质对儿童大脑的发育以及预防老年人的心脑血管系统疾病都有显著的作用。

二、鱼头的加工利用

1. 鱼头提取硫酸软骨素 硫酸软骨素是一种酸性黏多糖，由葡萄糖醛酸和半乳糖所组成。硫酸软骨素有 A、B 两种，常与蛋白质结合形成糖蛋白，水溶性差，可在酸性条件下水解。硫酸软骨素有抑制炎症和抗血栓形成的作用，可治疗腰痛及关节炎，对动脉硬化、冠心病有一定的疗效。此外，它还有很好的保湿性，可用于化妆品中作为皮肤保湿剂。硫酸软骨素的提取方法，有碱法、碱盐法、酶法、超声波法和乙酸抽提法等；其分离纯化有乙醇沉淀法、盐液沉淀法、季铵盐络合法和离子交换色谱法等。目前，国内普遍采用稀碱和浓碱的提取法，国外报道用稀碱稀盐综合提取法，而这些制备工艺一般都要经过酶解和活性炭或白陶土等处理。

从鱼头中提取硫酸软骨素，其方法是鱼头粉加入适量磷酸缓冲液，使其 pH 接近于 8.0，搅拌均匀置于 80℃的水浴中恒温进行预处理。将经预处理后的鱼头粉糊状物降温后，添加 3%的胰蛋白酶充分搅拌均匀，维持 pH 基本不变，在 45～50℃水浴恒温 1h 进行酶解反应后，再用 HCl 调节 pH 接近于 6.0，再添加 3%胃蛋白酶，在相同温度的水浴中继续酶解 2h 后，在 100℃沸水中加热 5min 进行酶的钝化。酶解完后酶解液中添加 10%的三氯乙酸除蛋白，边加边搅拌即产生沉淀。将其保存在冰箱冷藏室中静置 12h，以 5 000r/min 离心 25min 得上清液。然后在上清液中缓慢地加入无水乙醇得到白色片状沉淀物，将沉淀物转移到砂心漏斗中，用真空泵吸滤。最后用无水乙醇洗涤沉淀物再吸滤后，干燥得到白色、疏松、粉末状的鱼头硫酸软骨素。

2. 鱼头提取蛋白肽和鱼油 鱼头中含有较丰富的鱼油和蛋白质。其鱼油中含有丰富的多不饱和脂肪酸如 EPA 和 DHA 等，它们能预防脑血栓、高血压等心血管疾病；其蛋白质通过酶法水解后产物中含有大量的活性肽，具有多种功能性，在肠道内能被完整的吸收，可以开发成相应保健食品，具有较大的社会、经济价值。

3. 砂锅鱼头罐头 研究人员研制了一种可常温保藏的砂锅鱼头的加工方法，其特点是以鲜活的鳙为原料，鱼头经脱腥、油炸处理、真空封口、杀菌、冷却制成可常温保藏的鱼头，切去鱼头后的鱼身部分，经包括吊汤、灌装、杀菌工艺制成可常温保藏的鱼汁汤，上述两部分组成了可常温保藏的砂锅鱼头罐头产品。

（1）工艺流程

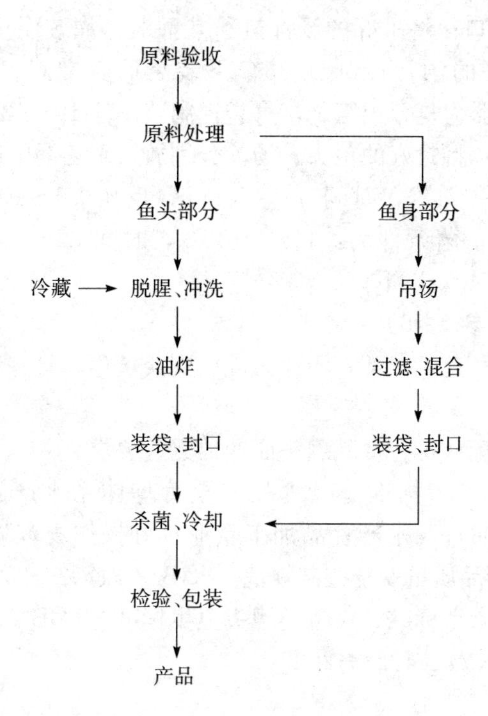

(2) 操作要点

①原料处理：以鲜活或新鲜的鳙为原料，将鱼击昏后宰杀，去鱼鳞，净膛处理，用洁净的水清洗干净鱼体内外的鱼鳞、血污及残留的内脏、鳃，同时，去除鱼膛内部的黑膜，并将内脊处的淤血去除干净，将洗净的鱼从背鳍前部进行切分。

②脱腥、冲洗：将切分下的鱼头置于脱腥液中进行脱腥处理，脱腥液为食盐溶液，食盐质量浓度为3%～12%，鱼头与脱腥液的料液质量比为1∶(1～2)，脱腥时间3～4h，食盐溶液及环境温度控制低于15℃；将脱腥的鱼头取出后，用流动水冲去鱼头表面上的黏液以及渗出的血污，然后沥干水；或不立即油炸，沥干水后的鱼头放入0～5℃冰箱中冷藏，冷藏时间不超过24h。

③油炸：将沥干水的鱼头或冷藏的鱼头放入180～220℃的油炸锅中油炸，时间10～15s，油炸用油为植物油，油炸结束后将鱼头沥干备用。

④吊汤：将切去鱼头后的鱼身部分置于夹层锅中进行吊汤，按鱼/水质量比1∶(2～3)的比例加水熬煮，并时而搅拌，控制煮沸1h后将汤汁过滤到冷热缸中；过滤残渣再加相同质量的水熬煮，重复2次，将3次汤汁滤液在冷热缸中混合，出汤率最终按鱼肉/汤汁质量比控制为1∶(5～7)。

⑤装袋、封口：将沥干的鱼头冷却后，装入复合铝箔袋中，在真空度>

0.09MPa下真空封口；将吊好的汤汁进行热灌装，灌装温度＞80℃，然后进行封口，或将吊好的汤汁冷却到35℃下装袋后真空封口，封口真空度＞0.09MPa；包装容器为复合铝箔袋，每袋控制装汤汁1.8～2.0kg。

⑥杀菌、冷却：将封好的鱼头、汤汁分别放入杀菌锅中进行杀菌，鱼头的杀菌条件为：115～121℃，时间50～75min，反压0.1～0.15MPa下冷却到40℃以下；汤汁的杀菌条件为：115～121℃，时间35～45min，反压0.1～0.15MPa下冷却到40℃以下。

3. 质量指标与参考标准

（1）感官指标　鱼色正常，汤汁为乳白到淡黄色，具有砂锅鱼头原有的质构、风味。

（2）微生物指标　符合食品罐头商业的无菌要求。

（3）操作规范参考标准　《食品安全管理体系水产品加工企业要求》（GB/T 27304—2008)；《水产食品加工企业良好操作规范》（GB/T 20941—2007)；《出口水产品质量安全控制规范》(GB/Z 21702—2008)。

（4）产品质量参考标准　《鱼类罐头卫生标准》(GB 14939—2005)；《绿色食品 鱼罐头》(NY/T 1328—2007)。

参考文献

邓尚贵，夏杏洲，杨萍，等.2001.青鳞鱼骨粉的食用营养价值及应用的研究[J].农业工程学报，17：102-106.

段蕊，张俊杰，杜修桥.2006.鱼鳞组成性质及加工利用的研究进展[J].食品与机械，5：128-131.

傅燕凤，沈月新，杨承刚，等.2004.淡水鱼鱼皮胶原蛋白的提取[J].上海水产大学学报，2：146-150.

洪惠，沈彗星，罗永康.2010.鱼骨多肽钙粉的研究与开发[J].肉类研究，8：78-82.

胡爱军，李洪艳，郑捷.2012.真鲷鱼下脚料鱼头的综合利用研究[J].食品科技，37(9)：111-114.

胡素梅.2011.不同贮藏条件下鲤鱼品质变化规律的研究[D].中国农业大学.

李德涛.2010.军曹鱼营养价值评价及其内脏鱼油的提取和酶解蛋白制备[D].广东海洋大学.

李凯峰，罗永康，冯启超，等.2011.鱼鳞蛋白酶解物为基料的涂抹剂对鲫鱼的保鲜效果[J].水产学报，7：1113-1119.

林琳.2006.鱼皮胶原蛋白的制备及胶原蛋白多肽活性的研究[D].中国海洋大学.

刘丽娜.2008.鮰鱼皮明胶的制备及其功能性质研究[D].江南大学.

罗永康.2001.7种淡水鱼肌肉和内脏脂肪酸组成的分析[J].中国农业大学学报，

6：108－111.
申峰．2009. 草鱼鱼鳞胶原肽的制备及其特性研究［D］．华中农业大学．
唐峰．2008. 鲢鱼内脏综合利用的工艺研究［D］．江南大学．
王朝瑾，张饮江．2007. 水产生物流通与加工贮藏技术［M］．上海：上海科学技术出版社．
王迪．2010. 武昌鱼鳞胶原蛋白制备技术及功能性质的研究［D］．中国农业大学．
王鸿儒．2003. 鱼皮饰品革生产工艺的探讨［J］．西部皮革，4：15－17.
王学川，罗卫平，张梅香，等．2001. 草鱼皮制作新颖皮革加工要点［J］．西部皮革，7：20－23.
王学川，朱道洲，王立春，等．2000. 淡水有鳞鱼皮制革工艺研究［J］．中国皮革，1：41－43.
王玉华，万刚，甘正华．2011. 风味罗非鱼皮加工工艺的研究［J］．肉类工业，8：33－36.
吴涛．2009. 淡水鱼下脚料的研究与利用进展［J］．长江大学学报，6：79－83.
吴缇．2008. 斑点叉尾鮰鱼皮、鱼骨的综合利用研究［D］．上海海洋大学．
吴燕燕，李来好，陈培基，等．2002. 软包装即食食品—鲻鱼皮加工工艺［J］．湛江海洋大学学报，3：42－46.
吴燕燕，李来好，林洪，等．2005. 罗非鱼制备 CMC 活性钙的工艺及生物利用的研究[J]．食品科学，26：114－116.
杨广，黄晓南．1996. 鱼皮加工初探［J］．湖北农学院学报，4：316－318.
姚磊．2011. 鲫鱼贮藏保鲜技术及热加工特性的研究［D］．中国农业大学．
俞鲁礼，王锡昌．1994. 几种淡水鱼内脏油脂提取的工艺条件［J］．水产学报，18：199－204.
张崟，朱志伟，曾庆孝．2007. 鱼骨利用的研究现状［J］．食品研究与开发，9：182－185.
周婉君，王剑河，吴燕燕，等．2007. 水发鱼皮工艺研究［J］．食品科学，8：233－236.
Zhong Saiyi，Ma Changwei，Lin Young C.，Luo Yongkang. 2011. Antioxidant properties of peptide fractions from silver carp（Hypophthalmichthys molitrix）processing by-product protein hydrolysates evaluated by electron spin resonance spectrometry，Food Chemistry，126：1636－1642.

淡水鱼品质分析与质量安全控制

第一节　淡水鱼原料及产品检测方法

淡水鱼及其产品含有丰富的蛋白质、脂肪、矿物质和维生素等，营养价值较高，是人类的主要食物来源之一。因营养丰富，容易腐败变质，再加之人们对水产品质量安全的要求也越来越高，为适应生产发展和国内国际贸易的需要，保护消费者利益，对淡水鱼原料和产品采用适当的手段进行检测十分有必要。目前，关于介绍水产品检测的方法一般针对海水鱼，而专门针对淡水鱼方面的检测方法相对不多。本节通过对相关资料进行整理分析，对淡水鱼原料及产品的常见检测方法与技术进行介绍。

一、样品的前处理

1. 淡水鱼原料的前处理　淡水鱼原料在贮存及运输过程，应根据原料特点配备冷冻、冷藏、保鲜、保温和保活等设施。运输工具应符合卫生要求，运输作业应防止污染，防止原料受损伤；贮存及运输中要远离有毒有害物品。

在检测淡水鱼原料的各项指标前，对其处理的主要步骤有去鳞、去鳃、去内脏，清洗干净，去皮，按照需要分别取肉。

2. 淡水鱼产品的前处理

（1）抽样检验　抽样检验是从产品的总体中抽出一部分，通过检验这一部分产品来估计产品总体的质量。抽样必须按批次不同的存放位置，根据抽样方案规定的数量抽取具有代表性的样品。样品分现场检验的非破坏性样品和带回实验室用的破坏性样品两种。对于需要进行细菌和化学检验的，应按规定的方法，在开启箱内的同时抽取样品。抽取顺序应先抽细菌检验样品，后取其他检验样品。

（2）样品制备

①细菌检验的样品制备：对冻鱼，解冻之后迅速取样。对腌渍和干制的鱼制品，则直接取样。取样采用无菌刀在鱼背部沿脊椎切开 5cm，再切开两端使

两块背肌分别向两侧翻开，然后用无菌剪子剪取肉 10g，放入无菌乳钵内，用无菌剪子剪碎，加无菌海砂或玻璃砂研磨（有条件情况下可用均质器），检样磨碎后加入 90mL 无菌生理盐水，混匀成稀释液。注意，剪取肉样时，勿触及沾上鱼皮。

②化学检验样品：化学检验样品分检验样品、原始样品和平均样品三种。由整批产品的各部分采取的少量样品成为检验样品。把许多份检验样品混合在一起成为原始样品。原始样品经过处理，再抽取其中一部分作为检验用平均样品。

平均样品的制备，将抽来的样品取其可食部分，切碎混合于组织捣碎机内混匀。鱼类制品平均样品的制备有两种方法，小型鱼将鱼从背脊纵向切开，取鱼体一半；中型以上的鱼取其纵切的一半，再横切成 2～3cm 的小段，选其偶数或奇数段切碎，混匀。

检查有害物质含量的样品，产地应当相同，以便找出污染源。

【注意】抽取的样品应当在当天进行分析，以防止水分或挥发性物质的散失及其他所测物质含量的变化。如不能立即分析，必须妥善保存。易腐易变的产品要低温（0℃以下）保存。

3. 样品检验

（1）检验分类　检验分为出厂检验和型式检验。每批产品必须进行出厂检验。出厂检验由生产单位质量检验部门执行，检验项目由生产单位确定，应选择能快速、准确反应产品质量的主要技术指标，检验合格签发合格证，产品凭检验合格证入库或出厂。

有下列情况之一时应进行型式检验。检验项目为本标准中规定的全部项目：①长期停产，恢复生产时；②原料变化或改变主要生产工艺，可能影响产品质量时；③国家质量监督机构提出进行型式检验要求时；④出厂检验与上次型式检验有大差异时。

（2）检验项目　有物理检验、品质感官检验、品质化学检验、添加剂检验、有害金属检验、放射性物质检验、农药残留检验、天然毒素和寄生虫检验及微生物检验等。

4. 检验技术指标　产品不同，检验的项目不同，技术指标就不同。检验指标由产品本身和企业确定，应选择能快速、准确反应产品质量的主要技术指标。

二、淡水鱼原料及产品质量的检测

淡水鱼质量检测的方法与其他食品的检验分析方法基本一致，根据被检测目标的性质和检测目的，主要分为感官检验、理化检验和微生物检验三种方法。其中，感官检验法在淡水鱼原料进行品质评价时具有重要的意义。

1. 感官检验 包括体表、眼睛、肌肉、鳃和腹部等部位的状态评定。目前，常用的有质量指数法（quality index method，QIM），要求评审人员有9人以上，具体按表8-1所述评价标准确定QIM值，3表示质量好，分值越低，质量越差。经合计得出感官评定的总分数（27-0分），这个分值越大，则鲜度越高。该方法不仅可以快速判断鱼肉的新鲜度，同时，基于鱼的保藏期与QIM值呈线性关系的研究结果，还可以预测得出剩余保藏期。

表8-1 淡水鱼的感官评价标准

项目		QIM			
		3	2	1	0
	体表	很明亮	明亮	轻微发暗	发暗
	皮	结实而有弹性	柔软	—	—
	黏液	无	很少	有	很多
眼睛	透明度	清澈明亮	欠明亮	不明亮	—
	外形	正常	略凹陷	凹陷	—
	虹膜	可见	隐约可见	不可见	—
	血丝	无	轻微	有	很多
	腹部颜色	亮白色	轻微发黄	黄色	深黄色
	肛门气味	新鲜	适中	鱼腥味	腐败味

2. 理化检验 评价淡水鱼原料质量的理化检验指标，主要有pH、挥发性盐基氮、脂肪氧化、*K*、生物胺和电导率等。

(1) pH的测定 鱼体死后的肌肉变化过程，可分为初期生化变化和僵硬、解僵和自溶、细菌腐败3个过程。贮藏初期由于糖原酵解产生乳酸，ATP和磷酸肌酸等物质分解产生磷酸等酸性物质，pH在僵硬期不断降低。随着贮藏时间的延长，鱼肉表面细菌的作用使鱼肉中蛋白质分解，进入自溶腐败阶段，产生碱性物质，使鱼肉的pH逐渐升高，最高可达8.0。但因鱼种和鱼体部位不同，pH的变化也不相同。所以，一般采用pH与其他鲜度指标相结合的方法，对鱼的质量进行评价。pH的测定一般采用酸度计法（GB/T 9695.5—2008）。

①原理：用酸度计直接测定样品水溶液pH。

②仪器：酸度计（精度在0.01以上）。

③分析步骤：称取10.00g切碎式样，加新煮沸后冷却的水至100mL，摇匀，浸渍30min后过滤或离心，取约50mL滤液于100mL烧杯中，用酸度计测定pH。计算结果保留2位有效数字。

④说明：在重复性条件下获得的2次独立测定结果的绝对差值，不得超过0.1pH。

(2) 挥发性盐基氮的测定　挥发性盐基氮（TVB-N）是水产品在细菌和酶的作用下分解产生的氨及低级胺类，通常作为肉类的鲜度指标。一级鲜度淡水鱼为TVB-N≤13mg/100g，二级鲜度淡水鱼为TVB-N≤20mg/100g。挥发性盐基氮的测定方法，有半微量定氮法和微量扩散法两种。

①半微量定氮法：

A. 原理：根据蛋白质在腐败过程中分解产生的氨和胺类物质具有挥发性，可在碱性溶液中游离，并蒸馏出来，被吸收于硼酸溶液中，用标准液滴定计算含量。

B. 试剂：1%氧化镁液（用时振摇成混悬液）、吸收液（2%硼酸溶液）、甲基红指示液（0.2%乙醇溶液）、次甲基蓝指示液（0.1%水溶液），临用时将甲基红指示液和次甲基蓝指示液等量混合为混合指示液，0.010mol/L盐酸标准溶液。

C. 仪器：半微量凯氏定氮器、微量滴定管（最小分度0.01mL）。

D. 操作方法：

a. 将样品以流水冲洗，去鳞，待干后在鱼背部沿脊椎切开约5cm，然后切开两端使两侧的背肌分别向两侧翻开，从内部剪取肌肉，剁碎，并用乳钵捣成肉糜状。称取10g置于250mL锥形瓶中，加水100mL，不时振摇，浸渍30min后过滤，滤液备用。

b. 预先将盛有10mL吸收液并加有5～6滴混合指示液的锥形瓶置于定氮器的冷凝管下端，并使其下端插入锥形瓶内吸收液的液面下，吸取5.0mL上述样品滤液于蒸馏器的反应室内，加5mL 1%氧化镁混悬液，迅速盖塞，并加水密封以防漏气，通入蒸汽，待蒸汽充满蒸馏器内时，即关闭定氮器的蒸汽出口管，由冷凝管出现第一滴冷凝水时开始计时，蒸馏5min即停止。吸收液用盐酸标准溶液滴定，终点至蓝紫色。同时做试剂空白试验。

E. 计算：

$$\text{TVB-N (mg/100g)} = \frac{(V_1 - V_2) \times N \times 14}{m \times 5/100} \times 100$$

式中　V_1——测定用样液消耗盐酸标准溶液体积（mL）；

V_2——试剂空白消耗盐酸标准溶液体积（mL）；

N——盐酸标准溶液的摩尔浓度（mol/L）；

m——样品的质量（g）。

②微量扩散法：

A. 原理：挥发性含氮物质可在碱性溶液中释出，在扩散皿中于37℃挥发后吸收于吸收液中，用标准盐酸滴定，计算含量。

B. 试剂：饱和碳酸钾溶液：称取50g碳酸钾，加50g水，微热助溶，使用时取上清液。水溶性胶：称取10g阿拉伯胶，加10mL水，再加5mL甘油及5g无水碳酸钾（或无水碳酸钠）研匀。吸收液、混合指示液、0.01mol/L盐酸标准溶液，分别同“半微量定氮法”。

C. 仪器：扩散皿（标准型）：玻璃质，内外室总直径61mm，内室直径35mm；外室深度10mm，内室深度5mm；外室壁厚3mm，内室壁厚2.5mm，加磨砂厚玻璃盖，微量滴定管。

D. 操作方法：将水溶性胶涂于扩散皿的边缘，在皿中央内室加入1mL吸收液及1滴混合指示液。在皿外室一侧加入1.0mL饱和碳酸钾溶液另一侧加入1.00mL样液。注意勿使两液接触，立即盖好磨砂玻璃；密封后将皿于桌面上轻轻转动，使样液与碱液混合，然后于37℃温箱内放置2h，揭去盖，用0.010mol/L盐酸标准溶液滴定，终点呈蓝紫色。同时做试剂空白试验。

E. 计算：

$$\text{TVB-N (mg/100g)} = \frac{(V_1 - V_2) \times N \times 14}{m \times 1/100} \times 100$$

（3）脂肪氧化的测定　硫代巴比妥酸值（TBARS）广泛应用于测定肉类和水产品的脂肪氧化酸败程度，是评判脂肪氧化的良好指标。

①原理：它主要依据脂类食品中不饱和脂肪酸氧化降解产物丙二醛（MAD），与硫代巴比妥酸（TBA）反应会生成稳定的红色化合物。

②试剂配制：硫代巴比妥酸溶液，3.75g硫代巴比妥酸，176.5g TCA（三氯乙酸），22.5mL浓HCL，用蒸馏水定容至1 000mL。

③测定步骤：4g鱼肉溶于20mL硫代巴比妥酸溶液，研钵研磨（打浆）1min，混合物沸水加热10min，流水冷却5min，混合物3 600g/min，离心20min（常温），取上清液，532nm测定吸光度值。

（4）K值的测定　K值是反映鱼体初期鲜度变化及与品质风味有关的生化质量指标，也称鲜活质量指标。一般采用K值≤20%作为优良鲜度指标（日本用于生食鱼肉的质量标准），K值≤60%作为加工原料的鲜度标准。测定方法有高效液相色谱、柱层析及应用固相酶或简易测试纸等测定方法，本节主要介绍高效液相色谱法。

①原理：利用鱼类肌肉中腺苷三磷酸在死后初期发生分解，经过腺苷二磷酸（ADP）、腺苷酸（AMP）、肌苷酸（AMP）、次黄嘌呤核苷（HxR）和次黄嘌呤（Hx）等，最后变成尿酸。

测定其最终分解产物（次黄嘌呤核苷和次黄嘌呤）所占总的ATP关联物

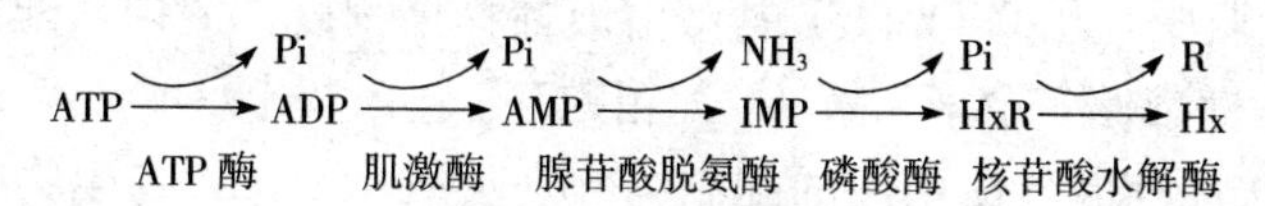

的百分数即为鲜度指标 K 值，可用下式表示：

$$K=\frac{HxR+Hx}{ATP+ADP+AMP+IMP+HxR+Hx}\times 100\%$$

②仪器：冷冻离心机，10mL 离心管，液相色谱仪，超低温冰箱。

③试剂：10%高氯酸，5%高氯酸，10mol/L 和 1mol/L 氢氧化钾，氨水，0.45μm 的微孔膜。

④测定步骤：在 10mL 离心管中称取均质后的鱼背部肌肉 1g，加入 10% PCA（高氯酸）溶液 2mL，磨碎后离心 3min（3 800r/min），收集上清液（可保留浮于液面上的少量脂肪）。残渣中加入 5% PCA 溶液 2mL 提取并离心，重复步骤 1 次，合并各次上清液，以 10mol/L 和 1mol/L 氢氧化钾溶液调节 pH 至 6.4。初始时使用 10mol/L 氢氧化钾溶液，接近中性时改用 1mol/L 的氢氧化钾溶液。中和液在 0℃下静置 30min，于 3 800r/min 离心 3min 取上清液，沉淀物用 2mL 冷的中和高氯酸（pH 6.4）洗涤（中和所产生的高氯酸钾结晶，用氨水中和到 pH 6.4）并于 3 800r/min 离心 3min 合并上清液，以 pH 6.4 的 PCA 中和溶液并稀释 10mL。在低于－18℃温度下冻结贮藏待测。测定前经 0.45μm 的微空膜过滤，滤液可供上机分析用。

⑤色谱分析条件：色谱柱反相分配柱，5C18－PAQ，4.6ID×250mm；进样量 20μL；流动相流量 0.8mL/min；柱温 25℃；压力 12MPa；检测波长 254nm；采用峰面积计算法进行定量。

（5）生物胺的测定（GB/T 5009.208—2008）　生物胺来源于氨基酸脱羧反应，氨基酸脱羧酶广泛存在于各种动植物组织中。但是如果由于细菌的污染导致食物中胺的浓度超出正常水平，超出生物解毒机理，就会对机体产生危害。水产品中生物胺的定量限：色胺 15μg/kg、β-苯乙胺 40μg/kg、腐胺 15μg/kg、尸胺 35μg/kg、组胺 50μg/kg、酪胺 25μg/kg、亚精胺 25μg/kg、精胺 35μg/kg。

①原理：以 1，7-二氨基庚烷为内标，以 5%三氯乙酸为提取溶液，震荡提取，以正己烷去除脂肪，经过三氯甲烷-正丁醇（1＋1）液萃取净化后，以丹磺酰氯为衍生剂，60℃衍生 30min，采用高效液相色谱的 C18 柱分离，紫外检测器检测，内标法定量。

②标准液的配制：

A. 生物胺标准储备液的配制：准确称取各种生物胺标准品适量，分别置于10mL容量瓶中，用0.1mol/L盐酸溶液稀释至刻度，混匀，配制成浓度为1 000mg/L的标准储备溶液，置4℃冰箱贮存。

B. 生物胺标准混合使用液的配制：分别吸取1.00mL各生物胺单组分标准储备溶液，置于同一个10mL容量瓶中，用0.1mol/L盐酸稀释至刻度，混匀，配制成生物胺标准混合使用液（100mg/L）。

C. 生物胺标准系列溶液配制：吸取0.10mL、0.25mL、0.50mL、1.00mL、1.50mL、2.50mL、5.00mL生物胺标准混合使用液（100mg/L），分别至于10mL容量瓶中，用0.1mol/L盐酸溶液稀释至刻度，混匀，使浓度分别为1.00mg/L、2.50mg/L、5.00mg/L、10.0mg/L、15.0mg/L、25.0mg/L、50.0mg/L。

D. 内标标准储备溶液的配制：准确称取内标物质适量，置于10mL容量瓶中，用0.1mol/L盐酸溶液稀释至刻度，混匀配制成浓度为1 000mg/L的内标标准储备溶液，置4℃冰箱储存。

E. 内标标准使用液的配制：吸取1.00mL内标标准储备溶液，置10mL容量瓶中，用0.1mol/L盐酸稀释至刻度，混匀，作为内标使用液（100mg/L）置4℃冰箱储存。

F. 丹磺酰氯衍生剂溶液的配制：准确称取丹磺酰氯适量，以丙酮为溶剂配制成浓度为0.01mg/L的衍生剂标准使用液（10mg/mL丙酮溶液），置4℃冰箱储存。

③测定步骤：

A. 样品制备：准确称取已绞碎的样品10.00g，置100mL具塞锥形瓶中加入20mL 5%三氯乙酸溶液和2.0mL（100mg/L）内标使用液，混匀，振荡提取60min，转移至50mL离心管中，3 600r/min离心10min，取上清液，置50mL容量瓶中，连续提取2次，合并上清液，用5%三氯乙酸稀释至刻度，滤纸过滤，待净化。

B. 除脂肪：移取上述试样提取液10.00mL，置25mL具塞试管中，加入10mL正已烷，漩涡振荡5min，弃去上层有机相，重复进行2次。

C. 萃取：将上述除脂肪后溶液加入适量氯化钠使溶液饱和。准确移取上述饱和后的试样提取液5.00mL，置于15mL离心管中，用0.1mol/L氢氧化钠溶液调节pH至12.0。加入5.0mL的正丁醇-三氯甲烷（1+1）混合溶液，涡旋振荡5min，3 600r/min离心10min，吸取上层有机相，再重复萃取2次，最后一步萃取用分液漏斗分离，合并萃取液，混匀，取3.0mL萃取液并加入0.2mL 1mol/L盐酸，混合后40℃水浴下氮气吹干，加入1.0mL 0.1mol/L盐酸使残留物溶解，待衍生。

D. 生物胺的衍生：取上述待衍生的试样溶液0.50mL置于10mL具塞试

管中，加入1.5mL饱和碳酸氢钠溶液、1.0mL丹磺酰氯衍生溶液，振荡使混匀。置60℃培养箱中反应30min，中间振荡2次，取出，分别加入100μL谷氨酸钠（50mg/mL饱和碳酸氢钠溶液），振荡均匀，60℃保温15min。取出，每个试管中加入1mL超纯水，在40℃水浴下用氮气除去丙酮。加入3mL乙醚，振荡2min，静置分层后，吸取出上层有机相（乙醚层）重复萃取2次，合并乙醚萃取液，氮气吹干。加入1.0m/L甲醇使残留物溶解，振荡混匀，0.22μm滤膜针头滤器过滤，滤液待测。

分别移取0.50mL生物胺标准系列溶液，分别置10mL具塞试管中，依次加入20μL（100mg/L）内标使用液，加入1.5mL饱和碳酸氢钠、1.0mL丹磺酰氯衍生溶液，振荡使混匀。自“置60℃培养箱中反应30min”，以下操作同试样的衍生步骤。

④液相色谱参考条件：色谱柱为C18柱（150mm×4.6mm内径，5μm），紫外检测波长254nm，进样量20μL，柱温30℃，流动相A为甲醇溶液，B为超纯水，流速：1.5mL/min。梯度洗脱程序见表8-2。

表8-2　梯度洗脱程序

组成	时间（min）								
	0	7	14	20	27	30	35	36	45
流动相A	55	65	70	70	90	100	100	55	55
流动相B	45	35	30	30	10	0	0	45	45

⑤测定：分别吸取上述标准系列和试样的衍生溶液注入高效液相色谱仪中，测定，记录。

⑥结果计算：计算各生物胺和内标的峰面积比，以标准系列溶液的质量（μg）为纵坐标，以各生物胺和内标的峰面积为横坐标，绘制标准曲线。按下式计算试样中生物胺含量：

$$\rho = \frac{m_1 \times f}{m}$$

式中　ρ——试样中生物胺的含量（mg/kg或mg/L）；

m_1——试样中各生物胺色谱峰与内标色谱峰的峰面积比值对应的生物胺质量（μg）；

f——试样稀释倍数；

m——取样量（g）。

（6）电导率测定　在保存过程中，由于微生物蛋白酶的作用，蛋白质、脂肪等分解成大量代谢小分子物质，产生大量离子，从而使鱼肉浸出液产生大量具有导电能力的物质。保存时间越长鱼肉的分解产物越多，导电能力越强，鱼肉的新鲜度越差。电导率的测定与其他鲜度指标的测定相比快速、简便、灵敏。研究人员认为，通过测定鲫电导率建立的动力学模型，能够准确地描述鲫在－3～15℃贮藏时的质量变化。

测定方法：采用 pH 测定的方法，将离心上清液或滤液用电导率仪测定电导率。

（7）微生物检验　微生物是水产品检测中的重要检测项目，主要目的是检测水产品被污染的细菌数量以及是否含有致病细菌，以便对水产品进行卫生学评价，确保消费者的食用安全。水产品的腐败与细菌有密切的关系，细菌总数可表示淡水鱼原料的新鲜程度或腐败状况。菌落总数是指水产品样品经过处理，在一定条件下培养后所得 1g（或 1mL）样品中所含细菌菌落的总数。

平板菌落计数法（GB 4789.2—2010）操作步骤：

①设备和材料：冰箱，0～4℃；恒温培养，(30±1)℃；恒温水浴锅，(46±1)℃；均质器或灭菌乳钵；放大镜；灭菌吸管，1mL（具 0.01mL 刻度）、10mL（具 0.1mL 刻度）；灭菌锥形瓶，500mL；灭菌培养皿，直径 90mm；灭菌试管：16mm×160mm；灭菌刀、剪子、镊子等。

②培养基和试剂：

A. 培养基：见表 8－3。

表 8－3　营养琼脂培养基

成分	用量	配制
胰蛋白胨	5g	将各成分加入蒸馏水内，煮沸溶解，调 pH 至 7.0±0.1。分装烧瓶，121℃ 高压灭菌 15min
酵母浸膏	2.5g	
葡萄糖	1g	
琼脂	15g	
蒸馏水	1 000mL	

B. 试剂：75％乙醇；0.1％的蛋白胨为稀释液。

③操作步骤：

A. 称取肌肉组织 25g，剪碎放于含有 225mL 磷酸盐缓冲液或生理盐水的无菌均质杯内，8 000～10 000r/min 均质 1～2min，或放入盛有 225mL 稀释液的无菌均质袋中，用拍击式均质器拍打 1～2min，制成 1∶10 的样品匀液。

B. 用 1mL 无菌吸管或微量移液器吸取 1∶10 样品匀液 1mL，沿管壁缓慢注入盛有 9mL 稀释液的无菌试管中（注意吸管或洗头尖端不要触及稀释液面），振摇试管或换用 1 支无菌吸管反复吹打使其混合均匀，制成 1∶100 的样品匀液。

C. 按照 B 操作程序，制备 10 倍系列稀释样品匀液。每递增稀释 1 次，换用 1 次 1mL 无菌吸管或吸头。

D. 根据对样品污染状况的估计，选择 2～3 个适宜稀释度的样品匀液，在进行 10 倍递增稀释时，每个稀释度分别吸取 1mL 样品匀液加入 2 个无菌平皿内。同时，分别取 1mL 稀释液加入 2 个无菌平皿做空白对照。

E. 琼脂凝固后，将平板翻转，(30±1)℃培养（72±3）h。

F. 菌落计数：可用肉眼查看，必要时用放大镜检查，以防遗漏。在记下各平板的菌落数后，求出同稀释度的各平板平均菌落总数。

三、淡水鱼原料及产品成分的检测

1. 淡水鱼原料及产品中水分含量的测定（GB 5009.3—2010）　适合采用直接干燥法。本方法是指在 100℃左右直接干燥的情况下，所失去物质的总量。

（1）分析步骤　取洁净铝制或玻璃制的扁形称量瓶，置于 101～105℃干燥箱中，瓶盖斜支于瓶边，加热 1.0h，取出盖好，置于干燥器内冷却 0.5h，称量，并重复干燥至前后两次质量差不超过 2mg。称取 2.00～10.00g（精确至 0.000 1g）切碎或磨细的试样，放入此称量瓶中，试样厚度约为 5mm。加盖，精密称量后，置于 101～105℃干燥箱中瓶盖斜支于瓶边，干燥 2～4h 后盖好取出，放入干燥器内冷却 0.5h 后称量。然后再放入 101～105℃干燥箱内干燥 1h 左右，取出，放入干燥器内冷却 0.5h 后再称量。至前后两次质量差不过 2mg，即为恒重。

【注】两次恒重值在最后计算中，取最后一次的称量值。

（2）结果计算　试样中的水分含量按下式计算：

$$X = \frac{m_1 - m_2}{m_1 - m_3} \times 100$$

式中　X——试样中水分的含量（g/100g）；

m_1——称量瓶和试样的质量（g）；

m_2——称量瓶和试样干燥后的质量（g）；

m_3——称量瓶的质量（g）。

水分含量≥1g/100g 时，计算结果保留 3 位有效数字；水分含量＜1g/100g 时，结果保留 2 位有效数字。

2. 淡水鱼原料及产品中蛋白质含量的测定　采用凯氏定氮法（GB 5009.5—2010）。

（1）原理　蛋白质是含氮的有机化合物。食品与硫酸和硫酸铜、硫酸钾一同加热消化，使蛋白质分解，分解的氨与硫酸结合生成硫酸铵。然后碱化蒸馏使氨游离，用硼酸吸收后以硫酸或盐酸标准滴定溶液滴定，根据酸的消耗量乘以换算系数，即为蛋白质的含量。

(2) 分析步骤　称取固体试样0.2～2g，精确至0.001g。加入0.5g催化剂，再加5mL浓硫酸，280℃消化至无烟（1～2h），升温至450℃，取出后冷却至无颜色即可。再根据不同的凯氏定氮仪进行蒸馏滴定。

(3) 结果计算　试样中蛋白质的含量按下式进行计算：

$$X=\frac{(V_1-V_2)\times c\times 0.0140}{m\times 10/100}\times F\times 100$$

式中　X——试样中蛋白质的含量（g/100g）；

V_1——试液消耗硫酸或盐酸标准滴定液的体积（mL）；

V_2——试剂空白消耗硫酸或盐酸标准滴定液的体积（mL）；

V_3——吸取消化液的体积（mL）；

c——硫酸或盐酸标准滴定溶液浓度（mol/L）；

0.014 0——1.0mL硫酸［c（1/2 H_2SO_4）＝1.000mol/L］或盐酸［c（HCl）＝1.000mol/L］标准滴定溶液相当的氮的质量（g）；

m——试样的质量（g）；

F——氮换算为蛋白质的系数，水产品或一般食物为6.25。

3. 淡水鱼原料及产品中脂肪含量的测定（GB/T 9695.7－2008）　一般采用索氏抽提法。

(1) 原理　试样用无水乙醚或石油醚等溶剂抽提后，蒸去溶剂所得的物质，称为粗脂肪。因为除脂肪外，还含色素及挥发性油、蜡、树脂等物。抽提法所得的脂肪为游离脂肪。

(2) 分析步骤　取肉后用绞肉机绞2次，称取2.00～5.00g，全部移入滤纸筒内。将滤纸筒放入脂肪抽提器的抽提筒内，连接已干燥至恒重的接收瓶，由抽提器冷凝上端加入无水乙醚或石油醚至瓶内容积的2/3处，于水浴上加热，使无水乙醚或石油醚不断回流提取6～8次/h，一般提取6～12h。取下接收瓶，回收乙醚或石油醚，待接收瓶内乙醚剩1～2mL时在水浴上蒸干，再于(100±5)℃干燥2h，放入干燥器内冷却0.5h后称量。重复以上操作直至恒重。

(3) 结果计算　计算公式为：

$$X=\frac{m_1-m_0}{m_2}\times 100$$

式中　X——试样中粗脂肪的含量（g/100g）；

m_1——接收瓶和粗脂肪的质量（g）；

m_0——接收瓶的质量（g）；

m_2——试样质量（g）。

4. 淡水鱼原料及产品中灰分的测定（GB 5009.4—2010）　取大小适宜的石英坩埚或瓷坩埚置马弗炉中，在（550±25)℃下灼烧0.5h，冷至200℃以下后，取出，放入干燥器中冷却至室温，准确称量，并重复灼烧至恒重。

坩埚加入1～2g试样后，准确称量。

试样先在沸水浴上蒸干。蒸干后的试样，先在电热板上以小火加热使试样充分炭化至无烟，然后置于马弗炉中，在（550±25)℃灼烧至200℃左右，取出，放入干燥器中冷却30min，称量前如发现灼烧残渣有炭粒时，应向试样中滴入少许水湿润，使结块松散，蒸干水分再次灼烧至无炭粒即表示灰化完全方可称量。重复灼烧至前后2次称量，相差不超过0.5mg为恒重。试样中的灰分按下式计算。

$$X = \frac{m_1 - m_2}{m_3 - m_2} \times 100$$

式中　X——试样中灰分的含量（%）；

m_1——坩埚和灰分的质量（g）；

m_2——坩埚质量（g）；

m_3——坩埚和试样的质量（g）。

四、淡水鱼原料及产品中其他物质的检测

由于水产养殖过程中水质的变化及一些渔药的使用，为了保证水产品的质量，根据水产品原料及产品的特点，有时还要进行水产品中金属元素、药物残留、添加剂及其他有害物质进行检验。具体的检测方法主要参考以下方法：

1. 水产品中金属元素的检验　水产品中铁、镁、锰的测定（GB/T 5009.90—2003）；水产品中钾、钠的测定（GB/T 5009.91—2003）；水产品中钙的测定（GB/T 5009.92—2003）；水产品中硒的测定（GB 5009.93—2010）；水产品中总砷及无机砷的测定（GB/T 5009.11—2003）；水产品中铅的测定（GB 5009.12—2010）；水产品中铜的测定（GB/T 5009.13—2003）；水产品中锌的测定（GB/T 5009.14—2003）；水产品中镉的测定（GB/T 5009.15—2003）；水产品中锡的测定（GB/T 5009.16—2003）；水产品中总汞及有机汞的测定（GB/T 5009.17—2003）；水产品中铬的测定（GB/T 5009.123—2003）；水产品中镍的测定（GB/T 5009.138—2003）。

2. 水产品中药物残留检验　孔雀石绿和结晶紫残留量的测定（GB/T 19857—2005）；氯霉素残留量的测定（GB/T 20756—2006）；硝基呋喃类残留量的测定（GB/T 20752—2006）；磺胺残留量的测定（SN/T 1960—2007）；土霉素、四环素、金霉素残留量的测定（SC/T 3015—2002）；有机氯农药六六六、滴滴涕残留量的测定（GB/T 5009.19—2008）；有机磷农药残留的测定

(GB/T 5009.20—2003)。

3. 水产品中添加剂的检验 酸味调节剂的测定（有机酸，GB/T 5009.157—2003）；甜味剂的测定（糖精钠，GB/T 5009.28—2003；环己基氨基磺酸钠，GB/T 5009.97—2003；乙酰磺胺酸钾，GB/T 5009.140—2003）；防腐剂的测定（山梨酸、苯甲酸，GB/T 5009.29—2003；对羟基苯甲酸酯类，(GB/T 5009.31—2003；丙酸钠、丙酸钙 GB/T 5009.120—2003）；抗氧化剂的测定（叔丁基羟基茴香醚 BHA 基，2，6-二叔丁基对甲酚 BHT；没食子酸丙酯 PG，GB/T 5009.32—2003；植酸，GB/T 5009.153—2003）；发色剂的测定（亚硝酸盐与硝酸盐，GB/T 5009.33—2008;）；漂白剂的测定（亚硫酸盐，GB/T 5009.34—2003）；着色剂的测定（合成着色剂，GB/T 5009.35—2003；诱惑红，GB/T 5009.141—2003；红曲色素，GB/T 5009.150—2003）。

4. 水产品中其他有害物质的检测 多氯联苯的测定（GB/T 5009.190—2006）；甲醛的测定（SC/T 3025—2006）。

第二节 淡水鱼产品品质预测技术及安全控制

鉴于水产品的安全卫生对人们健康的重要性，世界各国和一些国际组织都在致力于研究包括水产品在内的食品货架期模型预测及安全控制方法，FAO/WHO 的食品法典委员会（CAC）制定的食品法典，在食品贸易中具有准绳作用。CAC 制定的“食品卫生通则”（CAC/RCP1—1969，REV1997）及其附件“HACCP 体系及其应用准则”推荐了食品安全卫生控制的体系，目前已被世界各国广泛采用，且最先使用的是对水产品的安全控制。

HACCP 体系是通过 HACCP 七个原理运用，建立 HACCP 计划，控制水产品生产工艺中可能产生的危害。其实施的基础是通过良好操作规范（GMP）和卫生标准操作程序（SSOP），控制水产品生产环境条件，防止水产品生产环境的不良、不卫生而污染产品。

水产品的货架寿命，指的是水产品的最佳食用期，在水产食品标签上规定的条件下，保持水产品质的期限。货架寿命主要取决于 4 个因素，即食品的组成结构、加工条件、包装和贮藏条件。这些影响因素已被纳入到食品安全和质量控制 HACCP 体系中。水产品的货架期预测是保证产品食用安全性的重要途径。

一、货架期预测模型技术

1975 年，Gacula 等人将工程产品失效的概念引入食品领域。认为食品品质随着时间的推移不断下降，并最终降低到人们不能接受的程度，这种情况称为食品失效（food failure），失效时间则对应着食品的货架寿命。

食品的货架寿命是指从感官和食用安全的角度分析，食品品质保持在消费者可接受程度下的贮藏时间。尽管不同食品腐败的机理各不相同，且变质反应非常复杂，但通过对变质机理的研究，能找到预测食品贮藏期的方法。食品腐败过程中品质的损失，可以通过动力学模型得到很好地反映，因此，有关食品货架期模型的研究是目前研究的热点问题之一。化学反应动力学模型是反映食品品质变化基础的理论模型，可根据在不同条件下，对食品品质分析推导出一系列的预测模型。如基于食品定量品质指标变化，来测定食品品质损失的程度。根据食品中特定微生物（specific spoilage organisms，SSO）生长，来预测易腐食品货架寿命的微生物生长的动力学模型。

1. 食品品质变化函数　食品加工和贮藏过程中，大多数与食品质量有关的品质变化都遵循零级或一级反应动力学规律。针对不同的反应级数，有不同的食品品质函数表达式（表 8-4）。

表 8-4　不同反应级数的食品品质函数的形式

反应级数	0级	0.5级	1级	2级	n级
品质函数 B（t）	B（t）～t	B（t）$^{0.5}$～t	lnB（t）～t	1/B（t）～t	$\frac{dB}{dt}=kB^n$

大多数食品的质量损失，可以用可定量品质指标 B（如营养素或特征风味、感官品质）的损失来表示。B经过适当转换后，可表示为时间 t 的线性函数。对于零级反应，采用线性坐标可得到一条直线；对于一级反应，采用半对数坐标也能得到一条直线；以此类推，根据少数几个测定值和线性拟合的方法就可求得上述级数，并求得品质函数 B（t）各参数的值。然后通过外推求得货架寿命终端时的品质 B，也可计算出品质达到某一特定值时的贮藏时间。同样，也可求得某个贮藏时间的品质值。淡水鱼产品的鲜度指标包括细菌总数、脂肪氧化值（TBA）、*K* 值及挥发性盐基氮（TVB-N）等，均符合食品品质函数。

食品品质函数的确立，就可以在一定程度上解决同一种食品不同个体间品质变化的不可比较性。量化数据 *K*（反应速率常数）就可对不同食品品质进行客观比较；而反应速率常数与温度的关系一般符合 Arrhenius 方程。

2. 大宗淡水鱼品质预测模型　食品因种类不同及所处环境条件的变化，使得描述某种食品货架寿命的动力学方程也随之变化。食品从工厂生产出来并包装好后，经过运输到仓库、批发中心、零售商，最后到消费者手里的全过程中，温度相对于诸如相对湿度、包装内的气体分压、光和机械力等一些因素，对食品质量损失的影响是居首位的。Arrhenius 关系式阐述了食品的腐败变质速率与温度的关系。

$$k=k_0\exp\left(-E_A/RT\right) \tag{8-1}$$

式（8-1）中：k_0为前因子（又称频率因子）；E_A为活化能（品质因子B变坏或形成所需克服的能垒）；T为绝对温度，K；R为气体常数，8.314 4J/(mol·K)。k_0和E_A都是与反应系统物质本性有关的经验常数。

对式（8-1）取对数得到：

$$\ln k=\ln k_0-\frac{E_A}{R_T} \tag{8-2}$$

在求得不同温度下的速率常数后，用 $\ln k$ 对热力学温度的倒数（$1/T$）作图可得到一条斜率为 E_A/R 的直线。Arrhenius 关系式的主要价值在于：可以在高温（$1/T$）下借助货架期加速试验获得数据，然后用外推法求得在较低温度下的货架寿命。表 8-5 为通过大宗淡水鱼品质函数和 Arrhenius 关系式建立的 4 种常见的大宗淡水鱼新鲜度鱼动力学预测模型，通过该预测模型，可以有效地预测淡水鱼在一定贮藏温度、贮藏时间的鲜度指标。

表 8-5 4 种大宗淡水鱼新鲜度动力学预测模型

鱼种	鲜度指标	反应级数	动力学模型
草鱼	TAC	1	$B_{TAC}=B_{TAC0}\exp$ [1.12×1 013exp (−75 883.5/RT)]
	K value	1	$B_K=B_{K0}$ exp [8.30×109exp (−57 109.7/RT)]
	TVB-N	1	$B_{TVB-N}=B_{TVB-N0}$ exp [8.34×101 9exp (−111 548.9/RT)]
鲫	EC	1	$B_{EC}=B_{EC0}$ exp [5.25×1 016t exp (−97 752.40/RT)]
	TVB-N	1	$B_{TVB-N}=B_{TVB-N0}$ exp [1.82×1 017t exp (−95 765.26/RT)]
	TAC	1	$B_{TAC}=B_{TAC0}$ exp [5.70×1 018t exp (−105 933.77/RT)]
鳙	Sensory score	0	$B_{sensory\ score}=B_{sensory\ score0}$ −1.16×1 015t exp (−78 173.65/RT)
	TVB-N	0	$B_{TVB-N}=B_{TVB-N0}$ +2.60×1 014t exp (−75 925.44/RT)
	TAC	0	$B_{TAC}=B_{TAC0}$ +4.05×1 019t exp (−106 532.40/RT)
	K value	0	$B_{K\ value}=B_{K\ value0}$ + 1.36×1 015t exp (−76 212.28/RT)
鲢	EC	1	$B_{EC}=B_{EC0}$ exp [2.82×1 020t exp (−118 410/RT)]
	TVB-N	1	$B_{TVB-N}=B_{TVB-N0}$ exp [2.13×1 015t exp (−87 130/RT)]
	TAC	1	$B_{TAC}=B_{TAC0}$ exp [1.31×1 013t exp (−76 320/RT)]
	sensory score	0	$B_{sensory\ score}=B_{Sensory\ score0}$ −4.46×1 017t exp (−78 173.65/RT)

注：①TAC，菌落总数；*K* value，*K* 值；TVB-N，挥发性盐基氮；sensory score，感官分值。

②表 8-5 数据由中国农业大学水产品加工研究室提供。

3. 微生物动力学生长的数学模型 食品腐败主要是微生物活动的结果。前人对食品的微生物腐败进行了大量系统的研究，特别是对水产品中微生物生长的预测研究，因为新鲜鱼类是最易腐败的一类食品。近年来，食品微生物预报技术在国外被广泛研究，利用数学模型定量描述食品特性（如 pH、水分活度）和加工流通环境因子（如温度、气体组成）对食品中微生物生长、残存、死亡的动态影响，以预测货架寿命和微生物学安全性。对鲜鱼类腐败微生物研究的结果表明，在大多数情况下，鲜鱼类所含微生物中只有部分微生物参与腐败过程，这些适合生存和繁殖并产生腐败臭味和异味代谢产物的微生物，就是该产品的特定腐败菌（SSO）。由于是 SSO 造成腐败，所以 SSO 的对数和产品剩余货架期之间存在密切关系，这就有可能依据 SSO 初始数和生长模型来预测产品的剩余货架期。近年来，研究者提出不少描述微生物动力学生长的数学方程，包括 Logistic 方程、Gompertz 方程、Richards 方程、Stannards 方程和 Schnute 方程等，其中，Logistic 方程和 Gompertz 方程因使用方便，在有关 SSO 和腐败细菌生长动力学研究的文献中被广泛使用。

对多种水产品而言，货架期预测的核心是确定 SSO 并建立其相应的生长模型。在此基础上，通过预测 SSO 的生长趋势就可以成功预测产品的货架期。某一产品中，SSO 达到稳定期后的最大细菌数（N_{max}）和微生物在货架期终点时的细菌数（N_s）基本固定在一个范围内，当 N_{max} 和 N_s 确定后，由 Arrhenius 模型可计算出最大生长速率（μ_{max}）与延滞时间（Lag），然后根据 SSO 生长动力学模型计算 SSO 从 N_0 增殖到 N_s 的时间，从而预测货架期（SL）。同样，根据 Logistic 方程或 Gompertz 方程只要得到任何时刻的细菌数 N（t）后，水产品剩余货架期也可以计算出来。Gompertz 模型可以推导出下面的货架期预测公式：

$$SL=\log-\frac{\log\frac{N_{max}}{N_0}}{2.718\times\mu_{max}}\left[\ln\left(-\ln\left(\frac{\log\frac{N_s}{N_0}}{\log\frac{N_{max}}{N_0}}\right)^{-1}\right)\right] \quad (8-3)$$

应用 SSO 的生长模型进行货架期预测时，需要具体分析环境（温度）信息，建立以 SSO 的生长模型为基础的数据库。其首要条件是开发合适的数据采集装置，记录贮藏中环境的变化，从而依据数据库中储存的 SSO 生长动力学数据快速预测货架期。

二、危害分析与关键控制点（HACCP）简介

1. 什么是 HACCP HACCP 危害分析关键控制点（hazard analysis critical control point）的首字母缩写。这是一种简便、合理而专业性又很强的先进的食品安全质量控制体系。设计这种体系是为了保证食品生产系统中任何可能出现危害或有危害危险的地方得到控制，以防止危害公众健康的问题发生；该体系是强调企业本身的作用，而不是依靠对最终产品的检测或政府执法部门取样分析来确定产品的质量。

国家标准《食品工业基本术语》（GB/T 15091—1994）对 HACCP 的定义为：生产（加工）安全食品的一种控制手段；对原料、关键生产工序及影响产品安全的人为因素进行分析，确定加工过程中的关键环节，建立、完善监控程序和监控标准，采取规范的纠正措施。

国际标准《食品卫生通则 1997 修订 3 版》（CAC/RCP-1）对 HACCP 的定义为：鉴别、评价和控制对食品安全至关重要的危害的一种体系。

2. HACCP 的产生背景及由来 随着市场经济的发展、国际贸易的增长，特别是人民物质生活水平的提高，对水产品的质量和安全卫生的要求也更加严格。由于我们所赖以生存的陆地、海洋、江湖等大环境的不断恶化，水产品受到的危害可用“四面楚歌”来形容。这些危害既有微生物的、化学的、生物的，也有寄生虫及农药污染等。工业和科技的发展，使得水产品的加工由过去简单的鲜、冻、干制、盐腌等几种粗加工产品，发展到符合现代生活方式的多种深加工产品，工艺更复杂，包装与设备更加现代和完善，对产品的安全卫生要求也更高。而传统的食品生产质量、卫生管理方法有许多不足：

（1）对生产出的食品采用取样检验来反映食品质量是不全面的，事实上食品质量的缺陷已经形成了。

（2）检验是发现食品的缺陷，并不能完全正确说明食品的质量，相对来说准确度较低。

（3）对众多的食品生产厂，需要大量的检验技术人员及经费。

当传统的质量控制方式不能消除质量问题时，一种基于全面分析普遍情况的预防战略就应运而生，它完全可以提供满足质量控制预订目标的保证，使食品生产最大限度地趋于“零缺陷”，这种新的方法就是危害分析与安全控制点（HACCP）。

3. HACCP 基本原理 HACCP 是一个确认、分析、控制生产过程中可能发生的生物、化学、物理危害的系统方法，是一种新的质量保证系统。不同于传统的质量检查（即终产品检验），HACCP 是一种生产过程各环节的控制。从 HACCP 名称可以明确看出，它主要包括 HA［即危害分析（hazard analysis)］，以及关键控制点 CCP（critical control point）。HACCP 原理经过实际应用与修改，已被联合国食品法规委员会（CAC）确认，由以下 7 个基本原理组成。

（1）危害分析 确定与食品生产各阶段有关的潜在危害性，它包括原材料生产、食品加工制造过程、产品贮运和消费等各环节。危害分析不仅要分析其可能发生的危害及危害的程度，也要涉及有防护措施来控制这种危害。

（2）确定关键控制点（CCP） CCP 是可以被控制的点、步骤或方法，经过控制可以使食品潜在的危害得以防止、排除或降至可接受的水平。每个步骤可以是食品生产制造的任一步骤，包括原材料及其收购或其生产、收获、运输、产品配方及加工贮运各步骤。

(3) 确定关键限值，保证 CCP 受控制　对每个 CCP 点需确定一个标准值，以确保每个 CCP 限制在安全值以内。这些关键限值常是一些食品保藏的有关参数，如温度、时间、物理性能、水分、水分活度、pH 及有效氯等。

(4) 确定监控 CCP 的措施　监控是有计划、有顺序地观察或测定以判断 CCP 是在控制中，并有准确的记录，可用于未来的评价。应尽可能通过各种物理及化学方法对 CCP 进行连续的监控，若无法连续监控关键限值，应有足够的间歇频率来观察测定 CCP 的变化特征，以确保 CCP 是在控制中。

(5) 确立纠偏措施　当监控显示出现偏离关键限值时，要采取纠偏措施。虽然 HACCP 系统已有计划防止偏差，但从总的保护措施来说，应在每一个 CCP 上都有合适的纠偏计划，以便万一发生偏差时能有适当的手段来恢复或纠正出现的问题，并有维持纠偏动作的记录。

(6) 确立有效的记录保存程序　要求把列有确定的危害性质、CCP、关键限值的书面 HACCP 计划的准备、执行、监控、记录保存和其他措施等与执行 HACCP 计划有关的信息、数据记录文件完整地保存下来。

(7) 建立审核程序　以证明 HACCP 系统是在正确运行中，包括审核关键限值是能够控制确定的危害，保证 HACCP 计划正常执行。审核的记录文件应反映不管在任何点上执行计划的情况都可随时被检出。

4. HACCP 在我国水产业中的应用　中国食品和水产界较早关注和引进 HACCP 这一新的质量保证方法。早在 1991 年，农业部渔业局派遣了水产加工方面的专业技术人员参加了美国 FDA、NOAA 和 NFI 在马来西亚首都吉隆坡举办的 HACCP 和新的水产品检验规范（FDA/NOAA New sea food inspection program）的研讨会。

1993 年 3 月，国家水产品质量监督检验中心在 FDA 和我国农业部渔业局的大力支持下，在青岛举办了全国首次水产品质检（HACCP）培训班，介绍了 HACCP 原则和水产品质量保证技术，水产品的危害及监控措施及国外相关法规。

1995 年，FAO 资助国家水产品质量监督检验中心翻译印刷了 FAO 渔业技术文献 334 号《水产品质量保证》，这是由丹麦的胡斯教授编写的，主要作为 HACCP 应用于水产业的教材。

1996 年 12 月，开始了较大规模的 HACCP 培训活动。

1997 年开始，农业部渔业局委派国家水产品质量监督检验中心起草发布了《水产品加工质量管理规范》（SC/T 3009—1999），1999 年 10 月发布，2000 年 1 月 1 日实施。

1997—1998 年，世界银行对华水产贷款项目要求接受贷款的水产加工企业实施 HACCP。

2002 年 5 月 20 日，我国国家质量监督检验检疫总局颁布了出口食品生产企业卫生注册登记管理规定，在包括水产品加工在内的六大类出口食品生产企业中强制性地推行 HACCP 体系。

2002 年 8 月，卫生部制订了《食品企业 HACCP 实施指南》。

2003 年 8 月，卫生部发布了食品安全行动计划规定 2006 年所有乳制品果蔬汁饮料、碳酸饮料、含乳饮料、罐头食品、低温肉制品、水产品加工企业、学生集中供餐企业实施 HACCP 管理。

2005 年 7 月 21 日发布，2005 年 12 月 1 日起实施《水产品危害分析与关键控制点（HACCP）体系及其应用指南》（GB/T 19838—200），提出了水产品加工企业 HACCP 体系的建立、实施和保持的基本要求。

2009 年 5 月 26 日发布，2009 年 10 月 1 日起实施《水产品加工企业卫生管理规范》（GB/T 23871—2009），规定了水产品加工企业的基本条件、水产品加工卫生控制要点以及以危害分析与关键控制点（HACCP）原则为基础建立质量保证体系的程序与要求。

5. HACCP 的优点 HACCP 体系的最大优点，就在于它是一种系统性强、结构严谨、理性化、有多项约束、适用性强而效益显著的以预防为主的质量保证方法。运用恰当，则没有任何方法或体系像它那样能提供相同程度的安全性和质量保证，而 HACCP 的日常运行费用要比靠大量抽样检查的方式少得多。通过在食品加工中应用 HACCP 概念，可以保证并以文件形式保证这样最低限度的质量标准：

——完全安全的食品。如果安全性不能绝对保证（如生食鱼片），通过 HACCP 项目就能明确揭示并给予全面预告。

——如果严格按规定加工存储，产品将有符合规定的保质期。从书刊资料中还可列出并汇总如下优点：

（1）在问题出现之前就可采取纠正措施，因而是积极主动的控制。通过易于监视的特性，如时间、温度和外观实施控制，监控方法简单、直观、可操作性强和快速。

（2）只要需要就能采取及时的纠正措施，迅速进行控制。

（3）与依靠化学分析微生物检验进行控制相比，费用低廉。

（4）有直接专注于食品加工的人员控制生产操作。

（5）由于控制集中于生产操作的关键点，就可以对每批产品采取更多的保证措施。是工厂重视工艺的改进，降低产品损耗的好方法。

（6）HACCP 能用于潜在危害的预告，通过监测结果趋向来报告。

（7）HACCP 涉及与产品安全性有关的各层次的职工，包括非技术性的人员，即全员参与。

HACCP 概念的普遍原则是使人、财、物力用于最需要和最有用之处（即，满足最必要的而不是最完美的）。这一思想使 HACCP 在通常是缺乏人、财、物力的许多发展中国家成为极为理想的工具。促使一个不发达的企业能生产出口的安全食品好像是不可及的目标，但是使用 HACCP 概念就可能使其明确为达到此目标，在生产程序或新布局上进行必要的变革。

6. 应用 HACCP 的基础条件（GMP）　第二届水产品检验与质量控制国际会议，向各国政府和民间的机构与部门提出的重要建议之一是：只有在实施"良好生产规范（GMP）"的基础上，HACCP 的应用才能成功。国际标准对"良好生产规范（GMP）"的定义是：生产（加工）符合食品标准或食品法规的食品所必须遵循的，经食品卫生监督与管理机构认可的强制性作业规范。GMP 的核心包括：良好的生产设备和卫生设施，合理的生产工艺、完善的质量管理和控制体系。

GMP 是一种包括 4M 管理要素的质量保证制度，即选用符合规定要求的原料（materials），以合乎标准的厂房设备（machines），由胜任的人员（man），按照既定的方法（methods），制造出品质既稳定而又安全卫生的产品的一种质量保证制度。因此，食品 GMP 是一种特别注重产品在整个制造过程中的品质与卫生的保证制度，其基本精神为：

（1）降低食品制造过程中人为的错误。

（2）防止食品在制造过程中遭受污染或品质劣变。

（3）要求建立完善的质量管理体系。

许多国家（包括我国）均对食品企业实施 GMP 管理。在国外，也有一些行业协会或认证机构制定一些非强制性的食品 GMP，并实施 GMP 认证。

在 HACCP 体系中所讲到的 GMP，一般是指规范食品加工企业环境、硬件设施、加工操作、贮存和卫生质量管理等的法规性文件。

三、HACCP 在淡水鱼产品加工过程中的应用

HACCP 在水产品中的应用，应包括以下几个方面：水产品原料（活的水产动物）生产中的危害及控制，鲜鱼捕捞与贮运中的危害与控制，水产品加工中的危害与控制。而每个食品加工过程都有自己独特的 HACCP 应用方案，本部分按产品列出一些通用的原则，供使用者参考。

1. 冷冻鱼糜加工

（1）冷冻鱼糜加工过程中的危害分析（图 8－1）

①细菌危害：原料鱼总是被视为致病细菌的温床。但是当把生鱼糜蒸熟用于制作鱼糜制品时，这些细菌就被杀死或者降低到可接受水平，因此致命细菌

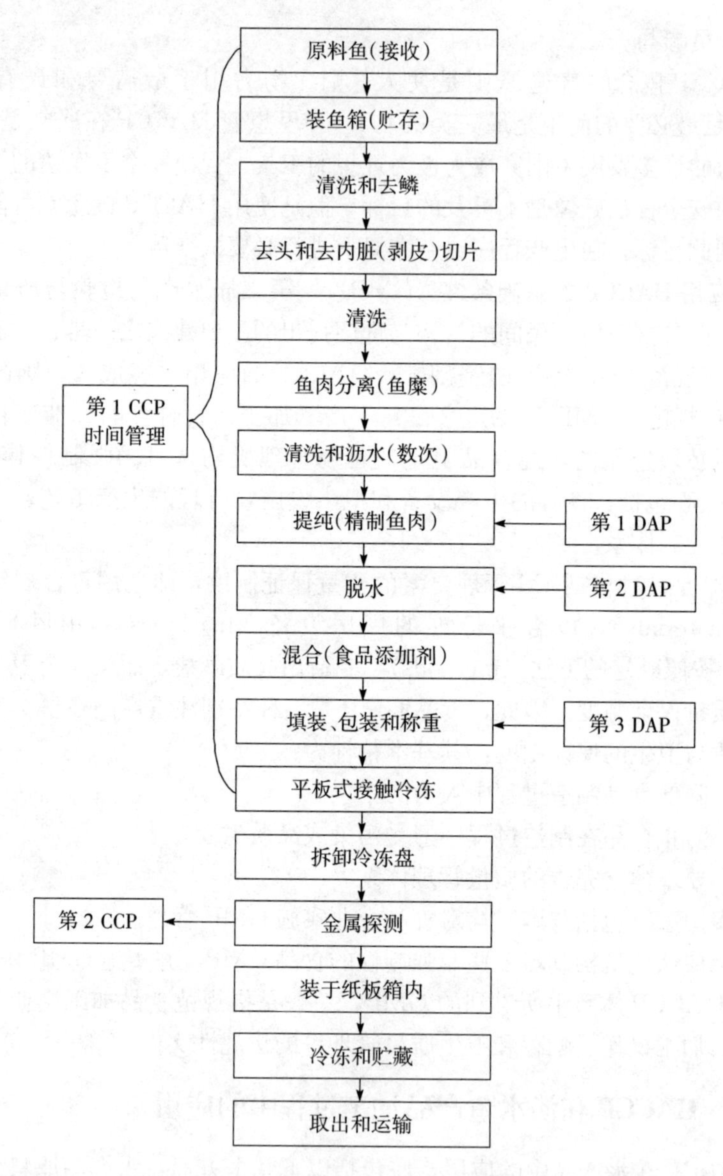

图 8-1 冷冻鱼糜生产过程流程图范例

(CCP，critical contril point，即关键控制点；DAP，defect action point，即可能的危害作用点)

(参考李晓川．水产品标准化鱼质量保证，1995，经适当修改)

不必当做危害。金黄色葡萄球菌能产生耐热的毒素，由它造成的污染应当在生产加工过程中加以充分控制。

②寄生虫：冷冻鱼糜在生产加工过程中被提纯和冷冻，此外，在被加工成终产品如鱼酱的过程中原料还要被加热处理，因此，冷冻生鱼糜和鱼酱内的寄生虫不必当做危害。

③异物（金属碎片）：金属碎片可能作为异物进入鱼糜的生产过程中，鱼糜加工过程中包含大量的机械操作步骤，因此金属碎片极有可能遗留在肉中。这是一个值得时刻重视的安全危害，使用金属检测装置能够彻底地清除这一危害。

④腐败：

A. 腐败鱼：因为鱼的腐败可能对凝胶能力的形成起负面作用，不适合鱼糜的生产。因此，应拒收腐败鱼作为鱼糜生产的原料鱼。

B. 腐败菌的繁殖：在“清洗和沥水”过程中如果温度升高到约10℃以上，腐败菌就会大量繁殖，导致产品腐败。

⑤残留水溶性蛋白：如果漂洗不充分，残留水溶性蛋白就会残留在鱼糜内，降低凝胶形成能力，并且长期贮藏对产品质量产生不良影响。

⑥异物的纳入（金属碎片除外）：鱼糜内不应含有异物如骨头、黑膜等，否则将严重影响鱼糜制品的质量。食品添加剂的滥用或用量错误，如多聚磷酸盐等食品添加剂，用量低于特定浓度，在贮藏期间则会丧失质量。

⑦生鱼糜蛋白质的变性：“在与食品添加剂混合”过程中如果温度上升到约10℃以上，并且将这种状态保持到一段时间，则鱼糜蛋白质就会变性。

（2）加工操作

①基本要求：

A. 已确定用于销售的冷冻鱼应解冻，并检验其是否适于销售。

B. 加工厂的设计和装备，应保证在最短的时间内对鱼进行有效冷冻处理和发运。

C. 当鱼不能立即加工或冷冻时，应冰冻并存放于加工厂内所专门指定的适宜场所。

②原料的处理：

A. 如果使用冷冻鱼（包含添加了冷冻保护剂的鱼糜）作为原料，则应把原料鱼贮藏在具有充分冷冻能力的冷冻室内。以确保等待加工的产品处于良好的状态，该冷冻室温保持在－18℃或更低。

B. 作为DAP，在接收原料鱼时，鱼的外观、鱼质量、新鲜度、贮藏温度（10℃或更低）、鱼的pH（6.5～7.5）等都应测定。

C. 作为CCP，原料鱼的温度应保持在4℃以下。

D. 如果是贮存的原料鱼，这批鱼应通过捕捞日期或加工时间加以区别。贮存期的指标如下：对于未加工过的鱼，捕捞后在4℃的温度下，贮藏期不超过14h；对于去头、尾、内脏、鳍等鱼，处理后4℃下贮藏期不超过24h。

③控制解冻用于进一步深加工：

A. 解冻方法（尤其是对解冻时间和温度）应当明确，解冻程序表（时间和温度参数）应当仔细检查。应特别考虑被解冻产品的厚度来选择解冻方法。

B. 应适当选择解冻时间和温度，以免产生有利于微生物繁殖和冻品腐败的条件。

C. 在解冻过程中，根据使用的方法，产品应避免暴露于过高温度下。

D. 应特别注意控制鱼的冷凝和滴水，应进行有效的排水。

E. 解冻之后，鱼应立即加工并以适宜温度（融冰温度）存放。

④去内脏和冲洗：

A. 要求运抵加工厂即去内脏的鱼，应立即小心进行去内脏工作，避免污染。

B. 去内脏操作时，应彻底去除肠道及其他内部器官碎片。

C. 去内脏后，应立即用清洁饮用水冲洗鱼，之后应将鱼沥干并恰当地冷存。

D. 如果要将鱼卵、鱼精囊和鱼肝保存起来以备将来之用，应有相互隔离的足够数量的储存设备存放。

⑤剖片、去皮、理片和灯检：

A. 剖片生产线的设计应使之连续和有序，做到生产线运转平稳，不必因除去废物而停止运行或减慢运行速度。

B. 在剖片和切割之前，鱼应当彻底清洗，尤其是对于已去鳞的鱼。

C. 任何受损的、污染的或其他不可接受的鱼，在刮片之前均应抛弃。

D. 应避免在一个容器中堆放大量的鱼片和鱼块。

E. 对于某些鱼种的去剖片之后，应当立即用流动的饮用水冲洗，洗去鱼身所有的混杂物、血点和碎鱼片。黏附的鱼皮和毛边必须切去。

F. 应当注意避免污染和损坏鱼片。

⑥清洗和脱水工序：

A. 鱼糜应均匀地在水中展放，充分漂洗以去除其水溶性成分，以提高鱼糜弹性和白度。

B. 为完成清洗，应提供足够的饮用水，水温最好在10～15℃。

C. 清洗用水的pH应接近中性。

D. 清洗、浸泡用水的水质硬度应低于100mg/kg（以$CaCO_3$计）。

E. 脱水助剂（低于0.3%的盐溶液），应在清洗的最后1h添加，以提高脱水效率。

F. 以恰当的方式处理清洗废水。

⑦精滤处理：

A. 在最后脱水前，应使用精滤器清除清洗过的鱼肉中的异物，如小骨、鱼鳞、带血的鱼肉和肌腱等。

B. 应正确调试机器设备，并且避免精滤后的鱼肉温度升高。

C. 精滤后的鱼肉不宜长时间黏在晒盘上，应定时清除。

⑧辅助性配料的添加和混合工艺：

A. 辅助配料（冷冻防护剂、蛋白酶抑制剂、抗氧化剂等）应添加适量，并混合均匀。

B. 冷冻保护剂一般为普通糖和多元醇，用来防止冷冻鱼糜发生冷冻变质。

⑨填装、称重、包装和金属检测过程：

A. 产品应有未使用过的、贮藏条件适合的塑料袋盛装，称重并包装成相应的形式。

B. 填装和外包装应清洁，完好，耐用。

C. 填装和包装操作应能将污染和腐败危害降到最低，包装好的产品内空隙含量应最少。

D. 作为CCP，为探测混合后产品中的金属杂物，要在称重后或拆卸冷冻盘后使之穿越金属检测器。

E. 应按通用标准给产品加标示。

⑩冷冻操作：对于生鱼糜应尽快将之冷冻，以保持其良好的质量。

A. 工厂生产能力应配套适合的冷库容量。

B. 应当经常检查以确保冷冻操作正确。

C. 应保持对所有冷冻操作的精确记录。

⑪贮藏：为使腐败最小化，冷冻生鱼糜应贮藏在－20℃或更低温度下，而在－25℃质量会保持更好。

A. 没有包装和捆扎的冻品应当镀上冰衣，进行捆扎、包装，以保证在贮藏和分销过程中的质量。

B. 冻品应当立即运入冷库。

C. 监控并记录温度。

2. 冻鱼和冻碎鱼肉的加工

（1）危害因素的确定及控制（图8-2、图8-3）　活鱼可被大量的水生环境中病原菌污染，如肉毒梭菌（*C. botutinum*）、副溶血性弧菌（*V. parahaemolyticus*）、各种弧菌（*Vibrio* sp.）、单核细胞增生李斯特氏菌（*L. monocytogenes*）、气单胞菌属（*Aeromonas* sp.）。这些微生物的生长被认为是一种危害，由于它们在食品中产生毒素（肉毒梭菌）或超过最低感染剂量（弧菌类）而导致疾病。有些菌引发严重疾病的可能性高（肉毒中毒、霍乱），有些菌引发疾病的可能性低（气单胞菌），若在食用前将食品完全煮透，风险将被完全消除。

来自人或动物的病原菌（沙门氏菌、大肠埃希氏菌、志贺氏菌、金黄色葡

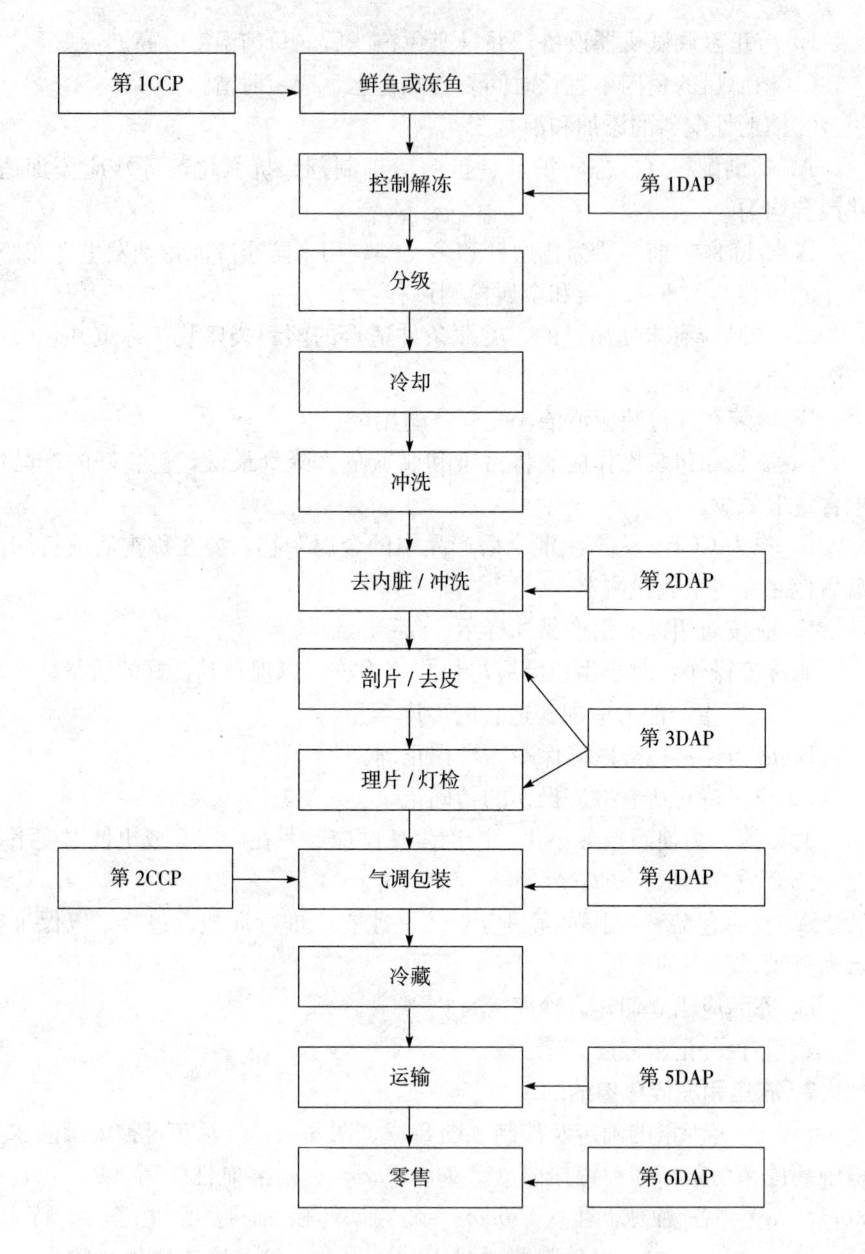

图 8-2　鲜鱼加工生产线流程示意图

（参考李里特，罗永康．水产品类食品安全标准化生产技术，2006，经适当修改）

萄球菌）可能污染渔场，特别是污染装卸过程及加工过程的区域。这些病原菌可引起严重疾病，如果产品中量很少（几乎未生长）时，其发生的可能性（风险）就很小，烹调后食用就排除了这个风险。应避免被污染产品又污染加工区域（工厂、厨房），然后再将这些病原菌转移到直接食用的产品上（通过污染）

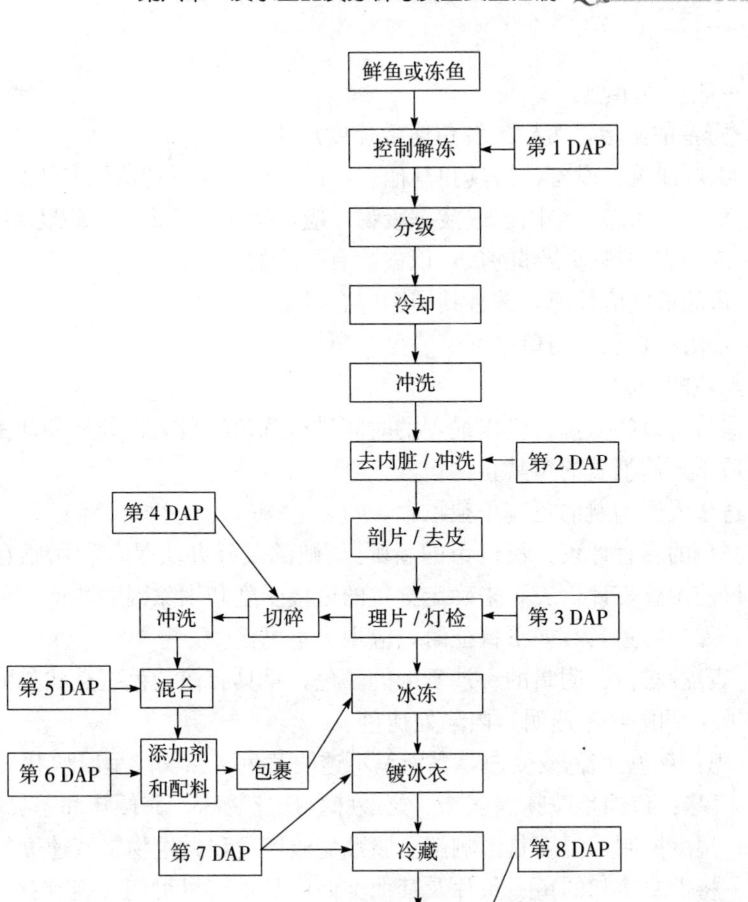

图 8-3　冻鱼片加工生产线流程示意图

（参考李里特，罗永康．水产品类食品安全标准化生产技术，2006，经适当修改）

的二次污染。

在某一区域捕获的鱼，可能有危害人类健康的寄生虫。如果食用前烹调鱼，鱼体内的寄生虫可能会消除。如果生食鱼，就会有风险。鱼体中存在的生物毒素、化学物质与鱼种、渔区及季节有关。生物毒素的热稳定性，使其食后中毒的风险高（生食或烹调后食用）。这种安全危害涉及新鲜和冻鱼的进一步加工及食用。

（2）鲜鱼加工前的处理　加工者应检查全部捕获或接受的鱼类，只有确实适宜的鱼才可留下。如果已知含有寄生虫、有害微生物、杀虫剂、兽药或有毒的、腐败的、外来的物质，而通过一般的整理或处理仍不能达到可接受的水平，这种鱼就不可接受。处理鲜鱼用于加工时，要考虑的三个最重要的因素为：时间和温度控制；小心轻放，勿损坏鱼；保持离岗前做清洁的习惯。

①一般注意事项：

A. 野蛮的搬运，可导致鲜鱼腐败速度加快。

B. 工厂建筑、设备、器具和其他有形设施，均应保持清洁和维修良好。

C. 积聚的固态、半固态或液态废物，应保持在最低温度，以免污染鱼。

D. 应检查并挑拣全部的鱼，以去除有缺陷的鱼。

E. 鱼的堆放应较薄，并且其周围应有足量的细碎冰。

F. 若用箱装鱼，则鱼箱不应装得太满。

②鲜鱼的收购：

应保持鲜鱼的低温，应以最短的时间进行鲜鱼的搬运、分类和加工。

不适于人们消费的鱼禁止销售。

不适于人们消费的鱼应单独贮存。

③鲜鱼的感官评价：评价鱼的新鲜/腐败的最好办法是，利用感官评价技术。建议使用感官评价表，来确定鲜鱼的可接受度和剔除因腐败严重而不可接受的鱼。如当鲜鱼具有如下特征时，应视为不可接受：

A. 表皮/黏液：阴暗的、沙砾般的颜色，且具有棕黄色斑点状黏液。

B. 眼：凹陷，不透明，内陷处褪色。

C. 鳃：灰色-棕色或变白，黏液呈不透明黄色、黏稠或呈凝块状。

D. 气味：鱼肉呈胺味、氨味、奶酸味、硫化物味、粪便味和恶臭味。

（3）温度控制　温度是影响鲜鱼腐败变质速度和微生物繁殖速度的最重要的因素。将需要冷却的鱼、鱼片及其他类似产品，应尽可能保持在接近0℃的温度。

①减少鱼的腐败程度：为了最大限度地减少鱼的腐败，可以通过以下措施达到控制温度的目的：

A. 足量的适时加冰系统。

B. 冷藏厂正常运转。

C. 监控温度。

D. 高效迅速地处理鱼加工。

②冰的质量：取决于以下因素：

A. 用饮用水制冰。

B. 防止外源物质的污染。

C. 使用细碎冰，使冷却容量最大，且对鱼的损坏最小。

（4）加工操作——鲜鱼、冻鱼和碎鱼肉　为了保持鱼的质量，采用快速、细致和高效的操作程序是非常重要的。

①基本要求：

A. 已确定用于销售的冷冻鱼应解冻，并检验其是否适于销售。

B. 加工厂的设计和装备，应保证在最短的时间内对鱼进行有效冷冻处理和发运。

C. 当鱼不能立即加工或冷冻时，应冰冻并存放于加工厂内所专门指定的适宜场所。

②原料接收：原料标准中应包括以下几方面的要求：

A. 感官的特征：如外观、气味和组织形态。

B. 腐败和/或污染的化学指标：如挥发性盐基氮、组胺、重金属、杀虫剂、残留物、硝酸盐等。

C. 微生物指标，防止原料加工中含有微生物毒素，如葡萄球菌毒素，尤其对中间原料。

D. 外来物质。

E. 形态特征，如鱼的大小。

F. 品种一致性等。

③控制解冻，用于进一步深加工：

A. 解冻方法（尤其是对解冻时间和温度）应当明确，解冻程序表（时间和温度参数）应当仔细检查。应特别考虑被解冻产品的厚度，来选择解冻方法。

B. 应适当选择解冻时间和温度，以免产生有利于微生物繁殖和冻品腐败的条件。

C. 在解冻过程中，根据使用的方法，产品应避免暴露于过高温度下。

D. 应特别注意控制鱼的冷凝和滴水，应进行有效的排水。

E. 解冻之后，鱼应立即加工并以适宜温度（溶冰温度）存放。

④去内脏和冲洗：

A. 要求运抵加工厂即去内脏的鱼，应立即小心进行去内脏工作，避免污染。

B. 去内脏操作时，应彻底去除肠道及其他内部器官碎片。

C. 去内脏后，应立即用清洁饮用水冲洗鱼，之后应将鱼沥干并恰当地冷存。

D. 如果要将鱼卵、鱼精囊和鱼肝保存起来以备将来之用，应有相互隔离足够数量的储存设备存放。

（5）剖片、去皮、理片和灯检

①剖片生产线的设计应使之连续和有序，做到生产线运转平稳，不必因除去废物而停止运行或减慢运行速度。

②在剖片和切割之前，鱼应当彻底清洗，尤其是对于已去鳞的鱼。

③任何受损的、污染的或其他不可接受的鱼，在刮片之前均应抛弃。

④应避免在一个容器中堆放大量的鱼片和鱼块。

⑤对于某些鱼种的去皮鱼片，建议将灯检作为常规检查内容。

⑥剖片之后，应当立即用流动的饮用水冲洗，洗去鱼身所有的混杂物、血点和碎鱼片，黏附的鱼皮和毛边必须切去。

⑦应当注意避免污染和损坏鱼片。

（6）使用机械分离处理的碎鱼肉　不同种和类型的原料，应酌情分开并在独立批次中加工；应特别注意确保整个加工过程中，原料尽可能保持在融冰温度附近；用作原料的鱼切碎前，应小心去内脏，彻底冲洗，去头和去鳞；应连续向离析器中加料，但不能过量；向离析器中添加的鱼体，其大小应能够适合于分离器处理；建议对怀疑受寄生虫严重感染的鱼做灯检；应将被剖开的鱼或鱼片加到离析器中，以便切面接触到被打孔面；应调节好离析器表面的穿孔大小和加在原料上的压力，以便在成品中得到所期望的特征；应以连续的方式，将被分离出的残余物转移到下一个加工环节。

①碎鱼肉的冲洗：

A. 必要时，碎鱼肉应当冲洗，对所期望的品种，应当充分冲洗。

B. 冲洗过程中应当小心搅拌，但搅拌应尽可能轻缓，以避免因碎鱼肉的过度分裂减少出成率。

C. 碎鱼肉应当“沥水”，直到水分含量达到适中。

D. 产生的废水应当以适宜的方式处理。

②碎鱼肉的调配：

A. 碎鱼肉调配应当控制在受控条件下。

B. 如果要加入鱼或其他配料，应以合适的比例调配。

C. 碎鱼肉在准备好之后，应当立即包装和冷藏，如果准备好后不立即冷藏或使用，应将之冷冻。

③添加剂和配料的使用：

A. 使用食品配料或添加剂时，应以适当的比例添加。

B. 如果使用添加剂，应当咨询食品工程技术人员，而且应当获得具有法定的官方机构的许可。

C. 食品添加剂应符合食品添加剂通用标准法规的要求。

④捆扎和包装：

A. 包装材料应当洁净、结实、耐用，能满足预期使用目的并应是用食品等级的原料而制作的。

B. 包装操作过程，应当将污染和腐败限制在最低程度。

C. 产品的标签和重量，应当符合相应的标准。

⑤气调包装（MAP）：由气调包装（MAP）延长产品货架寿命的程度，取决于产品的类型、脂肪含量、初始细菌数、混合气体和包装材料的类型，最为重要是存放温度。

气调包装应注意严格控制以下条件：

A. 监控气体和产品的比例。

B. 混合气体的种类和比例。

C. 使用的薄膜类型。

D. 产品贮藏时控制温度。

E. 密封的类型和完整性。

⑥冷冻操作：鱼制品应当尽可能快地冷冻。因为，冷冻前不必要的延误会导致鱼制品温度升高，加快变质速度，并因微生物作用和不良化学反应减少货架寿命。

A. 工厂生产能力应配套适合的冷库容量。

B. 应当经常检查，以确保冷冻操作正确。

C. 应保持对所有冷冻操作的精确记录。

⑦镀冰衣和冷藏：冷库的设计应考虑到预期生产规模、鱼制品的种类、预期的冷冻时间和最适温度需求，冷库应当有温度显示计，并填写温度记录。

A. 没有包装和捆扎的冻品应当镀上冰衣，进行捆扎、包装，以保证在贮藏和分销过程中的质量。

B. 冻品应当立即运入冷库。

C. 监控并记录温度。

四、淡水鱼产品品质追溯系统的建立

1. 品质追溯系统的起源及发展　产品信息可追踪系统作为产品质量安全管理的重要手段，是由欧盟为应对疯牛病（BSE）问题于1997年开始逐步建立起来的。西方国家由于农业生产相对集中，便于品质控制，其产品品质追溯系统已经有了一定的发展；而我国受农业生产分散及农村地区信息系统较为落后的限制，产品品质追溯尚处于起步阶段。

该系统对各个阶段的主体作了规定，以保证可以确认以上的各种提供物的来源与方向。可追踪系统能够从生产到销售的各个环节追踪检查产品，有利于检测任何对人类健康和环境的影响。通俗地说，该系统就是利用现代化信息管理技术给每件商品标上号码、保存相关的管理记录，从而可以进行追踪的系统；也就是对大部分食品都建立一个可追溯系统，可以倒追，找到责任人，可追溯系统的核心是透过条码或者编码，可以把食品从田头到消费者口头的全过程都很详细的记录下来，或者说规范下来。

自从欧盟解除对我国动物源性食品进口禁令消息传出后，水产品加工企业都希望产品能出口到欧洲。2004 年 4 月底，在德国不来梅市举行的联合国粮农组织渔业委员会水产品贸易分委会第 9 次会议，进行了水产品生态标签、水产品质量追溯等问题的讨论，并将就此酝酿国际水产品贸易新规则。欧盟在 2005 年开始实施水产品贸易追溯制度，按照欧盟的相关规定，水产品生产企业全程品质跟踪与追溯系统必须迅速建立。开展的条码项目研究，重点建立水产品生产全过程品质跟踪与追溯条码检索系统，透过采用条码检测系统，对水产品的原料生产、加工包装、运输等供应链各个环节上的管理过程进行标识。同时，利用条码和人工可读方式使其相互连接，保证一旦水产品出现卫生安全问题，马上透过这些标识追溯到水产品的源头。

质量管理者以产地编码和标签为突破口，加强市场准入管理，严把市场这个关口。建立质量安全追溯制度，通过产地编码和水产品标签追溯水产品的产地和生产的相关信息，对出现质量安全问题的农产品追根溯源，追查水产品生产者或经营者的责任。

试行承诺制度，要通过合同形式，对购销的水产品质量安全做出约定，大力推行“产地与销地”、“市场与基地”的对接与互认。建立水产品质量安全承诺制度，生产者要向经营者，经营者要向消费者就其生产、销售的水产品质量安全做出承诺。积极探索不合格水产品的召回、理赔和退出市场流通的机制。

2. 品质追溯系统的应用

（1）质量的可追溯性　实施产品标识是做好质量可追溯性的依据和途径，根据追溯的内容和范围要求，其关键是做好过程网络的衔接，有以下几种做法：

①质量记录卡的衔接：如原材料进货检验卡、工艺流程卡、成品检验卡、试验卡、交接卡及信息反馈卡等，按过程网络顺序，换卡时各质量卡除自身编号外，应记录好信息来源卡编号；如制造流程卡，要登记材料来源（检验）卡编号等；最终产品检验卡，应登记制造流程卡编号等。这样以接力赛方式，便于实现纵向追溯。

②各工序质量记录卡除自身编号外，应登记制造流程卡（随工单）编号，同时，工艺记录卡应注意自身的完整性（如人、机、料、法、环、测等因素）、准确性，这样便于横向信息的追溯。

③做好质量信息反馈的控制，包括内部和外部的质量信息。要注意信息内容的准确性、完整性，尽可能以数据说话；信息传递流程要清楚，职责要明确，按规范化管理，形成闭环控制。

④注意实物的收集和保管。对试验样品、分析样品、客户反馈样品等其出

处来源以及检测试验结果等要记录完整，建立质量履历卡，这是复验、再现或仲裁判断的重要依据和手段，故要设专人负责此项工作。

通过以上做法，使产品质量做到标识清楚，追溯畅通，分析有依据，改进有措施，大大提高消费者对产品品质的认知度。

（2）品质溯源系统在淡水鱼行业中的应用　水产品质量安全信息采集与监控系统水产品质量安全所需采集的数据，具有地域广阔、采集的信息量大、采集参数多等特点，因而，利用3S（GPS、RS、GIS）传感器网络以及常规检测技术，参照食品生产加工应用HACCP体系，建设实时的、动态的、全方位的水产品质量的信息采集系统。在研究供应链全过程需采集哪些信息的基础上，主要研究基于传感器网络的水产品全程质量信息采集技术，以及将其与3S、常规检测技术有机结合，建设水产品质量安全信息采集的平台。

①针对水产品质量安全信息系统的特点，研究利用传感器网络进行水产品产地环境的数据采集方法。

②利用遥感技术提取的环境数据、GPS精确的定位数据、无线传感器网络的环境数据以及监测站点的人工报送数据，集中到数据采集平台，实现利用传感器网络、3S技术进行水产品质量信息采集。

③在主要水产品示范生产区域，设立水产品质量安全自动监测站，通过对鱼的品质、水质监测等，利用网络技术自动将采集的信息传输到信息采集中心。

基于RFID的水产品质量安全信息透明化应用系统，利用RFID技术、EPC标准和网络技术，构建水产品质量安全“物联网”。开发研制贯穿于水产品物流供应链全过程的信息透明化应用系统，而为水产品质量的全程追踪和管理提供详细，全面、准确的电子信息。

①利用HACCP体系思想确定水产品质量安全关键控制点，并根据行业标准研究RFID水产品电子标签所要包含哪些信息；然后，研究如何将这些信息的名词、术语、符号、代号、编码和生产流程等进行标准化的问题；最后，将信息写入水产品电子标签中的方法。

②研制和开发出低成本的水产品质量安全的RFID读写器、电子标签、天线，并将其与传感器、仪器仪表、计算机硬件、服务器、网络设备和终端设备等集成，建立水产品质量的信息透明化硬件系统。

③建立水产品全程质量的信息透明化软件系统，研制和开发RFID应用支撑系统，解决水产品质量RFID的数据实时采集、获取数据的信息转化和存储、通过网络同时获取信息等问题，从而使得每一个RFID将它采集获得的水产品质信息通过物联网传送到任何它应该到达的地方，同时，可以根据物联网上得到的信息对水产品上的电子标签进行信息加工，并为应用软件提供接口，最终建立水产品供应链信息透明化应用系统。

水产品质量安全管理综合决策预警系统在国内水产品质量安全政策环境和技术条件的基础上，建立水产品质量安全数据库。实现对水产品质置安全追踪与监控、水产品危险性评价、安全状态评估、预测和自动报警、质量安全问题追踪溯源、质量安全信息服务，从而促进水产品市场流通和贸易等工作，最终建立水产品质量安全管理平台。

①水产品质量安全数据库：主要研究数据库标准规范、数据组织方式、数据库结构设计，并建立基础地理数据库、产地环境数据库、生产投入数据库、有害微生物数据库、水产品生产关键控制技术数据库、水产品质量安全标准数据库和专家知识模型库等。

②水产品危险性评价、安全状态评估和预警的理论和方法：提出主要水产品危害物清单及全部相关数据资料，研究水产品安全状态评估模型在主要水产品危害物清单及全部相关数据分析的技术上，研究如何采用分类、关联分析、聚类和神经网络等方法对水产品安全的现实状态进行评价。

③建立水产品质量安全管理综合决策预警系统：结合水产品的特点，利用数据挖掘技术，研究知识库、模型库和推理机的建立，并根据推理机逐步深入决策分析、直至最终获取决策分析结果。

水产品质量安全监控与预警信息平台的集成，实现水产品质量安全监控与预警平台主要是集成上述各系统平台，包括实现各平台之间的软件、硬件的接口。将各进行有机的集成，建立水产品质量安全数据采集子系统，水产品质量安全问题追踪溯源子系统，水产品安全管理决策预警子系统，水产品质量安全信息服务子系统，形成完整的质量追踪平台。

第三节　淡水鱼产品的质量标准

随着淡水鱼养殖业的快速发展，淡水鱼的加工利用和产品的开发已为人们所重视。通过发展淡水鱼产品的精加工，淡水鱼加工向系列化、多样化和高附加值方向发展。目前，市场上的淡水鱼产品主要有生鲜冷冻调理产品、冷冻淡水鱼产品、冷冻鱼糜及鱼糜制品、模拟蟹肉、烤鱼片、鱼排、鱼香肠、腌制产品及罐头水产品等。为了确保水产品的质量，分别制定了相关产品的质量标准，并建立了以国家标准、行业标准为主体，地方和企业标准相衔接、相配套的水产标准体系，在淡水产品中发挥了重要作用。目前关于海水鱼的标准较多，但淡水鱼的标准较少，下面主要介绍淡水鱼及淡水鱼产品相关标准。

一、鲜青鱼、草鱼、鲢、鳙、鲤质量标准

参照 SC/T 3108—2011。

二、冻鱼质量标准

目前，关于冻淡水鱼的质量标准较少，淡水鱼可参照冻海水鱼标准（GB/T 18109—2011）。标准适用于经冷冻加工的整条海水鱼和剖割过的海水鱼，不包括进一步加工的冻鱼片等产品。

三、生食水产品质量标准

新鲜的、冷藏、冷冻的海水或淡水鱼类、贝壳类和软体动物类，新鲜捕获的、冷藏、冷冻或冷冻切片的动物性水产品，未经腌制、加热，可以直接入口的，为生食水产品（参照 DB 11/519—2008）。

四、冻淡水鱼片质量标准

本标准适用于以罗非鱼、鲮鱼、草鱼、青鱼、鲢鱼、鳙鱼等淡水鱼为原料，经剖片、速冻加工而成的冻淡水鱼片，其他淡水鱼制成的冻鱼片可参照 SC/T 3116—2006。

五、冻鱼糜制品质量标准

本标准适用于以冷冻鱼糜、鱼肉、虾肉、墨鱼肉、贝肉为主要原料制成的，并在小于等于－18℃低温条件下贮藏和流通的鱼糜制品，包括冻鱼丸、鱼糕、虾丸、虾饼、墨鱼丸、贝肉丸、模拟扇贝柱和模拟蟹肉等。目前，专门关于淡水鱼冻鱼糜制品质量标准还没有，但建议参照 SC/T 3701—2003。

六、鱼类罐头卫生标准

本标准适用于鲜（冻）鱼经处理、分选、修整、加工、装罐（包括马口铁罐、玻璃罐、复合薄膜袋或其他包装材料容器）、密封、杀菌、冷却或无菌包装而制成的具有一定真空度的罐头食品（参照 GB 14939—2005）。

七、调味鱼干质量标准

本标准食用鱼以冰鲜或冷冻马面鲀鱼、鳕鱼为原料，经剖片、漂洗、调味、烘干等工序制成的调味鱼干产品，其他原料鱼制成的调味鱼干亦可参照 SC/T 3203—2001。

八、休闲及方便水产品质量标准

1. 动物性水产干制品质量标准　本标准食用于以鲜动物性水产品为原料，添加或不添加辅料制成的干制品（参照 GB 10144—2005）。

2. 烤鱼片质量标准 本标准适用于以冰鲜或冷冻马面鲀鱼、鳕鱼制成的调味鱼干，经烤熟、轧送等工序所制成的产品。其他原料鱼制成的烤鱼片可参照 SC/T 3302—2010。

3. 水产调味品质量标准 本标准适用于以鱼类、虾类、贝类为原料，经相应工艺加工制成的水产调味品（参照 GB 10133—2005）。

参考文献

陈奇，袁木平．2005. 淡水鱼工业化生产的探讨［J］．食品与机械（1）：40-42.

陈生，林国成．1992. 我国淡水鱼加工技术的现状及展望［J］．渔业机械仪器（1）：15-18.

陈胜军，曾名勇．2002. 淡水鱼加工利用的研究进展［J］．中国水产（5）：70-71.

郭全友，王锡昌，杨宪时，等．2012. 不同贮藏温度下养殖大黄鱼货架期预测模型的构建［J］．农业工程学报，267-273.

郝记明，洪鹏志，章超桦．2004. 冷冻鱼糜的 HACCP 管理［J］．中国食品工业（1）：48-50.

何秋生，李向阳，方振华，等．1999. 淡水鱼的加工及综合利用初探［J］．中国水产（7）：44-46.

李里特，罗永康．2006. 水产食品：安全标准化生产［M］．北京：中国农业大学出版社．

李里特，罗永康．2006. 水产品类食品安全标准化生产技术［M］．北京：中国农业大学出版社．

李晓川．2000. 水产品标准化与质量保证［M］．北京：中国标准出版社．

宋永令，罗永康，等．2010. 不同温度贮藏期间团头鲂品质的变化规律［J］．中国农业大学，15（4）：104-110.

佟懿，谢晶，2009. 鲜带鱼不同贮藏温度的货架期预测模型［J］．农业工程学报，301-305.

王玮，张祝利，丁建乐．2010. 水产标准化基础探讨［J］．上海海洋大学学报（5）：627-630.

王玮．2009. 我国水产行业标准体系的构建［J］．上海海洋大学学报（2）：2222-2226.

魏广东，2005. 水产品质量安全检验手册［M］．北京：中国标准出版社．

吴小芳，胡月明，徐智勇．2010. 水产品质量安全管理与溯源系统建设与研究［J］．科技咨询（36）：228.

许钟，杨宪时，郭全友，等．2005. 冷藏大黄鱼货架期预测模型的建立和评价［J］．中国水产科学，113-119.

张丽娜，胡素梅，罗永康，等．2010. 草鱼片在冷藏和微冻条件下品质变化的研究［J］．食品科技，35（8）：175-179.

张木明，肖治理．2006. HACCP 体系在我国水产业中的应用进展［J］．现代食品科技，22（3）：203-205.

Alasalvar，Taylor. 2001. Freshness assessment of cultured sea bream（*Sparus aurata*）by chemical，physical and sensory methods［J］. Food chemistry，72：33-40.

Bao, Y., Zhou, Z., Lu, H., Luo, Y., Shen, H., 2013. Modelling quality changes in Songpu mirror carp (*Cyprinus carpio*) fillets stored at chilled temperatures: comparison between Arrhenius model and log-logistic model [J]. International Journal of Food Science & Technology, 48: 387-393.

DB 11/519—2008，生食水产品卫生要求［S］．北京：北京市质量技术监督局．

GB/T 18109—2000，冻海水鱼卫生标准［S］．中华人民共和国国家质量监督检验检疫总局和中国国家标准化管理委员会．

GB 10133—2005，水产调味品卫生标准［S］．中华人民共和国卫生部和中国国家标准化管理委员会．

GB 10144—2005，动物性水产干制品卫生标准［S］．中华人民共和国卫生部和中国国家标准化管理委员会．

GB 14939—2005，鱼类罐头卫生标准［S］．中华人民共和国卫生部和中国国家标准化管理委员会．

GB 3108—1986，鲜青鱼、草鱼、鲢鱼、鳙鱼、鲤鱼卫生标准［S］．国家标准局，2008.

Hong, H., Luo, Y., Zhu, S., Shen, H., 2012. Application of the general stability index method to predict quality deterioration in bighead carp (*Aristichthys nobilis*) heads during storage at different temperatures [J]. Journal Of Food Engineering, 113: 554-558.

Hong, H., Luo, Y., Zhu, S., Shen, H., 2012. Establishment of quality predictive models for bighead carp (*Aristichthys nobilis*) fillets during storage at different temperatures [J]. International Journal of Food Science & Technology, 47: 488-494.

SC/T3116—2006，冻淡水鱼片卫生标准［S］．中华人民共和国农业部．

SC/T3203—2001，调味鱼干卫生标准［S］．中华人民共和国农业部．

SC/T3302—2000，烤鱼片卫生标准［S］．中华人民共和国农业部．

SC/T3701—2003，冻鱼糜制品卫生标准［S］．中华人民共和国国家质量监督检验检疫总局．

Shi, C., Lu, H., Cui, J., Shen, H., Luo, Y., 2012. Study on the Predictive Models of the Quality of Silver Carp (*Hypophthalmichthys Molitrix*) Fillets Stored under Variable Temperature Conditions [J]. Journal of Food Processing and Preservation, 38: 356-363.

Song, Liu, L., Shen, H., You, J., Luo, Y., 2011. Effect of sodium alginate-based edible coating containing different anti-oxidants on quality and shelf life of refrigerated bream (*Megalobrama amblycephala*) [J]. Food Control, 22: 608-615.

Yao, L., Luo, Y., Sun, Y., Shen, H., 2011. Establishment of kinetic models based on electrical conductivity and freshness indictors for the forecasting of crucian carp (*Carassius carassius*) freshness [J]. Journal Of Food Engineering, 107: 147-151.

Zhang, L., Li, X., Lu, W., Shen, H., Luo, Y., 2011. Quality predictive models of grass carp (*Ctenopharyngodon idellus*) at different temperatures during storage [J]. Food Control, 22: 1197-1202.

附录 1

淡水鱼相关质量标准

附录 1-1 鲜活青鱼、草鱼、鲢、鳙、鲤 (SC/T 3108—2011)

1 范围

本标准规定了鲜活青鱼（*Mylopharyngodon piceus*）、草鱼（*Ctenopharyngodon idellus*）、鲢（*Hypophthalmichehys molitrix*）、鳙（*Aristichthys nobilis*）和鲤（*Cyprinus carpio*）的规格、产品要求、检验规则、结果判定、标志、包装、运输和贮存要求。

本标准适用于鲜活青鱼、草鱼、鲢、鳙、鲤的规格和产品质量的评定。

2 规范性引用文件

下列文件中对于本文件的应用是必不可少的。凡是注日期的引用文件，仅注日期的版本适用于本文件。凡是不注日期的引用文件，其最新版本（包括所有的修改单）适用于本文件。

GB 11607　渔业水质标准

GB/T 14929.4　食品中氯氰菊酯、氰戊菊酯、溴氰菊酯残留量的测定方法

GB/T 18654.2　养殖鱼类种质检验　第 2 部分：抽样方法

GB/T 18654.3　养殖鱼类种质检验　第 3 部分：性状测定

SC/T 3015　水产品中土霉素、四环素、金霉素残留量的测定

SC/T 3016—2004　水产品抽样方法

SC/T 3031　水产品中挥发酚残留量的测定　分光光度法

SC/T 3032　水产品中挥发性盐基氮的测定

农业部 783 号公告-1-2006　水产品中硝基呋喃类代谢物残留量的测定　液相色谱-串联质谱法

农业部 958 号公告-12-2007　水产品中磺胺类药物残留量的测定　液相色谱法

农业部1077号公告-5-2008 水产品中喹乙醇代谢物残留量的测定 高效液相色谱法

3 规格

按鱼体体重划分规格，见表1。

表1 鱼体规格

种类	大规格（g）	中等规格（g）
青鱼	≥3 000	≥1 500
草鱼	≥3 000	≥1 500
鲢	≥1 500	≥800
鳙	≥2 000	≥1 000
鲤	≥1 500	≥500

4 产品要求

4.1 感官指标要求

感官指标要求见表2。

表2 感官指标要求

项目	一级品	二级品
活动（活鱼）	对水流刺激反应敏感，身体摆动有力	对水流刺激反应欠敏感，身体乏力
体表	鱼体具有色泽和光泽，鳞片完整，不易脱落，体态匀称，不畸形	光泽较差，鳞片不完整，不畸形
鳃	色鲜红或紫红，鳃丝清晰，无异味，无黏液或有少量透明黏液	色淡红或暗红，黏液发暗，但仍透明，鳃丝稍有粘连，无异味及腐败臭
眼	眼球明亮饱满，稍突出，角膜透明	眼球平坦，角膜略混浊
肌肉	结实，有弹性	肉质稍松弛，弹性略差
肛门	紧缩不外凸	发软，稍突出
内脏	无印胆现象	允许轻微印胆

4.2 理化指标

理化指标要求见表3。

表3 理化指标要求

项目	限量
挥发性盐基氮，mg/100g（活体不检）	≤20.0
挥发酚，mg/kg	≤0.2

4.3　安全卫生指标

卫生指标应符合 GB 2733 的规定。

5　检验规则

5.1　检验方法

5.1.1　体重测定

5.1.1.1　抽样方法

按 GB/T 18654.2 的规定执行。

5.1.1.2　测量方法

按 GB/T 18654.3 的规定执行。

5.1.2　感官检验

在光线充足、无异味的环境条件中，将试样倒在白色搪瓷盘或不锈钢工作台上，对鱼体按照 4.1 的要求逐项检验。气味评定时，切开鱼体的 3 处～5 处，嗅气味判定。

5.1.3　理化和安全指标测定

5.1.3.1　抽样方法

按 SC/T 3016 的规定执行。

5.1.3.2　试样制备

按 SC/T 3016—2004 中附录 C 的规定执行。

5.1.3.3　挥发性盐基氮的测定

按 SC/T 3032 的规定执行。

5.1.3.4　溴氰菊酯的测定

按 GB/T 14929.4 的规定执行。

5.2　批的规定

同一船上或摊位相同的鱼种，同一鱼池或同一养殖场中养殖条件相同的产品为一个批次。

5.3　检验分类

产品检验分为出厂检验和型式检验。

5.3.1　出厂检验

每批产品应进行出厂检验。出厂检验由生产者或买卖双方共同执行，检验项目为规格与感官检验。

5.3.2　型式检验

有下列情形之一时应进行型式检验。检验项目为本标准中规定的全部项目。

a) 新建养殖场养殖的相应种类；

b）养殖条件发生变化，可能影响产品质量时；

c）有关行政主管部门和买方提出型式检验的要求时；

d）出厂检验与上次型式检验有大差异时；

e）正常生产时，每年至少一次的同期性检验。

6 结果判定

6.1 规格检验

规格检验应符合3的规定。

6.2 感官指标

感官指标检验项目应符合4.1的规定，合格样本数符合SC/T 3016—2004表A.1的规定，则判为批合格。

6.3 理化指标

所检项目的结果全部符合4.2的规定，判定为合格；检验结果中有一项及一项以上指标不合格，判定本批次产品不合格。

6.4 卫生指标

所检项目的结果全部符合4.3的规定，判定为合格；检验结果中有一项及一项以上指标不合格，判定本批次产品不合格。

7 标志、包装、运输和贮存

7.1 标志

鲜鱼外包装应标明产品的名称、产地、生产者和出厂日期。

7.2 包装

7.2.1 包装材料

所有包装材料应坚固、洁净、无毒和无异味。

7.2.2 包装要求

鲜鱼应装于洁净的鱼箱或保温鱼箱中，维持鱼体温度在0℃～4℃；避免外力损伤鱼体，确保鱼的鲜度和鱼体的完好。

7.3 运输

活鱼运输的用水应符合GB 11607的规定。鲜鱼用冷藏或保温车船运输，保持鱼体温度在0℃～4℃之间。运输工具洁净、无毒、无异味，严防运输污染。

7.4 贮存

活鱼贮存及暂养用水应符合GB 11607的规定，温度保持在30℃以下，并有充足供氧条件。鲜鱼贮存时保持鱼体温度在0℃～4℃。贮存环境应洁净、无毒、无异味、无污染，符合卫生要求。

附录1-2 冻 鱼
（GB/T 18109—2011）

1 范围

本标准规定了冻鱼产品的要求、试验方法、检验规则、标签、包装、运输和贮存。

本标准适用于带头的、去头的，全部去内脏或未去内脏的、适合人类食用的冻鱼产品。

2 规范性引用文件

下列文件对于本文件的应用是必不可少的。凡是注日期的引用文件，仅注日期的版本适用于本文件。凡是不注日期的引用文件，其最新版本（包括所有的修改单）适用于本文件。

GB 2733 鲜、冻动物性水产品卫生标准

GB 2760 食品添加剂使用卫生标准

GB 3097 海水水质标准

GB 5009.3 食品安全国家标准 食品中水分的测定

GB 5749 生活饮用水卫生标准

GB 7718 预包装食品标签通则

JJF 1070 定量包装商品净含量计量检验规则

SC/T 3016—2004 水产品抽样方法

3 术语和定义

下列术语和定义适用于本文件。

3.1 干耗 deep dehydration

样品表面积10%以上过度损失水分，表现为鱼体表面呈现异常的白色、黄色，覆盖了肌肉本身的颜色，并已渗透至表层以下，如用刀或其他利器刮去，将明显影响产品外观。

3.2 外来杂质 foreign matter

除包装材料外，样品单位中存在的、非鱼体自身、可轻易辨别的物质。虽不会对人体健康造成危害，出现外来杂质表明不符合良好操作规范和卫生习惯。

3.3 异味 odour

样品带有的明显的、持久的、令人厌恶的腐败、酸败或饵料引起的气味或风味。

3.4 鱼肉异常 flesh abnormalities

鱼肉呈现糊状、膏状，或出现鱼肉与鱼骨分离等腐败特征；未去内脏鱼产品，出现破肚的腐败情况；样品出现过量凝胶状态的鱼肉，同时鱼肉中水分达86%以上，或按重量计算5%以上的样品被寄生虫感染导致肉质呈现糊状。

4 要求

4.1 加工要求

4.1.1 产品经过适当预处理后，应在下述条件下冻结加工：

a) 冻结应在合适的设备中进行，并使产品迅速通过最大冰晶生成带。

b) 速冻加工只有在产品的中心温度达到并稳定在≤－18℃时才算完成。

c) 产品在运输、贮存、分销过程中应保持在深度冻结状态，以保证产品质量。

4.1.2 在产品的加工和包装过程中应尽量采取一系列措施，防止在贮存过程中脱水和氧化作用影响产品质量。

4.1.3 在保证质量的条件下，允许按规定要求对速冻产品再次速冻加工，并按照被认可的操作进行再包装。

4.1.4 产品原料验收及加工操作过程应符合良好操作技术规范。

4.2 原料要求

4.2.1 鱼

速冻鱼原料应为品质良好、可作为鲜品供人类消费的鱼，应符合GB 2733的规定。

4.2.2 水

加工或镀冰衣用水应为饮用水或清洁海水。饮用水应符合GB 5749的要求，清洁海水应符合GB 3097的规定。

4.2.3 其他成分

所使用的其他成分应具有食品级的质量，并符合相应法规及标准的规定。

4.3 食品添加剂

加工生产中所用的食品添加剂的种类及用量应符合GB 2760的规定。

4.4 感官要求

4.4.1 冻品感官要求

4.4.1.1 单冻产品：冰衣透明光亮，应将鱼体完全包覆，基本保持鱼体原有形态，不变形，个体间易于分离，无明显干耗和软化现象。

4.4.1.2 块冻产品：冻块清洁、坚实、表面平整不破碎，冰被均匀盖没鱼体，需要排列的鱼体排列整齐，允许个别冻鱼块表面有不大的凹陷。

4.4.2 解冻后感官要求

解冻后鱼体的感官要求见表1。

表1 解冻后鱼体的感官要求

项目	要求
鱼体外观	未去内脏鱼：鱼体完整，无破肚现象 去内脏鱼：内脏去除干净 剖割鱼：内脏去除干净，切面平整，大小基本一致，部位搭配合理
色泽	具有鲜鱼固有色泽及花纹，有光泽，无干耗、变色现象，有鳞鱼鳞片紧贴鱼体
气味	体表和鳃丝具正常鱼特有滋气味，无异味
肌肉	肌肉组织紧密有弹性，鱼肉无异常
杂质	无外来杂质

4.5 物理指标

冻鱼物理指标的规定见表2。

表2 物理指标

项目	指标
冻品中心温度,℃	≤−18
水分,%	≤86

4.6 卫生指标

卫生指标应符合GB 2733的规定。

4.7 兽药残留

兽药残留指标及限量应符合相关标准的规定。

4.8 净含量

预包装产品的净含量应符合JJF 1070的规定。

5 试验方法

5.1 感官检验

在光线充足、无异味的环境中，将试样倒在白色搪瓷盘或不锈钢工作台上，按4.4的规定逐项检验：

a）通过测定只能用小刀或其他利器除去的面积，检查冻结样品中脱水的情况。测量样品单位的总表面积，计算受影响的面积百分比。

b）解冻并逐条检查样品有无外来杂质。

c）在鱼颈部背后撕开或切开裂缝，对暴露的鱼肉表面进行鱼肉气味的检测和评价。

d）对在解冻后未蒸煮状态下无法最终判定其气味的样品，则应从样品单位中截取一小块可疑部位（约200g），并按5.2规定的方法进行蒸煮试验，确定其气味和风味。

5.2 蒸煮试验

蒸煮使产品内部温度达到65℃～70℃。不能过度蒸煮，蒸煮时间随产品大小和采用的温度而不同。准确的蒸煮时间和条件应依据预先实验来确定，可从以下方法中任选一种进行蒸煮试验。

a）烘焙：用铝箔包裹产品，并将其均匀放入扁平锅或浅平锅上。

b）蒸：用铝箔包裹产品，并将其置于带盖容器中沸水之上的金属架上。

c）袋煮：将产品放入可煮薄膜袋中加以密封，浸入沸水中煮。

d）微波：将产品放入适于微波加热的容器中，若用塑料袋，应检查确定塑料袋不会发出任何气味。根据设备说明加热。

5.3 冻品中心温度

用钻头钻至冻块几何中心部位，取出钻头立即插入温度计，等温度计指示温度不再下降时，读数。单冻鱼可将温度计插入最小包装的中心位置，至温度计指示的温度不再下降时，读数。

5.4 水分的测定

5.4.1 解冻：解冻时将样品装入薄膜袋中，浸入室温（温度不高于35℃）水中，不时用手轻捏袋子，至袋中无硬块和冰晶时为止，应注意不要捏坏鱼的组织。

5.4.2 试样：至少取3尾鱼清洗后，去头、骨、内脏，取肌肉等可食部分绞碎混合均匀后备用。

5.4.3 测定：取按上述方法处理后的试样，按GB 5009.3中的规定执行。

5.5 卫生指标

按GB 2733中规定的检验方法执行。

5.6 兽药残留指标

兽药残留的检测方法按相关标准执行。

5.7 净含量偏差

净含量偏差的测定按JJF 1070的规定执行。

6 检验规则

6.1 组批规则与抽样方法

6.1.1 组批规则

在原料及生产条件基本相同的情况下，同一天或同一班组生产的产品为一批。按批号抽样。

6.1.2 抽样方法

6.1.2.1 产品批次检验用样品的抽样方法应按照 SC/T 3016—2004 的规定执行。样品单位是初级包装，单体速冻（IQF）产品 1kg 样品为样品单位。

6.1.2.2 对需检测净重的样品批次的抽样，抽样计划应按 SC/T 3016—2004 中附录 A 的规定执行。

6.2 检验分类

6.2.1 产品检验

产品检验分为出厂检验和型式检验。

6.2.2 出厂检验

每批产品应进行出厂检验。出厂检验由生产单位质量检验部门执行，检验项目为感官、净含量偏差、冻品中心温度、微生物指标，检验合格签发检验合格证，产品凭检验合格证入库或出厂。

6.2.3 型式检验

有下列情况之一时应进行型式检验。检验项目为本标准中规定的全部项目。

A）长期停产，恢复生产时；

B）原料变化或改变主要生产工艺，可能影响产品质量时；

C）加工原料来源或生长环境发生变化时；

D）国家质量监督机构提出进行型式检验要求时；

E）出厂检验与上次型式检验有大差异时；

F）正常生产时，每年至少一次的周期性检验。

6.3 判定规则

6.3.1 冻鱼感官检验所检项目全部符合 4.4 规定，合格样本数符合 SC/T 3016—2004 表 A.1 规定，则判为批合格。

6.3.2 所有样品单位平均净重不少于标示量，在任何一个包装单位中没有不合理的重量短缺。

6.3.3 其他项目检验结果全部符合本标准要求时，判定为合格。

6.3.4 其他项目检验结果中有两项及两项以上指标不合格，则判为不合格。

6.3.5 其他项目检验结果中有一项指标不合格时，允许重新抽样复检，如仍有不合格项则判为不合格。

7 标签、包装、运输、贮存

7.1 标签

7.1.1 预包装产品标签

预包装产品标签应符合 GB 7718 的规定，还应遵守以下规定：

a）标签上除注明该品种鱼的常用名外，对已去内脏的鱼应注明，并说明“带头”或“去头”。

b）标签上应恰当注明产品是养殖的，还是捕捞的，以及产品来自水域的说明。

c）用海水镀冰衣的产品，应予以说明。

d）标签上注明产品应贮藏在－18℃或更低的温度条件下，在运输、分销过程中应保持在－8℃或更低的温度条件下，以保证其质量。

7.1.2　非零售包装的标签

应标明食品名称、批号、制造或分装厂名、地址，以及贮藏条件。但批号、制造或分装厂名、地址也可用同一证明标志代替，只要证明标志能在辅助文件中表示清楚。

7.2　包装

7.2.1　包装材料

所用塑料袋、纸盒、瓦楞纸箱等包装材料应洁净、无毒、无异味、坚固。

7.2.2　包装要求

一定数量的小袋装入大袋（或盒），再装入纸箱中。箱中产品要求排列整齐，大袋或箱中加产品合格证。纸箱底部用黏合剂粘牢，上下用封箱带粘牢或用打包带捆扎。

7.3　运输

7.3.1　应用冷藏或保温车船运输，保持鱼体温度低于－15℃。

7.3.2　运输工具应清洁卫生，无异味，运输中防止日晒、虫害、有害物质的污染，不得靠近或接触有腐蚀性物质、不得与气体浓郁物品混运。

7.4　贮存

7.4.1　贮藏库温度低于－20℃，库温波动应保持在±2℃内。不同品味，不同规格，不同等级、批次的冻鱼应分别堆垛，并用垫板垫起，与地面距离不少于10cm，与墙壁距离不少于30cm，堆放高度以纸箱受压不变形为宜。

7.4.2　产品贮藏于清洁、卫生、无异味、有防鼠防虫设备的库内，防止虫害和有害物质的污染及其他损害。

附录1-3　生食水产品卫生要求
（DB 11/519—2008）

1　范围

本标准规定了生食动物性水产品的卫生指标和检验方法以及生产过程、包装、标签、贮存与运输的卫生要求。

本标准适用于生食动物性水产品的生产、加工、销售和检验。

2 规范性引用文件

下列文件中的条款通过本标准的引用而成为本标准的条款。凡是注日期的引用文件，其随后所有的修改单（不包括勘误的内容）或修订版均不适用于本标准，然而，鼓励根据本标准达成协议的各方研究是否可使用这些文件的最新版本。凡是不注日期的引用文件，其最新版本适用于本标准。

GB/T 4789.2 食品卫生微生物学检验 菌落总数测定

GB/T 4789.3 食品卫生微生物学检验 大肠菌群测定

GB/T 4789.4 食品卫生微生物学检验 沙门氏菌检验

GB/T 4789.5 食品卫生微生物学检验 志贺氏菌检验

GB/T 4789.6 食品卫生微生物学检验 致泻大肠埃希氏菌检验

GB/T 4789.7 食品卫生微生物学检验 副溶血性弧菌检验

GB/T 4789.10 食品卫生微生物学检验 金黄色葡萄球菌检验

GB/T 4789.20 食品卫生微生物学检验 水产食品检验

GB/T 4789.30 食品卫生微生物学检验 单核细胞增生李斯特氏菌检验

GB/T 5009.11 食品中总砷及无机砷的测定

GB/T 5009.12 食品中铅的测定

GB/T 5009.15 食品中镉的测定

GB/T 5009.17 食品中总汞及有机汞的测定

GB/T 5009.19 食品中六六六、滴滴涕残留量的测定

GB/T 5009.44 肉与肉制品卫生标准的分析方法

GB/T 5009.45 水产品卫生标准的分析方法

GB/T 5009.123 食品中铬的测定

GB/T 5009.190 食品中指示性多氯联苯的测定

GB 7718 预包装食品标签通则

GB 14881 食品企业通用卫生规范

GB/T 14931.1 畜禽肉中土霉素、四环素、金霉素残留量测定方法（高效液相色谱法）

GB/T 14931.2 畜禽肉中己烯雌酚的测定方法

GB 18406.4—2001 农产品安全质量 无公害水产品安全要求

GB/T 19857 水产品中孔雀石绿和结晶紫残留量的测定

GB/T 20751 鳗鱼及制品中十五种喹诺酮类药物残留量的测定 液相色谱-串联质谱法

GB/T 20797 肉与肉制品中喹乙醇残留量的检测

GB/T 20759 畜禽肉中十六种磺胺类药物残留量的测定 液相色谱-串联质谱法

SC 3001 水产及水产加工品分类与名称

SC/T 3024 无公害食品 腹泻性贝类毒素的测定 生物法

SN/T 0973 进出口肉及肉制品中肠出血性大肠杆菌 O157：H7 检验方法

SN/T 1022 出口食品中霍乱弧菌检验方法

SN/T 1604 进出口动物源性食品中氯霉素残留量的检验方法 酶联免疫法

SN/T 1627 进出口动物源食品中硝基呋喃类代谢物残留量测定方法 高效液相色谱串联质谱法

SN/T 1735 进出口贝类产品中麻痹性贝类毒素检验方法 高效液相色谱法

SN/T 1748 进出口食品中寄生虫的检验方法

3 术语和定义

下列术语和定义适用于本标准。

3.1 生食水产品 Eating Raw Aquatic Products

新鲜的、冷藏、冷冻的海水或淡水鱼类、甲壳类、贝壳类和软体动物等，未经腌制、加热，可以直接食用的。

4 产品分类

SC 3001 确立的分类适用于本标准。

5 要求

5.1 感观指标

新鲜，质地结实有弹性，色泽具有该产品所应有的色泽、味道，无异味，无腐败

5.2 微生物指标

生食水产品微生物卫生指标应符合表 1 的规定。

表 1 生食水产品微生物卫生指标

	指标
菌落总数（CFU/g）	≤1×10^4
大肠菌群（MPN/100g）	≤30
致泻性大肠杆菌	不得检出

（续）

	指标
肠出血性大肠杆菌O157：H7	不得检出
沙门氏菌	不得检出
金黄色葡萄球菌	不得检出
志贺氏菌	不得检出
单核增生李斯特氏菌	不得检出
副溶血性弧菌	不得检出
霍乱弧菌	不得检出

5.3 寄生虫指标

不得检出致病寄生虫。

5.4 理化指标

生食水产品理化指标应符合表2的规定。

表2 生食水产品理化指标

项目	指标	备注
甲基汞，mg/kg	≤0.2	
总汞，mg/kg	≤0.3	
无机砷，mg/kg	≤0.1	鱼类
	≤0.5	贝类及虾蟹类（以鲜重计）
	≤0.5	其他水产食品
铅，mg/kg	≤0.5	鱼类
镉，mg/kg	≤0.1	鱼类
铬，mg/kg	≤2.0	鱼贝类
多氯联苯[a]，mg/kg	≤2.0	海产鱼、贝、虾。以PCB 28、PCB 52、PCB 101、PCB 118、PCB 138、PCB 153和PCB 180总和计
PCB 138	≤0.5	
PCB 153	≤0.5	
六六六，mg/kg	≤0.1	
滴滴涕，mg/kg	≤0.5	
氯霉素	不得检出	
硝基呋喃类	不得检出	
己烯雌酚	不得检出	

（续）

项目	指标	备注
孔雀石绿	不得检出	
四环素族，mg/kg	≤0.1	
磺胺类，mg/kg	≤0.1	
噁喹酸，mg/kg	≤0.3	
腹泻性贝类毒素（DSP），μg/100g	不得检出	贝类
麻痹性贝类毒素（PSP），μg/100g	≤80	贝类
挥发性盐基氮，mg/100g	≤30	海水鱼、虾，其他海水动物
	≤25	海蟹
	≤20	淡水鱼、虾
	≤15	海水贝类
	≤10	牡蛎
组胺，mg/100g	≤100	鲐鱼
	≤30	其他鱼类
喹乙醇	不得检出	

6 检验方法

6.1 感官检验

取保证感官的样品量（冷冻品经解冻后），将样品放于清洁白瓷盘内进行感官检验。

6.2 微生物检验

6.2.1 取样

按 GB/T 4789.20 规定的方法执行。

6.2.2 菌落总数

按 GB/T 4789.2 规定的方法测定。

6.2.3 大肠菌群

按 GB/T 4789.3 规定的方法测定。

6.2.4 致泻大肠埃希氏菌

按 GB/T 4789.6 规定的方法测定。

6.2.5 肠出血性大肠杆菌 O157：H7

按 SN/T 0973 规定的方法测定。

6.2.6 沙门氏菌

按 GB/T 4789.4 规定的方法测定。

6.2.7 金黄色葡萄球菌

按 GB/T 4789.10 规定的方法测定。

6.2.8 志贺氏菌

按 GB/T 4789.5 执行。

6.2.9 单核细胞增生李斯特氏菌

按 GB/T 4789.30 规定的方法测定。

6.2.10 副溶血性弧菌

按 GB/T 4789.7 规定的方法测定。

6.2.11 霍乱弧菌

按 SN/T 1022 规定的方法测定。

6.3 寄生虫检验

按 SN/T 1748 规定的方法执行。

6.4 理化检验

6.4.1 甲基汞

按 GB/T 5009.17 规定的方法测定。

6.4.2 总汞

按 GB/T 5009.17 规定的方法测定。

6.4.3 无机砷

按 GB/T 5009.11 规定的方法测定。

6.4.4 铅

按 GB/T 5009.12 规定的方法测定。

6.4.5 镉

按 GB/T 5009.15 规定的方法测定。

6.4.6 铬

按 GB/T 5009.123 规定的方法测定。

6.4.7 多氯联苯

按 GB/T 5009.190 规定的方法测定。

6.4.8 六六六、滴滴涕

按 GB/T 5009.19 规定的方法测定。

6.4.9 氯霉素

按 SN/T 1604 规定的方法测定。

6.4.10 硝基呋喃类

按 SN/T 1627 规定的方法测定。

6.4.11 己烯雌酚

按 GB/T 14931.2 规定的方法测定。

6.4.12 孔雀石绿

按 GB/T 19857 规定的方法测定。

6.4.13 四环素族

按 GB/T 14931.1 规定的方法测定。

6.4.14 磺胺类

按 GB/T 20759 规定的方法测定。

6.4.15 噁喹酸

按 GB/T 20751 规定的方法测定。

6.4.16 腹泻性贝类毒素

按 SC/T 3024 规定的方法测定。

6.4.17 麻痹性贝类毒素

按 SN/T 1735 规定的方法测定。

6.4.18 挥发性盐基氮

按 GB/T 5009.44 规定的方法测定。

6.4.19 组胺

按 GB/T 5009.45 规定的方法测定。

6.4.20 喹乙醇

按 GB/T 20797 规定的方法测定。

7 生产加工

生产加工过程的卫生要求应符合 GB 14881 规定。

8 标签

标签应符合 GB 7718 规定。

9 包装

包装容器与材料应符合相应的卫生标准和有关规定。

10 贮存

产品贮存应满足冷链要求。不得与有毒、有害、有异味、易挥发、易腐蚀的物品同处贮存。

11 运输

产品运输应满足冷链要求。不得与有毒、有害、有异味或影响产品质量的物品混装运输。

附录1-4 冻淡水鱼片
(SC/T 3116—2006)

1 范围

本标准规定了冻淡水鱼片产品的术语和定义、要求、试验方法、检验规则、标签、包装、运输、贮存。

本标准适用于以罗非鱼(*Oreochromis Niloticus*)、鲮(*Cirrhina molitorella*)、草鱼(*Ctenopharyngodon idellus*)、青鱼(*Mylopharyngodon piceus*)、鲢(*Hypophthalmichthys molitrix*)、鳙(*Aristichthys nobilis*)等淡水鱼为原料,经剖片、速冻加工而成的冻淡水鱼片,其他淡水鱼制成的冻鱼片可参照执行。

2 规范性引用文件

下列文件中的条款通过本标准的引用而成为本标准的条款。凡是注日期的引用文件,其随后所有的修改单(不包括勘误的内容)或修订版均不适用于本标准,然而,鼓励根据本标准达成协议的各方研究是否可使用这些文件的最新版本。凡是不注日期的引用文件,其最新版本适用于本标准。

GB 4789.2 食品卫生微生物学检验 菌落总数测定

GB 4789.4 食品卫生微生物学检验 沙门氏菌检验

GB 4789.10 食品卫生微生物学检验 金黄色葡萄球菌检验

GB 4789.20 食品卫生卫生学检验 水产食品检验

GB/T 5009.11 食品中总砷及无机砷的测定

GB/T 5009.12 食品中铅的测定

GB/T 5009.15 食品中镉的测定

GB/T 5009.17 食品中总汞及有机汞的测定

GB/T 5009.44—2003 肉与肉制品卫生标准的分析方法

GB 5749 生活饮用水卫生标准

GB 7718 食品标签通用标准

NY 5053 无公害食品 草鱼、青鱼、鲢、鳙、尼罗罗非鱼

SC/T 3015 水产品中土霉素、四环素、金霉素残留量的测定

SC/T 3017 冷冻水产品净含量的测定

SC/T 3018 水产品种氯霉素残留量的测定 气相色谱法

3 术语和定义

下列术语和定义适应于本标准。

3.1 鱼片 fish fillets

指在鱼胴体上沿与脊椎骨平行方向切下的片或块。

3.2 黑膜 black gut liner

残留在鱼片上的黑色腹膜。

4 要求

4.1 原料要求

所用原料应新鲜、清洁、无污染、无异味、其品质应符合 NY 5053 规定。原料应在清洁、卫生的淡水池中暂养。

4.2 加工要求

生产场地应清洁卫生，冷冻加工用水应符合 GB 5749 的要求，速冻时应使产品快速通过最大冰晶生成带，中心温度应达到－18℃及以下。产品应镀冰衣或包冰被（块冻）。

4.3 感官要求

感官要求应符合表1。

表1 感官要求

产品状态	项目	要求
解冻前	单冻品外观	冰衣透明光亮，冰衣应完全包揽鱼片，清洁、坚实、平整不变形，个体间应易于分离
	块冻产品外观	冰被应均匀盖没鱼片，冰块清洁、坚实、表面平整不破损，鱼片排列整齐，鱼片大小基本均匀，允许个别冻鱼块表面有小的凹陷
解冻状态	外观	鱼片表面无由干耗和脂肪氧化引起的明显发白、发黄等现象
	色泽	色泽正常、有光泽
	形态	鱼片边缘基本整齐、片与片间排列较整齐，允许在冻鱼块边缘的鱼片肉质有稍微的松散，允许个别鱼片的鱼肉部分剥离
	气味	气味正常无异味
	肌肉组织	紧密有弹性
	杂质	无外来杂质。鱼片清洁、内脏和中骨应去除较干净。允许略有少量的黑膜、小血斑、小块的皮。对于标明去皮鱼片，鱼皮应去除干净，对于标明去骨（或去刺）鱼片，不应有直径大于等于 1mm 且长度大于等于 10mm 的鱼骨或鱼刺、或直径大于 2mm 且长度大于 5mm 的鱼骨或鱼刺。
	寄生虫	1kg 样品中，直径大于 3mm 的囊状寄生虫或长度大于等于 10mm 非囊状幼虫不应大于等于 2 个

4.4 理化指标

理化指标应符合表2。

表2 理化指标

项目	指标
冻品中心温度,℃	≤−18
净含量负偏差,%	≤4.5（≤200g） ≤3.0（201g~1 000g） ≤1.5（≥1 001g）
挥发性盐基氮，mg/100g	≤20

4.5 安全卫生指标

安全卫生指标见表3。

表3 安全指标

项目	指标
土霉素，mg/kg	≤0.1
氯霉素	不得检出
无机砷（以As计），mg/kg	≤0.1
甲基汞（以Hg计），mg/kg	≤0.5
铅（以Pd计），(mg/kg)	≤0.5
镉（以Cd计），mg/kg	≤0.1
菌落总数，CFU/g	$<1\times10^7$且5个检样中有3个或3个以上的检出值$<5\times10^5$
金黄色葡萄球菌，MPN/g	$<1\times10^4$
沙门氏菌	不得检出

5 试验方法

5.1 感官

5.1.1 感官检验

在光线充足、无异味的环境下进行。将试样置于白色搪瓷盘或不锈钢工作台上，按本表标准4.3条要求对解冻前和解冻后的感官逐项进行检验。当解冻状态下不能确定气味和肌肉组织时应对产品进行蒸煮试验。寄生虫的检验应在检虫工作台上进行，将产品放在灯光下检验。

5.1.2 解冻

将样品打开包装，放入不渗透的薄膜袋内捆扎封口，至于解冻容器内，以室温的流动水或搅动水将样品解冻至完全解冻。判断产品是否完全解冻可通过不时轻微挤压薄膜袋，挤压时不得破坏鱼的质地，当感觉没有硬心或冰晶时，即可认为产品已经完全解冻。

5.1.3 蒸煮试验

蒸：将解冻后的试样放入带盖盘中，盖紧盖后放入沸水上蒸至试样中心温度达65℃～70℃为止。

煮：将解冻后的试样放入一个耐热薄膜袋中，密封后放入沸水中煮至试样中心温度达65℃～70℃为止。

蒸煮后的试样在未冷却前，按本标准4.3条表1中蒸煮后的要求嗅气味，品尝滋味和肉质。

5.2 理化指标的检验

5.2.1 冻品中心温度的测定

用钻头至冻块几何中心部位，取出钻头立刻插入温度计，等温度计指示温度不再下降时，读数。

5.2.2 净含量偏差的测定

按SC/T 3017的规定进行测定。

5.2.3 挥发性盐基氮（VBN）的测定

取按5.1.2条解冻的样品，按GB/T 5009.44—2003中4.1的规定执行。

5.3 安全标准的测定

5.3.1 土霉素的测定

取按5.1.2条解冻的样品，按SC/T 3015的规定执行。

5.3.2 氯霉素的测定

取按5.1.2条解冻的样品，按SC/T 3018的规定执行。

5.3.3 无机砷（以As计）的测定

取按5.1.2条解冻的样品，按GB/T 5009.11的规定执行。

5.3.4 甲基汞的测定

取按5.1.2条解冻的样品，按GB/T 5009.17的规定执行。

5.3.5 铅的测定

取按5.1.2条解冻的样品，按GB/T 5009.12的规定执行。

5.3.6 镉的测定

取按5.1.2条解冻的样品，按GB/T 5009.15的规定执行。

5.3.7 菌落总数的测定

按GB 4789.2和GB 4789.20的规定执行。

5.3.8 金黄色葡萄球菌检验

按GB 4789.10和GB 4789.20的规定执行。

5.3.9 沙门氏菌检验

按GB 4789.4和GB 4789.20的规定执行。

6 检验规则

6.1 组批规则与抽样方法

6.1.1 组批规则

在原料及生产条件基本相同下同一天或同一班组生产的产品为一批，按批号抽样。

6.1.2 抽样方法

6.1.2.1 感官检验抽样方法及感官合格可接受数见表4。

表4 抽样方法及感官合格可接受数

每一最小包装件净含量（g）	批量（最小包装件数）	样本量（最小包装件数）	可接受不合格数
≤1 000	≤4 800	6	1
	4 801～24 000	13	2
	24 001～48 000	21	3
	48 001～84 000	29	4
	84 001～144 000	38	5
	144 001～240 000	48	6
	＞240 000	60	7
1 001～4 500	≤2 400	6	1
	2 401～15 000	13	2
	15 001～24 000	21	3
	24 001～42 000	29	4
	42 001～72 000	38	5
	72 001～120 000	48	6
	＞120 000	60	7
＞4 500	≤600	6	1
	601～2 000	13	2
	2 001～7 200	21	3
	7 201～15 000	29	4
	15 001～24 000	38	5
	24 001～42 000	48	6
	＞42 000	60	7

6.1.2.2 理化指标和安全指标检验抽样方法

净含量负偏差的检验抽样方法见表5。

表5 净含量负偏差检验抽样方案表

批量（N）	样品量（n）	允许超出规定计量负偏差件数（A）
1～10	全部	0
11～250	≥10	0
≥251	≥30	1

冻品中心温度检验抽样方法：每批产品分别随机抽取至少三个最小包装件用于检验冻品中心温度。

微生物检验抽样方法：每批产品随机抽取至少五个最小包装件用于微生物指标检验。

随净含量负偏差、冻品中心温度和微生物检验指标外，其他理化指标和安全指标检验抽样方法；每批产品随机抽取至少三片鱼片，并且要保证处理后的样品量不少于400g。

6.2 检验分类

产品检验分为出厂检验和型式检验。

6.2.1 出厂检验

每批产品应进行出厂检验。出厂检验由生产单位质量检验部门执行，检验项目为感官、净含量负偏差、冻品中心温度和微生物，检验合格签发检验合格证，产品凭检验合格证入库或出厂。

6.2.2 型式检验

有下列情况之一时应进行型式检验。检验项目为本标准中规定的全部项目。

a）长期停产，恢复生产时；

b）原料、加工工艺或生产条件有较大变化，可能影响产品质量时；

c）国家质检监督机构提出进行型式检验要求时；

d）出厂检验与上次型式检验有大差异时；

e）正常生产时，每年至少一次的周期性检验。

6.3 判定规则

6.3.1 感官检验判定规则

感官检验结果中不合格样品数应小于或等于表4规定的可接受数，若不合格样品数大于可接受数，则判定该批产品为不合格品。

6.3.2 理化指标检验判定规则

a）净含量负偏差检验结果的判定为全部被测样品的净含量平均偏差应当大于或者等于零，并且单件定量包装商品超出计量负偏差件数应当符合表5的规定，否则为不合格批；

b）其他理化指标的检验结果中有两项及两项以上指标不合格，则判该批产品不合格；

c）其他理化指标的检验结果中有一项指标不合格，允许加倍抽样将此项指标复检一次，按复检结果判定该产品是否合格。

6.3.3 安全指标检验判定规则

安全指标的检验结果中有一项不合格，则判该产品不合格，不得复检。

7 标签、包装、运输、贮存

7.1 标签、标志

7.1.1 销售包装的标签

标签应符合 GB 7718 的规定。标签内容包括：产品名称、商标、原料品种、产地、净含量、产品标准号、生产者或经销者的名称、地址、生产日期、贮藏条件、保质期等。如果是去骨（或去刺）鱼片应在标签上注明。

7.2 包装

7.2.1 包装材料所用塑料袋、纸盒、瓦楞纸箱等包装材料应洁净、无毒、无异味、坚固，并符合食品卫生要求。

7.2.2 包装要求

一定数量的小包装袋装入大袋（或盒），再装入纸箱中，箱中产品要求排列整齐，大袋或箱中加工品合格证；纸箱底部用黏合剂粘牢、上下用封箱带粘牢或用打包带捆扎。

7.3 运输

用运输或具有保温性能的运输工具运输，并保持鱼片温度为－18℃以下，温度波动应保持在±2℃内；运输工具应清洁卫生，无异味，运输中防止日晒、虫害、有害物质的污染。

7.4 贮存

产品贮藏于清洁、卫生、无异味、有防鼠防虫设备的冷藏库内，防止虫害和有害物质的污染及其他损害。不同规格，不同等级、批次的冻淡水鱼片应分别堆垛，并用木板垫起，堆放高度以纸箱受压不变形为宜。要求冷藏库温度为－18℃以下。

附录 1－5　冻鱼糜制品
（SC/T 3701—2003）

1 范围

本标准规定了冻鱼糜制品的要求、试验方法、检验规则、标签、包装、运输。

本标准适用于以冷冻鱼糜、鱼肉、虾肉、墨鱼肉、贝肉为主要原料制成的，并在小于等于－18℃低温条件下贮藏和流通的鱼糜制品，包括冻鱼丸、鱼糕、虾丸、虾饼、墨鱼丸、墨鱼饼、贝肉丸、模拟扇贝柱和模拟蟹肉等。

2 规范性引用文件

下列文件中的条款通过本标准的引用而成为本标准的条款。凡是注日期的引用文件，其随后所有的修改单（不包括勘误的内容）或修订版均不适用于本标准，然而，鼓励根据本标准达成协议的各方研究是否可使用这些文件的最新版本。凡是不注日期的引用文件，其最新版本适用于本标准。

GB 317 白砂糖

GB 2720 味精卫生标准

GB 2733 海水鱼类卫生标准

GB 2735 头足鱼类卫生标准

GB 2736 淡水鱼类卫生标准

GB 2740 河虾卫生标准

GB 2741 海虾卫生标准

GB 2744 海水贝类卫生标准

GB 2760 食品添加剂使用卫生标准

GB/T 4789.2 食品卫生微生物检验 菌落总数测定

GB/T 4789.3 食品卫生微生物检验 大肠菌群测定

GB/T 4789.4 食品卫生微生物检验 沙门氏菌检验

GB/T 4789.10 食品卫生微生物检验 金黄色葡萄球菌检验

GB/T 5009.3 食品中水分的测定方法

GB/T 5009.9 食品中淀粉的测定方法

GB/T 5009.11 食品中总砷的测定方法

GB/T 5009.12 食品中铅的测定方法

GB/T 5009.15 食品中镉的测定方法

GB/T 5009.17 食品中总汞的测定方法

GB/T 5009.45 水产品卫生标准的分析方法

GB 5461 食用盐

GB 5749 生活饮用水卫生标准

GB 7718 食品标签通用标准

GB/T 18108 鲜海水鱼

GB/T 18109 冻海水鱼

NY 5073 无公害食品 水产品中有毒有害物质限量

3 要求

3.1 主要原辅料要求

3.1.1 原料要求

用鲜度和弹性良好的冷冻鱼糜，采用的原料要求鲜度良好并符合相关标准规定。海水鱼类应符合 GB 2733、GB/T 18108、GB/T 18109 的规定；淡水鱼类应符合 GB 2736 的规定；头足鱼类应符合 GB 2735 的规定；河虾和海虾应分别符合 GB 2740 和 GB 2741 的规定；海水贝类应符合 GB 2744 的规定。

3.1.2 辅料要求

食品添加剂适使用范围应符合 GB 2760 的规定；白砂糖应符合 GB 317 的规定；味精应符合 GB 2720 的规定；食用盐应符合 GB 5461 的规定。

3.1.3 加工用水

应符合 GB 5749 的规定。

3.2 感官要求

感官要求见表 1。

表 1 感官要求

项目	要求
冻品外观	包装袋完整无破损、不漏气，袋内产品形状良好，个体大小基本均匀、完整、较饱满，排列整齐，丸类有丸子的形状，模拟制品应具有特定的形状
色泽	鱼丸、鱼糕、墨鱼丸、墨鱼饼、贝肉丸和模拟扇贝柱白度较好，虾丸和虾饼要有虾红色，模拟蟹肉正面和侧面要有蟹红色、肉体和背面色泽白度较好
肉质	口感爽，肉滑，弹性较好，10 分法评定≥6 分
滋味	鱼丸和鱼糕要有鱼鲜味，虾丸和虾饼要有虾鲜味，贝肉丸和模拟扇贝柱要有扇贝柱鲜味，模拟蟹肉要有蟹肉特有的鲜味。味道较好，10 分法评定≥6 分
杂质	允许有少量 2mm 以下小鱼刺或鱼皮，但不允许有鱼骨鱼皮以外的夹杂物

3.3 理化指标

理化指标见表 2。

表 2 理化指标

项目	指标
失水率，%	≤6
淀粉，%	≤10（模拟蟹肉） ≤15（其他产品）
水分，%	≤82
净含量负偏差，%	≤3

3.4 安全卫生指标

汞、砷、无机砷、铅、镉的限量按 NY 5073 的规定，安全卫生指标的规定见表3。

表3 安全卫生指标

项目	指标
汞（以Hg计），mg/kg	≤1.0（贝类及肉食性鱼类） ≤0.5（其他水产品）
砷（以As计），mg/kg	≤0.5（淡水鱼）
无机砷（以As计），mg/kg	≤1.0（贝类、甲壳类、其他海产品） ≤0.5（海水鱼）
铅（以Pb计），mg/kg	≤1.0（软体动物） ≤0.5（其他水产品）
镉（以Cd计），mg/kg	≤1（软体动物） ≤0.5（甲壳类） ≤0.1（鱼类）
菌落总数，CFU/g	$\leqslant 5.0\times10^4$
大肠菌群，MPN/100g	≤30
沙门氏菌	不得检出
金黄色葡萄球菌	不得检出

4 试验方法

4.1 感官

感官检验应在光线充足、无异味、清洁卫生的场所进行，按3.2逐项检查。

4.1.1 冻品外观和色泽

先检查包装袋是否完整、有无破损，再剪开包装袋检查袋内产品形状、个体大小、是否完整和饱满，模拟蟹肉排列是否整齐。再检查样品色泽、风干程度。

4.1.2 肉质和滋味

将解冻后的样品水煮，品尝检验其肉质和滋味。水煮方法如下：将1L饮用水倒入洁净的容器中煮沸，放入解冻后的试样100g～200g，盖严，煮沸1min～2min，停止加热，开盖即嗅气味，取出后品尝。用10分法评定肉质和滋味，以综合分数评定其质量。评分方法见表4。

表4 滋味和肉质弹性评分标准

评分	10	9	8	7	6	5	4	3	2	1
弹性强度 滋味	极强 极好	非常强 非常好	强 好	稍强 稍好	一般 一般	稍弱 稍差	弱 差	非常弱 非常差	极弱 极差	一触即溃 有异味

4.2　净含量偏差

将样品拆除包装，不解冻直接称量，所用衡器的最大称量值不能超过被称样品质量值的5倍。净含量偏差按式（1）计算：

$$A=\frac{m_1-m_0}{m_0}\times 100 \quad \cdots\cdots (1)$$

式中　A——净含量偏差（%）；

m_1——样本标示质量（g）；

m_0——样本实际质量（g）。

4.3　失水率

4.3.1　解冻前称量

样品开袋前称量（含袋），打开包装袋，倒出样品后抹去袋上附着水分称袋重。

4.3.2　解冻

将去除包装袋的样品，放入不渗透的尼龙袋内捆扎封口，置于解冻容器内，以长流水解冻样品至完全解冻为止。将解冻后样品倒入网箱（筐）中倾斜放置2min，称量。

4.3.3　失水率计算

所用衡器的最大称量值不能超过被称样品质量值的5倍。失水率按式（2）计算：

$$A_1=\frac{(m_2-m_3)-m_4}{(m_2-m_3)}\times 100 \quad \cdots\cdots (2)$$

式中　A_1——失水率（%）；

m_2——解冻前样品总质量（含袋）（g）；

m_3——包装袋质量（g）；

m_4——解冻后样品质量（g）。

4.4　水分

样品按4.3.2规定解冻后，按GB/T 5009.3的规定执行。

4.5　淀粉

样品按4.3.2规定解冻后，按GB/T 5009.9的规定执行。

4.6　安全卫生指标

4.6.1　汞

按GB/T 5009.17的规定执行。

4.6.2　砷

按GB/T 5009.11的规定执行

4.6.3 无机砷

按 GB/T 5009.45 的规定执行。

4.6.4 铅

按 GB/T 5009.12 的规定执行。

4.6.5 镉

按 GB/T 5009.15 的规定执行。

4.6.6 菌落总数

菌落总数的检验按 GB/T 4789.2 的规定执行。

4.6.7 大肠菌群

大肠菌群的检验按 GB/T 4789.3 的规定执行。

4.6.8 沙门氏菌

沙门氏菌的检验按 GB/T 4789.4 的规定执行。

4.6.9 金黄色葡萄球菌

金黄色葡萄球菌的检验按 GB/T 4789.10 的规定执行。

5 检验规则

5.1 组批规则

在原料及生产条件基本相同下，同一天或同一班组生产的产品为一批。按批号抽样。

5.2 抽样方法

a）感官要求、理化指标的检验抽样，按附录 A 的规定抽取；

b）微生物检验抽样，随机抽两箱，从每箱中随机抽小包装产品 1 袋～2 袋，至少抽取 250g 样品作为微生物检验试样。

5.3 检验分类

产品检验分出厂检验和型式检验。

5.3.1 出厂检验

每批产品出厂前应进行出厂检验。出厂检验由生产单位质量检验部门执行，检验项目为感官、净含量偏差、水分、菌落总数、大肠菌群，检验合格签发检验合格证，产品凭检验合格证入库或出厂。

5.3.2 型式检验

有下列情况之一时，应进行型式检验。检验项目为本标准中规定的全部项目。

a）长期停产，恢复生产时；

b）正式生产中，原料、加工工艺或生产条件有较大变化，可能影响产品质量时；

c）国家质检监督机构提出进行型式检验要求时；

d）出厂检验与上次型式检验有大差异时；

e）正常生产时，每年至少一次的周期性检验。

5.4 判定规则

5.4.1 微生物检验项目中有一项达不到要求则判该批产品为不合格，不得复检。

5.4.2 应检项目全部合格的产品判为批合格。其中全部被检测样品的平均净含量不得低于标示值。

5.4.3 除微生物检验项目外，其他各项的合格或不合格判定数按附录 A 的规定。

6 标签、包装、运输、贮存

6.1 标签

6.1.1 销售包装的标签应符合 GB 7718 的规定。标签内容包括：产品名称、商标、净含量、配料表、贮存要求、产品标准、生产者或经销者的名称、地址、生产日期、保质期等。

6.1.2 运输包装应有牢固清晰的标志注明商标、产品名称、厂名、厂址、生产日期、生产批号、保质期、贮存要求等。

6.2 包装

6.2.1 包装材料

a）销售包装：采用食品用复合薄膜袋，或采用食品用薄膜袋外加纸盒的销售包装；

b）运输包装箱：采用单瓦楞纸箱，表面最好涂无毒防潮防油或其他防潮性能良好的涂料；

c）所用包装材料均应符合有关卫生标准和使用要求。

6.2.2 包装要求

a）销售包装薄膜袋：封口要严密、整齐，不得漏气；

b）运输包装纸箱底部用黏合剂粘牢，上下用封箱带粘牢或用打包带捆扎。箱中产品要求排列整齐，箱中附产品合格证。

6.3 运输

运输工具应具备低温保藏功能，运输过程要求保持产品温度小于等于－18℃。

6.4 贮存

产品贮存于清洁卫生、无异味的冷藏库中，要求库温小于等于 18℃，保质期为 12 个月。

附　录　A
（规范性附录）
抽样方法及判定规则

A.1　抽样方法

抽样方法见表A.1。

表A.1　抽样方法

抽样方案严格性	批量范围（最小包装/件）	抽样方案类型	抽样次数	抽样数量		累计抽样数量/件	A_c	R_e
				件	最低开箱/件			
正常检验	<500	一次抽样	一次	3	2	3	0	1
	500～35 000	二次抽样	第一次	8	2	8	0	2
			第二次	8	2	16	1	2
	>35 000	二次抽样	第一次	13	2	13	0	3
			第二次	13	2	26	3	4
加严检验	<500	一次抽样	一次	5	2	5	0	1
	500～35 000	一次抽样	第一次	13	2	13	0	2
			第二次	13	2	26	1	2
	>35 000	二次抽样	第一次	20	2	20	0	3
			第二次	20	2	40	3	4
放宽检验	<500	一次抽样	一次	2	2	2	0	1
	500～35 000	二次抽样	第一次	5	2	5	0	2
			第二次	5	2	10	1	2
	>35 000	二次抽样	第一次	8	2	8	0	2
			第二次	8	2	16	1	2

注：A_c——合格判定数；
　　R_e——不合格判定。

A.2　批合格或不合格的判断

A.2.1　一次抽样方案

根据样本检验的结果，若不合格品数小于或等于合格判定数，则判定该批为合格批，若不合格品数大于或等于不合格判定数，则判定该批为不合格批。

A.2.2　二次抽样方案

根据样本检验的结果，若第一样本中不合格品数小于或等于第一合格判定数，则判定该批为合格批，若不合格品数大于或等于不合格判定数，则判定该批为不合格批。

若第一样本中不合格品数大于第一合格判定数，同时小于第一不合格判定数，则抽第二样本进行检查，若第一和第二样本中不合格品数总和小于或等于第二合格判定数，则判定该批为合格批；若大于或等于第二不合格判定数，则判定该批为不合格批。

A.3　抽样方案严格性的规定

A.3.1　正常抽样

除非另有规定，在检查开始时应使用正常检查抽样方案。

A.3.2　转移规则

A.3.2.1　从正常检查到严加检查

当进行正常检查时，若在连续不超过五批中有两批经初次检查（不包括再次提交检查批）不合格，则从下一批检查转到严加检查。

A.3.2.2　从严加检查到正常检查

当严加检查连续五批经初次检查（不包括再次提交检查批）合格，则从下一批检查转到正常检查。

A.3.2.3　从正常检查到放宽检查

当进行正常检查时，若下列条件均满足，则从下一批检查转到放宽检查。

a）连续十批（不包括再次提交检查批）正常检查合格；

b）生产正常；

c）质量部门同意转到放宽检查。

A.3.2.4　从放宽检查到正常检查

当进放宽检查时，若出现下列任一情况，则从下一批检查转到正常检查。

a）有一批放宽检查不合格；

b）生产不正常；

c）质量部门认为有必要回到正常检查。

附录1-6　鱼类罐头卫生标准

（GB 14939—2005）

1　范围

本标准规定了鱼类罐头的卫生指标和检验方法以及食品添加剂、生产加工过程、标识、包装、贮存与运输的卫生要求。

本标准适用于鲜（冻）鱼经处理、分选、修整、加工、装罐（包括马口铁罐、玻璃罐、复合薄膜袋或其他包装材料容器）、密封、杀菌、冷却而制成的具有一定真空度的罐头食品。

2　规范性引用文件

下列文件中的条款通过本标准的引用而成为本标准的条款。凡是注日期的引用文件，其随后所有的修改单（不包括勘误的内容）或修订版均不适用于本标准，然而，鼓励根据本标准达成协议的各方研究是否可使用这些文件的最新版本，凡是不注日期的引用文件，其最新版本适用于本标准。

GB 2733 鲜、冻动物性水产品卫生标准

GB 2760 食品添加剂使用卫生标准

GB/T 4789.26 食品卫生微生物学检验 罐头食品商业无菌的检验

GB/T 5009.11 食品中总砷及无机砷的测定

GB/T 5009.12 食品中铅的测定

GB/T 5009.14 食品中锌的测定

GB/T 5009.15 食品中镉的测定

GB/T 5009.16 食品中锡的测定

GB/T 5009.17 食品中总汞及有机汞的测定

GB/T 5009.27 食品中苯并（a）芘的测定

GB/T 5009.45 水产品卫生标准的分析方法

GB/T 5009.190 海产食品中多氯联苯的测定

GB 7718 预包装食品标签通则

GB 8950 罐头厂卫生规范

3 指标要求

3.1 原料、辅料要求

3.1.1 鱼：应符合 GB 2733 的规定

3.1.2 辅料：应符合相应卫生标准的规定。

3.2 感官指标

无杂质、无脱落的内壁涂料，无异味，无锈蚀，无泄漏，无胖听。

3.3 理化指标

理化指标应符合表 1 要求。

表 1 理化指标

项目	指标
苯并（a）芘[a]，μg/kg	≤5
组胺[b]，mg/100g	≤100
铅（Pb），mg/kg	≤1.0
无机砷，mg/kg	≤0.1
甲基汞，mg/kg 食用鱼（鲨鱼、旗鱼、金枪鱼、梭子鱼及其他）	≤1.0
非食用鱼	≤0.5
锡（Sn），mg/kg 镀锡罐头	≤250

（续）

项目	指标
锌（Zn），mg/kg	≤50
镉（Cd），mg/kg	≤0.1
多氯联苯[c]，mg/kg PCB138，mg/kg PCB153，mg/kg	≤2.0 ≤0.5 ≤0.5

a　仅适用于烟熏鱼罐头

b　仅适用于鲐鱼罐头

c　仅适用于海水鱼罐头，且以PCB28、PCB52、PCB101、PCB118、PCB138、PCB153、PCB180总和计

3.4　微生物指标

符合罐头食品商业无菌要求。

4　食品添加剂

4.1　食品添加剂质量符合相应的标准和有关规定。

4.2　食品添加剂品种及其使用量应符合GB 2760的规定。

5　生产加工过程

生产加工过程的卫生要求应符合GB 8950规定。

6　包装

包装容器与材料应符合相应的卫生标准和有关规定。

7　标识

标识应符合GB 7718的规定。

8　贮存与运输

8.1　贮存

产品贮存在干燥、通风的场所，禁止与有毒、有害、有异味物品同库贮存。

8.2　运输

运输工具应清洁卫生，运输时应避免强烈震荡。禁止与有毒、有害、有异味物品混运。

9　检验方法

9.1　感官检验

取保证感官检查的样品量或最小包装量，将内容物置于白色盘中，在自然光线下感官检查。

9.2 理化检验

9.2.1 铅：按 GB/T 5009.12 规定的方法测定。

9.2.2 锌：按 GB/T 5009.14 规定的方法测定

9.2.3 锡：按 GB/T 5009.15 规定的方法测定。

9.2.4 锡：按 GB/T 5009.16 规定的方法测定。

9.2.5 甲基汞：按 GB/T 5009.17 规定的方法测定。

9.2.6 苯并（a）芘：按 GB/T 5009.27 规定的方法测定。

9.2.7 组胺：按 GB/T 5009.45 规定的方法测定。

9.2.8 无机砷：按 GB/T 5009.11 规定的方法测定。

9.2.9 多氯联苯：按 GB/T 5009.190 规定的方法测定。

9.3 微生物检验

按 GB/T 4789.26 规定的方法测定。

附录1-7 调味鱼干
（SC/T 3203—2001）

1 范围

本标准规定了调味鱼干的要求、抽样、试验方法、标志、标签、包装要求。

本标准适用于以冰鲜或冷冻马面鲀（*Navodonmodestus*）、鳕鱼（*Gadusm acrocephalus*）为原料，经剖片、漂洗、调味、烘干等工序制成的调味鱼干产品，其他原料鱼制成的调味鱼干亦可参照执行。

2 引用标准

下列标准所包含的条文，通过在本标准中引用而构成为本标准的条文。本标准出版时，所示版本均为有效。所有标准都会被修订，使用本标准的各方应探讨使用下列标准最新版本的可能性。

GB 317—1998 白砂糖

GB 4789.4—1994 食品卫生微生物学检验 沙门氏菌检验

GB/T 5009.3—1985 食品中水分的测定方法

GB/T 5009.11—1996 食品中总砷的测定方法

GB/T 5009.12—1996 食品中铅的测定方法

GB/T 5009.17—1996　食品中总汞的测定方法

GB/T 5009.44—1996　肉与肉制品卫生标准的分析方法

GB 5461—2000　食用盐

GB 5749—1985　生活饮用水卫生标准

GB 7718—1994　食品标签通用标准

GB/T 18108—2000　鲜海水鱼

GB/T 18109—2000　冻海水鱼

QB 1500—1992　味精

3　要求

3.1　产品规格

产品规格的要求见表1。

表1　产品规格

规格（代号）	长度（cm）
大（L）	14以上
中（M）	12以上～14
小（S）	10以上～12
特小（SS）	10以下

3.2　主要原辅材料质量要求

a）原料鱼：应符合GB/T 18108，GB/T 18109规定的冰鲜鱼或冻鱼。

b）精制盐：应符合GB 5461规定，氯化钠含量97%以上。

c）白砂糖：应符合GB 317规定。

d）味精：应符合QB 1500规定。

e）生产用水：符合GB 5749规定。

3.3　感官指标

感官指标的要求见表2。

表2　感官指标

项目	指标
色泽	玉黄色，稍带灰白色，表面有光泽，半透明，允许局部有轻微淤血呈现的淡紫红色
形态	片形今本完好，凭证，鱼片拼接良好，无明显缝隙和破裂片
组织	组织紧密，软硬适度，肉厚部分无软捏感，无干耗片
滋味及气味	滋味鲜美，咸甜适宜，具有干制鱼干的特有香味，无异味
杂质	无外来杂质

3.4 理化指标

理化指标的规定见表3。

表3 理化指标

项目	指标（%）
水分	18～23
盐分（以 NaCl 计）	3～6
净含量允差	±2（500～1 000g/袋） ±3（<500g/袋）

3.5 卫生指标

卫生指标的规定见表4。

表4 卫生指标

项目	指标
砷（以 As 计），mg/kg	≤2.0
铅（以 Pb 计），mg/kg	≤0.5
汞（以 Hg 计），mg/kg	≤0.3
沙门氏菌	不得检出

4 试验方法

4.1 感官

将试样平摊于白搪瓷盘内，于光线充足、无异味的环境中，按3.2条逐项检验。

4.2 水分

将样品剪成细颗粒状，按 GB/T 5009.3 中规定执行。

4.3 盐分

按 GB/T 5009.44 中规定执行。

4.4 净含量偏差

所用衡器的最大称量值应低于被称试样量的5倍。净含量偏差按式（1）计算：

$$X(\%)=\frac{m_1-m_0}{m_0}\times 100 \quad \cdots\cdots (1)$$

式中 X——净含量偏差（%）；

m_0——产品标示净含量（g）；

m_1——样品净含量（g）。

4.5 砷

按 GB/T 5009.11 中规定执行。

4.6 铅

按 GB/T 5009.12 中规定执行。

4.7 汞

按 GB/T 5009.17 中规定执行。

4.8 沙门氏菌

按 GB 4789.4 中规定执行。

5 检验规则

5.1 组批规则与抽样方法

5.1.1 组批规则

在原料及生产条件基本相同下同一天或同一班组生产的产品为一批，按批号抽样。

5.1.2 抽样方法

每批抽取样本从以箱为单位，100 箱以内取 3 箱，以后每增加 100 箱（包括不足 100 箱）则抽 1 箱。

按所取样本从每箱内各抽取样品不少于 3 袋，每批取样量不少于 10 袋，净含量检验后，将样品以缩分法取得适量均匀混合试样，供感官、理化检验用。微生物检验用样须单独取样，使用未打开包装的样品。

5.2 检验分类

产品分为出厂检验和型式检验。

5.2.1 出厂检验

每批产品应进行出厂检验。出厂检验由生产单位质量检验部门执行，检验项目应选择能快速、准确反映产品质量的感官、水分、盐分、净含量偏差等主要技术指标，检验合格签发检验合格证，产品凭检验合格证入库或出厂。

5.2.2 型式检验

有下列情况之一时应进行型式检验。检验项目为本标准中规定的全部项目。

a）长期停产，恢复生产时；

b）原料变化或改变主要生产工艺，可能影响产品质量时；

c）国家质量监督机构提出进行型式检验要求时；

d）出厂检验与上次型式检验有大差异时；

e）正常生产时，每年至少一次的周期性检验。

5.3 判定规则

5.3.1 所检项目的检验结果均应符合标准要求，其中每批平均净含量不得低于标示量。

5.3.2　检验结果全部符合标准规定的判为合格批。

5.3.3　检验结果中只有一项指标不合格，允许加倍抽样将此项指标复验一次，按复验结果判定本批产品是否合格。

5.3.4　检验结果中有两项及两项以上指标不符合本标准规定，则判本批产品不合格。

5.3.5　卫生指标中有一项指标不符合本标准规定，则判本批产品不合格。

6　标签、包装、运输、贮存

6.1　标签

6.1.1　销售包装的标签应符合 GB 7718 的规定。标签内容包括：产品名称、商标、等级、原料鱼品种、净含量、产品标准、生产者或经销者的名称、地址、生产日期、保质期等。

6.1.2　运输包装外应有牢固清晰的标志，标志的位置应明显，内容包括：商标、产品名称、厂名、厂址、规格、生产日期（生产批号）、保质期、贮存要求等。

6.1.3　出口产品按合同要求。

6.2　包装

运输包装采用纸箱包装，内衬食品包装用塑料袋，销售包装采用食品用塑料袋、纸盒（或其他防潮的食品包装材料）等分装，包装应牢固、严密。

6.2.1　包装材料

6.2.1.1　纸箱：采用单瓦楞纸箱，表面最好涂无毒防潮防油或其他防潮性能良好的涂料。

6.2.1.2　塑料袋：采用清洁的食品用塑料袋。

6.2.1.3　所用包装材料均应符合有关卫生标准和使用要求。

6.2.2　包装要求

6.2.2.1　一定数量的小袋装一大袋（或盒），再装入纸箱中。箱中产品要求排列整齐，箱中加产品合格证。

6.2.2.2　纸箱底部用黏合剂粘牢，上下用封箱带粘牢或用打包带捆牢。

6.3　运输

产品用清洁、干燥的运输工具运送，严防日晒雨淋，运输中不得靠近潮湿、有毒、有异味的物质。

6.4　贮存

产品包装完毕应及时储存在－15℃以下的冷库中。在冷库内堆放成品时，应用木板垫起，堆入高度以纸箱受压不变形为宜。本产品保质期为一年。

附录 1-8　动物性水产干制品卫生标准（GB 10144—2005）

1　范围

本标准规定了动物性水产干制品的卫生指标和检验方法以及食品添加剂、生产加工过程、包装、标识、运输、贮存的卫生要求、

本标准适用于以鲜冻动物性水产品为原料、添加或不添加辅料制成的干制品。

2　规范性引用文件

下列文件中的条款通过本标准的引用而成为本标准的条款。凡是注日期的引用文件，其随后所有的修改单（不包括勘误的内容）或修订版均不适用于本标准，然而，鼓励根据本标准达成协议的各方研究是否可使用这些文件的最新版本。凡是不注日期的引用文件，其最新版本适用于本标准。

GB 2733　鲜、冻动物性水产品卫生标准

GB 2760　食品添加剂使用卫生标准

GB/T 4780.20　食品卫生微生物学检验　水产食品检验

GB/T 5009.11　食品中总砷及无机砷的测定

GB/T 5009.12　食品中铅的测定

GB/T 5009.37　食用植物油卫生标准的分析方法

GB 7718　预包装食品标签通则

GB 14881　食品企业通用卫生规范

3　指标要求

3.1　原料要求

应符合相应的标准规定

3.2　感官指标

无霉变、无虫蛀、无异味、无杂质。

3.3　理化指标

理化指标应符合表 1 要求。

表 1　理化指标

项目	指标
无机砷/（mg/kg）贝类及虾蟹类	≤1.0

（续）

项目	指标
铅（Pb）/（mg/kg）鱼类	≤0.5
酸价（以脂肪计）（KOH）/（mg/g）	130
过氧化值（以脂肪计）/（g/100g）	0.60

3.4 微生物指标

即食动物性水产干制品微生物指标应符合表2要求。

表2 微生物指标

项目	指标
菌落总数，CFU/g	≤30 000
大肠杆菌，MPN/100g	≤30
致病菌（沙门氏菌、金黄色葡萄球菌、志贺氏菌、副溶血性弧菌）	不得检出

4 食品添加剂

4.1 食品添加剂质量应符合相应的标准和有关规定。

4.2 食品添加剂品种及其使用量应符合GB 2760的规定。

5 生产加工过程

符合GB 14881中的有关规定。

6 包装

包装容器与材料应相应符合相应的标准和有关规定。

7 标识

产品标识应符合GB 7718的规定。

8 贮存与运输

8.1 贮存

产品应贮存在干燥、通风良好的场所。不得与有毒、有害、有异味、易挥发、易腐蚀的物品同储存。需冷藏的产品应在规定的温度下贮存、运输。

8.2 运输

运输产品时应避免日晒、雨淋。不得与有毒、有害、有异味或影响产品质量的物品混装运输。需冷藏运输的产品应在规定的温度下运输。

9 检验方法

9.1 感官指标

取适量试样，在自然光线条件下观察色泽、形状和体表状况，嗅其气味，供直接食用的水产干制品还应品其滋味。

9.2 理化指标

9.2.1 无机砷：按 GB/T 5009.11 规定的方法测定。

9.2.2 铅：按 GB/T 5009.12 规定的方法测定

9.2.3 酸价：按 GB/T 5009.37 规定的方法测定

9.2.4 过氧化值：按 GB/T 5009.37 规定的方法测定

9.3 微生物指标

按 GB/T 4789.20 规定的方法检验。

附录 1-9 烤鱼片
(SC/T 3302—2010)

1 范围

本标准规定了烤鱼片的要求、试验方法、检验规则、标签、包装、运输及贮存。

本标准适用于以马面鲀鱼（*Navodon modestus*）、鳕鱼（*Gadus macrocephalus*）为原料，经剖片、漂洗、调味、烘干、烤熟、轧送等工序所制成的产品。其他原料鱼制成的烤鱼片可参照执行。

2 规范性引用文件

下列文件对于本文件的应用是必不可少的，凡是注日期的引用文件，仅所注日期的版本适用于本文件。凡是不注日期的引用文件，其最新版本（包括所有的修改单）适用于本文件。

GB 317 白砂糖

GB 2733 鲜、冻动物性水产品卫生标准

GB 2760 食品添加剂使用卫生标准

GB 5009.3 食品安全国家标准 食品中水分的测定

GB/T 5009.34 食品中亚硫酸盐的测定

GB 5461 食用盐

GB 5749 生活饮用水卫生标准

GB 6388　运输包装收发货标志
GB 7718　预包装食品标签通则
GB/T 8967　谷氨酸钠（味精）
GB 10144　动物性水产干制品卫生标准
GB/T 18108　鲜海水鱼
GB/T 18109　冻海水鱼
GB/T 27304　食品安全管理体系　水产品加工企业要求
JJF 1070　定量包装商品净含量计量检验规则
SC/T 3011　水产品中盐分测定
SC/T 3016—2004　水产品抽样方法

3　要求

3.1　原辅要求

3.1.1　原料鱼：冰鲜或冷冻鱼，质量符合 GB 2733、GB/T 18108、GB/T 18109 的要求。
3.1.2　盐：符合 GB 5461 的规定。
3.1.3　白砂糖：符合 GB 317 规定。
3.1.4　味精：符合 GB/T 8967 的规定。
3.1.5　生产用水：符合 GB 5749 的规定。
3.1.6　食品添加剂：加工中使用的添加品种及用量应符合 GB 2760 的规定。
3.1.7　其他辅料：应符合相应的标准及有关规定。

3.2　加工

加工过程的管理应符合 GB/T 27304 的规定。

3.3　感官要求

感官指标应符合表 1 规定。

表 1　烤鱼片感官要求

项目	一级品
色泽	具有本品固有的色泽，色泽均匀
形态	具有本品固有的形态，鱼片的形状完好
组织	肉质疏松，有嚼劲，无僵片
滋味及气味	滋味鲜美，鲜甜适宜，具有烤鱼特有香味，无异味
杂质	无肉眼可见外来杂质

3.4　理化指标

理化指标应符合表 2 规定。

表 2　烤鱼片理化指标

项　目	指　标
亚硫酸盐（以 SO_2 计），mg/kg	≤30
水分，%	≤22
盐分（以 NaCl 计），%	≤6

3.5　卫生指标

卫生指标应符合 GB 10144 的规定。

3.6　净含量

净含量应符合 JJF 1070 的规定。

4　试验方法

4.1　感官

在光线充足、无异味的环境中，将试样平摊于白搪瓷盘或不锈钢工作台上，按本标准 3.3 条逐项进行感官检验。

4.2　水分

按 GB 5009.3 中规定执行。

4.3　盐分

按 GB/T 3011 中规定执行。

4.4　亚硫酸盐

按 GB/T 5009.34 中规定执行。

4.5　卫生标准

按 GB 10144 中规定的检验方法执行。

4.6　净含量检验

按 JJF 1070 的规定执行。

5　检验规则

5.1　组批规则与抽样方法

5.1.1　组批规则

在原料及生产条件基本相同的情况下，同一天或同一班组生产的产品为一批，按批号抽样。

5.1.2　抽样方法

5.1.2.1　感官、净含量、理化指标：按 SC/T 3016—2004 的规定执行。

5.1.2.2　微生物指标：在提交的产品中随机抽取 3 箱，从每箱中随机抽取未打开包装的产品 1 袋～3 袋，抽取不低于 250g 的样品作为微生物指标检验试样。

5.2 检验分类

5.2.1 出厂检验

每批产品应进行出厂检验。出厂检验由生产单位质量检验部门执行，检验项目为感官、净含量、水分、盐分、菌落总数、大肠菌群，检验合格签发检验合格证，产品凭检验合格证入库或出厂。

5.2.2 型式检验

有下列情况之一时应进行型式检验。检验项目为本标准中规定的全部项目。

a）长期停产，恢复生产时；

b）原料变化或改变主要生产工艺，可能影响产品质量时；

c）出厂检验与上次型式检验有大差异时；

d）国家质量监督机构提出进行型式检验要求时；

e）正常生产时，每6个月至少一次的周期性检验。

5.3 判定规则

5.3.1 所检项目的检验结果均应符合标准要求，判该批产品为合格品。

5.3.2 感官检验所检项目全部符合3.3条规定，合格样本数符合SC/T 3016—2004中A.1规定，则判为批合格。

5.3.3 除微生物指标外，其他指标检验结果中有两项及两项以上指标不合格，则判本批产品不合格；检验结果中只有一项指标不合格，允许加倍抽样将此项指标复验一次，按复验结果判定本批产品是否合格。

5.3.4 卫生指标中有一项指标不符合本标准规定，则判本批产品不合格。

6 标签、包装、运输、贮存

6.1 标签

6.1.1 销售包装的标签应符合GB 7718的规定。

6.1.2 运输包装上的标志应符合GB 6388规定。

6.2 包装

6.2.1 包装材料

所用塑料袋、纸盒、瓦楞纸箱等包装材料应为食品级包装材料，包装材料应洁净、牢固、无毒、无异味。

6.2.2 包装要求

产品须密封包装，一定数量的小袋装一大袋（或盒），再装入纸箱中。箱中产品要求排列整齐，箱中加产品合格证。纸箱底部用黏合剂粘牢，上下用封箱带粘牢或用打包带捆牢。

6.3 运输

运输工具应清洁卫生、无异味、运输中防止日晒、虫害、有害物质的污染，不得靠近或接触有腐蚀性物质，不得与气味浓郁物品混运。

6.4 贮存

6.4.1 产品宜贮藏于阴凉干燥、清洁、卫生、无异味、又防鼠防虫设备的库中，防止虫害和有害物质的污染及其他损害。

6.4.2 不同品种、规格、批次的产品应分别堆垛，并用垫板垫起，堆放高度以纸箱受压不变形为宜。

附录1-10 水产调味品卫生标准
（GB 10133—2005）

1 范围

本标准规定了水产调味品卫生指标和检验方法以及食品添加剂、生产和加工过程、标识、包装、贮存与运输的卫生要求。

本标准适用于以鱼类、虾类、蟹类、贝类为原料，经相应工艺加工制成的水产调味品。

2 规范性引用文件

下列文件中的条款通过本标准的引用而成为本标准的条款，凡是注日期的引用文件，其随后所有的修改单（不包括勘误的内容）或修订版均不适用于本标准，然而，鼓励根据本标准达成协议的各方研究是否可使用这些文件的最新版本，凡是不注日期的引用文件，其最新版本适用于本标准。

GB 2760 食品添加剂使用卫生标准

GB/T 4789.22 食品卫生微生物学检验 调味品检验

GB/T 5009.11 食品中总砷及无机砷的测定

GB/T 5009.12 食品中铅的测定

GB/T 5009.15 食品中镉的测定

GB/T 5009.190 海产食品中多氯联苯的测定

GB 7718 预包装食品标签通则

GB 14881 食品企业通用卫生规范

SC 3001 水产及水产加工品分类与名称

SC/T 3009 水产品加工质量管理规范

3 定义

SC 3001确立的术语和定义适用于本标准。

4 指标要求

4.1 原料要求

鱼、虾、蟹、贝类原料应符合相关标准的规定。

4.2 感官指标

无异味、无杂质。

4.3 理化指标

理化指标应符合表1要求。

表1 理化指标

项目	指标
无机砷/（mg/kg） 鱼制调味品 其他调味品	 ≤0.1 ≤0.5
铅（Pb）/（mg/kg） 鱼制调味品	≤0.5
镉（Cd）/（mg/kg） 鱼制调味品	≤0.1
多氯联苯[a]/（mg/kg） PCB 138/（mg/kg） PCB 153/（mg/kg）	≤2.0 ≤0.5 ≤0.5

a 仅适用于海水产调味品，且以PCB28、PCB52、PCB101、PCB118、PCB138、PCB153、PCB180总和计

4.4 微生物指标

微生物指标应符合表2要求。

表2 微生物指标

项目	指标
菌落总数/（CFU/g）	≤8 000
大肠杆菌/（MPN/100g）	≤30
致病菌（沙门氏菌、金黄色葡萄球菌、副溶血性弧菌、志贺氏菌）	不得检出

5 食品添加剂

5.1 食品添加剂质量符合相应的标准和有关规定。
5.2 食品添加剂品种及其使用量应符合 GB 2760 的规定。

6 生产加工过程

生产加工过程的卫生要求应符合 GB 14881 和 SC/T 3009 的规定。

7 包装

包装容器与材料应符合相应的国家卫生标准。

8 标识

标识应符合 GB 7718 的规定。

9 贮存与运输

9.1 贮存

产品应贮存在清洁、干燥、阴凉、通风的仓库中，避免日晒、雨淋和受热。库房内设垫离架和防鼠设施。禁止与有毒、有害、有异味物品同库贮存。

9.2 运输

运输工具应清洁卫生，禁止与有毒、有害、有异味物品混运。运输时必须有遮盖物，避免日晒和受热。

10 检验方法

10.1 感官检验

取 200mL 或 200g 样品于无色烧杯中，在自然光线下，用目测、鼻嗅、品尝的方法进行检验。

10.2 理化检验

10.2.1 无机砷：按 GB/T 5009.11 规定的方法测定。
10.2.2 铅：按 GB/T 5009.12 规定的方法测定。
10.2.3 镉：按 GB/T 5009.15 规定的方法测定。
10.2.4 多氯联苯：按 GB/T 5009.190 规定的方法测定。

10.3 微生物检验

按 GB/T 4789.22 规定的方法检验。

附录2

国家大宗淡水鱼产业技术体系加工研究室成果

附录2-1 相关论文

[1] BAO Y, LUO Y, ZHANG Y, et al., Application of the global stability index method to predict the quality deterioration of blunt-snout bream (*Megalobrama amblycephala*) during chilled storage [J]. Food Science and Biotechnology, 2013, 22: 1-5.

[2] BAO Y, ZHOU Z, LUH, et al., Modelling quality changes in Songpu mirror carp (*Cyprinus carpio*) fillets stored at chilled temperatures: comparison between Arrhenius model and log - logistic model [J]. International Journal of Food Science & Technology, 2013, 48: 387-393.

[3] CHEN J, WANG Y, ZHONG Q, et al., Purification and characterization of a novel angiotensin-I converting enzyme (ACE) inhibitory peptide derived from enzymatic hydrolysate of grass carp protein [J]. Peptides, 2012, 33: 52-58.

[4] DING Y, LIU R, RONG J, et al., Rheological behavior of heat-induced actomyosin gels from yellowcheek carp and grass carp [J]. European Food Research and Technology, 2012, 235: 245-251.

[5] ING Y, LIU Y, YANG H, et al., Effects of $CaCl_2$ on chemical interactions and gel properties of surimi gels from two species of carps [J]. European Food Research and Technology, 2011, 233: 569-576.

[6] FOH M B K, XIA W, AMADOU I, et al., Influence of pH Shift on Functional Properties of Protein Isolated of Tilapia (*Oreochromis niloticus*) Muscles and of Soy Protein Isolate [J]. Food and Bioprocess Technology, 2012, 5: 2192-2200.

[7] HONG H, FAN H, WANG H, et al., Seasonal variations of fatty acid profile in different tissues of farmed bighead carp (*Aristichthys nobilis*) [J]. J Food Sci Technol, 2013: 1-9.

[8] HONG H, LUO Y, ZHOU Z, et al., Effects of different freezing treatments on the biogenic amine and quality changes of bighead carp (*Aristichthys nobilis*) heads during ice storage [J]. Food chemistry, 2013, 138: 1476-1482.

[9] HONG H, LUO Y, ZHOU Z, et al., Effects of low concentration of salt and sucrose on the quality of bighead carp (*Aristichthys nobilis*) fillets stored at 4° C [J]. Food

chemistry，2012，133：102-107.

[10] HONG H，LUO Y，ZHU S，et al.，Application of the general stability index method to predict quality deterioration in bighead carp (*Aristichthys nobilis*) heads during storage at different temperatures [J]. Journal of Food Engineering，2012，113：554-558.

[11] HONG H，LUO Y，ZHU S，et al.，Establishment of quality predictive models for bighead carp (*Aristichthys nobilis*) fillets during storage at different temperatures [J]. International Journal of Food Science & Technology，2012，47：488-494.

[12] HU S，LUO Y，CUI J，et al.，Effect of silver carp (*Hypophthalmichthys molitrix*) muscle hydrolysates and fish skin hydrolysates on the quality of common carp (*Cyprinus carpio*) during 4° C storage [J]. International Journal of Food Science & Technology，2013，48：187-194.

[13] HU Y，XIA W，GE C. Effect of mixed starter cultures fermentation on the characteristics of silver carp sausages [J]. World Journal of Microbiology and Biotechnology，2007，23：1021-1031.

[14] HU Y，XIA W，GE C. Characterization of fermented silver carp sausages inoculated with mixed starter culture [J]. Lwt - Food Science and Technology，2008，41：730-738.

[15] HU Y，XIA W，LIU X. Changes in biogenic amines in fermented silver carp sausages inoculated with mixed starter cultures [J]. Food chemistry，2007，104：188-195.

[16] LI K，BAO Y，LUO Y，et al.，Formation of Biogenic Amines in Crucian Carp (*Carassius auratus*) during Storage in Ice and at 4℃ [J]. Journal of Food Protection®，2012，75：2228-2233.

[17] LI K，SHEN H，LI B，et al.，Changes in physiochemical properties of water-soluble proteins from crucian carp (*Carassius auratus*) during heat treatment [J]. J Food Sci Technol，2012：1-5.

[18] LI X，LUO Y，SHEN H，et al.，Antioxidant activities and functional properties of grass carp (*Ctenopharyngodon idellus*) protein hydrolysates [J]. Journal of the Science of Food and Agriculture，2012，92：292-298.

[19] LI X，LUO Y，YOU J，et al.，Stability of papain-treated grass carp (*Ctenopharyngodon idellus*) protein hydrolysate during food processing and its ability to inhibit lipid oxidation in frozen fish mince [J]. J Food Sci Technol，2013：1-7.

[20] LI X，LUO Y，YOU J，et al.，In vitro antioxidant activity of papain - treated grass carp (*Ctenopharyngodon idellus*) protein hydrolysate and the preventive effect on fish mince system [J]. International Journal of Food Science & Technology，2012，47：961-967.

[21] LI X，XIA W Effects of chitosan on the gel properties of salt-soluble meat proteins from silver carp [J]. Carbohydrate Polymers，2010，82：958-964.

[22] LI Z, JIANG M, YOU J, et al., Impact of Maillard reaction conditions on the antigenicity of parvalbumin, the major allergen in grass carp [J]. Food and Agricultural Immunology, 2013: 1-12.

[23] LIU J-K, ZHAO S-M, XIONG S-B, et al., Influence of recooking on volatile and non-volatile compounds found in silver carp Hypophthalmichthys molitrix [J]. Fisheries Science, 2009, 75: 1067-1075.

[24] LIU L, LUO Y, SONG Y, et al., Study on Gel Properties of Silver Carp (*Hypophthalmichthys molitrix*) and White Croaker (*Argyrosomus argentatus*) Blended Surimi at Different Setting Conditions [J]. Journal of Aquatic Food Product Technology, 2013, 22: 36-46.

[25] LIU R, ZHAO S-M, LIU Y-M, et al., Effect of pH on the gel properties and secondary structure of fish myosin [J]. Food chemistry, 2010, 121: 196-202.

[26] LIU R, ZHAO S-M, XIE B-J, et al., Contribution of protein conformation and intermolecular bonds to fish and pork gelation properties [J]. Food Hydrocolloids, 2011, 25: 898-906.

[27] LIU R, ZHAO S-M, XIONG S-B, et al., Role of secondary structures in the gelation of porcine myosin at different pH values [J]. Meat Science, 2008, 80: 632-639.

[28] LIU R, ZHAO S-M, XIONG S-B, et al., Rheological properties of fish actomyosin and pork actomyosin solutions [J]. Journal of Food Engineering, 2008, 85: 173-179.

[29] LIU R, ZHAO S-M, YANG H, et al., Comparative study on the stability of fish actomyosin and pork actomyosin [J]. Meat Science, 2011, 88: 234-240.

[30] LIU Y-M, LI R-J, ZHAO S-M, et al., Effects of water, Na (+) and Ca (2+) on stress-relaxation properties of surimi gel [J]. Journal of Central South University of Technology, 2008, 15: 529-533.

[31] LU H, LUO Y, ZHOU Z, et al., The Quality Changes of Songpu Mirror Carp (*Cyprinus carpio*) during Partial Freezing and Chilled Storage [J]. Journal of Food Processing and Preservation, 2013, 37: 1-7.

[32] LU W, HU S, LUO Y, et al., The Relationship between Electric Impedance and Quality Parameters of Ungutted and Gutted Common Carp (*Cyprinus carpio*) Stored at 4° C [J]. Journal of Aquatic Food Product Technology, 2013, 22: 219-225.

[33] LUO H, XIA W, XU Y, et al., Diffusive Model with Variable Effective Diffusivity Considering Shrinkage for Hot-Air Drying of Lightly Salted Grass Carp Fillets [J]. Drying Technology, 2013, 31: 752-758.

[34] M. B. K. Foh, M. T. Kamara, I. Amadou, et al., Chemical and Physicochemical Properties of Tilapia (*Oreochromis niloticus*) Fish Protein Hydrolysate and Concentrate [J]. International Journal of Biological Chemistry, 2011, 5 (1): 21-36.

[35] PAN J, SHEN H, LUO Y. Changes in salt extractable protein and ca (2+) -atpase

activity of mince from silver carp (*hypophthalmichthys mollitrix*) during frozen storage: a kinetic study [J]. Journal of Muscle Foods, 2010, 21: 834 - 847.

[36] PAN J, SHEN H, LUO Y. cryoprotective effects of trehalose on grass carp (*ctenopharyngodon idellus*) surimi during frozen storage [J]. Journal of Food Processing and Preservation, 2010, 34: 715 - 727.

[37] PAN J, SHEN H, YOU J, et al., changes in physiochemical properties of myofibrillar protein from silver carp (*hypophthalmichthys mollitrix*) during heat treatment [J]. Journal of Food Biochemistry, 2011, 35: 939 - 952.

[38] QIU C, XIA W, JIANG Q. Effect of high hydrostatic pressure (HHP) on myofibril - bound serine proteinases and myofibrillar protein in silver carp (*Hypophthalmichthys molitrix*) [J]. Food Research International, 2013, 52: 199 - 205.

[39] QIU C, XIA W, JIANG Q. High hydrostatic pressure inactivation kinetics of the endogenous lipoxygenase in crude silver carp (*Hypophthalmichthys molitrix*) extract [J]. International Journal of Food Science and Technology, 2013, 48: 1142 - 1147.

[40] SHI C, CUI J, LU H, et al., Changes in biogenic amines of silver carp (*Hypophthalmichthys molitrix*) fillets stored at different temperatures and their relation to total volatile base nitrogen, microbiological and sensory score [J]. Journal of the Science of Food and Agriculture, 2012, 92: 3079 - 3084.

[41] SHI C, CUI J, LUO Y, et al., Effect of lightly salt and sucrose on rigor mortis changes in silver carp (*Hypophthalmichthys molitrix*) stored at 4℃ [J]. International Journal of Food Science & Technology, 2013, 48: 1 - 8.

[42] SHI C, LU H, CUI J, et al., Study on the Predictive Models of the Quality of Silver Carp (*Hypophthalmichthys Molitrix*) Fillets Stored under Variable Temperature Conditions [J]. Journal of Food Processing and Preservation, 2012, 37: 1 - 8.

[43] SHI J, LUO Y, SHEN H, et al., Gel properties of surimi from silver carp (*Hypophthalmichthys molitrix*): effects of whey protein concentrate, $CaCl_2$ and setting condition [J]. Journal of Aquatic Food Product Technology, 2013.

[44] SONG Y, LIU L, SHEN H, et al., Effect of sodium alginate - based edible coating containing different anti - oxidants on quality and shelf life of refrigerated bream (*Megalobrama amblycephala*) [J]. Food Control, 2011, 22: 608 - 615.

[45] SONG Y, LUO Y, YOU J, et al., Biochemical, sensory and microbiological attributes of bream (*Megalobrama amblycephala*) during partial freezing and chilled storage [J]. Journal of the Science of Food and Agriculture, 2012, 92: 197 - 202.

[46] WANG C, XIA W, XU Y, et al., Physicochemical Properties, Volatile Compounds and Phospholipid Classes of Silver Carp Brain Lipids [J]. Journal of the American Oil Chemists Society, 2013, 90: 1301 - 1309.

[47] WANG C, XIA W, XU Y, et al., Anti - platelet - activating factor, antibacterial, and antiradical activities of lipids extract from silver carp brain [J]. Lipids in Health

and Disease, 2013, 12: 1-6.
[48] WANG H, LUO Y, SHEN H. Effect of frozen storage on thermal stability of sarcoplasmic protein and myofibrillar protein from common carp (*Cyprinus carpio*) muscle [J]. International Journal of Food Science & Technology, 2013, 48: 1962-1969.
[49] WANG H, LUO Y, SHI C, et al., Effect of different th$A_w$ing methods and multiple freeze-thA_w cycles on the quality of common carp (*Cyprinus carpio*) [J]. Journal of Aquatic Food Product Technology, 2013.
[50] XU Y, JIANG Q, XIA W. Effect of glucono-delta-lactone acidification and heat treatment on the physicochemical properties of silver carp mince [J]. Lwt-Food Science and Technology, 2011, 44: 1952-1957.
[51] XU Y, JIANG Q, XIA W. Acid-induced Gel Formation of Silver Carp (*Hypophthalmichthys molitrix*) Myofibrils as Affected by Salt Concentration [J]. Food Science and Technology Research, 2013, 19: 295-301.
[52] XU Y, XIA W, JIANG Q. Aggregation and structural changes of silver carp actomyosin as affected by mild acidification with D-gluconic acid delta-lactone [J]. Food Chemistry, 2012, 134: 1005-1010.
[53] XU Y, XIA W, JIANG Q, et al., Acid-induced aggregation of actomyosin from silver carp (Hypophthalmichthys molitrix) [J]. Food Hydrocolloids, 2012, 27: 309-315.
[54] XU Y, XIA W, YANG F, et al., Effect of fermentation temperature on the microbial and physicochemical properties of silver carp sausages inoculated with Pediococcus pentosaceus [J]. Food Chemistry, 2010, 118: 512-518.
[55] XU Y, XIA W, YANG F, et al., Physical and chemical changes of silver carp sausages during fermentation with Pediococcus pentosaceus [J]. Food Chemistry, 2010, 122: 633-637.
[56] XU Y, XIA W, YANG F, et al., Protein molecular interactions involved in the gel network formation of fermented silver carp mince inoculated with Pediococcus pentosaceus [J]. Food Chemistry, 2010, 120: 717-723.
[57] YAO L, LUO Y, SUN Y, et al., Establishment of kinetic models based on electrical conductivity and freshness indictors for the forecasting of crucian carp (*Carassius carassius*) freshness [J]. Journal of Food Engineering, 2011, 107: 147-151.
[58] YOU J, LUO Y, SHEN H. Functional Properties of Water-soluble Proteins from Silver Carp (*Hypophthalmichthys molitrix*) Conjugated with Five Different Kinds of Sugar [J]. Food and Bioprocess Technology, 2013, 6: 1-8.
[59] YOU J, LUO Y, SHEN H. Functional properties of water-soluble proteins from silver carp (*Hypophthalmichthys molitrix*) at different pH [J]. Journal of Aquatic Food Product Technology, 2012, 22: 487-495.
[60] YOU J, LUO Y, SHEN H. Effect of Heat Treatment and Lyophilization on the Physi-

cochemical Properties of Water - Soluble Proteins from Silver Carp (*Hypophthalmichthys molitrix*) [J]. Journal of Food Biochemistry, 2013, 37: 604-610.

[61] YOU J, LUO Y, SHEN H, et al., Effect of substrate ratios and temperatures on development of Maillard reaction and antioxidant activity of silver carp (*Hypophthalmichthys molitrix*) protein hydrolysate - glucose system [J]. International Journal of Food Science and Technology, 2011, 46: 2467-2474.

[62] YOU J, PAN J, SHEN H, et al., changes in physicochemical properties of bighead carp (*aristichthys mobilis*) actomyosin by thermal treatment [J]. International Journal of Food Properties, 2012, 15: 1276-1285.

[63] ZENG X, XIA W, JIANG Q, et al., Chemical and microbial properties of Chinese traditional low - salt fermented whole fish product Suan yu [J]. Food Control, 2013, 30: 590-595.

[64] ZENG X, XIA W, JIANG Q, et al., Effect of autochthonous starter cultures on microbiological and physico - chemical characteristics of Suan yu, a traditional Chinese low salt fermented fish [J]. Food Control, 2013, 33: 344-351.

[65] ZENG X, XIA W, YANG F, et al., Changes of biogenic amines in Chinese low - salt fermented fish pieces (Suan yu) inoculated with mixed starter cultures [J]. International Journal of Food Science and Technology, 2013, 48: 685-692.

[66] ZHANG L, LI X, LU W, et al., Quality predictive models of grass carp (*Ctenopharyngodon idellus*) at different temperatures during storage [J]. Food Control, 2011, 22: 1197-1202.

[67] ZHANG L, LUO Y, HU S, et al., Effects of Chitosan Coatings Enriched with Different Antioxidants on Preservation of Grass Carp (*Ctenopharyngodon idellus*) During Cold Storage [J]. Journal of Aquatic Food Product Technology, 2012, 21: 508-518.

[68] ZHANG L, SHEN H, LUO Y. Study on the electric conduction properties of fresh and frozen - th$A_w$ed grass carp (*Ctenopharyngodon idellus*) and tilapia (*Oreochromis niloticus*) [J]. International Journal of Food Science and Technology, 2010, 45: 2560-2564.

[69] ZHANG L, SHEN H, LUO Y. A nondestructive method for estimating freshness of freshwater fish [J]. European Food Research and Technology, 2011, 232: 979-984.

[70] ZHANG L, ZHAO S, XIONG S, et al., Chemical structure and antioxidant activity of the biomacromolecules from paddlefish cartilage [J]. International Journal of Biological Macromolecules, 2013, 54: 65-70.

[71] ZHANG Q, XIONG S, LIU R, et al., Diffusion kinetics of sodium chloride in Grass carp muscle and its diffusion anisotropy [J]. Journal of Food Engineering, 2011, 107: 311-318.

[72] ZHANG Y, XIA W A novel method for the determination of sodium chloride in salted fish [J]. International Journal of Food Science and Technology, 2008, 43: 927-932.

 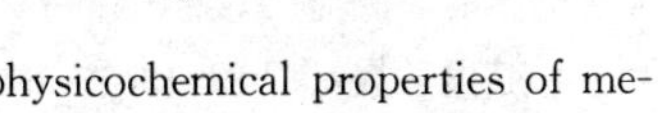

[73] ZHANG Z，ZHAO S，XIONG S. Morphology and physicochemical properties of mechanically activated rice starch [J]. Carbohydrate Polymers，2010，79：341 - 348.

[74] ZHANG Z，ZHAO S，XIONG S. Synthesis of Octenyl Succinic Derivative of Mechanically Activated Indica Rice Starch [J]. Starch - Starke，2010，62：78 - 85.

[75] ZHANG Z，ZHAO S，XIONG S. Molecular properties of octenyl succinic esters of mechanically activated Indica rice starch [J]. Starch - Starke，2013，65：453 - 460.

[76] ZHONG S，MA C，LIN Y C，et al.，Antioxidant properties of peptide fractions from silver carp（*Hypophthalmichthys molitrix*）processing by - product protein hydrolysates evaluated by electron spin resonance spectrometry [J]. Food Chemistry，2011，126：1636 - 1642.

[77] ZHU S，LUO Y，HONG H，et al.，Correlation Between Electrical Conductivity of the Gutted Fish Body and the Quality of Bighead Carp（*Aristichthys nobilis*）Heads Stored at 0 and 3° C [J]. Food and Bioprocess Technology，2013，6：1 - 8.

[78] 艾明艳，胡筱波，熊善柏．框鳞镜鲤肌肉主要营养成分测定评价 [J]．营养学报，2011，33：87 - 89.

[79] 艾明艳，刘茹，温怀海，等．框鳞镜鲤鱼片注射腌制工艺的研究 [J]．食品工业科技，2013，34：273 - 275.

[80] 安然，罗永康，尤娟，等．草鱼鱼鳞蛋白酶解产物功能特性及其抗氧化活性 [J]．食品与发酵工业，2011，37：76 - 80.

[81] 柏芸，熊善柏．我国淡水鱼加工业现状，问题与对策 [J]．湖北农业科学，2010，49：3159 - 3161.

[82] 包玉龙，汪之颖，李凯风，等．冷藏和冰藏条件下鲫鱼生物胺及相关品质变化的研究 [J]．中国农业大学学报，2013，03：157 - 162.

[83] 曾令彬，熊善柏，王莉．腊鱼加工过程中微生物及理化特性的变化 [J]．食品科学，2009，30：54 - 57.

[84] 曾令彬，赵思明，熊善柏，等．风干白鲢的热风干燥模型及内部水分扩散特性 [J]．农业工程学报，2008，24：280 - 283.

[85] 曾雪峰，夏文水．湘西传统酸鱼中乳酸菌的分离及特性研究 [J]．食品与发酵工业，2012，38：40 - 44.

[86] 陈季旺，孙勤，夏文水．鱼降压肽的大孔吸附树脂分离及其活性稳定性 [J]．食品科学，2009，30：25 - 28.

[87] 陈季旺，孙勤，夏文水．鱼降压肽的大孔吸附树脂脱盐及理化性质 [J]．食品科学，2009，30：158 - 162.

[88] 陈季旺，夏文水，黄爱妮，等．鱼降压肽的酶法制备工艺及其理化性质 [J]．水产学报，2007，31：512 - 517.

[89] 程世俊，万鹏，宗力，等．连续式弹簧刷去鳞机的研制与试验 [J]．渔业现代化，2012，39：46 - 50.

[90] 程世俊，宗力，万鹏，等．连续式淡水鱼弹簧刷去鳞机参数优化与试验 [J]．农业

工程学报，2012，28：88-94.
[91] 丁俊胄，沈硕，熊善柏，等．微波辅助碱法提取匙吻鲟软骨蛋白-多糖复合物的工艺[J]．水产学报，2011，35：139-144.
[92] 丁玉琴，刘友明，熊善柏．鳡与草鱼肌肉营养成分的比较研究［J］．营养学报，2011，33：196-198.
[93] 杜国伟，夏文水．鲢鱼糜脱腥前后及贮藏过程中挥发性成分的变化［J］．食品工业科技，2007，28：76-80.
[94] 杜伟光，李小定，王术娥，等．尼罗罗非鱼暂养阶段挥发性成分的变化［J］．食品科学，2011，32：215-218.
[95] 范露，陈加平，熊善柏，等．球磨处理对鲢鱼骨粉理化特性的影响［J］．食品科学，2008，29：70-73.
[96] 方炎鹏，曾令彬，熊善柏．腊鱼加工过程中挥发性成分变化的研究［J］．食品工业，2011，(7)：33-36.
[97] 付娜，李小定，熊善柏，等．顶空固相微萃取-气质联用法分析辅料对熟制草鱼鱼糜挥发性组分的影响［J］．食品科学，2011，32：264-268.
[98] 甘承露，郭姗姗，荣建华，等．鲩鱼在脆化养殖过程中肌肉营养成分的变化［J］．营养学报，2010，32：513-515.
[99] 甘承露，郭姗姗，荣建华，等．脆肉鲩低温相变区热特性的研究［J］．食品科学，2009，30：224-228.
[100] 龚婷，熊善柏，陈加平，等．冰温气调保鲜草鱼片加工过程中的减菌化处理［J］．华中农业大学学报，2009，28：111-115.
[101] 顾卫瑞，郭姗姗，熊善柏，等．不同减菌方式对冰温贮藏草鱼片品质的影响［J］．华中农业大学学报，2010，29：236-240.
[102] 郭姗姗，荣建华，赵思明，等．臭氧水处理对冰温保鲜脆肉鲩鱼片品质的影响[J]．食品科学，2009，30：469-473.
[103] 郝楠楠，曹立伟，熊善柏，等．三种蔬菜粒对鱼丸品质的影响［J］．食品工业科技，2013，34：108-111.
[104] 洪惠，罗永康，吕元萌，等．酶法制备鱼骨胶原多肽螯合钙的研究［J］．中国农业大学学报，2012，17：149-155.
[105] 洪惠，沈慧星，罗永康．鱼骨多肽钙粉的研究与开发［J］．肉类研究，2010，08：78-82.
[106] 洪惠，朱思潮，罗永康，等．鳙在冷藏和微冻贮藏下品质变化规律的研究［J］．南方水产科学，2011，7：7-12.
[107] 胡芬，李小定，熊善柏，等．5种淡水鱼肉的质构特性及与营养成分的相关性分析［J］．食品科学，2011，32：69-73.
[108] 胡素梅，张丽娜，罗永康，等．去鳞处理对鲤鱼鱼体冷藏期间品质变化的影响[J]．食品工业科技，2011，32：352-358.
[109] 胡素梅，张丽娜，罗永康，等．冷藏和微冻条件下鲤鱼品质变化的研究［J］．渔业

现代化，2010，05：38-42.
[110] 胡永金，夏文水，刘晓永．不同微生物发酵剂对鲢鱼肉发酵香肠品质的影响 [J]．安徽农业科学，2007，35：1790-1791.
[111] 黄琪琳，陈若雯，丁玉琴，等．鲟鱼头骨多糖的提取及性质研究 [J]．食品科学，2009，30：135-139.
[112] 贾丹，刘敬科，孔进喜，等．不同体质量鲢肌肉中主要滋味物质的研究 [J]．华中农业大学学报，2013，32：124-129.
[113] 贾丹，刘茹，刘明菲，等．转谷氨酰胺酶（TGase）对鳙鱼糜热诱导胶凝特性的影响 [J]．食品科学，2013，34：37-41.
[114] 贾磊，熊善柏，赵思明．包装方式对冰温贮藏鳙鱼头鲜度的影响 [J]．食品科学，2012，33：328-331.
[115] 姜国伟，张家骊，夏文水．带鱼下脚料水解物对大鼠血管内皮损伤的影响 [J]．生物加工过程，2011，9：46-49.
[116] 姜良萍，李博，罗永康，等．鲢鱼源多肽锌的制备工艺对其抑菌活性的影响 [J]．食品科技，2013，02：125-130.
[117] 姜启兴，乌德，赵黎明，等．鱿鱼骨壳聚糖的抑菌性能研究 [J]．食品工业科技，2010，12：014.
[118] 雷跃磊，刘茹，王卫芳，等．三种添加物对鱼肉猪肉复合凝胶品质的影响 [J]．食品工业科技，2013，34：281-284.
[119] 雷跃磊，熊善柏，赵思明．漂洗方式对微粒化鱼浆品质的影响 [J]．食品工业科技，2012，33：80-82.
[120] 李俊杰，熊善柏，曾俊，等．鲢鱼鱼浆对鱼糜凝胶品质的影响 [J]．食品科学，2013，34：53-56.
[121] 李凯风，罗永康，冯启超，等．鱼鳞蛋白酶解物为基料的涂膜剂对鲫的保鲜效果 [J]．水产学报，2011，35：1113-1119.
[122] 李莎莎，安玥琦，丁玉琴，等．碱性盐对冷冻鱼糜保水性的影响 [J]．食品科学，2012，33：68-72.
[123] 李雪，罗永康，尤娟．草鱼鱼肉蛋白酶解物抗氧化性及功能特性研究 [J]．中国农业大学学报，2011，16：94-99.
[124] 李雪，尤娟，罗永康．草鱼肉蛋白酶解物功能特性及质量控制的研究 [J]．食品工业科技，2011，32：81-84.
[125] 栗瑞娟，熊善柏，赵思明，等．面团组成对鱼面面团及面片流变学特性的影响[J]．食品科学，2008，29：83-86.
[126] 刘斌，熊光权，熊善柏，等．^{60}Co-γ射线辐照五种常见渔药在水溶液中降解作用的研究 [J]．辐射研究与辐射工艺学报，2010，28：150-155.
[127] 刘斌，熊善柏，熊光权，等．辐照技术在食品污染物控制方面的研究进展 [J]．核农学报，2010，24：784-789.
[128] 刘大松，姜启兴，梁丽，等．草鱼肉冷藏条件下肌肉蛋白的变化 [J]．郑州轻工业

学院学报：自然科学版，2013，28：20-24.

[129] 刘海梅，鲍军军，熊善柏，等．鸡蛋清蛋白对微生物转谷氨酰胺酶诱导鲢鱼鱼糜凝胶形成的影响［J］．食品科学，2010，31：102-104.

[130] 刘海梅，熊善柏，谢笔钧，等．鲢鱼糜凝胶形成过程中化学作用力及蛋白质构象的变化［J］．中国水产科学，2008a，15：469-475.

[131] 刘海梅，熊善柏，张丽．TGase 抑制剂对鲢鱼糜热诱导凝胶形成的影响［J］．食品科学，2008，29：124-127.

[132] 刘海梅，熊善柏，张丽，等．鲢肌球蛋白热诱导的凝胶化温度［J］．水产学报，2010，34：643-647.

[133] 刘敬科，赵思明，熊善柏，等．不同萃取头固相微萃取提取鲢鱼肉中挥发性成分的分析［J］．华中农业大学学报，2008，27：797-801.

[134] 刘蕾，洪惠，宋永令，等．不同加热条件对复合鱼糜凝胶特性的影响［J］．肉类研究，2010，06：15-18.

[135] 刘蕾，王航，罗永康，等．复合鱼肉肌原纤维蛋白加热过程中理化特性变化的研究［J］．淡水渔业，2012，3：88-91.

[136] 刘茹，李俊杰，熊善柏，等．内源酶在鱼肉和猪肉热胶凝过程中作用的比较研究［J］．食品工业科技，2012，33：90-93.

[137] 刘茹，鲁长新，熊善柏，等．淡水鱼低温相变区热特性参数预测模型的建立［J］．农业工程学报，2009，25：256-260.

[138] 刘茹，钱曼，雷跃磊，等．漂洗方式对鲢鱼鱼糜凝胶劣化性能的影响［J］．食品科学，2010，31：89-93.

[139] 刘茹，汪丽，熊善柏．三种添加剂在鱼肉猪肉复合凝胶中的作用［J］．食品工业科技，2011，32：350-353.

[140] 刘茹，尹涛，熊善柏，等．鱼肉和猪肉的微观结构与基本组成的比较研究［J］．食品科学，2012，33：49-52.

[141] 卢涵，罗永康，史策，等．0℃冷藏条件下鲢阻抗特性与鲜度变化的相关性［J］．南方水产科学，2012，05：80-85.

[142] 卢黄华，李雨哲，刘友明，等．草鱼鱼鳞胶原蛋白膜的制备工艺［J］．华中农业大学学报，2011，30：243-248.

[143] 罗环，夏文水，许艳顺，等．醉鱼间歇式真空浸渍快速入味工艺优化［J］．食品与机械，2012，28：197-201，219.

[144] 吕广英，丁玉琴，孔进喜，等．加工方式对鱼骨汤营养和风味的影响［J］．华中农业大学学报，2013，32：123-127.

[145] 吕凯波，李红霞，熊善柏．二氧化碳浓度对冰温气调贮藏鱼丸品质的影响［J］．食品科学，2008，29：430-434.

[146] 马晶磊，徐文杰，刘斌，等．$^{60}Co-\gamma$ 射线辐照剂量对生鲜草鱼肌肉品质的影响［J］．农业工程，2012，2：30-34.

[147] 潘锦锋，沈彗星，宋永令，等．鱼蛋白冷冻变性及其抗冻剂的研究综述［J］．肉类

研究，2009，23：9-15.
[148] 潘锦锋，沈慧星，尤娟，等. 草鱼肌原纤维蛋白加热过程中理化特性的变化 [J]. 中国农业大学学报，2009，14：17-22.
[149] 祁兴普，夏文水. 白鲢鱼肉粒干燥工艺的研究 [J]. 食品工业科技，2007，2：166-170.
[150] 任金海，陈红，熊善柏，等. 鱼松块压缩成型工艺参数优化 [J]. 农业工程学报，2012，28：306-311.
[151] 任金海，陈红，朱冉，等. 鱼松片加工工艺优化及成型设备研究 [J]. 渔业现代化，2012，39：59-63.
[152] 荣建华，甘承露，丁玉琴，等. 低温贮藏对脆肉鲩鱼肉肌动球蛋白特性的影响[J]. 食品科学，2012，33：273-276.
[153] 荣建华，郭姗姗，赵思明，等. 包装方式对冰温保鲜脆肉鲩鱼片品质的影响 [J]. 食品科技，2012b，37：115-118.
[154] 申锋，杨莉莉，熊善柏，等. 胃蛋白酶水解草鱼鱼鳞制备胶原肽的工艺优化 [J]. 华中农业大学学报，2010，29：387-391.
[155] 沈硕，周继成，赵思明，等. 匙吻鲟的营养成分及肌肉营养评价 [J]. 营养学报，2009，31：295-297.
[156] 石径，罗永康，黄辰，等. 乳清蛋白与凝胶化条件对鱼糜凝胶特性的影响 [J]. 渔业现代化，2011，3：35-38.
[157] 史策，崔建云，王航，等. 反复冷冻-解冻对鲢品质的影响 [J]. 中国水产科学，2012，19：167-173.
[158] 史策，罗永康，宋永令，等. 鲢鱼鱼肉冷藏过程中理化性质的变化 [J]. 食品科技，2011，36：116-119.
[159] 史亚萍，夏文水，姜启兴，等. 氯化钠添加量对香酥鱼片制备工艺及产品品质的影响 [J]. 食品工业科技，2013，34：270-273.
[160] 宋永令，罗永康，张丽娜，等. 不同温度贮藏期间团头鲂品质的变化规律 [J]. 中国农业大学学报，2010，15：104-110.
[161] 孙丽，夏文水. 蒸煮对金枪鱼肉及其蛋白质热变性的影响 [J]. 食品与机械，2010，26：22-25.
[162] 孙洋，姜启兴，许学勤，等. 半干鲢鱼片油炸工艺研究 [J]. 食品与机械，2012，28：59-61，67.
[163] 孙月娥，夏文水，陈洁. 鱼油海藻糖酯的合成与表面性质研究 [J]. 食品工业科技，2009，(3)：290-292，306.
[164] 谭汝成，曾令彬，熊善柏，等. 调配和杀菌条件对酒糟鱼品质的影响 [J]. 食品科技，2008，5：85-88.
[165] 谭汝成，熊善柏，刘敬科，等. 提取条件对白鲢鱼油性质的影响及鱼油脂肪酸组成分析 [J]. 食品科学，2008，29：72-75.
[166] 王彩霞，刘茹，刘友明，等. 淡水鱼肌肉中酸性磷酸酶的酶学特性 [J]. 华中农业

大学学报，2010，29：518-521.

[167] 王芳，熊善柏，张娟，等．提取方法对淡水鱼油提取率及品质的影响［J］．渔业现代化，2009，5：54-59.

[168] 王航，罗永康，胡素梅，等．鱼肉酶解物及壳聚糖对鲤鱼涂膜保鲜效果的研究［J］．淡水渔业，2012，42：76-79.

[169] 王红梅，李小定，熊善柏，等．直接蒸馏/4-氨基安替比林法检测淡水鱼体内挥发酚的含量［J］．食品科学，2011，32：196-199.

[170] 王玖玖，宗力，熊善柏．淡水鱼的连续式鱼鳞去除方法［J］．农业工程学报，2011，27：339-343.

[171] 王玖玖，宗力，熊善柏．淡水鱼鱼鳞生物结合力与去鳞特性的试验研究［J］．农业工程学报，2012，28：288-292.

[172] 王术娥，李小定，熊善柏，等．湖北罗非鱼营养及挥发性成分分析与评价［J］．食品科技，2010，35：160-164.

[173] 乌德，姜启兴，夏文水．鱿鱼软骨壳聚糖的制备及其理化特性研究［J］．食品与机械，2007，23：18-20.

[174] 吴晓琛，许学勤，夏文水，等．酸浸草鱼腌制工艺研究［J］．食品与机械，2007，23：105-107.

[175] 吴越，沈硕，熊善柏，等．匙吻鲟软骨蛋白酶解工艺优化［J］．食品科学，2010，31：160-163.

[176] 武华，阴晓菲，罗永康，等．腌制鳙鱼片在冷藏过程中品质变化规律的研究［J］．南方水产科学，2013，9：69-74.

[177] 夏文水，姜启兴，许艳顺．我国水产加工业现状与进展（上）［J］．科学养鱼，2009：2-4.

[178] 夏文水，姜启兴，许艳顺．我国水产加工业现状与进展（下）［J］．科学养鱼，2009，(2)：1-3.

[179] 夏文水，许艳顺．淡水鱼糜生物发酵加工技术研究进展［J］．科学养鱼，2010，(12)：45.

[180] 谢静，熊善柏，曾令彬，等．腊鱼加工中的乳酸菌及其特性［J］．食品与发酵工业，2009，35：32-36.

[181] 谢静，熊善柏，曾令彬，等．分离自腊鱼的乳酸菌生长及产酸特性［J］．食品科学，2012，33：147-150.

[182] 谢雯雯，李俊杰，刘茹，等．基于近红外光谱技术的鱼肉新鲜度评价方法的建立［J］．淡水渔业，2013，43：85-90.

[183] 谢雯雯，熊善柏．水产品中甲醛的残留及控制［J］．农产品加工，2013，1：84-88.

[184] 熊善柏．湖北省淡水鱼加工业现状，产业化发展思路与建议［J］．养殖与饲料，2012，(9)：4-8.

[185] 徐红梅，夏文水，姜启兴．热杀菌对鱼头汤营养成分的影响［J］．食品与机械，

2008，24：16-19.
[186] 许艳顺，高琪，姜启兴，等．鲢鱼糜漂洗液中蛋白质分析与回收 [J]．食品与机械，2012，28：89-92.
[187] 许艳顺，葛黎红，姜启兴，等．盐添加量和热处理对内酯鱼糜凝胶品质的影响 [J]．食品工业科技，2013，34：69-72.
[188] 许艳顺，朱建秋，葛黎红，等．二氧化氯减菌化处理对发酵鱼糜品质的影响 [J]．食品与机械，2013，(4)：1-6.
[189] 颜桂阜，姜启兴，许学勤，等．鳙鱼鱼块油煎工艺的研究 [J]．食品工业科技，2012，33：222-225.
[190] 杨方，许艳顺，黄政豪，等．内酯鱼肉豆腐的凝胶特性及感官品质研究 [J]．食品与机械，2011，27：87-90.
[191] 杨杰静，李贤，刘友明，等．鲜湿鱼面冰温气调保鲜研究 [J]．食品工业科技，2012，33：336-339.
[192] 杨杰静，刘友明，熊善柏，等．梁子湖地区蒙古红鲌肌肉营养成分分析与评价 [J]．营养学报，2012，34：199-200.
[193] 杨京梅，夏文水．大宗淡水鱼原料特性比较分析 [J]．食品科学，2012，33：51-54.
[194] 杨莉莉，申锋，熊善柏，等．木瓜蛋白酶制备草鱼鳞胶原肽的工艺优化及产物特性分析 [J]．食品科技，2012，37：61-65.
[195] 杨莉莉，熊善柏，孙建清．制备条件对鱼肉-魔芋胶复合凝胶品质的影响 [J]．食品科学，2010，31：55-59.
[196] 杨晓，张娟，陈加平，等．磺胺二甲氧嘧啶钠对斑点叉尾鮰血清生化指标和组织的影响 [J]．华中农业大学学报，2012，31：112-115.
[197] 姚磊，罗永康，沈慧星．鱼糜制品凝胶特性的控制及研究进展 [J]．肉类研究，2010，02：18-22.
[198] 姚磊，罗永康，沈慧星，等．鲫肌原纤维蛋白加热过程中理化特性变化规律 [J]．水产学报，2010，08：1303-1308.
[199] 姚磊，孙云云，罗永康，等．冷藏条件下鲫鱼鲜度与其阻抗特性的关系的研究 [J]．肉类研究，2010，08：21-25.
[200] 尤娟，罗永康，沈慧星．酶法制备鲢鱼蛋白抗氧化肽研究 [J]．渔业现代化，2010：42-47.
[201] 尤娟，沈慧星，罗永康．糖基化反应条件对鲢鱼鱼肉碱性蛋白酶解产物清除 DPPH 自由基的影响 [J]．肉类研究，2010，05：59-61.
[202] 尤娟，沈慧星，罗永康．糖基化反应条件对鲢鱼鱼肉木瓜蛋白酶酶解产物清除 DPPH 自由基影响 [J]．食品科技，2011，36：2-4.
[203] 尤娟，张佳，罗永康，等．鲢鱼肌原纤维蛋白-低聚异麦芽糖的制备及功能特性评价 [J]．肉类研究，2009，9：14-18.
[204] 余佳，荣建华，熊善柏．外源蛋白酶水解白鲢内脏的工艺条件 [J]．华中农业大学

学报，2010，29：241-244.

[205] 喻弘，张正茂，张秋亮，等．球磨处理对 3 种淀粉特性的影响 [J]．食品科学，2011，32：30-33.

[206] 张京，宗力，熊善柏，等．鱼松压缩成型影响因素的研究 [J]．食品与生物技术学报，2010，29：548-552.

[207] 张娟，陈加平，罗晶晶，等．磺胺二甲氧嘧啶钠在斑点叉尾鮰体内的残留及其消除规律 [J]．上海海洋大学学报，2010，19：810-813.

[208] 张娟，张瑞霞，熊善柏，等．电麻处理对低温贮运中鲫鱼生化特性及肉质的影响 [J]．渔业现代化，2009，(3)：12-15.

[209] 张丽娜，胡素梅，王瑞环，等．草鱼片在冷藏和微冻条件下品质变化的研究 [J]．食品科技，2010，08：175-179.

[210] 张丽娜，罗永康，李雪，等．草鱼鱼肉电导率与鲜度指标的相关性研究 [J]．中国农业大学学报，2011，16：153-157.

[211] 张丽娜，沈慧星，罗永康．草鱼贮藏过程中导电特性变化规律的研究 [J]．淡水渔业，2010，40：59-62.

[212] 张丽娜，沈慧星，张连娣，等．冰鲜和解冻团头鲂在贮藏过程中导电特性变化规律研究 [J]．渔业现代化，2009，36：39-41.

[213] 张娜，熊善柏，赵思明．工艺条件对腌腊鱼安全性品质的影响 [J]．华中农业大学学报，2010，29：783-787.

[214] 张乾能，宗力，熊善柏．鱼肉打松机关键部件与工艺参数的确定 [J]．农业工程学报，2010，26：160-165.

[215] 张茜，夏文水．壳聚糖对鲢鱼糜凝胶特性的影响 [J]．水产学报，2010，34：342-348.

[216] 张秋亮，艾明艳，卢黄华，等．基于框鳞镜鲤形体和营养特征的分类研究 [J]．食品科学，2011，32：249-253.

[217] 张秋亮，熊善柏，赵思明，等．水产品信息网的建立 [J]．天津农业科学，2011，17：138-143.

[218] 张瑞霞，张娟，熊善柏，等．低温处理对鲫生化特性及肉质的影响 [J]．华中农业大学学报，2008，27：532-535.

[219] 张屹环，夏文水．大宗淡水鱼糜凝胶性质比较研究 [J]．食品与生物技术学报，2012，31：654-660.

[220] 张月美，包玉龙，罗永康，等．草鱼冷藏过程鱼肉品质与生物胺的变化及热处理对生物胺的影响 [J]．南方水产科学，2013，04：56-61.

[221] 章银良，夏文水．海鳗盐渍过程中的渗透脱水规律研究 [J]．食品研究与开发，2006，27：93-97.

[222] 章银良，夏文水．超高压对腌鱼保藏的影响 [J]．安徽农业科学，2007，35：2636-2638.

[223] 章银良，夏文水．海鳗盐渍过程的动力学和热力学 [J]．农业工程学报，2007，23：

223 - 228.

[224] 章银良，夏文水．海藻糖对盐渍海鳗肌动球蛋白影响的研究 [J]．食品科学，2007，28：39 - 43.

[225] 章银良，夏文水．腌鱼产品加工技术与理论研究进展 [J]．中国农学通报，2007，23：116 - 120.

[226] 章银良，夏文水．海鳗肌肉脂肪酸组成及干燥对其影响 [J]．中国粮油学报，2008，23：111 - 113.

[227] 赵莉君，顾卫瑞，熊善柏，等．草鱼片的臭氧处理工艺研究 [J]．食品科学，2010，31：14 - 18.

[228] 赵莉君，顾卫瑞，赵思明，等．包装方式对冰温贮藏鲩鱼片品质的影响 [J]．华中农业大学学报，2010，29：639 - 643.

[229] 郑政东，李小定，熊善柏，等．茶叶在腌制罗非鱼片中对其性质的影响研究 [J]．食品工业科技，2012，33：96 - 99.

[230] 周忠云，罗永康，洪惠，等．腌制鳙鱼 4℃ 冷藏条件下导电特性与鲜度的相关性 [J]．农产品加工，2013，04：13 - 15.

[231] 周忠云，罗永康，卢涵，等．松浦镜鲤 0℃ 条件下冰藏和冷藏的品质变化规律 [J]．中国农业大学学报，2012，17：135 - 139.

[232] 朱琳芳，姜启兴，许艳顺，等．熬煮工艺对鳙鱼汤成分的影响 [J]．食品与机械，2012，4：005.

[233] 朱思潮，洪惠，罗永康，等．冷藏条件下鳙鱼阻抗特性与鲜度的关系 [J]．中国农业大学学报，2012，17：130 - 133.

[234] 朱耀强，龚婷，赵思明，等．生鲜鲩鱼片货架期预测模型的建立与评价 [J]．食品工业科技，2012，33：380 - 383，388.

[235] 朱耀强，李道友，赵思明，等．饲喂蚕豆对斑点叉尾鮰生长性能和肌肉品质的影响 [J]．华中农业大学学报，2012，31：771 - 777.

[236] 朱玉安，刘友明，张秋亮，等．加热方式对鱼糜凝胶特性的影响 [J]．食品科学，2011，32：107 - 110.

[237] 邹佳，蔡婷，罗永康，等．冰鲜鱼和解冻鱼快速无损伤物理检测技术研究 [J]．食品与机械，2010，02：47 - 49.

[238] 邹玉萍，夏文水．尼泊金酯对蒸煮袋熟鱼防腐保藏 [J]．食品与生物技术学报，2009，28：167 - 171.

附录 2 - 2　相关专利

[1] 夏文水，许学勤，项建琳，等．一种可常温保藏的砂锅鱼头的加工方法：中国，国家发明专利，ZL200510094344.4 [P]．2006 - 2 - 22.

[2] 夏文水，胡永金，姜启兴．一种利用微生物混合发酵剂制作鱼肉发酵香肠的方法：中国，国家发明专利，ZL200610040085.1 [P]．2006 - 10 - 11.

[3] 夏文水，章银良，姜启兴．一种加速鱼腌制及风味成熟的方法：中国，国家发明专利，201010110528.6 [P] .2010-02-04.

[4] 夏文水，孙土跟，许艳顺，等．利用微生物发酵剂制作鱼米混合鱼糕的方法：中国，国家发明专利，201010201886.8 [P] .2011-03-16.

[5] 夏文水，孙土跟，姜启兴，等．利用乳酸菌发酵剂制作发酵鱼糜的方法：中国，国家发明专利，201010201869.4 [P] .2011-1-12.

[6] 夏文水，姜启兴，史亚萍，等．一种香酥鱼片的加工方法：中国，国家发明专利，ZL201110407689.6 [P] .2012-4-11.

[7] 夏文水，汤凤雨，姜启兴，等．一种可常温保藏的即食糖醋鱼的加工方法：中国，国家发明专利，ZL201210446205.3 [P] .2012-11-09.

[8] 夏文水，姜启兴，许艳顺，等．一种常温保藏即食熏鱼食品的加工方法：中国，国家发明专利，201210550508.X [P] .2012-12-18.

[9] 夏文水，张路遥，姜启兴，等．一种常温保藏的菜肴式方便食品碗状包装酸菜鱼的加工方法：中国，国家发明专利，201210533494.0 [P] .2012-12-12.

[10] 黄汉英，赵思明，熊善柏，等．一种活鱼运输箱自动控制装置．中国，国家实用新型专利，ZL 201120187753.X [P] .2011-10-20.

[11] 黄汉英，赵思明，熊善柏，等．一种适用于食品的干燥装置．中国，国家实用新型专利，ZL 201120249395.0 [P] .2012-03-28.

[12] 黄汉英，赵思明，熊善柏，等．一种适用于食品的干燥装置及其干燥食品的方法，中国，国家发明专利，ZL201110197905.9 [P] .2013-10-08.

[13] 李春美，万琼红，熊善柏，等．从淡水鱼鱼鳞中制备未变性胶原蛋白的方法．中国，国家发明专利，ZL200810048018.3 [P] .2011-04-13.

[14] 罗永康，张丽娜，沈慧星．一种快速无损伤检测淡水鱼鲜度的方法：中国，国家发明专利，201010180216.2 [P] .2010-9-8.

[15] 罗永康，邹佳．一种浓缩固体鱼虾肉汤料及制备方法：中国，国家发明专利，201010231767.7 [P] .2011-1-5.

[16] 罗永康，胡素梅，沈慧星．一种鱼皮酶解物保鲜剂及其制备方法与保鲜方法：中国，国家发明专利，201110107557.1 [P] .2011-11-16.

[17] 罗永康，宋永令．一种用于武昌鱼的可食性涂膜保鲜剂及其使用方法：中国，国家发明专利，200910236944.8 [P] .2010-5-5.

[18] 罗永康，姚磊，沈慧星．一种淡水鱼鱼体保鲜剂及其制备方法与保鲜方法：中国，国家发明专利，201110071278.4 [P] .2011-9-21.

[19] 罗永康，潘锦峰，沈慧星．一种草鱼鱼糜低温变性保护剂：中国，国家发明专利，200910092252.0 [P] .2010-3-10.

[20] 谭鹤群，熊善柏，张涛，等．一种链式淡水鱼剖鱼机．中国，国家实用新型专利，ZL200720088812.1 [P]，2008-10-01.

[21] 熊善柏，谭汝成，刘友明，等．一种冰温气调保鲜鱼糜食品及其生产方法，中国，国家发明专利，ZL200310111590.7 [P] .2006-02-01.

[22] 熊善柏，周三宝，谭汝成，等．一种鱼面及其生产方法，中国，国家发明专利，ZL200310111591.1 [P]．2005-12-21.

[23] 熊善柏，赵思明，刘友明，等．即食鱼羹及其生产工艺，中国，国家发明专利，ZL02138743.5 [P]．2005-06-29.

[24] 熊善柏，谭汝成，何成炎，等．一种低盐度调味风干武昌鱼生产方法，中国，国家发明专利，ZL200510018347.X [P]．2007-04-11.

[25] 熊善柏，谢松柏，赵思明，等．一种重组织化风味鱼制品及其生产方法．中国，国家发明专利，ZL200710169113.4 [P]．2011-01-12.

[26] 熊善柏，刘茹，刘友明，等．以鱼肉和可逆魔芋胶为基料的复合凝胶食品及其生产方法，中国，国家发明专利，ZL200910272741.4 [P]．2011-11-02.

[27] 宗力，熊善柏，张乾能，等．一种打击成绒式鱼肉打松机，中国，国家实用新型专利，ZL200920084312.X [P]．2010-02-24.

[28] 赵思明，谢静，熊善柏，等．微生物发酵剂的微波干燥方法．中国，国家发明专利，ZL201110204027.9 [P]．2013-06-18.

图书在版编目（CIP）数据

大宗淡水鱼贮运保鲜与加工技术/夏文水等主编．—北京：中国农业出版社，2014.4
ISBN 978-7-109-19026-9

Ⅰ.①大… Ⅱ.①夏… Ⅲ.①淡水鱼类－水产食品－食品保鲜②淡水鱼类－水产食品－贮运③淡水鱼类－水产食品－食品加工 Ⅳ.①TS254.4

中国版本图书馆 CIP 数据核字（2014）第 059946 号

中国农业出版社出版
（北京市朝阳区农展馆北路 2 号）
（邮政编码 100125）
责任编辑 林珠英 黄向阳

北京中科印刷有限公司印刷 新华书店北京发行所发行
2014 年 7 月第 1 版 2014 年 7 月北京第 1 次印刷

开本：700mm×1000mm 1/16 印张：22
字数：430 千字
定价：58.00 元